Imageware 逆向造型技术及 3D 打印

（第 2 版）

钮建伟　主　编

曾　亮　副主编

電子工業出版社

Publishing House of Electronics Industry

北京 • BEIJING

内 容 简 介

Imageware 被誉为全球四大知名逆向造型软件之一，具有强大的逆向造型功能，在国内外已得到广泛的应用。本书在第 1 版教材基础上，悉心听取广大读者的意见，借鉴国内外同行的宝贵经验，结合编者多年从事逆向造型教学、科研与培训的经验，围绕三维点云的处理、曲线曲面的生成与优化、曲面的误差分析与质量控制等逆向工程领域最为重要的内容，对 Imageware 软件的使用方法进行了深入浅出的介绍。本书前半部分主要介绍软件功能，即基础操作、点云操作、曲线操作、曲面操作、误差分析，并均配有相应的实例文件。后半部分为案例教程，从规则零件、简单曲面到复杂曲面，由浅入深、步步为营。每个案例开始均首先介绍逆向建模的思路、方法和技巧，再结合具体实例详细演示操作步骤。作为逆向造型的延续与拓展，最后一章就造型后模型的 3D 打印进行了详细阐述。

本书结构清晰，语言简练，图例丰富，讲解直观，操作性强。本书强调理论与实践相结合，重在实际操作技能的掌握，以帮助读者快速、直观地领会如何将 Imageware 软件运用到实际工作中，切实掌握逆向造型的思路和方法，尽快达到举一反三、学以致用的目的。

本书可作为高等院校本专科机械工程、汽车设计、工业设计、艺术设计等相关专业的实践教材或培训教程，也可供相关领域的专业工程技术人员和研究人员学习参考。

图书在版编目（CIP）数据

Imageware 逆向造型技术及 3D 打印 / 钮建伟主编. —2 版. —北京：电子工业出版社，2018.7

ISBN 978-7-121-34640-8

Ⅰ. ①I… Ⅱ. ①钮… Ⅲ. ①工业设计－造型设计－计算机辅助设计－应用软件 ②立体印刷－印刷术

Ⅳ. ①TB472-39 ②TS853

中国版本图书馆 CIP 数据核字（2018）第 141237 号

策划编辑：许存权（QQ：76584717）

责任编辑：许存权　　特约编辑：谢忠玉 等

印　　刷：北京盛通商印快线网络科技有限公司

装　　订：北京盛通商印快线网络科技有限公司

出版发行：电子工业出版社

北京市海淀区万寿路 173 信箱　邮编 100036

开　　本：787×1 092　1/16　印张：15.5　字数：400 千字

版　　次：2014 年 1 月第 1 版

2018 年 7 月第 2 版

印　　次：2021 年 12 月第 5 次印刷

定　　价：69.00 元

凡所购买电子工业出版社图书有缺损问题，请向购买书店调换。若书店售缺，请与本社发行部联系，联系及邮购电话：（010）88254888，88258888。

质量投诉请发邮件至 zlts@phei.com.cn，盗版侵权举报请发邮件至 dbqq@phei.com.cn。

本书咨询联系方式：（010）88254484，xucq@phei.com.cn。

FOREWORD 前言

Imageware 是全球最知名的逆向工程软件之一，隶属于西门子自动化与驱动集团（A&D）旗下的 Siemens PLM 数字化开发系统，与 Geomagic、CopyCAD、RapidForm 一起被认为是全世界四大知名逆向工程软件。Imageware 具有强大的测量数据处理、曲面造型、误差检测功能，可以处理几万至几百万的点云数据，根据这些点云数据构造的曲面具有良好的品质和曲面连续性。Imageware 的模型检测功能可以方便、直观地显示所构造的曲面模型与实际测量数据误差以及平面度、圆度等误差。Imageware 采用 NURBS（非均匀有理 B-样条）技术，兼容性好，软件功能强大，易于应用。Imageware 对硬件要求不高，可运行于各种平台，如 UNIX 工作站、PC 等均可，操作系统可以是 UNIX、NT、Windows XP、Windows 7、Windows 10、Windows Server 及其他平台。该软件先进的技术保证了用户能在很短的时间内完成设计，并能够精确地构建曲面、检测曲面质量。最新版软件更注重于高级曲面、3D 检测、逆向工程和多边形造型，为产品的设计、工艺和制造营造了一个符合直觉的柔性设计环境。

Imageware 拥有广大的用户群，以前该软件主要应用于航空航天和汽车工业，因为这两个领域对空气动力学性能要求很高，在产品开发的开始阶段就要认真考虑空气动力性。随着科学技术的进步和消费水平的不断提高，其他许多行业也开始纷纷采用逆向工程软件进行产品设计。

近年来我国制造产业模式悄然发生了巨大变化，“中国制造 2025”战略规划的发布，表明数字化工厂、Digital Twins 等概念已成大势所趋，对传统设计制造评价提出了前所未有的要求与挑战，正是在这样的环境下，逆向工程受到产业界越来越多的重视和青睐。掌握逆向工程技术的人才需求量供不应求，这就要求我国市场对逆向技术的培训推广力度应进一步做强、做大。

逆向工程、逆向造型在我国业界俗称“抄数”。我国东南沿海的广东、福建、浙江、江苏，特别是广州、深圳、东莞、厦门、晋江、杭州、温州、苏州等地，由于存在大量的代工厂，催生了逆向产业如雨后春笋般的迅猛发展。学习逆向造型是一个比较漫长而艰苦的过程。首先，初学者面临软件基本操作问题，对于软件中令人眼花缭乱的命令如何有效地组合运用缺乏经验；其次，初学者面对一个全新的逆向造型任务时，经常感到非常棘手，无所适从，有时候即便仓促开始，但往往做到一定阶段发现事倍功半，甚至不得不把方案推倒重来。编者基于自己多年逆向造型的经验与教训，认为若想熟练掌握逆向造型的要领，首先要多动脑，不要蛮干。逆向造型不仅仅是一门技术，更是一门艺术。就像庖丁解牛一样，“依乎天理，批大郤，道大窾，因其固然”，边实践边思考，琢磨专业人士一系列动作背后的原因和道理，才能达到“手之所触，肩之所倚，足之所履，膝之所踦，砉然响然，奏刀騞然，莫不中音”的境界。编者在实践过程中，经常喜欢琢磨国内外同行的作品，揣摩其构思，并与自己的思路相互比对，有时候不得不对大师级的构思拍案叫绝。其次必须多练，拿到一个产品或任务时不要急于动手，先要对产品进行分析和讨论，清楚地了解该产品在结构上的特征、曲面间的相互关系，做到“胸中有丘壑”。这个事先在头脑中先行分析的习惯刚开始可能比较痛苦，让新手望而却步，但如若长期坚持下去会大有裨益。对于软件的学习，建议从基础命令、常见点云、基本造型学起，不要好高骛远、急于求成，在使用命令时应尽可能提高自己的速度，并注意多总结经验。模型的逆向造型视不同产品的不同要求而定，没有一个固定的套路可以遵循，但要秉承如下原则：抓大放小，先大后小，由面到点，点面结合。具体来说，就是先做大的面，然后再去做细节部分；而如果只见树木不见森林，刚开始就在细节上耗费太多时间和精力，结果总体结构却无法满足用户要求，这是逆向造型中经常出现的大忌。

本书分为10章，第1章首先介绍逆向工程的定义、关键技术、应用、发展趋势、主流逆向工程软件及Imageware中文版简介；第2章介绍Imageware基础操作、用户界面等；第3~6章，分别就点云处理、曲线处理、曲面处理、逆向造型质量分析加以详细讲解，重要命令均提供实例操作图形，并提供了原始点云。第7~9章则提供了三个逆向造型的实例，分别为规则零件、简单曲面（吸顶灯、后视镜）、复杂曲面（头盔曲面、汽车曲面）。考虑到读者需求，第7~9章均首先根据产品结构特点，剖析逆向造型思路，然后才一步一步具体地讲解实现过程。作为逆向造型的延续与拓展，第10章就造型后模型的3D打印进行了详细阐述。随书附赠配套资源提供了各章涉及的点云文件，读者可以在华信教育资源网（www.hxedu.com.cn）的本书页面下载，或与本书编辑联系。

本书自2014年第1版以来，获得了广大读者的热烈反响。读者一方面肯定了我们的探索性工作，另一方面也提出了中肯的意见和建议。适逢Imageware新版本发布，编者悉心听取广大读者的批评指正，借鉴国内外同行的宝贵经验，在第1版基础上，对本书进行了更新，在保持原书图文并茂、娓娓道来的基础上，删除了与逆向造型无关的内容，增加了相当篇幅的曲面逆向造型案例的比重，重新构筑章节内容。在此，要感谢我的家人、同事，感谢我的学生们，正是他们给予了我大量的帮助和鼓励，才使我能够完成此书。感谢常年使用Imageware软件和在逆向工程领域进行研究的专家、学者，以及其他众多支持关注我的同行、朋友，他们为本书提供了大量的宝贵意见和建议。

参加本书编写的人员有钮建伟、曾亮、胡莉飞、徐洲、盛俞汇、冉瑞聪，其中钮建伟负责统筹第1~6章，曾亮负责统筹第7~10章，胡莉飞负责第2~3章，徐洲负责第4章和第9章的一部分，盛俞汇负责第5章和第9章的一部分，冉瑞聪负责第6~8章。

另外，参加本书第1版编写的人员还有马驭、唐梓淇、刘宇坤、王昱和唐瑭，他们付出了辛勤的劳动，在此一并致谢。

本书用到的点云数据，部分来源于网络，已尽可能地在参考文献中列出，但囿于编者能力，不能一一列举。由于时间仓促，水平有限，不可避免有错误出现，恳请广大读者批评指正。

钮建伟

于北京科技大学

CONTENTS 目录

第1章

逆向工程概论

1.1 逆向工程的定义

逆向工程也称作反求工程或逆向设计，英文是 reverse engineering，是将已有产品模型（实物模型）转化为工程设计模型和概念模型，并在此基础上解剖、深化和再创造的一系列分析方法和应用技术的组合。逆向工程可有效改善技术水平，提高生产率，增强产品竞争力，是消化、吸收先进技术进而创造和开发各种新产品的重要手段。它的主要任务是将原始物理模型转化为工程设计概念和产品数字化模型：一方面为提高工程设计、加工分析的质量和效率提供充足的信息；另一方面为充分利用 CAD/CAE/CAM 技术对已有产品进行设计服务。

传统产品的开发实现通常是从概念设计到图样，再创造出产品，其流程为：构思—设计—产品，我们称之为正向工程或者顺向工程。它的设计理念恰好与逆向工程相反，逆向工程的产品设计是根据零件或者原型生成图样，再制造产品。目前逆向工程的应用领域主要是飞机、汽车、玩具和家电等模具相关行业。近年来随着生物、材料技术的发展，逆向工程技术也开始应用在人工生物骨骼等医学领域。但是逆向工程技术的研究和应用还仅仅集中在几何形状，即重建产品实物的 CAD 模型和最终产品的制造方面。

逆向工程把三坐标测量机、CAD/CAM/CAE 软件、CNC 机床有机而又高效地结合在一起，成为产品研发和生产的一个高效、便捷的途径。逆向工程不仅仅是产品的仿制，它更肩负着数学模型的还原和再设计的优化等多项重任。以往逆向工程通常是指对某一产品进行仿制工作。这种需求可能发生于原始设计图文件遗失、部分零件重新设计、或是委托厂商交付一件样品或产品，如高尔夫球头、头盔模，请制造厂商复制出来。传统的复制方式是立体雕刻机或液压三次元靠模铣床制造出等比例的模具，再进行生产。这种方法称为模拟式复制，无法建立工件尺寸图档，也无法做任何的外形修改，现在已渐渐被数字化的逆向工程系统所取代。

目前的逆向工程技术是指针对现有工件，利用 3D 数字化测仪器，准确、快速地取得轮廓坐标，经过曲面建构、编辑、修改后，传至一般的 CAD/CAM 系统，再由 CAM 产生的 NC 加工路径，以 CNC 加工机制做模具，之后就可以做产品进行批量生产。当前，虽然逆向工程发展已取得了长足进展，逆向工程的概念已深入人心，并被广泛应用于各个领域，不仅是机械产品的研发；先进企业都纷纷采用逆向工程模式进行产品研发和生产。但产品逆向工程还是一个不完全成熟的过程，各个环节仍有待于进一步完善、探索和研究，并没有非常完善的解决方案。

逆向工程的一般流程如图 1-1 所示，即首先利用实物样件转换为 CAD 模型，利用计算机辅助制造 CAM、快速成型制造 RP、快速模具 PDM 系统等先进技术对其进行处理或管理的一个系统过程。

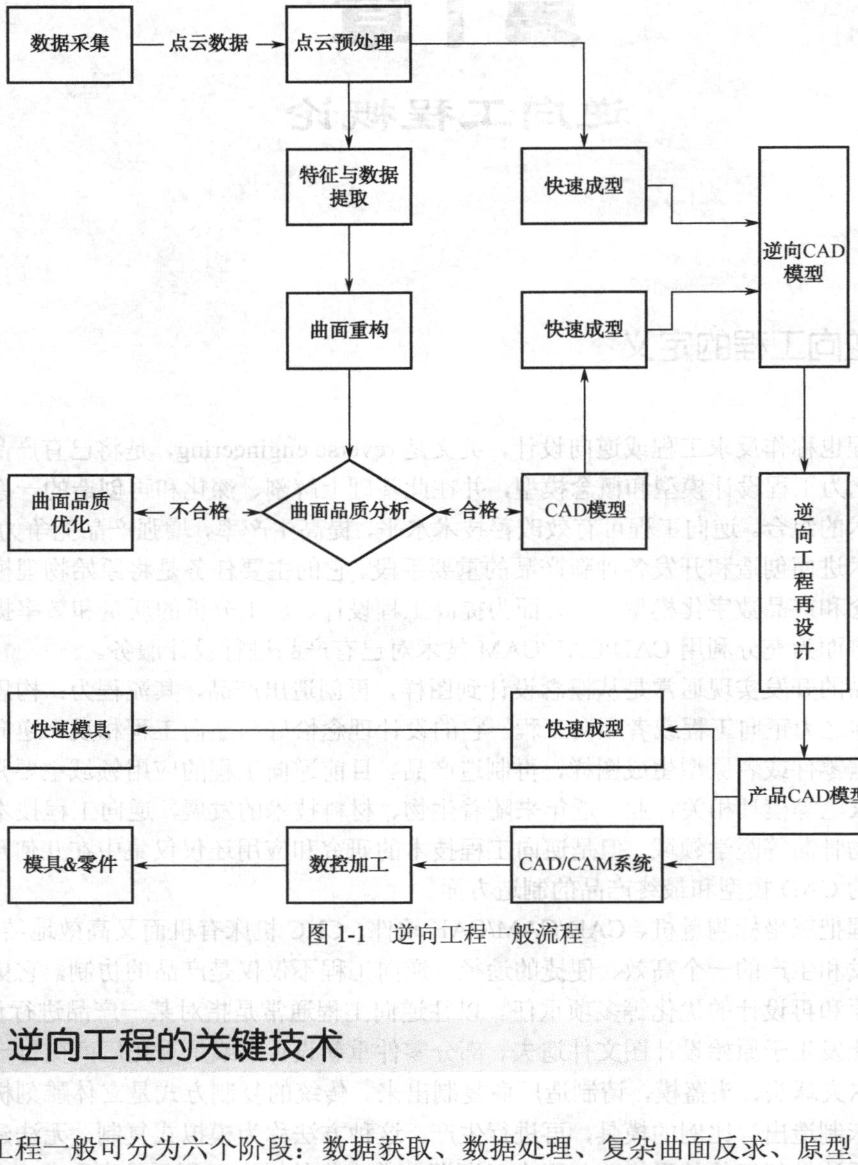

图 1-1 逆向工程一般流程

1.2 逆向工程的关键技术

逆向工程一般可分为六个阶段：数据获取、数据处理、复杂曲面反求、原型 CAD 模型重建、特殊技巧的应用、重建 CAD 模型的检验与修正。同时，这些阶段也为逆向工程的六大关键技术。

1. 数据获取

数据获取是逆向工程 CAD 建模的首要环节。通常采用的数据测量手段有：三坐标测量机（CMM）、三维数字化扫描仪、工业 CT 和激光扫描测量仪等设备来获取零件原型表面的三维坐标值。

三坐标测量机虽然测量精度高，但测量速度和效率较低；激光扫描测量仪可以有效地测量复杂型面，但是难以处理复杂零件的内部结构测量，如对发动机缸体、航空叶片等复杂零件的精确测量；工业 CT 能够实现复杂实物的完整测量，但测量精度还不高。

三坐标测量机与激光扫描测量仪如图 1-2 所示。近年来出现的层析三维数字化测量技术，可以实现任意复杂零件的完整测量，精度可以达到一个很理想的水平，是实现复杂形体的整体几何逆向工程 CAD 建模的最有前途的测量技术之一。

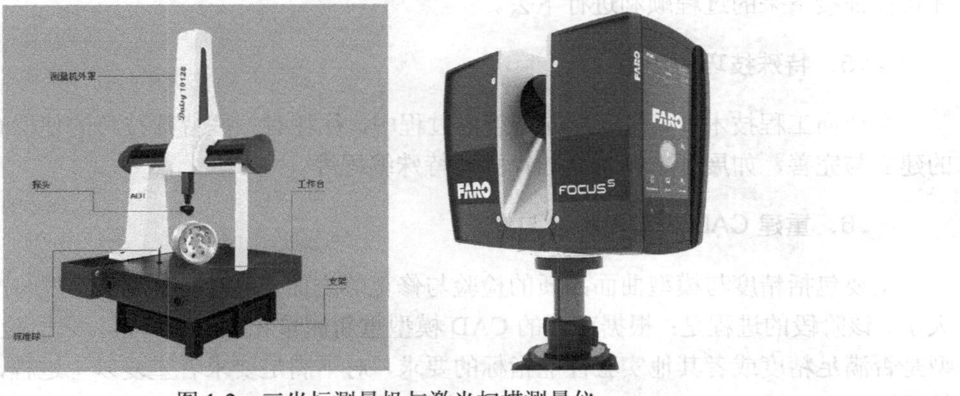

图 1-2 三坐标测量机与激光扫描测量仪

2. 数据处理

数据处理是逆向工程 CAD 建模的关键环节，它的结果可以直接影响后期重建模型的质量。它的主要内容包括：散乱点排序、多视拼合、误差剔除、数据光顺、数据精简、特征提取和数据分块等。对于在数据获取的测量过程中，受某些仪器的影响，或者在测量过程中不可避免地会带进噪声、误差等，我们必须对点云数据进行某些补偿或者删除一些明显错误点；对于大量的海云数据，我们也得对其进行精简。因此，对于获取得到的数据进行一系列数据拓扑的建立、数据滤波、数据精简、特征提取与数据分块的数据处理是必不可少的。对于一些形状复杂的点云数据，经过数据处理，将被分割成特征相对单一的块状点云，按测量数据的几何属性对其进行分割，采用几何特征匹配与识别的方法来获取零件原型所具有的设计与加工特征。

3. 复杂曲面反求

通过复杂曲面产品反求工程 CAD 模型，进而通过建模得到该复杂曲面的数字化模型是逆向工程的关键技术之一，此技术涉及计算机、图像处理、图形学、神经网络、计算几何、激光测量和数控等众多交叉学科和领域。该关键技术主要进行的方法有如下两种。

（1）第一种方法：以三坐标测量机（CMM）或激光扫描测量仪为基础，在人为制定的测量规划原则的指导下，将一个复杂的自由曲面分成若干个拓扑结构为四边形边界的区域，在每个区域内按截面线进行测量，然后，对每个区域内的数据进行处理，转换为通用 CAD、CAM 系统可以接受的数学模型文件，完成产品的测量建模。

（2）另一种方法：主要通过非接触式激光扫描测量仪完成对物理模型的密集扫描，并将这些数据直接用于数控加工，或者经过对扫描数据的一系列处理，产生构造物体表面模型所需要的主要几何特征。根据这些几何特征，最终由通用的 CAD/CAM 系统建立实物的表面模型。

4. 原型 CAD 模型重建

运用 CAD 系统模型，将一些分割后形成的三维点云数据做表面模型的拟合，并通过各曲面片的求交与拼接获取零件原型表面的 CAD 模型。目的在于获得完整一致的边界表示 CAD 模型，即用完整的面、边、点信息来表示模型的位置和形状。只有建立了完整一致的 CAD 模型，才可保证接下来的过程顺利进行下去。

5. 特殊技巧的应用

在逆向工程技术中，进行逆向造型的过程中，往往有一些特殊技巧的使用有利于加快模型的建立与完善，如展开、抛物面的计算和特殊编程等。

6. 重建 CAD 模型的检验与修正

主要包括精度与模型曲面品质的检验与修正等方面。精度反映反求模型与产品实物差距的大小。该阶段的进程是：根据获得的 CAD 模型重新测量和加工出样品，来检验重建的 CAD 模型是否满足精度或者其他实验性能指标的要求，对不满足要求者重复以上过程，直至达到零件的设计要求。

目前，精度的评价没有统一的标准，但是根据通用的方式，可以在曲面品质评价时，采用控制顶点、曲率梳、反射线、高光线、等照度线和高斯曲率等方法，对曲面拼接连续性精度和曲面的内部品质进行评价。

1.3 逆向工程的应用

仿制、仿造已经成为了我国一部分企业的固定生产方式，针对市场热门产品的仿造品屡见不鲜，逆向工程的广泛应用在其中起到了不可忽视的作用。因此，下面介绍一些逆向工程技术的应用领域。

1. 对产品外形美学有特别要求的领域

由于此领域的要求特殊，所以设计师并不是按照传统的方式，先用 CAD 进行模型设计；而是首先制作全尺寸的粘土模型或者比例模型，然后利用逆向工程技术重建产品数字化模型。

2. 在航天航空、汽车等领域

为了满足各种复杂空气动力学，因此要设计符合要求的动力模型，必须借助逆向工程，转化为产品的三维 CAD 模型及其模具。例如，汽车后视镜的设计经过零件原形的数字化，获取零件的设计与加工特征，零件原形 CAD 模型的重建、重建 CAD 模型的检验与修正通过逆向工程的再设计，实现对后视镜的反设计，如图 1-3 所示。

3. 在损坏或磨损零件的还原领域

当零件损坏或磨损时，可以直接采用逆向工程的方法重构出 CAD 模型，对损坏的零件表面进行还原和修补。同时还可以修复破损的文物和艺术品。

当零件损坏或磨损时，可以直接采用逆向工程方法重构出 CAD 模型，对损坏的零件表面进行还原和修补。由于被测零件表面的磨损、损坏等会造成测量误差，这就要求逆向工程系统具有推理、判断能力，如对称性、标准尺寸、平面间的平行、垂直等特性，最后加工出零件。

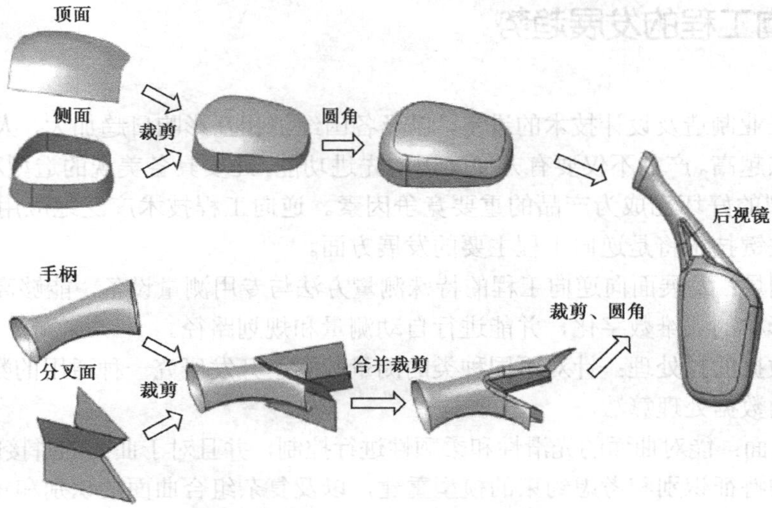

图 1-3　汽车后视镜的再设计过程

4. 在模具行业领域

在模具行业，通过逆向工程技术，将实物通过数据处理测量与处理产生数字化模型，并与实物相比较，通过反复修改原始设计的模具型面，达到优化产品的作用，并且可以大大节约成本。例如，利用高速数控铣床的扫描功能将顶盖表面数据化，测量中必须考虑测量探头的补偿。由于存在测量误差，对得到的数据应进行处理加工，包括去除坏点、补齐测量盲区数据、数据均化和平滑等。

5. 在快速原型设计领域

快速原型设计是指对人体的骨头、关节等的复制以及假肢制造等，要以人体为几何模型，再通过逆向工程技术进行反设计。

6. 在造型设计领域

造型设计包括立体动画、多媒体虚拟实景、广告动画等。

7. 在 RPM 领域

在 RPM 领域，通过逆向工程，可以方便地对快速原型制造的原型产品进行快速、准确的测量，找出产品设计的不足，并重新设计，经过多次设计可使产品完善。

8. 在层析 X 射线领域

通过层析 X 射线摄像法，产生生物体的外部形态，快速发现、度量和定位物体的内部缺陷，即可以无损探伤工业产品，为产品的检测与质量的提高提供重要的改进方法。

除了以上叙述的应用领域之外，在没有提及的其他方面也会有逆向工程技术应用的前景，并存在着巨大的潜能，这都有赖于将来人们的创造开发。

1.4 逆向工程的发展趋势

随着世界工业制造及设计技术的进步，以及各国经济相互影响日趋加大，人们对产品的各方面要求也越来越高。产品不仅要有方便实用的先进功能，还要具备美观的造型和个性的外观。而且外观和造型的好坏已成为产品的重要竞争因素。逆向工程技术广泛地应用在设计和制造中。下面一些关键技术将是逆向工程主要的发展方面。

（1）数据测量：发展面向逆向工程的特殊测量方法与专用测量设备，能够高速、高精度地实现产品几何形状的三维数字化，并能进行自动测量和规划路径。

（2）离散数据的预处理：针对不同种类的测量数据，开发研究一种通用的数据处理软件，完善改进目前的数据处理算法。

（3）拟合曲面：能对曲面的光滑性和柔顺性进行控制，并且对于曲面的拼接能光滑地进行。

（4）有效的特征识别和考虑约束的模型重建，以及复杂组合曲面的识别和重建方法。

（5）发展测量技术、模型重建技术、基于网络的协同设计和数字化制造技术，并将它们集成于逆向工程技术，从而更加完善逆向工程技术。

1.5 主流逆向工程软件介绍

1. Geomagic Studio

Geomagic Studio 是 Geomagic 公司的一款逆向软件，可根据任何实物零部件通过扫描点云自动生成准确的数字模型。Geomagic Studio 的 LOGO 如图 1-4 所示。作为自动化逆向工程软件，Geomagic Studio 还为新兴应用提供了理想的选择，如定制设备大批量生产、即定即造的生产模式以及原始零部件的自动重造。它可以输出行业标准格式，包括 STL、IGES、STEP 和 CAD 等众多文件格式。

图 1-4　Geomagic Studio 的 LOGO

2. RapidForm

RapidForm 是韩国 INUS 公司出品的逆向工程软件，RapidForm 提供了新一代运算模式，可实时将点云数据运算出无接缝的多边形曲面，使它成为 3D Scan 后处理之最佳化的接口。RapidForm 的 LOGO 如图 1-5 所示。RapidForm 能够提升工作效率，使 3D 扫描设备的运用范围扩大，并能改善扫描品质。

图 1-5　RapidForm 的 LOGO

RapidFormXO Redesign 允许用户捕捉实际物体的设计意图和设计参数，这些东西可能在制造过程中失去它们的定义特征或根本没有 CAD 模型。三维扫描技术和 RapidFormXO Redesign 给制造者提供了抽取实际物体的设计参数的自由和弹性。

3. CopyCAD

CopyCAD 是由英国 DELCAM 公司出品的功能强大的逆向工程系统软件，它能允许从已存在的零件或实体中产生三维 CAD 模型。CopyCAD 的 LOGO 如图 1-6 所示。该软件为来自数字化数据的 CAD 曲面的产生提供了复杂的工具。CopyCAD 能够接受来自坐标测量机床的数据，同时跟踪机床和激光扫描器。

图 1-6　CopyCAD 的 LOGO

它采用全球首个 Tribrid Modelling 三角形、曲面和实体三合一混合造型技术，集三种造型方式为一体，创造性地引入了逆向/正向混合设计的理念，成功地解决了传统逆向工程中不同系统相互切换、烦琐耗时等问题，为工程人员提供了人性化的创新设计工具，从而使得“逆向重构＋分析检验＋外型修饰＋创新设计”在同一系统下完成。

1.6 Imageware 中文版简介

1. 概况

随着科学技术的进步和消费水平地不断提高，许多其他行业也开始纷纷采用逆向工程软件进行产品设计。以微软公司生产的鼠标器为例，就其功能而言，只要有三个按键就可以满足使用需要，但是，怎样才能让鼠标器的手感最好，而且经过长时间使用也不易产生疲劳感却是生产厂商需要认真考虑的问题。因此微软公司首先根据人体工程学制作了几个模型并交给使用者评估，然后根据评估意见对模型直接进行修改，直至修改到大家都满意为止，最后再将模型数据利用逆向工程软件 Imageware 生成 CAD 数据。当产品推向市场后，由于外观新颖、曲线流畅，再加上手感也很好，符合人体工程学原理，因而迅速获得用户的广泛认可，产品的市场占有率大幅度上升。

Imageware 由美国 EDS 公司出品，后来被德国 Siemens PLM Software 公司所收购，现在并入旗下的 NX 产品线，是著名的逆向工程软件，广泛应用于航空航天和汽车制造工业，甚至在消费家电与模具的设计也有所涉及。它具有强大的数据处理、自由曲面造型和误差检测的能力，可处理几万乃至几百万的点云数据。

Imageware 采用 NURBS 技术，软件功能强大，易于应用。Imageware 对硬件要求不高，可运行于各种平台：UNIX 工作站、PC，操作系统可以是 UNIX、NT、Windows XP、Windows 7、Windows 10、Windows Server 及其他平台。Imageware 由于在逆向工程方面具有技术先进性，产品一经推出就占领了很大市场份额，如今仍以较稳定的速度增长。Imageware 逆向工程软件的主要产品：Surfacer 逆向工程工具和 Class 1 曲面生成工具；Verdict 对测量数据和 CAD 数据进行对比评估；Build it 提供实时测量能力，验证产品的制造性；RPM 生成快速成型数据；View 功能与 Verdict 相似，主要用于提供三维报告。Imageware 的总体截面如图 1-7 所示。

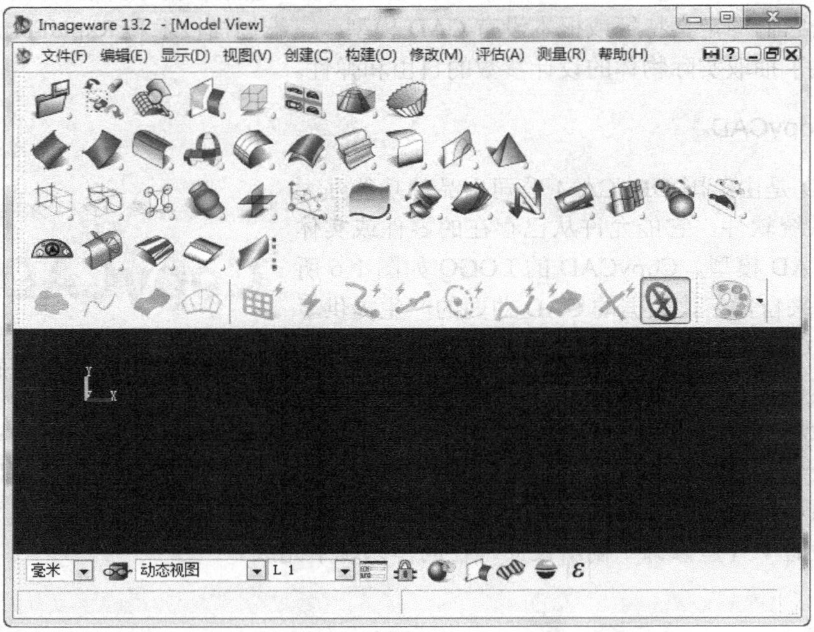

图 1-7　Imageware 的总体截面

Imageware 凭借新颖、完善的处理能力，可对产品的反设计提供众多的思路。它对曲面造型的超光滑处理与误差检测，吸引了更多的企业对它的重视。与其同时，该软件并不限制用户的创意想法，可以凭直觉随意地构思作品，并且提供了 3D 环境下快速的探究和评估。该软件同时提供了直接的数据交换能力和标准 3D、CAD 接口，允许用户很容易地将模型集成到任何环境。它的核心竞争力包括三维检测、高级曲面、多边形造型和逆向工程。因此，Imageware 特别适用以下情况。

（1）对现有零件工装等建立数字化图库。

（2）企业只能拿出真实零件而没有图纸，又要求对此零件进行修改、复制及改型。

（3）在汽车、家电等行业要分析油泥模型，对油泥模型进行修改，得到满意结果后将此模型的外形在计算机中建立电子样机。

（4）在模具行业，往往要用手工建模，修改后的模具型腔必须要及时反映到相应的 CAD 设计中，这样才能最终制造出符合要求的模具。

（5）在计算机辅助检验中得应用。

2. Imageware 模块

Imageware 的主要模块包括：基础模块、点处理模块、评估模块、曲线建模、曲面建模模块、多边形造型模块、检验模块和混合建模。

（1）Imageware 基础模块：包含诸如文件存取、显示控制及数据结构。

（2）Imageware 点处理模块：包含操作由扫描仪获得的点云数据的工具。这是一个非常独特的能力，Imageware 优化的处理方法可以非常好地处理大数据量问题。操作点数据对于用户是非常重要的，特别是在逆向工程或检验的首项任务中。用户可以拥有完全的自由度在大量的工具中进行选择，以完成清理、稀疏及检查点云的工作。Imageware 解决方案在点处理领域具有十几年的经验，用强大的功能证明了产品的成熟性。这些功能都经过特殊优化以实现真正的设计捕捉并处理大量数据集。

（3）Imageware 评估模块：包含定性和定量地评定模型总体质量的工具。高效的连续性管理工具能够保持各个实体之间的位置、切线和曲率条件关系，而偏差检查工具用于精确评估各个实体之间的差别。全面评估和检查整体模型质量能够有效扩展功能、提高性能，并缩短了上市时间和开发周期。

（4）Imageware 曲线建模模块：新的增强命令提供了一套更加完整的曲线创建功能，用于开发基于曲线的曲面。对于高质量和 A 级曲面处理任务而言，这极为重要。这些新的增强命令减少了创建曲线簇通常需要的重复，同时无限构造线和平面功能增加了创建新几何图形的准确性。无限构造元素可以用于剪切和交叉操作的辅助工具。另外，新添加的无限工作面等其他工具可以方便通用建模的操作。该工作面能够作为一个简图面，或者用于使曲面和曲线相交。

（5）Imageware 曲面建模模块：提供了完整的曲线与曲面建立和修改的工具，这包括扫掠、放样及局部操作用到的圆角、翻边及偏置等曲面建立命令。几何的编辑可以用多种方法实现。首先就是通过直接编辑曲线及曲面的控制点。这对于初始的黑屏设计、输入的遗留数据或有小局部需要修改的情况非常有用。作为控制点编辑工具的补充，新增了完整的针对曲线网络及相关结构的新的三维约束解算器。这些工具捕捉引起自动更新物体之间的关系，从而快速改善设计人员的效率。Imageware 曲面模块也提供功能强大的曲面匹配能力，这将允许将临近的曲面片在边界线或内部点上进行曲面位置、相切及曲率连续的处理，同时提供丰富的匹配选项可以精确控制结果。

（6）Imageware 多边形造型模块：能完美地适合模块及三角形数据的处理。作为单独运行的模块，它提供了处理任何大小的多边形模型的能力。举例来说，对于三维扫描数据的处理与分析，与传统过程相比可以节约大量时间（如从逆向工程到生成 Nurbs 曲面），它与点处理和曲面模块相结合，就会形成市场上极具竞争力的造型工具。

（7）Imageware 检验模块：针对检测，尤其复杂数字形状与物理样机的三维模型的检验。密集的点云由不同类型的扫描测量设备获得，用与数字描述与 CAD 模型的比较。

（8）Imageware 混合建模：通过这个混合建模的方法，能够采用更加先进的自由建模功能来捕捉复杂的形状，如果只有实体建模，则通常不能对这些复杂的形状进行建模。该集成环境的优势就是全灵活性和设计自由，并提供了无限可能——几乎可以对能想象到的任何形状进行建模。

小结

逆向工程技术作为现代制造业的一项重要技术，已经越来越被企业和市场认可并需要，本章简要介绍了这一技术领域的概况和实际应用环境，着重介绍 Imageware 软件，希望读者能通过本章学习，对逆向工程领域和 Imageware 这个软件建立一个相对清晰的认识。

第 2 章

基础操作

本章将向读者介绍 Imageware 软件的基本操作，主要内容包括用户界面、鼠标操作、常用菜单及工具条、常用快捷键等。

2.1 用户界面

打开 Imageware 后进入用户界面，如图 2-1 所示。

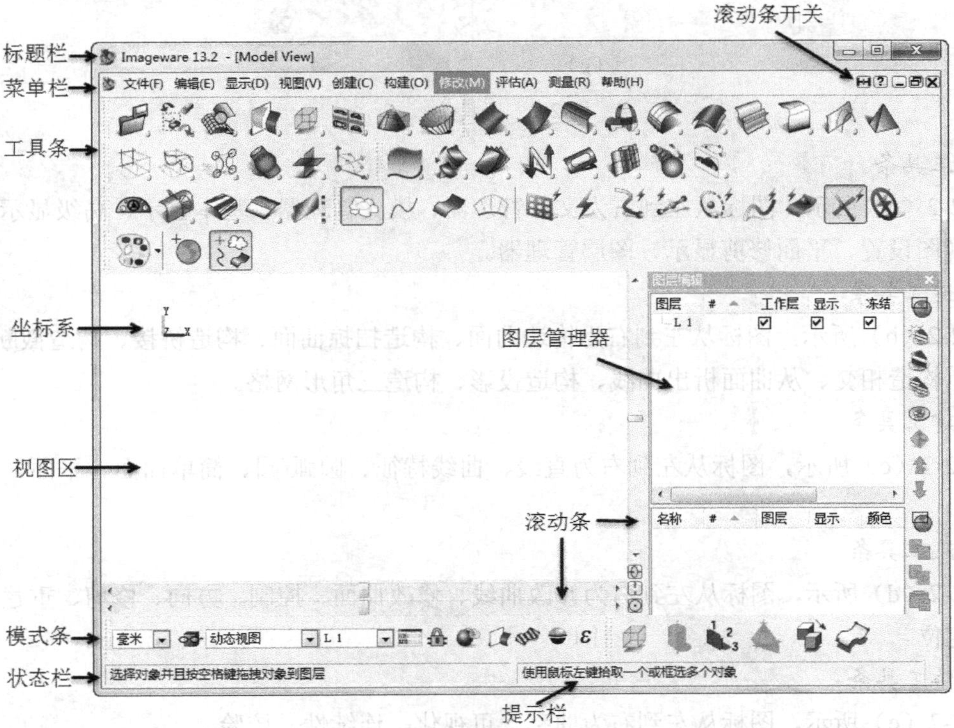

图 2-1　用户界面

1. 标题栏

显示软件名称、版本及打开文件名称等信息。

2. 菜单栏

Imageware 中所有功能均可在菜单栏中找到，详情见 2.3 节。

3. 工具条

工具条是访问菜单栏中命令的一种快捷方式，在工具条中包含有 Imageware 大多数常用功能，各工具条如图 2-2 所示。工具条中每个图标下都会有浮动工具条显示，浮动工具条中包含该图标下的每一个功能。

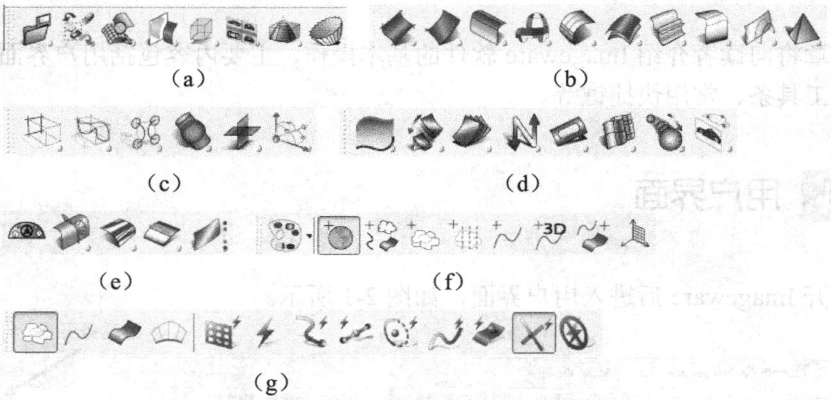

图 2-2　工具条

1）主工具条

如图 2-2（a）所示，图标从左到右为文件管理器、模式管理器、基本显示、高级显示、变换方式、视图设置、平面修剪显示、图层管理器。

2）构造工具条

如图 2-2（b）所示，图标从左到右为构造曲面、构造扫掠曲面、构造桥接、构造截断面、构造偏置、构造相交、从曲面析出曲线、构造投影、构造三角形网格。

3）创建工具条

如图 2-2（c）所示，图标从左到右为直线、曲线特征、圆弧/圆、简单曲面、平面、坐标系统。

4）修改工具条

如图 2-2（d）所示，图标从左到右为修改曲线、修改曲面、控制、方向、修剪、重建、对象位置、定位。

5）评估工具条

如图 2-2（e）所示，图标从左到右为曲率、可视化、连续性、校验。

6）交互过滤器工具条

如图 2-2（f）所示，此工具条根据当前选择的对象不同，将显示不同的对象。选择其中某个图标时，在图层管理器中将只保留图标对应的对象，将其他对象过滤。

7）捕捉工具条

如图 2-2（g）所示，图标从左到右为捕捉点云、捕捉曲线、捕捉曲面、捕捉曲率梳图、捕捉网格、捕捉位置、捕捉端点、捕捉中点、捕捉圆心、捕捉曲线、捕捉曲面、捕捉交点、捕捉无效。

4. 自定义工具条

在工具条空白处单击右键，即可创建自定义工具条。在系统默认的情况下，该工具条位于用户界面的右下角空白处，如图 2-3 所示。

图 2-3　自定义工具条

当要在自定义工具条中添加功能时，右击自定义工具条，选择从菜单中增加项目，然后在菜单中选取所需要的功能即可，或者用鼠标中键按住工具条中的图标并拖到自定义工具条中。

5. 坐标系

Imageware 中的坐标系分为方位坐标系、世界坐标系和用户创建的工作坐标系。

方位坐标系位于视图区的左上角，是用来显示对象移动及旋转方向；世界坐标系是系统的固定参考坐标系；工作坐标系是用户通过【创建】→【坐标系】→【创建命令】来任意创建的坐标系。

在图层管理器中单击坐标系，其中可以选择世界坐标系或者工作坐标系，如图 2-4 所示。单击显示选项，即可设定当前坐标系的坐标。激活后的坐标系在视图区中三个坐标轴全部变为红色。方位坐标系的方向与当前被选中的工作坐标系一致。

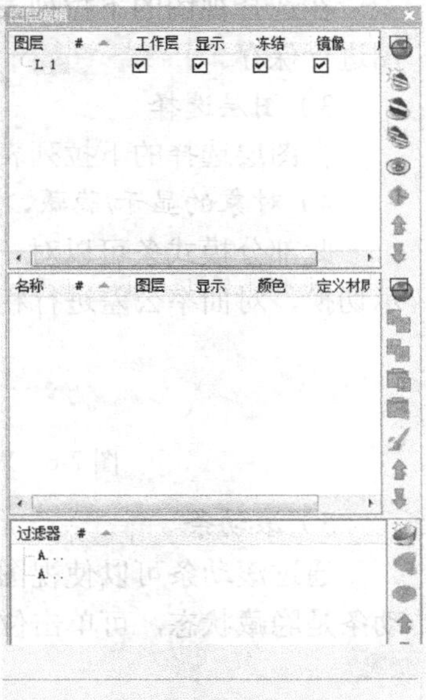

图 2-4　坐标系

6. 视图区

视图区是用户的工作区域，对象在该区域显示及编辑。

7. 模式条

模式条的各个模块如图 2-5 所示，各部分功能从左到右分别如下。

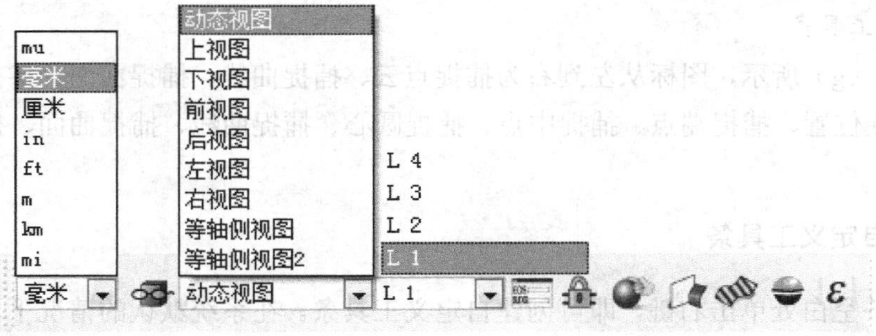

图 2-5　模式条的各个模块

1）单位选择

在 Imageware 中，软件不能自动识别文件的单位，因此需要用户自行进行单位的选择。在模式条中单击单位选择处的下拉列表框，选择所需的单位即可进行单位设置。

2）选择视图及保存视图

在选择视图的下拉列表框中选择相应的视图即可进行显示。单击保存视图，即可对当前视图进行保存。

3）图层选择

在图层选择的下拉列表框中选择相应的图层即可选为工作图层。

4）对象的显示/隐藏、形状改变及曲率公差的相对/绝对切换

此部分模式条可以对一些常用的对象进行显示/隐藏的切换操作、对文件进行压扁/正常显示切换、对曲率公差进行相对/绝对切换，如图 2-6 所示。

图 2-6　对象的显示/隐藏、形状改变及曲率公差的相对/绝对切换

5）滚动条

通过滚动条可以使视图沿着 *X* 轴、*Y* 轴、*Z* 轴方向旋转或移动。在系统默认的情况下，滚动条是隐藏状态，可单击位于右上角的滚动条开关来显示，如图 2-7 所示。

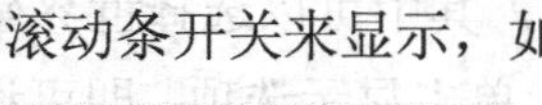

图 2-7　滚动条开关

3 个滚动条的功能如下：

- 红色滚动条：绕 *X* 轴旋转或沿 *Y* 轴移动；
- 绿色滚动条：绕 *Y* 轴旋转或沿 *X* 轴移动；
- 蓝色滚动条：绕 *Z* 轴旋转或沿 *Z* 轴移动。

滚动条的使用方法如下。

（1）对视图中的对象进行操作，当对象处于移动/旋转时，滚动条相应的会处于移动/旋转状态。

（2）单击滚动条任意一边的箭头，可以实现小范围移动或小角度旋转。

（3）单击滚动条彩色部分，可以实现大范围移动或大角度旋转。当处于旋转状态时，每次

单击可以使对象旋转 10°。

（4）旋转状态时，将滚动条按钮拖到尽头可使对象旋转 90°。

（5）单击滚动条右下角的图标，可以手动输入数值使对象进行精确的旋转或移动。

8. 状态栏及提示栏

提示栏用于显示当前的操作内容，状态栏用于显示当前的系统信息或图形的状态。提示栏中的内容十分重要，其中的内容将提示用户下一步应该如何去做。学会看提示栏中的提示，就不用死记硬背各个操作步骤，可以大大降低初学者学习软件的难度，提高学习效率。

2.2 鼠标使用

在 Imageware 中需要使用三键鼠标，在此软件中三键鼠标被给予了重要的功能。熟练使用鼠标将会大大提高工作效率。下面将分别对鼠标左键、中键、右键功能做详细阐述。

1. 鼠标左键

鼠标左键用于选择集合体、拖动对象及选择菜单、工具条及对话框中的命令等，常用功能如下。

（1）在视图区按住“Shift+鼠标左键”不放，鼠标指针变为旋转状态，此时拖动鼠标可以对视图进行旋转操作。

（2）在视图区中选择相应的对象。

（3）选择工具栏中的图标，按住鼠标左键即可得到该图标下包含的浮动工具条。保持按住鼠标左键的状态，移动鼠标至需要的图标上，然后释放左键即可执行该功能或弹出相应的对话框。

（4）在对话框命令中，单击对象名称或视图区中对应的位置，即可选中该对象。

（5）在图层管理器中，拖动对象或图层至另一个图层，可以将对象从一个图层移到另一个图层或将两个图层合并。

2. 鼠标中键

鼠标中键一般用来执行命令，常用功能如下。

（1）在视图区按住“Shift+鼠标中键”不放，上下移动鼠标，即可对视图进行缩放。在默认的情况下，向上移动鼠标为缩小视图，向下移动为放大视图。

（2）在视图区按住“Shift+鼠标中键”不放，左右移动鼠标，即可对视图进行旋转，旋转轴垂直于视图。

（3）在对话框模式下，单击鼠标中键，相当于单击对话框中应用按钮。

（4）在创建自定义工具条时，可以按住鼠标中键将工具条中的图标拖到自定义工具条中。

3. 鼠标右键

Imageware 中，鼠标右键功能十分强大，根据鼠标所选对象的不同，右键显示的内容也不同，常用功能如下。

（1）在视图区按住“Shift+鼠标右键”不放，移动鼠标即可对视图进行移动。

（2）在工具栏空白处右击时，将弹出浮动菜单，内容包括显示/隐藏各工具条、创建自定义工具条等，如图 2-8（a）所示。

（3）在对话框中某一位置右击时，将弹出帮助选项。选择后即可弹出该位置的帮助说明，如图 2-8（b）所示。

（4）在图层管理器中右击时，将弹出对图层进行各项操作的浮动菜单，如图 2-8（c）所示。

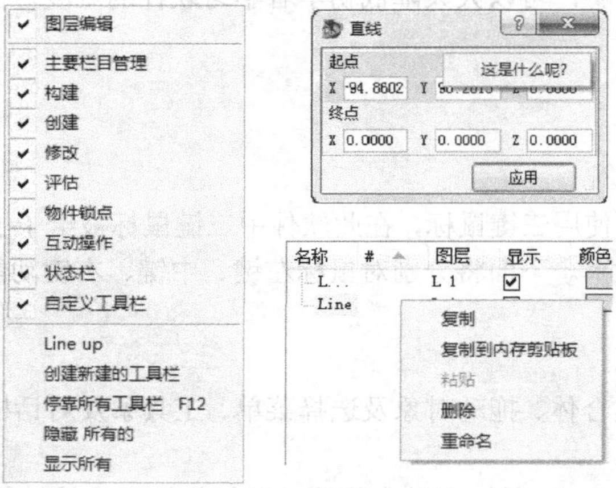

图 2-8　鼠标右键菜单

（5）在视图区中单击鼠标右键，在不同区域会弹出不同的浮动工具条。在视图空白处右击，会显示出一项常用的功能，如重做、旋转视图、非比例缩放、镜像显示、撤销、全屏显示、边框放大、平移视图。视图区在对象不同的位置上，如点云、曲线、曲面、约束、坐标系、群组，单击右键会弹出相应位置的常用功能，如图 2-9 所示。

（a）视图空白处　　（b）点云处　　（c）曲线处

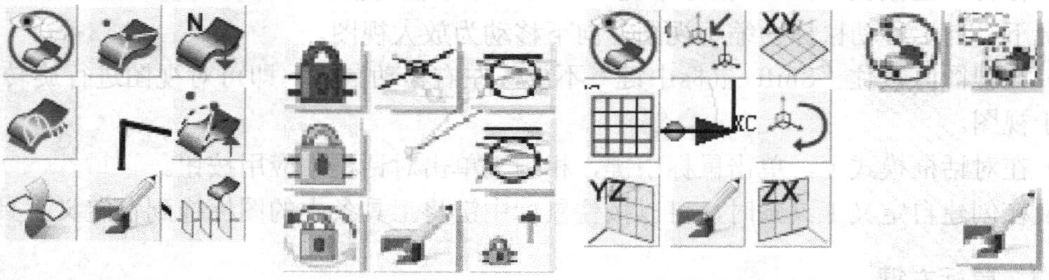

（d）曲面处　　（e）约束处　　（f）坐标系处　　（g）群组处

图 2-9　在视图区中单击鼠标右键

2.3 菜单栏

Imageware 中共有 10 个主菜单，每个主菜单下又有很多子菜单。菜单中包含了 Imageware 中所有的功能。对于初学者没有必要将菜单中的全部功能记住才开始使用，只要有一个整体的印象，然后边学边用，在实践中更好地理解和掌握软件的使用。

2.3.1 文件

文件菜单提供文件管理功能。打开、保存、另存为及退出与其他 Windows 下的软件相似，在此不做详细阐述。

注 意

（1）Imagware 中可以读入大约 40 种不同的数据类型，如 IMW/IGS/STL/ASC/CDD/AST 等。

（2）在造型过程中，每隔一段时间就应保存一下当前文件，以免由于操作失误或死机等原因造成文件信息的丢失。

1. 复制屏幕

此菜单下有以下三个选项。

（1）屏幕转存（快捷键是 Ctrl+P）：此功能将视图区中的内容直接保存为常见的图片格式，如 BMP/JPG/PNG 等。

（2）输出 PDF：此功能将图形导出为 PDF 格式的标准 CAD 图。

（3）复制至剪贴板：此功能将视图区内容复制到剪贴板中，用户可以在其他支持剪贴板功能的软件中直接粘贴使用。

2. 显示日志

日志中提供了软件的历史状态、软件版本、文件创建及保存日期等信息，如图 2-10 所示。

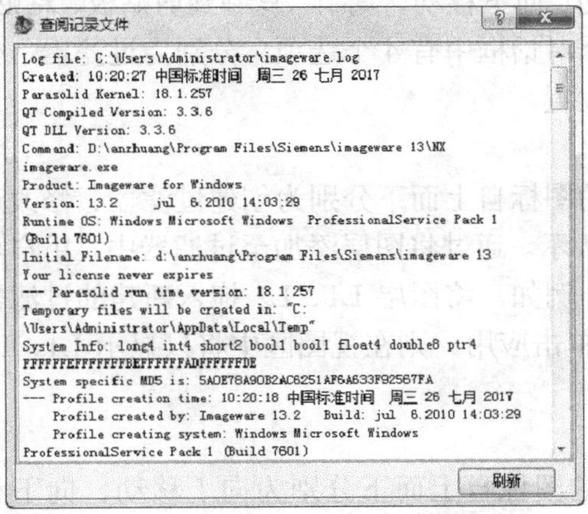

图 2-10 日志导入

此菜单下有两个选项。

（1）草图平面：此功能可以将其他软件中绘制的平面图形或图片导入到 Imageware 中，并调节草图的大小，如图 2-11 所示。

（2）图像文件：此功能可以将平面图像转换成点云，如图 2-12 所示。

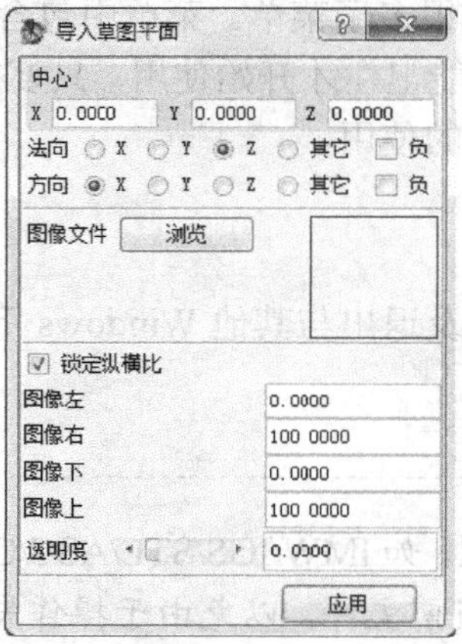

图 2-11　草图平面

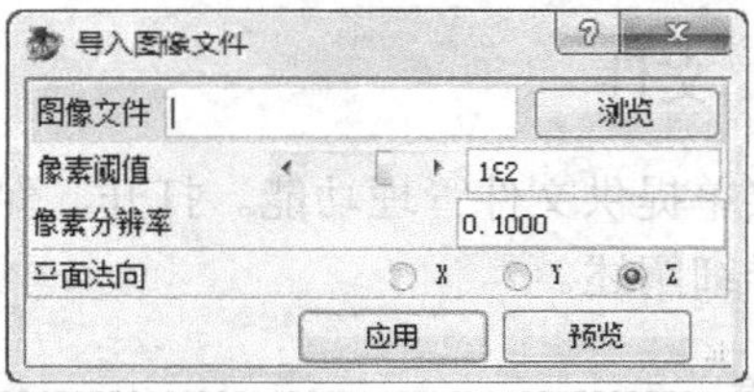

图 2-12　图像文件

2.3.2　编辑

编辑菜单提供了编辑修改部分文件的功能。

撤销、重做、剪切、复制、粘贴与其他 Windows 下的软件相似，在此不做详细阐述。

1. 图层管理器

打开后，图层管理器位于视图区右侧，如图 2-13 所示。

第一个对话框显示的是所有图层，右侧 6 个图标自上而下分别为向上移动、向下移动、新建图层、图层显示切换、复制图层、删除图层；第二个对话框显示的是选中图层内的对象，右侧 7 个图标自上而下分别为向上移动、向下移动、复制、复制到剪贴板、粘贴、删除、切换显示；第三个对话框中有 4 个选项，分别为过滤器、坐标系、工作平面、视图位置。

1）过滤器

过滤器对话框右侧的图标自上而下分别为创建过滤器、修改过滤器、删除，如图 2-14 所示。通过将图层添加至过滤器中，用户可以根据需要将图层分类。例如，将图层 L1、L2 拖入新建的过滤器 Filter 中，选中 Filter 后单击应用，则在视图区中将只显示 L1、L2 中的内容。

2）坐标系

坐标系对话框右侧的图标自上而下分别为向上移动、向下移动、删除、激活，如图 2-15 所示。在此对话框中可以显示或隐藏世界坐标系和创建的坐标系，也可以激活一个坐标系使之成为当前工

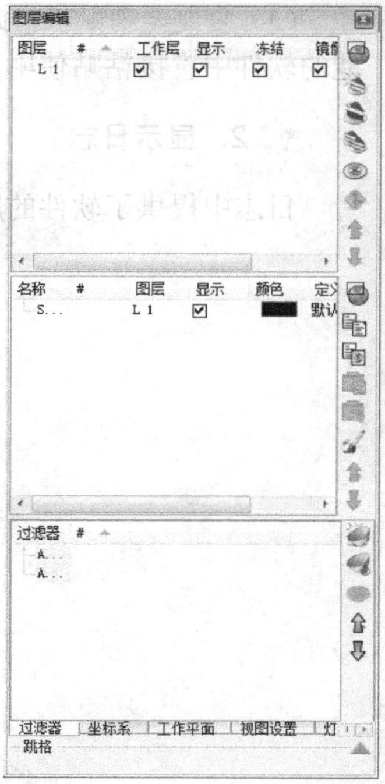

图 2-13　图层管理器

作坐标系。

3）工作平面

工作平面对话框右侧的图标自上而下分别为向上移动、向下移动、删除、激活，如图 2-16 所示。在此对话框中可以显示或隐藏用户创建的工作平面。

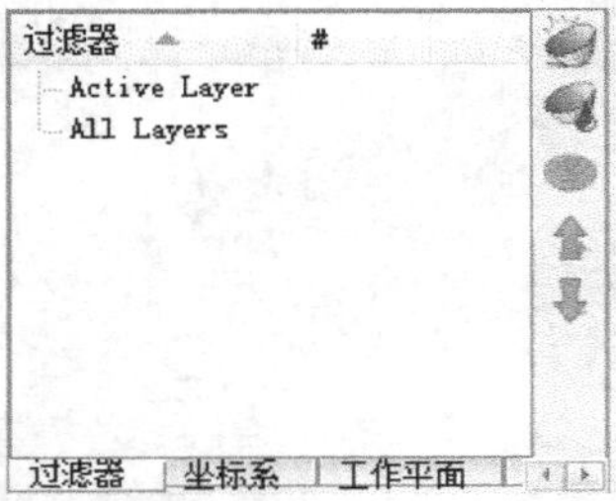

图 2-14　过滤器

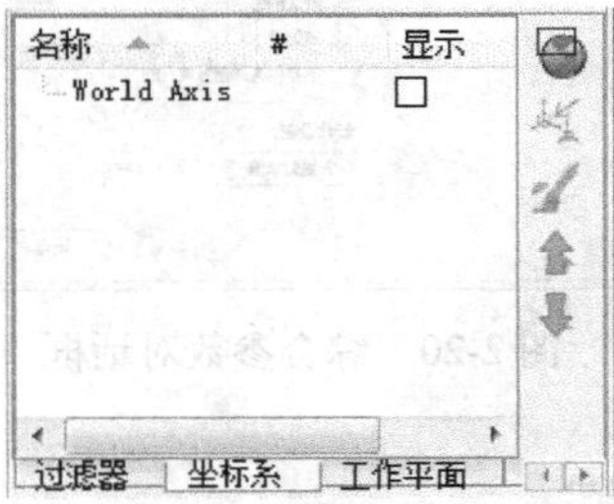

图 2-15　坐标系

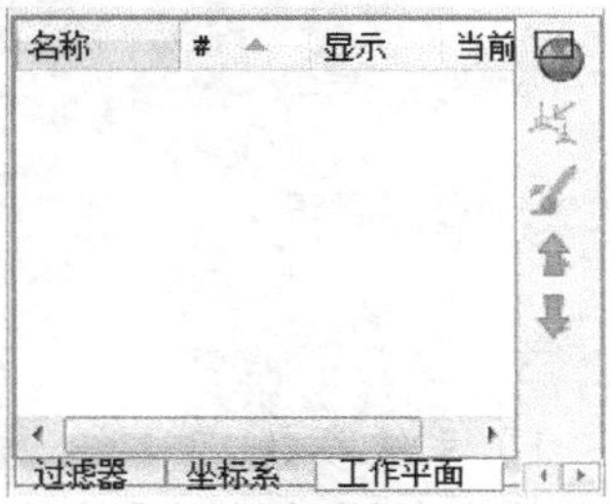

图 2-16　工作平面

4）视图

视图对话框右侧的图标自上而下分别为保存系统视图、保存视图文件、删除、改变视图，如图 2-17 所示。在此对话框中可以切换不同视图，也可以切换自定义视图。

2. 创建/拆分组

选择创建组，出现创建组对话框，如图 2-18 所示，快捷键为 G。在此对话框中可以将几个分散的对象创建为一个组。创建成功后，即可对组中所有对象进行统一的操作。

拆分组可以将组重新拆分为分散的对象。拆分组快捷键为 Shift+U。

3. 改变对象名称

选择“改变对象名称”出现相应的对话框，如图 2-19 所示，其快捷键是 Ctrl+N。

在列表中选择需要修改的对象，在新建名称中输入新的名字，单击应用或鼠标中键即可修改。

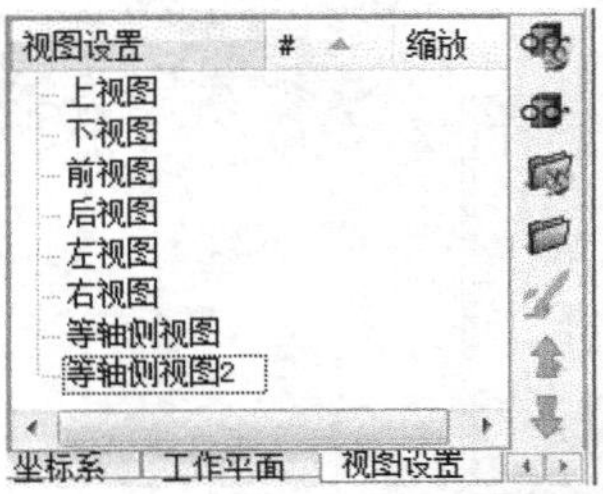

图 2-17　视图

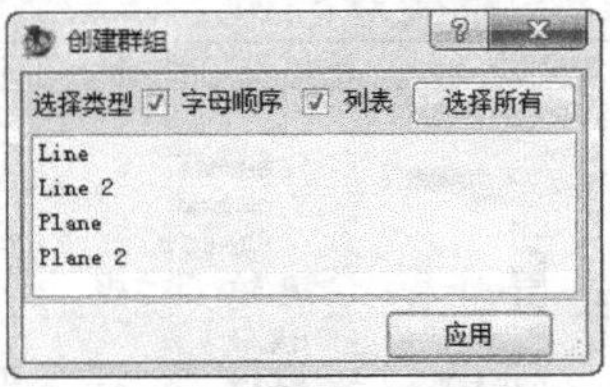

图 2-18　创建组

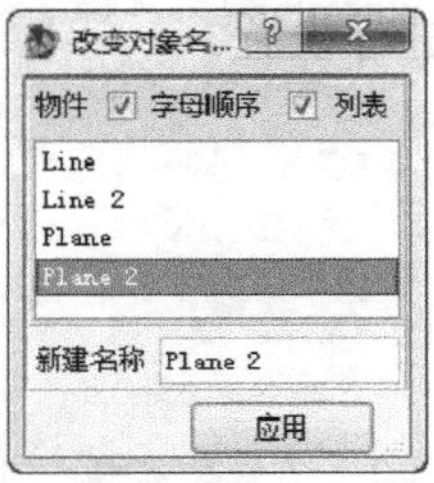

图 2-19　改变对象名称

4. 综合参数

在 Imageware 中，用户可以根据自己的需要对软件的功能进行设置。功能设置都是在综合参数对话框中完成的。

打开“综合参数”选项，弹出如图 2-20 所示的对话框，在该对话框中对所需要的功能进行设置。

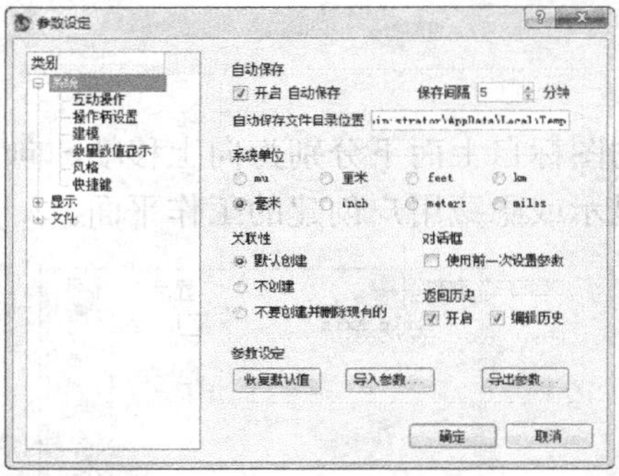

图 2-20　综合参数对话框

1）系统参数

单击左侧对话框系统按钮，即可显示出如图 2-20 所示的设置选项。在这里可以设置自动保存时间、保存位置，系统默认单位，设置系统关联性，恢复默认值等。

单击系统左侧“+”时，显示出系统参数的其他选项。

（1）交互操作：设置交互操作，出现的对话框会有最大数、选取范围、操作延时等参数。

（2）操作柄设置：设置各种操作柄的显示颜色和像素。

（3）评估：设置曲率梳和截面的参数。

（4）建模：主要设置参数的公差。

（5）用户信息：设置用户的具体信息。

（6）数值显示：设置有效数字或小数点后数字位数。

（7）风格：设置 Windows、图标尺寸和色彩拾取的风格。

（8）快捷键：在这里可以查看默认快捷键，也可以重新设置快捷键。

2）参数设定

单击左侧对话框的显示按钮，即可显示出如图 2-21 所示的设置选项。单击系统左侧“+”时，显示出参数设定的其他选项。在这些选项中可以设置关于显示的相关参数，如创建点、线、面、组时系统的默认值，主要包括色彩、尺寸、间距、曲率半径、公差和字体等。用户可以根据需要进行设置。

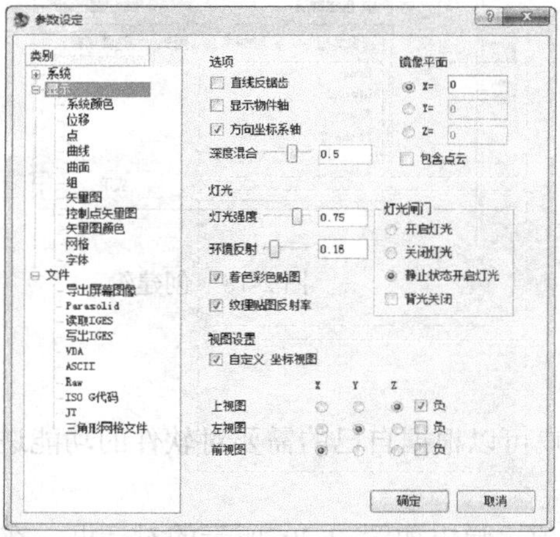

图 2-21　显示及文件参数

3）文件参数

单击左侧对话框上的文件按钮，即可显示出如图 2-22 所示的设置选项。单击系统左侧“+”时，显示出文件参数的其他选项。在这些选项中可以设置读写文件时的一些参数。

2.3.3 显示和观察

在显示菜单中包括对不同对象的显示/隐藏功能，如点、线、面、组等。Imageware 中提供了 8 个标准视图，用户也可以根据自己的需要自行调整视图，包括旋转、移动、缩放、设置网格等。

2.3.4 创建/构造/修改/评估/测量

在此简单地介绍一下这些菜单的功能，详细阐述请见以后章节。

（1）创建是构造的第一步，通过创建菜单可以创建用户所需的各种对象。

（2）构造是通过已有对象之间的相互关系来构造新的对象。

（3）为了达到预期目标，必须对某些创建或构造的对象进行修改，修改菜单提供了丰富的修改功能。

（4）评估菜单包括一些用来分析曲线、曲面的曲率、连续性及与目标点云的偏差等命令。

（5）测量菜单主要是测试和显示对象之间的差异及距离的测量等。

2.3.5 帮助

Imageware 中提供了两种系统帮助：在线帮助和“这是什么”帮助。

（1）在线帮助：在线帮助包含了软件所有的图标和命令的使用说明。单击帮助菜单中的命令参考即可获得在线帮助。

（2）“这是什么”帮助：单击右上角“？”按钮，再单击想要了解的图标，即可获得相关功能的帮助说明。用户在打开对话框时，右键相应的位置也可获得该位置相关的帮助说明，如图 2-22 所示。

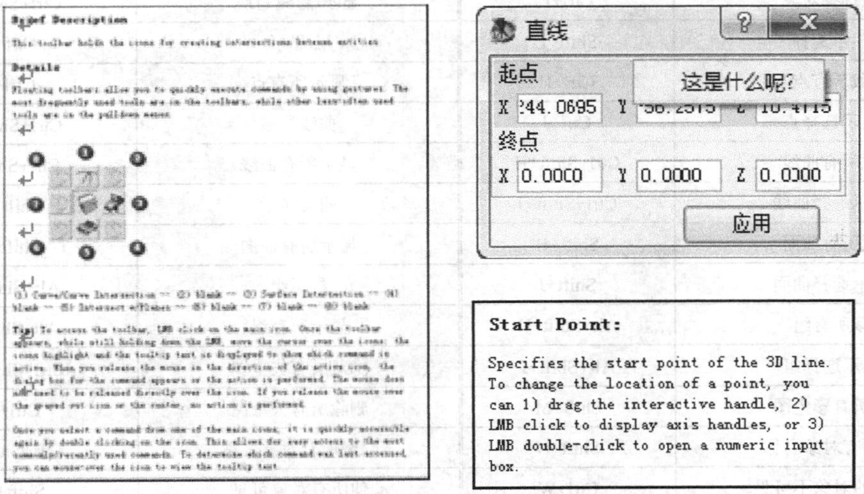

图 2-22 “这是什么”帮助

2.4 常用快捷键

快捷键是提高工作效率的一种重要手段。熟练使用快捷键可以使用户减少选择菜单及工具条的时间。初学者无须死记硬背所有的快捷键，可以在后续的操作中，通过实践将常用的快捷键熟练掌握。下面列出了常用的一些快捷键，如表 2-1 所示。用户也可以在【编辑】→【综合参数】→【系统设置】的子菜单中查看或修改快捷键。

表 2-1 常用快捷键汇总

文件快捷键			
功能	快捷键	功能	快捷键
打开文件	Ctrl+O	保存文件	Alt+S
屏幕转存	Ctrl+P	退出	Alt+X
编辑快捷键			
功能	快捷键	功能	快捷键
全局捕捉器开关	A	创建组	A
拆分组	Shift+U	撤销	Ctrl+Z
重做	Shift+Z	取消变换	Ctrl+Shift+U
重复上一步操作	Ctrl+Shift+Z	删除所有	Ctrl+U
剪切	X	复制	C
粘贴	Ctrl+V	改变对象名称	Ctrl+N
显示快捷键			
功能	快捷键	功能	快捷键
隐藏选择对象	Ctrl+L	显示/隐藏切换	Ctrl+Shift+K
只显示选择	Shift+L	点显示	Ctrl+D
隐藏所有点	Ctrl+H	显示所有点	Ctrl+S
只显示选择点	Ctrl+J	曲线显示	Ctrl+Shift+D
隐藏所有曲线	Ctrl+Shift+H	显示所有曲线	Ctrl+Shift+S
只显示选择曲线	Ctrl+Shift+J	曲面显示	Shift+D
隐藏所有曲面	Shift+H	显示所有曲面	Shift+S
只显示选择曲面	Shift+J	显示组	Alt+Shift+D
隐藏所有组	Alt+Shift+H	显示所有组	Alt+Shift+S
只显示选择组	Alt+Shift+J	隐藏所有矢量图	Ctrl+Shift+M
隐藏所有彩色图	Shift+M	删除所有矢量图	Ctrl+M
显示所有对象名称	Shift+N	隐藏所有对象名称	Ctrl+Shift+N
使选择的对象不可见	Ctrl+W	使所有对象可见	Shift+W
使选择的对象可见	Ctrl+Shift+W	透视	Shift+V

续表

视图快捷键			
功能	快捷键	功能	快捷键
全屏显示	Ctrl+F	单一视图显示	Ctrl+1
标准四视图显示	Ctrl+4	汽车四视图显示	Alt+4
上视图	F1	下视图	F2
左视图	F3	右视图	F4
前视图	F5	后视图	F6
等轴侧视图 1	F7	等轴侧视图 2	F8
非比例放大	Shift+A	重设非比例缩放	Ctrl+Shift+A
创建快捷键			
功能	快捷键	功能	快捷键
创建点	Shift+P		
构造快捷键			
功能	快捷键	功能	快捷键
自由曲面	Shift+F	平行点云截面	Ctrl+B
曲面截面	Shift+B	自由曲线	Ctrl+Shift+F
修改快捷键			
功能	快捷键	功能	快捷键
分割曲线	Ctrl+Shift+K	分割曲面	Shift+K
修剪曲面区域	Ctrl+T	还原修剪	Shift+T
拾取删除点	Ctrl+Shift+P	反转扫描线	Ctrl+R
反转曲线方向	Ctrl+Shift+R	反转曲面方向	Shift+R
评估快捷键			
功能	快捷键	功能	快捷键
反射直线	Ctrl+E	高光直线	Shift+E
镜像直线	Ctrl+Shift+E	截面相切	Alt+Shift+E
曲线间连续性	Ctrl+Shift+O	多重曲面间连续性	Shift+O
测量快捷键			
功能	快捷键	功能	快捷键
点云与多重点云偏差	Ctrl+Q	曲线与点云偏差	Ctrl+Shift+Q
曲面与点云偏差	Shift+Q		

注 意

一般情况下，快捷键中 Ctrl 键为点的过滤键；Ctrl+Shift 组合键为曲线的过滤键；Shift 键为曲面的过滤键。

小结

本章介绍了 Imageware 的基础功能应用，是软件入门的基础，其中介绍的很多快捷键和操作都会在实际应用中得到广泛使用，读者可以先做一个大致的了解，这样对以后使用软件时会感到方便很多。

第 3 章

点云处理

3.1 点云预处理

3.1.1 读入点云

该软件与大多数用户用的软件不大相同，例如，CAD、Inventor 软件可以创建一个全新的工程，然后再对该工程进行自己的创作，但是，Imageware 并没有这种功能，它只能打开一个点云文件，而要读取该文件，就得存在一个已经打开的视窗。点云文件的预设格式为*.imv，如要打开其他格式的文件，可以在打开文件的对话框下方选择文件格式。

注 意

需要说明的是 Imageware 无法打开中文名称的文件夹内的文件，即要把你的文件保存在全英文路径下的盘符中。

前面已经介绍了点云数据的获得方式有：接触式和非接触式。这两种方法的使用可根据用户的实际情况来选取，如精度需求以及经济实力的考虑等，这里不再赘述。

3.1.2 点云设置

用户可以通用【编辑】→【参数设定】来设置各种参数的默认值。用户可以通过【编辑】→【参数设定】→【显示】进行点云参数的设置。

选择【编辑】→【参数设定】→【显示】→【点】命令，出现的对话框如图 3-1 所示。

在该对话框中，用户可以设定与点相关的各种参数，其中主要包括四大块：点参数设置、点云参数设置、扫描线参数设置、三角形网格化点云参数设置。

1）颜色的设定

在这四大块中都有颜色的设置选项，用户可以根据使用习惯设定相应的颜色。

2）点参数设置

在点参数设置的选项组中，在点的下拉菜单中可以指定系统默认的分散点的显示模式，这些模式只有在点分散的情况下才有效显示出来，这里提供了 9 种显示方式：点、十字号、x 型、圆、实心圆、空心方、实心方、空三角、实三角。

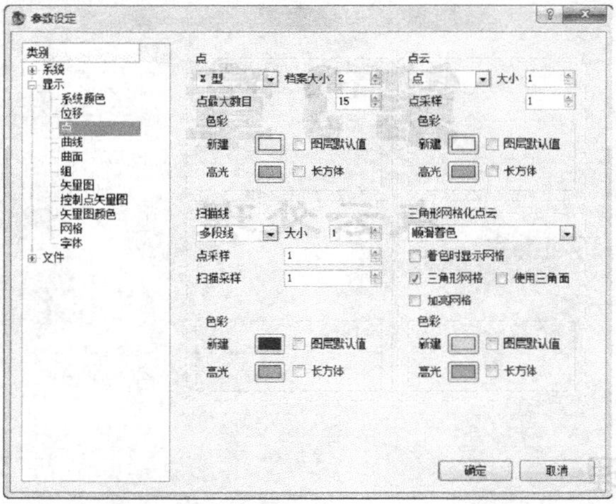

图 3-1　点显示模式参数设置

用户也可以同时修改点云的尺寸，可以在尺寸中微调选择的显示点的尺寸，选择范围为 1～50。用户可以根据自已视觉喜好来设置，如图 3-2 所示。

3）点云参数设置

点云的参数设置与点的参数设置类似，同样有着 9 种点的参数显示模式，用户可以选择其中一种作为默认值，也可以设定点的大小。用户也可以同时修改点云的尺寸，可以在尺寸中微调选择显示点的尺寸，选择范围为 1～50。该设置里有一个非常实用的功能，用户用测量设备扫描出来的点云资料，点数一般都是相当多的，显示密度也相当大，因此在显示时，会导致显示速度的降低。此时，用户可以利用这项功能，选择适当的显示密度。例如，选择 2 则为每两个点显示成一个，选择 3 则每 3 个点显示成一个，如图 3-3 所示。

4）扫描线参数设置

扫描线的显示模型包含有 10 种，其中 9 种与上面提到的完全一样，增加了多段线显示模式。扫描线还包含有尺寸设置、点扫描采样、色彩设置等。原理与点参数设置中的尺寸设置一样，可以设置点云密度的显示模式，范围为 1～32，如图 3-4 所示。

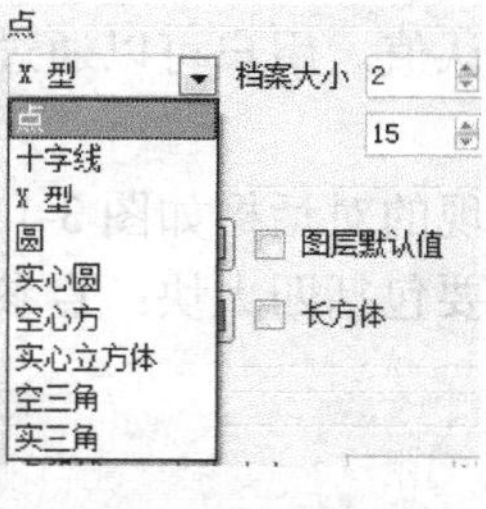

图 3-2　点参数的设置

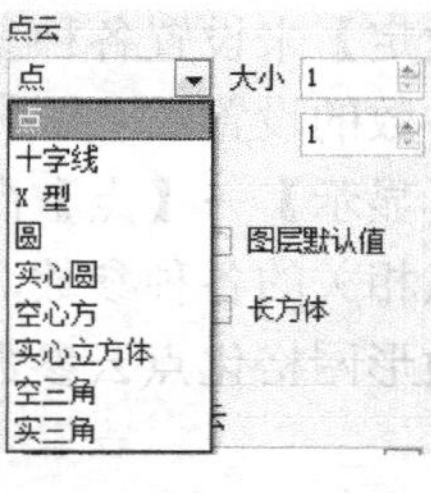

图 3-3　点云参数设置

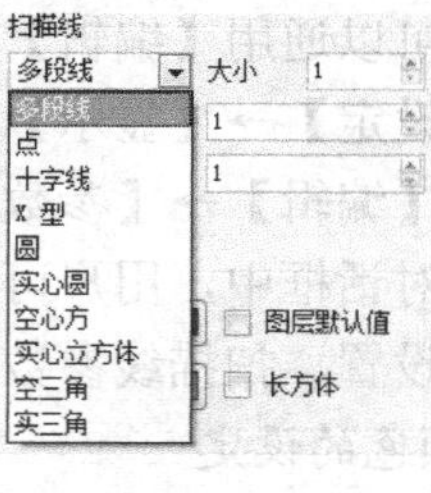

图 3-4　扫描线参数设置

5）三角形网格化点云

三角形网格化点云有三种模式可以选择：三角形网格化、平面着色、平滑着色。同时，还可以对色彩与高光进行设置。

6）三角形网格化

该功能主要是用三角网格显示点云，可以通过 Polygonize 运算显示出来，即用【构建】→

【三角形网格化】→【点云三角形网格化】来实现。

7）平面着色

点云资料以三角形网格的平光着色方式显示，着色根据每个多边形的法线方向和照明设备的规格来定。实现的前提是经过 Polygonize 运算。

8）平滑着色

点云资料以三角形网格的反光着色方式显示。该功能可以很快地分辨点云资料的外观形状，但会增加显卡的负荷，降低执行的速度。该功能的实现得经过 Polygonize 的运算。

在对点的参数设置时，除了上述的设定方法外，还可以通过选择菜单栏中的显示来实现，即【显示】→【点】→【显示】命令，在打开的“点显示”窗口中设定点云显示模式，如图 3-5 所示。在该对话框中，也可以选择某个点云，然后设置它的显示模式。

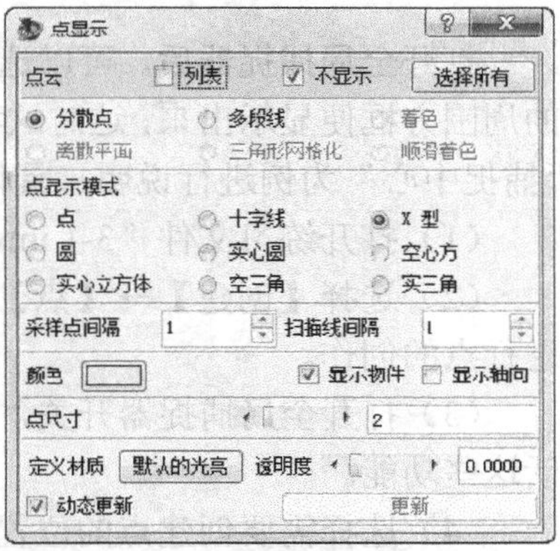

图 3-5 点显示对话框

在该对话框中的功能与前面叙述的参数设置一样，对于用哪种方式进行设置，这取决于用户的喜好与习惯，因此，对于这些功能在这里就不赘述了。

3.2 生成点云

点的生成可以通过多种途径实现。在 Imageware 中点的生成途径主要包括两个：一个是使用【创建】→【点】命令，快捷键是“Shift+P”，另一个是通过使用【构建】→【点】命令中的各种方式得到点云数据。

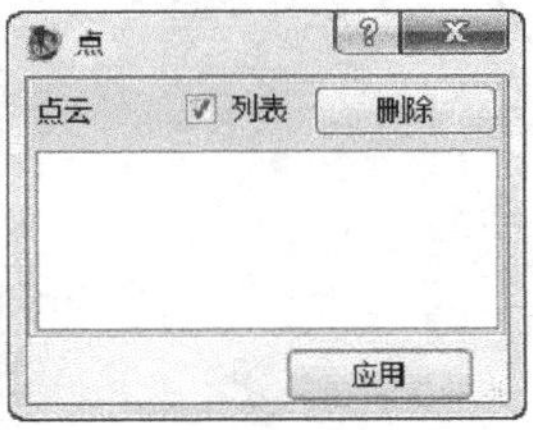

图 3-6 创建点对话框

3.2.1 创建点

使用菜单命令【创建】→【点】（快捷键是“Shift+P”），执行创建点的命令，得到如图 3-6 所示的对话框。

注 意

可以在视图的工作区内任意单击便可以生成一些点，单击“应用”就能将一次性创建的点作为一个点云，系统会自动命名为 Cld。第二次生成的那批点就会自动命名为 Cld2，并且以此类推。

在单击“应用”前，用户也可以选择是否要“点选封闭”，意思就是“清除全部”刚刚所希望创建的点，当对创建的点不满意时，这个功能可以给用户提供方便。

上面创建的点所在的空间位置是随着视图的变化而变化的。例如，上一些视图中，若点选在同一个平面内，如 X-Y 平面中，那么它们的 Z 坐标均为 0。当然在选择创建点的对话框中，还可以选上“列表”选项，那么可以看到每个点的空间坐标，同时也能对这些点进行删除操作。

一般来说，在创建点形成点云时，大多数会和全局捕捉器结合起来用。全局捕捉器对话框如图 3-7 所示。

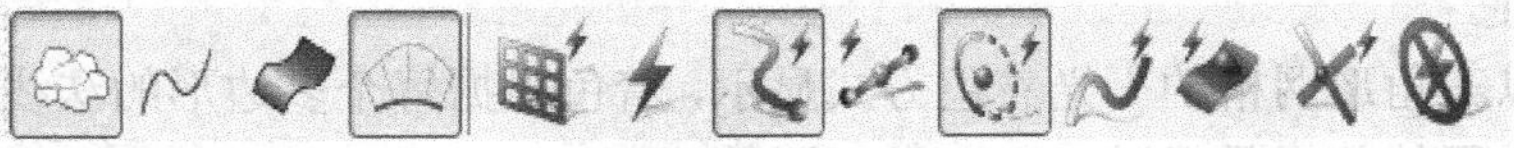

图 3-7　全局扫描器对话框

打开全局捕捉器后，可以选各种捕捉工具图标。单击需要的捕捉工具图标，该种功能图标的周围方框便显示出来，这时这种捕捉方式就被激活了。接下来将以“捕捉端点”、“捕捉中点”、“捕捉中心”为例进行说明，具体操作如下。

（1）打开练习文件“3-1.imv”。

（2）选择【创建】→【点】（快捷键是“Shift+P”），打开创建点的命令窗口，此时不急于进行点的创作。

（3）打开全局捕捉器开关，并且单击“捕捉端点”、“捕捉中点”、“捕捉中心”的图标，激活这些功能。

（4）选择需要创建点的位置。

（5）选取曲线的两端点、曲线中点和圆的周边。

（6）每次选择一个位置后，都会出现一个大黄色的球体，它代表将在球心部位生成一个点。选择了上述点的位置之后，便得到如图 3-8 所示的点。

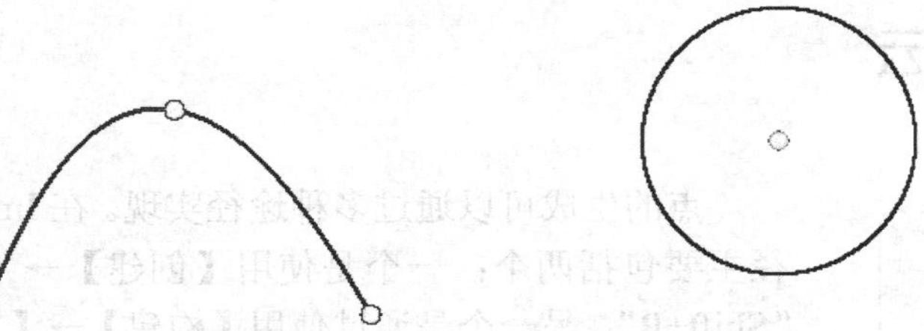

图 3-8　创建点的位置

（7）单击“应用”按钮后，黄色球体消失，球心部位生成相应的点。

注 意

选择点的位置时，这些点位置不必很精确，全局捕捉器可以根据激活的选项自动选取对应的点。

在选取过程中，即使某些点单击后脱离了原来的位置也可以使用鼠标拖动的方法将点拖动到需要的位置附近，这个点就会定位在捕捉器类型中的位置上。

生成后的点的显示尺寸和颜色等显示方式，用户可以通过【编辑】→【综合参数】→【显示】进行设置，该方式与前面介绍的点云设置一样。

选择两直线交点的捕捉时，只要使选择的点的位置靠近交点即可。

曲线捕捉器的激活可能会影响曲线端点、曲线中点和曲线交点的选择，因此建议在没有必要时不要激活。

3.2.2　设置点标签

点标签就是为具有特殊意义的几个点做上标签，使用户可以更加方便地记住这些关键点。

通过【创建】→【注释】→【设置点标签】，得到如图 3-9 所示的对话框，具体操作如下。

（1）打开练习文件“3-2.imv”。

（2）选择【创建】→【注释】→【设置点的标签】。

（3）逐个单击边角 4 个点，每次单击后在“新建标签”选项后输入代表名称的数字并且单击“应用”按钮确定。这里将 4 个点分别对应为 A、B、C、D，如图 3-10 所示。

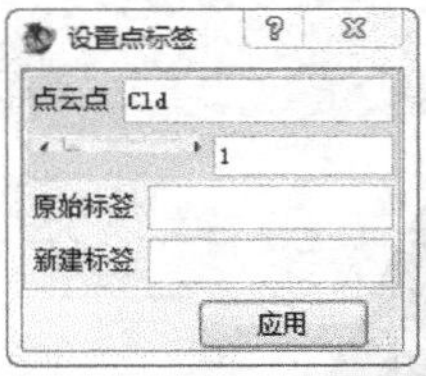

图 3-9　设置点标签对话框

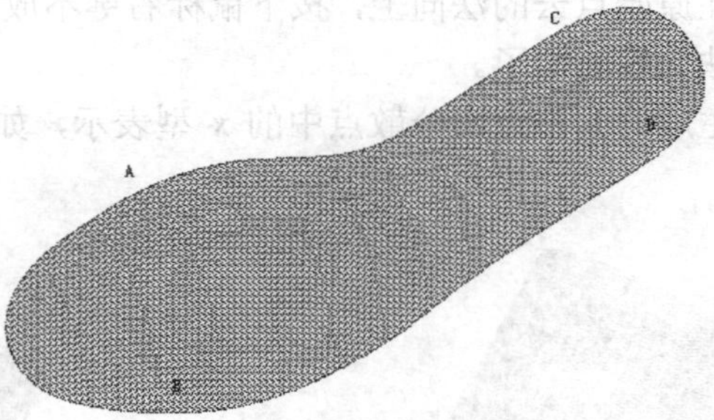

图 3-10　设置标签点结果

注 意

当选中的点是已经标签过的点，这时会在“原始标签”选项中显示出其名称。此时可以在“新建标签”选项中输入新的名称，从而替代“原始标签”，要单击“应用”按钮确定。

对于已经设置的标签，可以通过【创建】→【注释】→【删除点标签】来删除。

3.2.3　删除点标签

选择【创建】→【注释】→【删除点标签】，得到如图 3-11 所示的对话框。

该命令有四种删除的选择方式：所有、拾取点、圈选、名称。用户可以根据实际需要选取适当的方式。

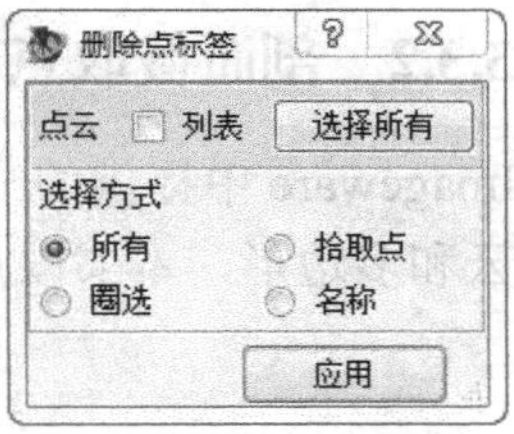

图 3-11　删除点标签对话框

3.3　点云构建

3.3.1　偏移点云

偏移点云就是由偏移产生新的点云，对话框如图 3-12 所示，具体操作如下。

（1）打开练习文件“3-3.imv”。

（2）选择【构建】→【偏移】→【点云】。

（3）偏移方向：“3D 法向”、“2D 扫描法向”、“三角形网格化（方向）”、“已有点云法向”。一般选取“已有点云法向”，这里也这样选取，即沿着点云法向方向偏移产生新的点云。

图 3-12　偏移点云对话框

（4）偏移值（0 偏移显示方向）：用户根据自己的实际情况选择偏移值，这里选取 4。如若没有设置的话，就会显示原始点云的法线方向。

（5）其中还有“反转方向”和“保存法向（覆盖）”的选项，用户根据实际情况酌情选取。

（6）单击“应用”按钮确定，系统会自动生成用多折线显示的偏移点云。如图 3-13 所示。

（7）为了方便观察生成的偏移点云，可以通过鼠标右键功能将原始点云的法向删除。将鼠标指针放置在原始点云的法向上，按下鼠标右键不放，将法向线移动至删除图标上，释放鼠标右键，就将法向线删除了。

（8）将生成的偏移点用分散点中的 x 型表示，如图 3-14 所示，外围的点即为偏移生成的点云。

图 3-13　偏移点云结果

图 3-14　分散点 x 型偏移点云

3.3.2　剖面截取点云

Imageware 中提供的一系列的剖面截取点云操作，如图 3-15 所示。这一列的操作同时适用于点云和多边形，本书以点云为例说明。

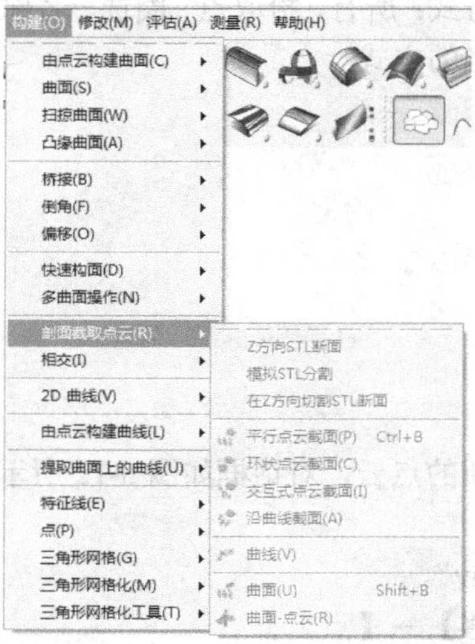

图 3-15　剖面截取点云操作对话框

1. 平行点云截面

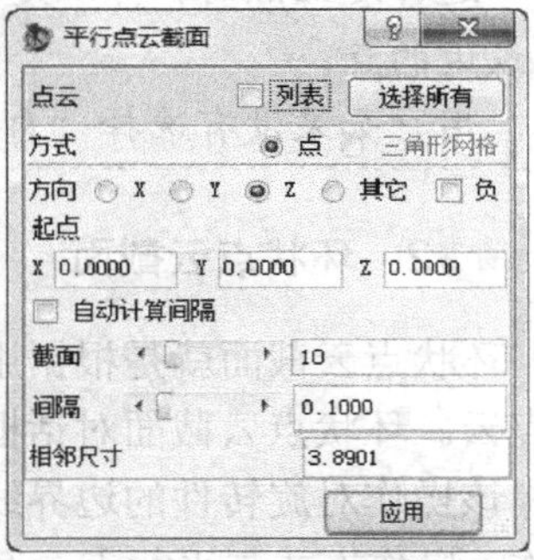

图 3-16 平行点云截面对话框

平行点云截面就是根据用户指定的方向，用平行于该方向的剖平面在一个点云上切割出新的点云。通过快捷键 Ctrl+B 得到如图 3-16 所示的对话框。

由该操作得到的是扫描点云，截面线是点云的扫描线。在用拉伸法构建曲线时经常用到该功能创建一条曲线，具体操作如下。

（1）打开练习文件“3-4.imv”。

（2）选择【构建】→【剖面截取点云】→【平行点云截面】，或者按下快捷键 Ctrl+B，所得到的对话框如图 3-16 所示。

（3）在方式选项中，应选择“点”作为处理对象。

（4）在方向选项中，有 *X*、*Y*、*Z* 方向可以选择，但也可以选择其他或者负向，由用户来选择。这里选择 *X* 方向为平行剖断面的排列方向。

（5）起点：可以在文本框中输入坐标数值，或者在视图菜单中单击起始位置，这里采用单击视图位置来确定坐标，单击视图 Cloud 1 最左端的上面一点，如图 3-17 所示。

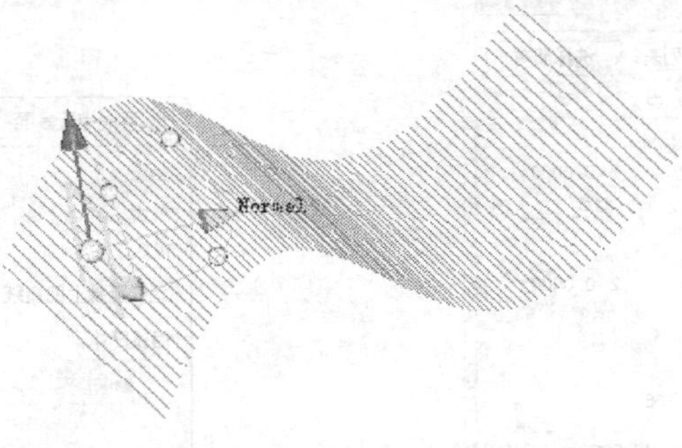

图 3-17 平行点云截面设置起始位置对话框

（6）选择“自动计算间隔”。

（7）在“截面”选项中，设定断面数为 10。

（8）单击“应用”按钮，结果如图 3-18 所示。

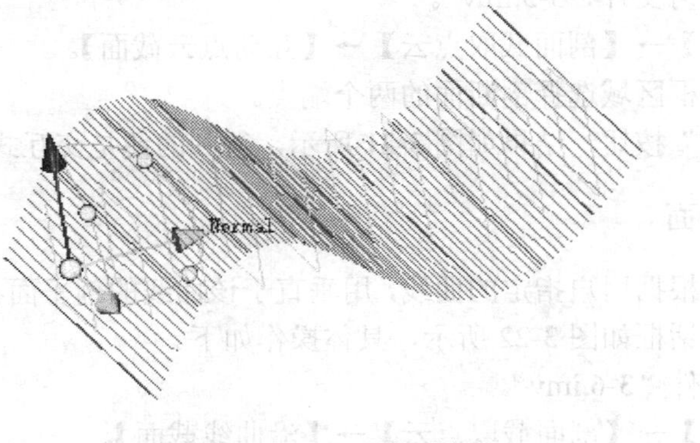

图 3-18 平行点云截面结果

注 意

选择起始点时，可以是端点或者是其他的点，只要在端点附近选择即可，系统会自动捕捉最近的点。

用户如果没有选择“自动计算间隔”，那么就可以在间隔选项中自定义间距。

2．环状点云截面

环状点云截面就是根据用户指定的圆弧，用垂直于该圆弧的剖平面在一个点云上截取出新的点云。环状点云截面对话框如图 3-19 所示。

该操作对旋转件的边界线提取较适用，得到的是扫描点云，截面线是点云的扫描线。具体操作：操作方式与平行点云截面的操作步骤相似，所需要的操作类型一样，这主要根据用户自己来定义，在此不再赘述。

3．交互式点云截面

互动点云截面就是根据用户指定的截面在一个点云上切割出新的点云。互动点云截面对话框如图 3-20 所示，具体操作如下。

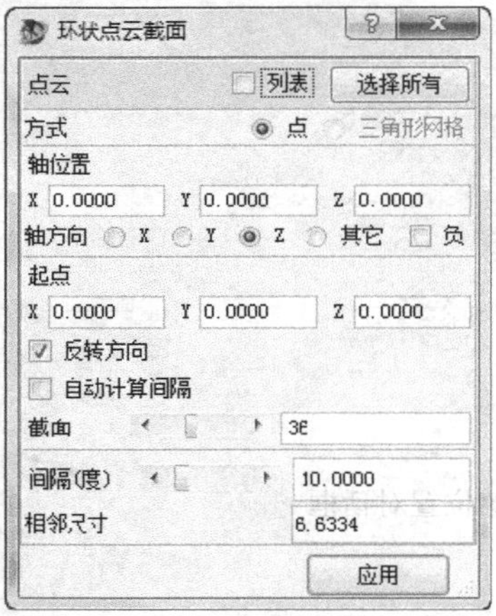

图 3-19　环状点云截面对话框

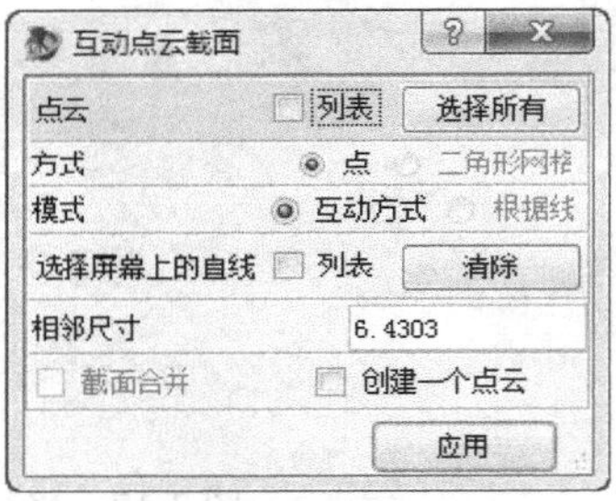

图 3-20　互动点云截面对话框

（1）打开一个练习文件“3-5.imv”。

（2）选择【构建】→【剖面截取点云】→【互动点云截面】。

（3）在视图对话框区域选择剖断面的两个端点。

（4）单击“应用”按钮，结果如图 3-21 所示，得到的便是交互式点云截面。

4．沿曲线截面

沿曲线截面就是根据用户指定的曲线，用垂直于该曲线的剖平面在一个点云上切割出新的点云。沿曲线截面对话框如图 3-22 所示，具体操作如下。

（1）打开练习文件“3-6.imv”。

（2）选择【构建】→【剖面截取点云】→【沿曲线截面】。

（3）单击“点云”选项，选择要被剖断的点云。

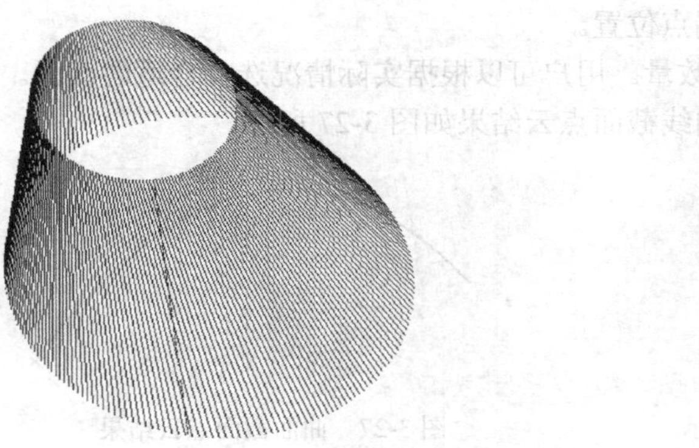

图 3-21　交互式点云截面结果

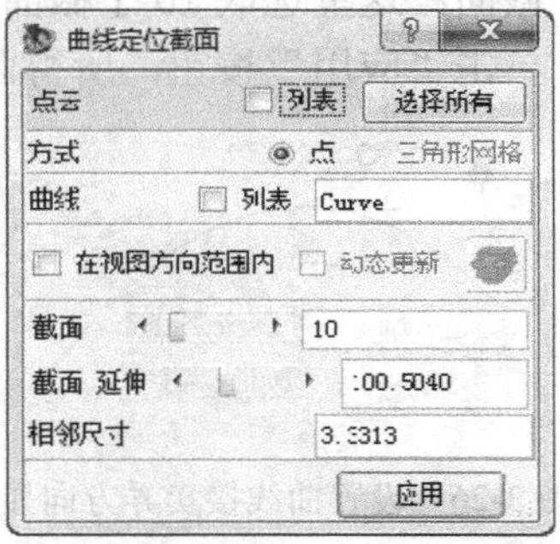

图 3-22　沿曲线截面对话框

（4）单击“曲线”选项，选择曲线。

（5）在“截面”选项中，选择截面的数量。

（6）在“截面延伸”选项中可以设定剖断面的大小。要保证剖断面的范围大于点云，如图 3-23 所示。

（7）单击“应用”按钮确认，得到的沿曲线截面结果如图 3-24 所示。

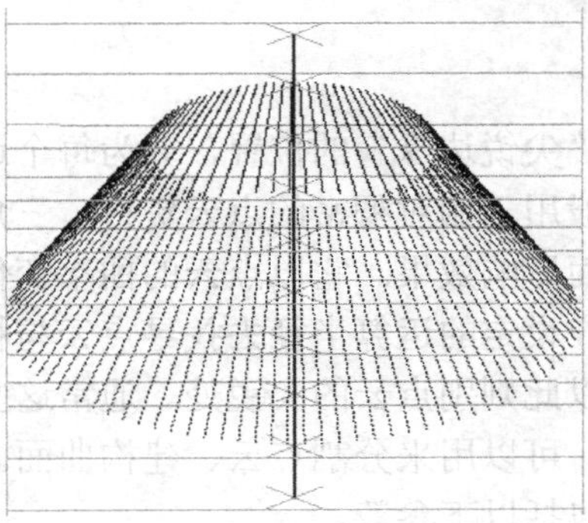

图 3-23　设置截面大小显示对话框

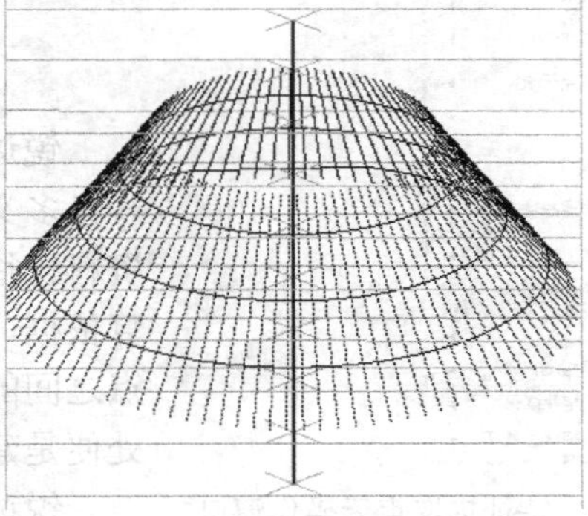

图 3-24　沿曲线截面结果

注 意

在沿曲线截面的对话框中有一个选项是“视图方向”，若用户选择了该选项时，生成的剖断面将沿着视图方向。当用户不选择该选项时，生成的剖断面是垂直于曲线方向的。

5. 曲线

曲线就是根据用户指定的曲线，按着一定方向但并不一定垂直于该直线的剖平面在一个点云上切割出新的点云。曲线截面点对话框如图 3-25 所示，具体操作如下。

（1）打开练习文件“3-7.imv”。

（2）选择【构建】→【剖面截取点云】→【曲线】。

（3）方向：可选的剖面方向有 *X*、*Y*、*Z*、其他、负向等，用户根据实际需要进行选取。

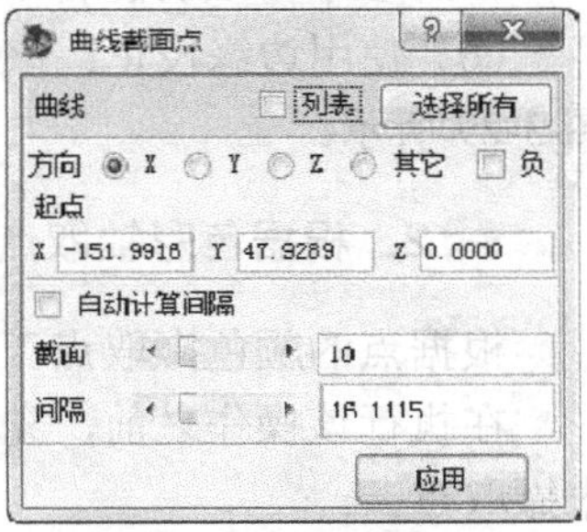

图 3-25　曲线截面点对话框

（4）起点：根据实际情况选择端点位置。

（5）截面：这里选取 10 个截面数量。用户可以根据实际情况选择合适的截面。

（6）单击“应用”按钮，所得曲线截面点云结果如图 3-27 所示。

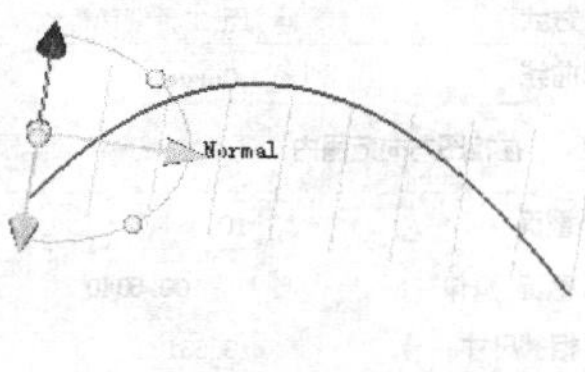

图 3-26　设置曲线接卖弄方向显示

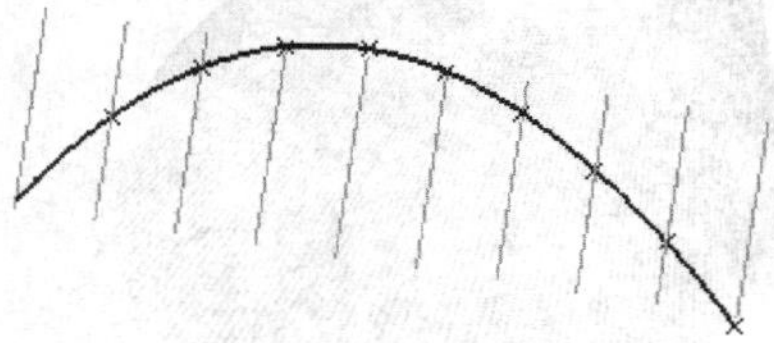

图 3-27　曲面截面点云结果

3.3.3　特征提取点云

Imageware 中提供两种特征提取点云的方式：锐边和根据色彩轴取点云。菜单命令窗口如图 3-28 所示，命令方式为【构建】→【特征线】→【锐边】和【构建】→【特征线】→【根据色彩轴取点云】。

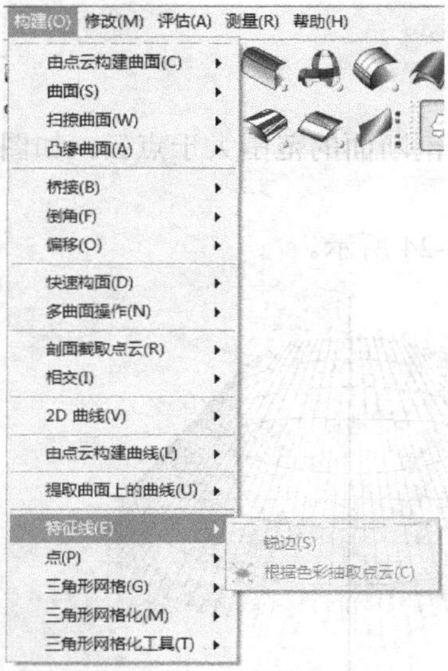

图 3-28　特征提取点云操作窗口

1. 锐边

锐边命令用于探测“尖锐边缘”的位置，并为每个边生成一条多义线。该命令一般用于相对稠密的点云资料，三角网格资料往往由于过于稀疏而影响效果。它以点云的曲率变化为计算依据，以内定的或用户设定的运算半径去找寻点云与相临的点之间的曲率变化，并以此判别点云的尖锐处。通常这些尖锐处便是建构曲面的边界，可以用来分割点云、建构曲面。

锐边特征线对话框包括以下参数。

（1）曲率计算：计算点云曲率。尚未进行计算时，曲率计算半径和比例阈值等是不会出现的。

（2）曲率计算半径：输入一个用于计算初始曲率值的半径尺寸。

（3）比例阈值：设定点云中曲率变化较大位置，曲面对点云进行计算时需要计算的范围。

（4）笔直权重：针对点云运算过程中所求的特征。

（5）最小：该功能将不连续的特征点云过滤删除掉。

（6）使用边缘校正：该选项提供了一个修正功能，对特征点云进行校正和光顺的操作，如图 3-29 所示。

2. 根据色彩轴取点云

根据点的颜色撷取点云，通常用于辨认点云中的平光曲面，如图 3-30 所示。

在执行该操作之前，先将点云以光源照射，点云对光源反射后，根据点云上的着色情况，来撷取点云。

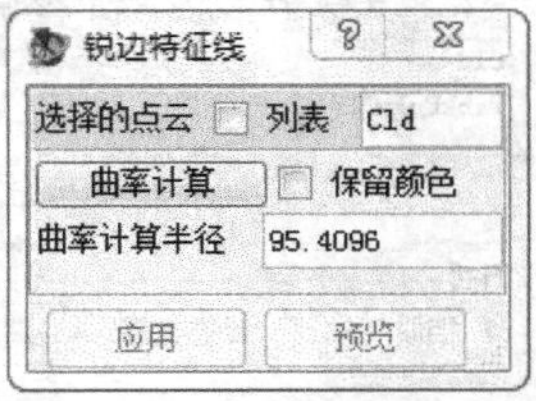

图 3-29 锐边特征线对话框

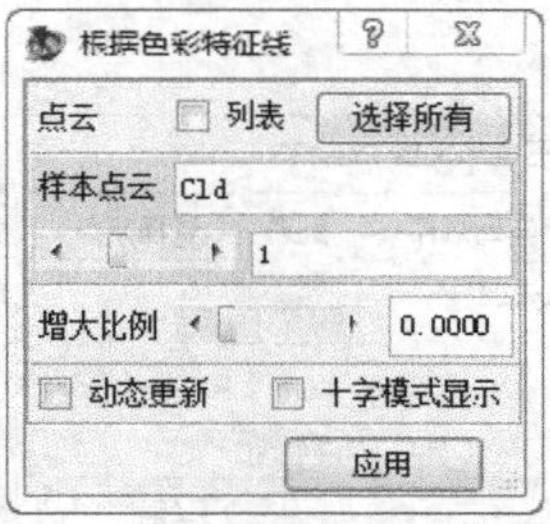

图 3-30 根据色彩特征线对话框

根据色彩特征线对话框包括以下参数。

（1）样本点云：选择要分离区域的起始点。

（2）增大比例：百分比设定选项，依照用户设定的百分比，所撷取的点云资料也会成比例增减。

（3）动态更新：动态的即使显示。

（4）十字模式显示：将选取的点云部分以十字线做记号。

3.3.4 构建点

Imageware 中提供一系列构建点的功能，它的命令如图 3-31 所示。

构建点的方式包括：采样三角形网格中心点、平均点云、从曲线采样创建点云、投影曲线到点云、点云投影到曲面、由曲面采样生成点云、探针补偿、采样矢量图。

1. 采样三角形网格中心点

执行此命令后，出现的对话框如图 3-32 所示。这个命令是在已经形成的三角网格面的中心创建点，形成点云。选择三角网格化的点云，再单击“应用”按钮即可。

2. 平均点云

在构建模型的时候，常常测量多个同类产品，然后取它们的平均值。平均点云命令就是用一组点云的平均值创建新点云，如图 3-33 所示。

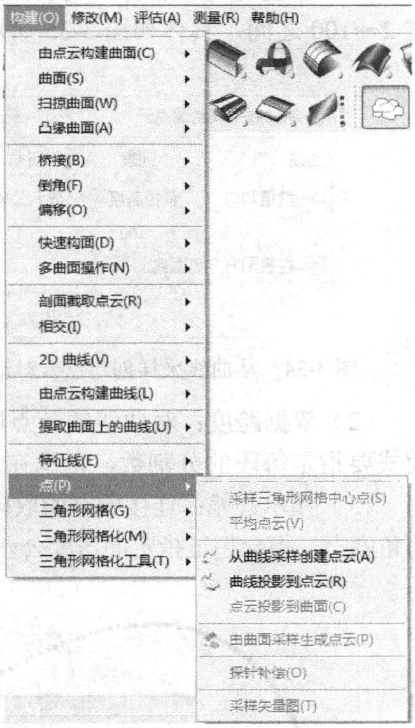

图 3-31 构建点操作对话框

在“方式”选项中提供了以下 3 种选择。

（1）相似：由两笔点云取平均值，点云数量必须相同。

（2）动态视图：两笔点云资料可以设定一笔为主要点云，由主要点云向外运算，超过设定的相邻距离的部分不计算。

（3）曲面：除了点云资料，还可以设定参考的曲面形状。

除了“方式”之外，还能设置“相邻尺寸”的多少。

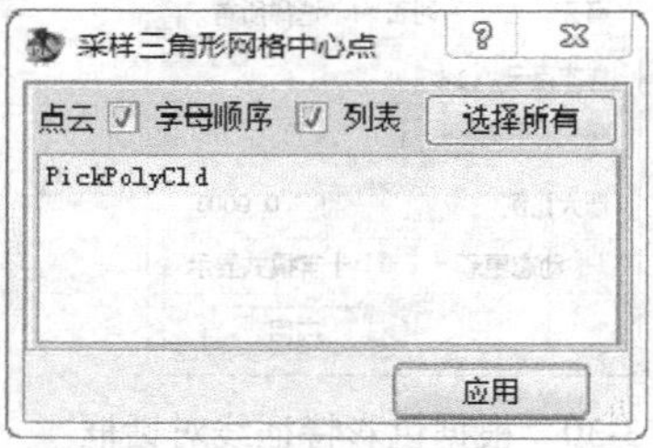

图 3-32　采样三角形网格中心点对话框

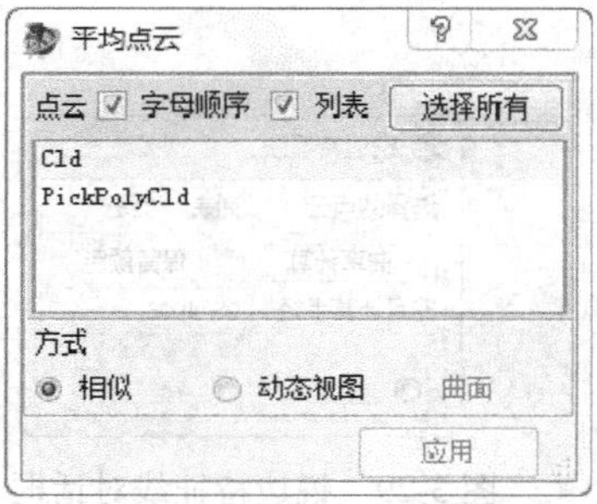

图 3-33　平均点云对话框

3．从曲线采样创建点云

由曲线生成的点云，在 Imageware 中成为 Sample，也就是通过其他的几何实体，取样后生成点云。用户只要设定一个曲线，再设定需要生成的点数就可以了。

取样曲线命令就是对指定的曲线取样，并为每条曲线生成独立的点云，如图 3-34 所示。

在“曲线”选项中，选择需要生成点的曲线，或者可以直接在视图中选择曲线。接下来可以使用以下 3 种方式中的一种来实现点的生成。

（1）数值均匀：沿着曲线取样的样点间距相等。该模式要指定沿着曲线取样的点数，范围在 2～100 之间，具体如图 3-35 所示。

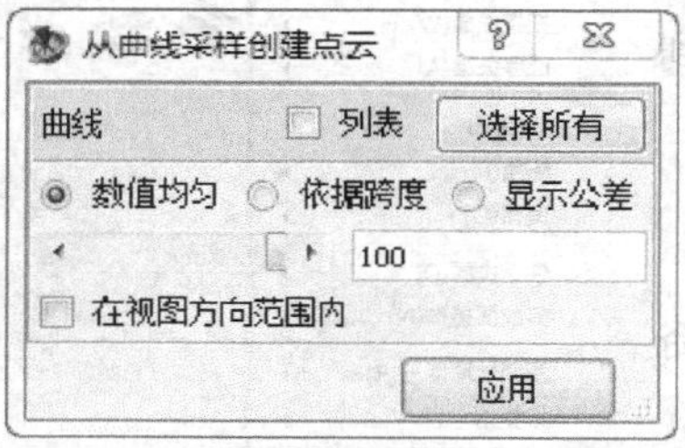

图 3-34　从曲线采样创建点云对话框

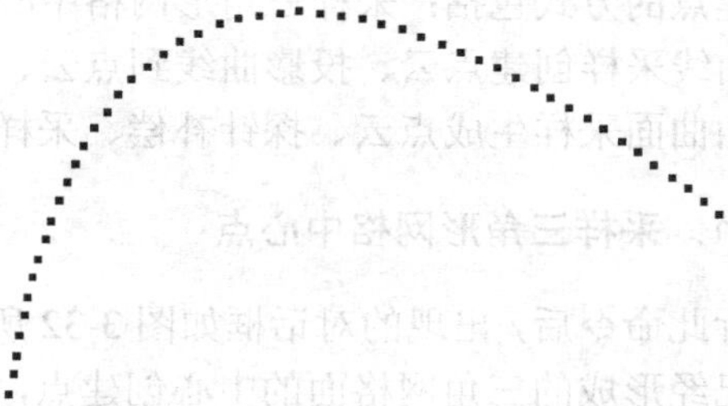

图 3-35　“数值均匀”模式，参数设置为 50

（2）依据跨度：对曲线的节点取样段，并使每段上的点在曲线的参数空间中是均匀的。该模式要指定每段的分割数，范围在 1～100 之间，具体效果如图 3-36 所示。

（3）显示公差：连接所有的取样点，能得到分段线性线段，该模式使得到的线段在偏离曲线的角度上，不会超过指定的角度公差，范围在 0.5°～50°之间，具体效果如图 3-37 所示。

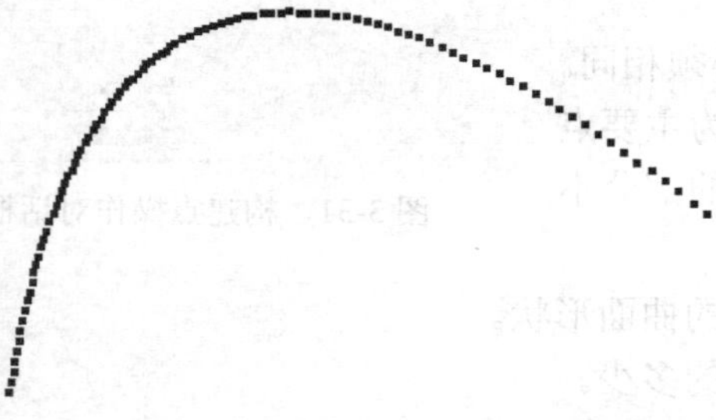

图 3-36　“依据跨度”模式，参数设置为 50

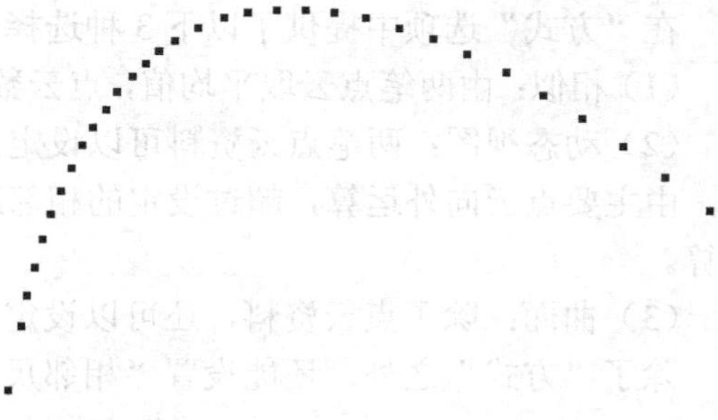

图 3-37　“显示公差”模式，参数设置为 0.1

4. 曲线投影到点云

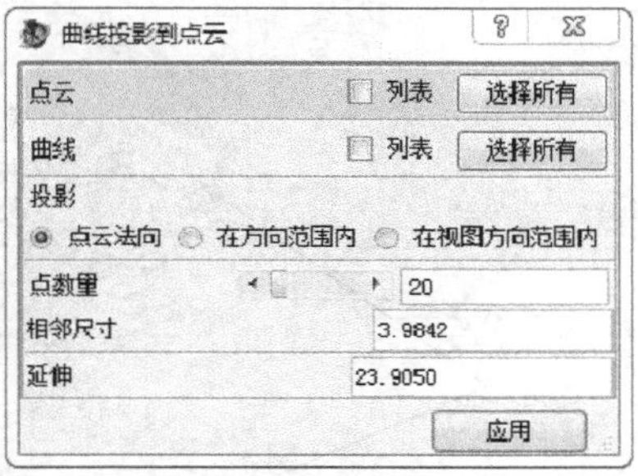

图 3-38 曲线投影到点云对话框

“曲线投影到点云”命令是在视图方向上将曲线投影到指定的点云上，并以此创建一个点云，如图 3-38 所示，具体操作如下。

（1）选择【构建】→【点】→【曲线投影到点云】命令，打开图 3-38 所示的对话框。

（2）单击“点云”选项，使其高亮显示，选择需要投影的点云；或者在视图中选择点云。

（3）单击“曲线”选项，使其高亮显示，选择投影的曲线；或者在视图中选择曲线。

（4）在“投影”选项组中，选择“点云法向”模式并单击“应用”按钮确定。

（5）重复步骤（2）和（3）并在“投影”选项组中选择其他两种模式，单击“应用”按钮确定。

（6）对三种效果的结果进行对比，找出它们的不同。

注 意

要看清楚投影的方向，即点云法向、沿着方向、沿着视图方向。如果选择了“沿着方向”，则是选取了一个投影方向。

点数量：沿着投影曲线分布的投影点。

相邻尺寸：点云中每一点与相近点云的计算范围。

5. 点云投影到曲面

在某些时候要找出点云的边界，但是点云是空间的，尤其是立式侧壁，要手工撷取边界点云并不容易。此时，就要利用这里的投影功能，把点云投影到某一个设定的平面上，再用 Imageware 运算点云的边界。

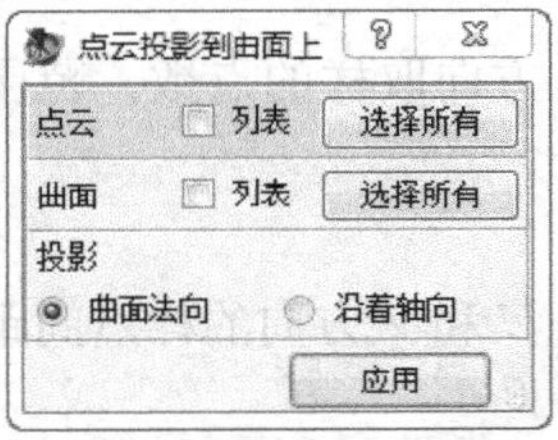

图 3-39 点云投影到曲面对话框

“点云投影到曲面”就是指点云投影到平面，并以投影点生成新的点云。对话框如图 3-39 所示，具体操作如下。

（1）打开练习文件“3-8.imv”。

（2）选择【构建】→【点】→【点云投影到曲面】命令，如图 3-40 所示。

（3）单击“点云”选项，使其高亮显示，选择需要投影的点云，这里选择周边的点云；或者在视图中选择。

（4）单击“曲面”选项，使其高亮显示，选择投影的曲面；或者在视图中选择。

（5）选择“曲面法向”选项，即按照曲面的法向投影。

（6）最后单击“应用”按钮确定，得出的结果如图 3-41 所示。

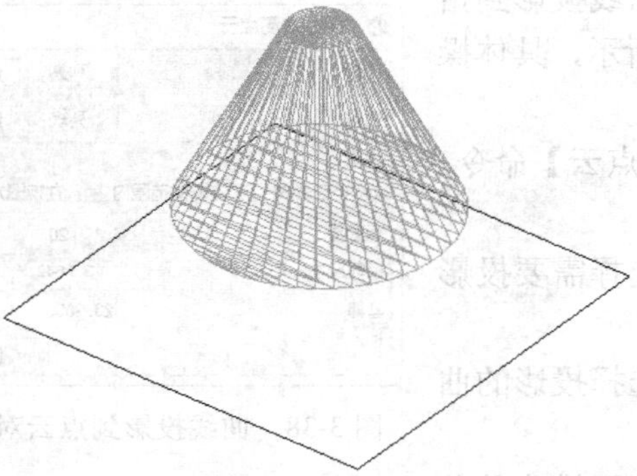

图 3-40　点云投影到曲面

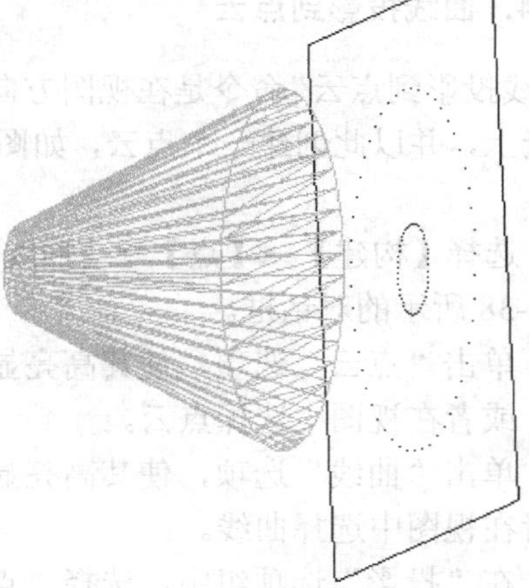

图 3-41　点云投影到曲面的结果

注 意

在投影方向上也可以选择“沿着方向”，然后通过某一方向来点云投影到曲面上。

选择“沿着方向”选项后，可以选择 X 轴、Y 轴、Z 轴，也可以自定义一个方向作为投影方向。

6. 由曲面采样生成点云

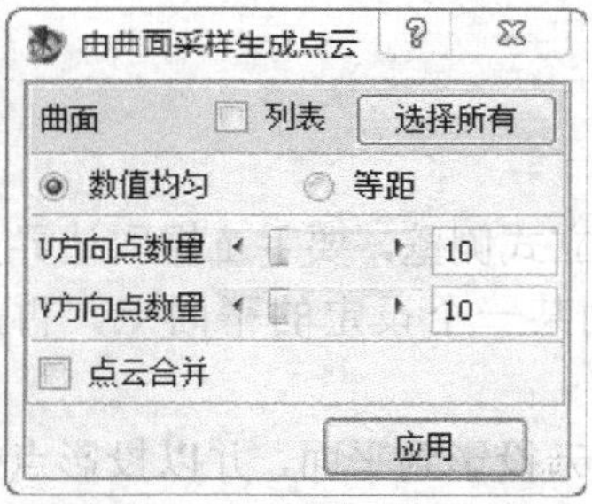

图 3-42　曲面采样生成点云对话框

对指定的曲面采样，并为每个曲面生成独立的点云。取样对于曲面的参数空间是均匀的。最终的点云中，每个点都有一个法线方向，对应于曲面中相同位置的点，其对话框如图 3-42 所示。

该命令和“从曲线采样创建点云”命令差不多，只是这里要设定两个方向的点云数量，也就是 U 方向和 V 方向。

U 方向点数量：选择在参数 U 方向取样的点数，范围为 2～100。

V 方向点数量：选择在参数 V 方向取样的点数，范围为 2～100。

其中，取样的方式有以下两种。

（1）数值均匀：沿着 U 或者 V 方向取样的样点间距相等。但是 U 和 V 方向的样点间距可以不同。这里设定的是方向上的点的个数。

（2）等距：U 和 V 方向的间距相等，这里设定的是点与点之间的间距。在曲面上点是均匀分布的。

执行此命令后的结果如图 3-43 所示（采用均匀模式）。

注 意

取样曲面所生成的点云，系统默认以折线形式显示。

用户可以在【显示】→【点】→【显示】命令中的“分散点”来显示，如图 3-44 所示。

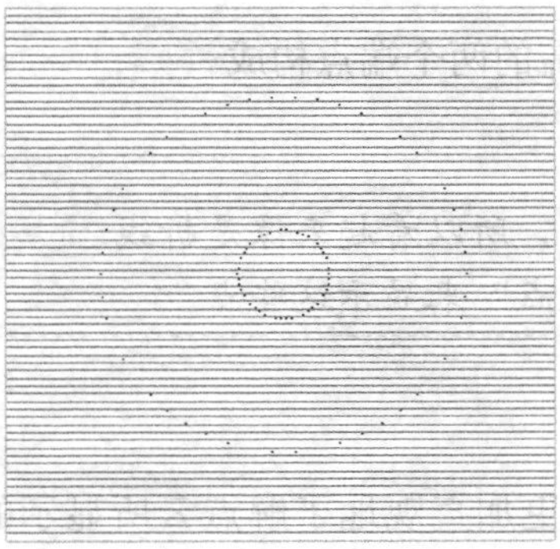

图 3-43 曲面采样生成点云的结果

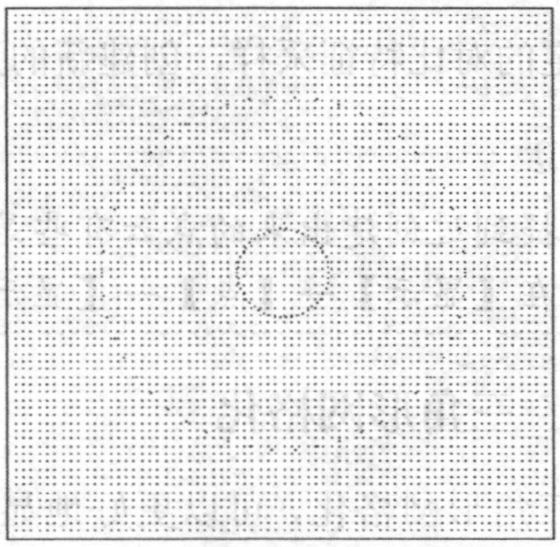

图 3-44 曲面采样生成点云分散点显示的结果

7. 探针补偿

该命令就是用计算工具的补偿外形，以生成更好的部件，对话框如图 3-45 所示。

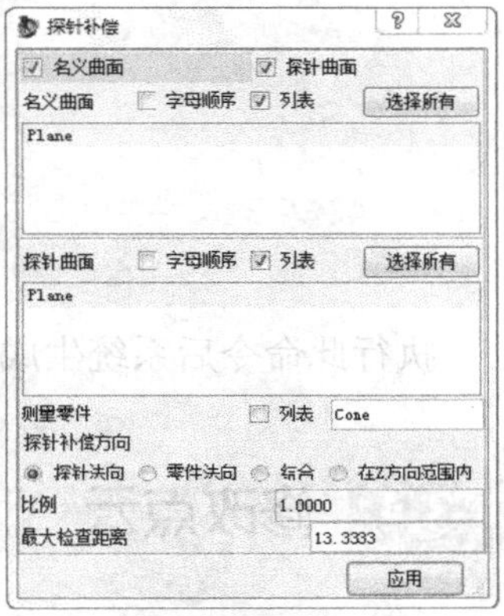

图 3-45 探针补偿对话框

本功能对估算工具的改良外形非常有效，可以生成更接近名义定义的外形。

该工具的补偿数量由“比例”来控制。因子 1.0000 是补偿偏差的精确数量。

探针补偿方向：探针方向、零件方向、结合、*Z* 方向。这些方向设定了工具上需要补偿的点与它们的方向。

探针方向：工具点到部件点是最接近的，补偿方向垂直于工具。

零件方向：令部件上最接近的点和工具上某点的法线相交，从而找出工具点。补偿方向沿着同一条直线。

结合：合并工具上最近点的方向和部件上最近的点。工具点在合并方向上补偿。

Z 方向：在 *Z* 方向进行多种操作映射到名义点、工具点，以及补偿等。主要用于在 *X*-*Y* 方向上平坦的部件。

注 意

名义曲面：是否使用表示名义模型的曲面或点云。如果没有选择该项，用户必须拾取点云。

探针曲面：是否使用表示工具模型的曲面或点云。如果不选该项，用户必须拾取点云。

测量零件：选择一个表示由特定工具创建的测量部件的点云。

探针补偿方向：选择将部件映射到工具模型的方法。

比例：倍增因子。用于倍增部件到设定补偿位置的距离。

最大检查距离：超出该值的测量点将不和名义部件或工具比较。

8．采样矢量图

为指定的对比特征采样，创建新的点云。点云由曲率梳的两个端点构成。

注 意

前面提到过创建出来的点云有些是以折线方式显示的，所以看起来像是折线。可以在【显示】→【点】→【显示】命令中的“分散点”来显示这些点。

3.3.5 三角形网格化

采用三角形网格化，可以更好地显示点云，帮助用户更加直观地了解点云所显示的实体外观，从而判断后续操作。

选择【构建】→【三角形网格化】→【点云三角形网格化】命令，打开的对话框如图 3-46 所示。

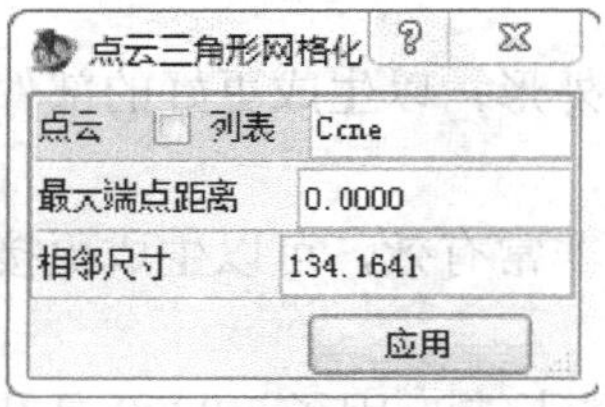

图 3-46　点云三角形网格化对话框

执行此命令后系统生成的是具有渲染效果的多边形点云。

3.4 修改点云

除了创建点云外，更重要的是对已有的点云进行必要的修正和编辑，使得点云数据更有效地服务于下游工序。

3.4.1 数据简化

1．均匀点云采样

均匀点云采样命令主要是利用设置的间隔数值对所选择的点云进行均匀的取样，使用的间隔数值越大，取样后的点云密度就越低。该命令的功能不能预测会有哪些点云将要被删除，因此使用时得注意。

选择【修改】→【数据简化】→【均匀采样】命令，弹出的对话框，如图 3-47 所示，可以由用户根据实际情况来设置点云的间距值。

2．显示公差

显示公差命令是从形状的角度去考虑，在形状变化较大的区域保留更多的点，而在形状变化小的平坦区域内保留了更少的点。该命令的主要功能还是取样，但是与【均匀采样】还是存在比较明显差别的。此命令可以设置最大弦偏差和跨度，从而对所选择的点云进行取样。

选择【修改】→【数据简化】→【显示公差】，弹出的对话框如图 3-48 所示。

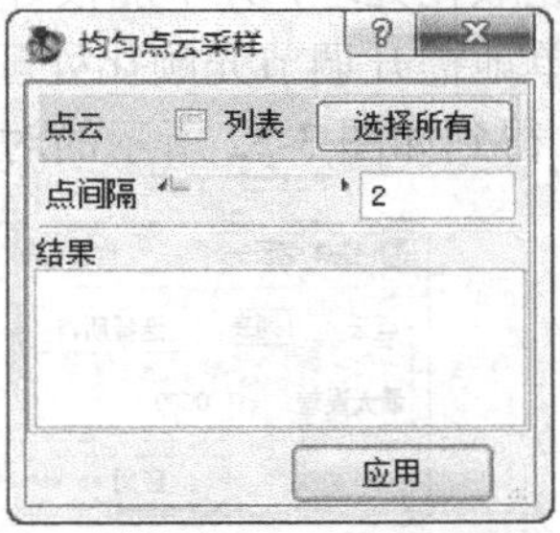

图 3-47 均匀点云采样对话框

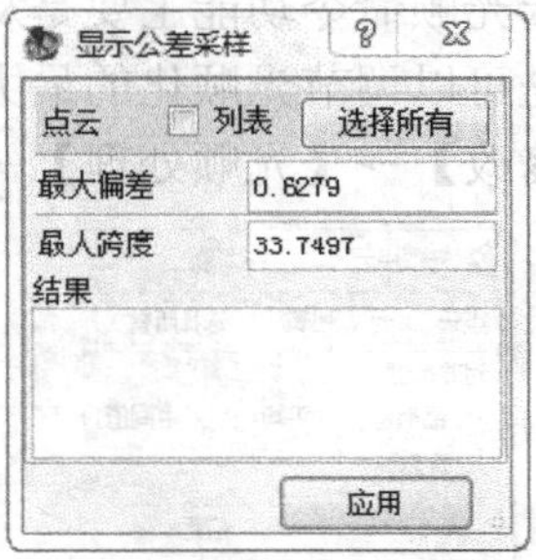

图 3-48 显示公差采样对话框

3. 距离采样

距离采样命令是从距离的角度去考虑对点云的采样，主要利用设置的距离数值对所选择的点云进行采样，采样的距离公差越大，那么点云减少得就更多。该命令有两种方式：距离和总数。该命令的方式由用户根据实际问题进行选择。

选择【修改】→【数据简化】→【距离采样】，弹出的对话框如图 3-49 所示。

4. 删除分散点

删除分散点的功能主要是用来对一些较分散的点云进行删除简化，使这些点从整体上不影响点云的形状。

选择【修改】→【数据简化】→【删除分散点】，弹出的对话框如图 3-50 所示。

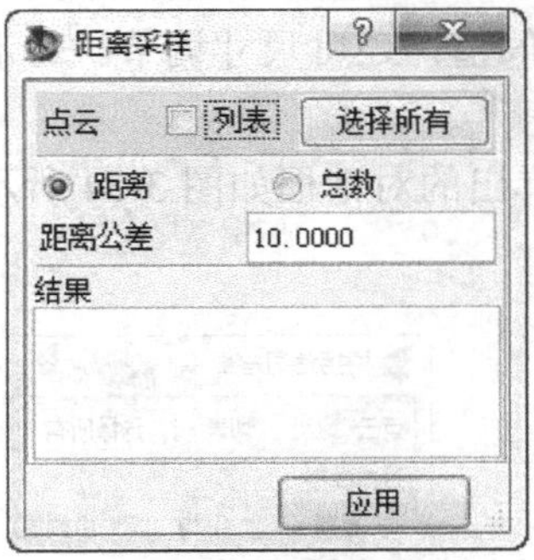

图 3-49 距离采样对话框

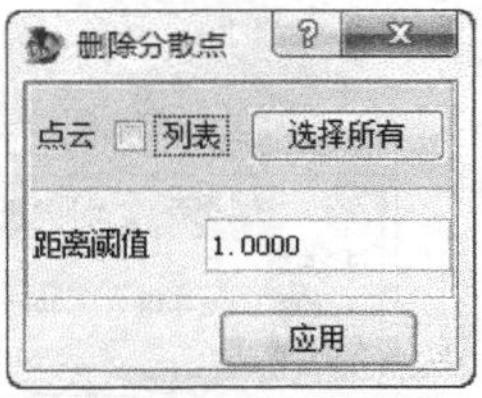

图 3-50 删除分散点对话框

3.4.2 光顺处理

1. 点云光顺

点云光顺命令功能主要是从对选择的点云进行光顺化处理，主要类型：高斯、平均、中间值。该命令的类型可由用户根据实际情况进行选取，同时还可以调节点云光顺化的尺寸。

选择【修改】→【光顺处理】→【点云光顺】，得到如图 3-51 所示的对话框。

2．整体点云光顺

整体点云光顺命令功能主要是从整体上对点云进行光顺化处理，并不能很好地调节光顺化的方式，但是可以调节光顺化的最大误差，从而也能简单地提升调节光顺化处理的性能。

选择【修改】→【光顺处理】→【整体点云光顺】，得到如图3-52所示的对话框。

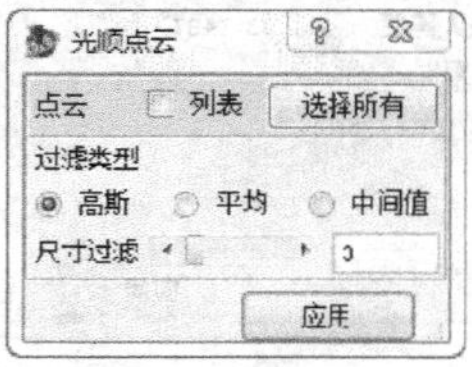

图3-51　点云光顺对话框

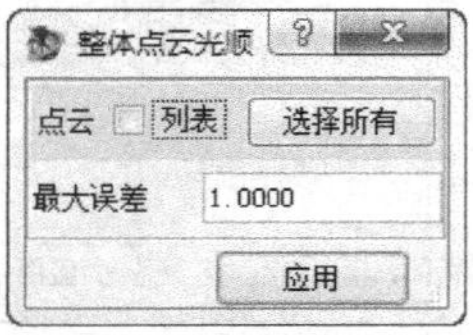

图3-52　整体点云光顺对话框

3．区域点云光顺

区域点云光顺命令功能主要对集中于区域化的点云进行光顺化处理，和点云光顺命令有着相同的光顺化处理类型和尺寸的调节。该命令能更好地在屏幕上选择要光顺化的点云，这种操作更加人性化地提升光顺化的处理性能，同时可根据用户的实际情况对过滤器进行选择，包括内部点、外侧点。

选择【修改】→【光顺处理】→【区域点云光顺】，得到如图3-53所示的对话框。

4．两拐角间光顺

两拐角间光顺命令功能主要是对拐角处的点云进行光顺化处理。一些点云有着比较多的拐角，前面的各种光顺化处理对其并没有适合的处理方式，因此需要专门的光顺处理方式——两拐角间光顺。这种命令光顺处理类型：高斯、平均、中间值，还可尺寸调节。对于拐角，该命令还有角度阈值的调理。

选择【修改】→【光顺处理】→【拐角光顺】，弹出的对话框如图3-54所示。

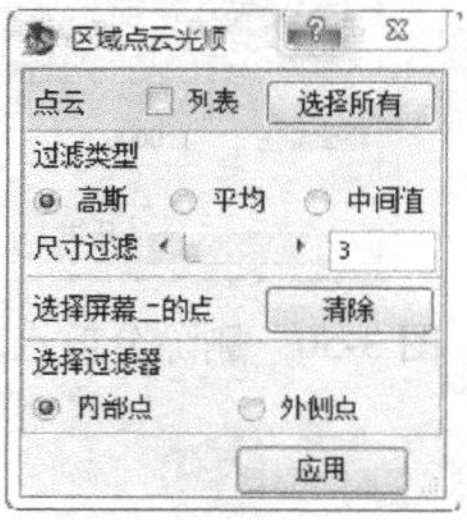

图3-53　区域点云光顺对话框

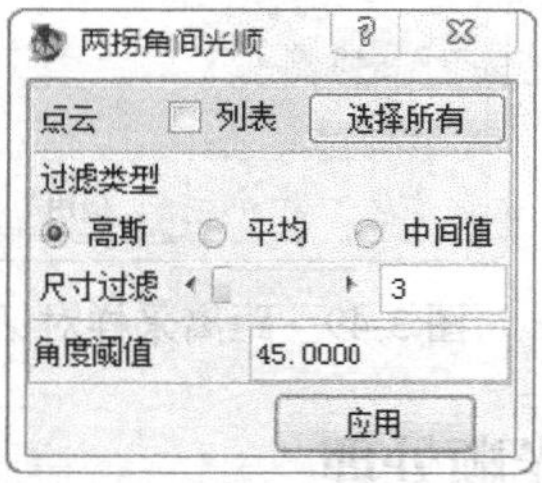

图3-54　两拐角间光顺对话框

3.4.3　抽取点云

用户得到的点云数据是测量后得到的，这里的点云并不是一个统一的整体。很多情况下需要对其进行分块处理，或者删除某些不需要的部分。这时就要用到抽取功能。抽取点云操作对话框如图 3-55 所示。

1. 圈选点

圈选点命令就是从点云中选取一组点，可以删除所选的点，也可以删除所选点以外所有的点云，或者同时保留两部分点云，也就是将原始的点云分割成两部分。

选择【修改】→【抽取】→【圈选点】，得到如图 3-56 所示的对话框，具体操作如下。

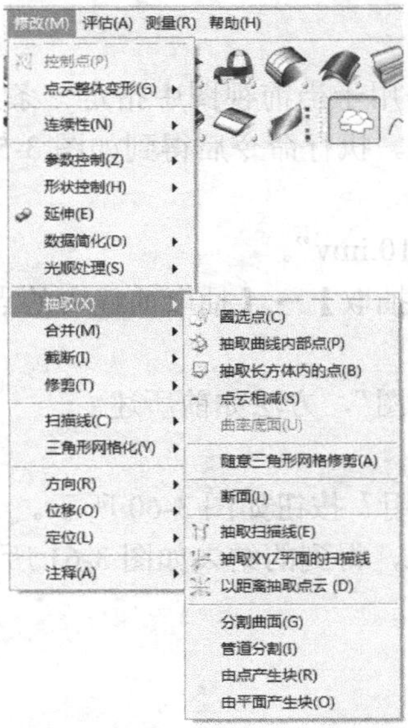

图 3-55 抽取点云操作对话框

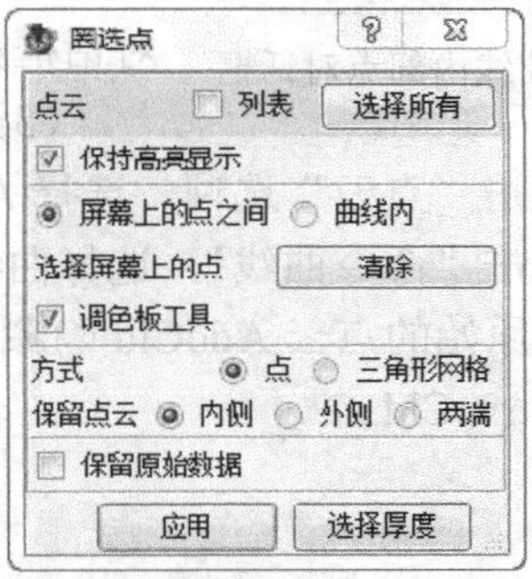

图 3-56 圈选点对话框

（1）打开练习文件“3-9.imv”。

（2）选择【修改】→【抽取】→【圈选点】，得到如图 3-56 所示的对话框。

（3）选择【视图】→【设置视图】→【前视图】，将视角调到“前视图”（也可以选择不调，或者其他视图也行）。

（4）在打开的对话框中“保留点云”选项选择“内侧”（其他方面用户可以自己尝试，效果差不多），方式必须选为“点”选项。

（5）在视图中依次选择四个点，实现封闭选择框，如图 3-57 所示。

（6）单击“应用”按钮，执行命令后的最终结果如图 3-58 所示。被圈选的点云被保留下来，其他部分被删除。

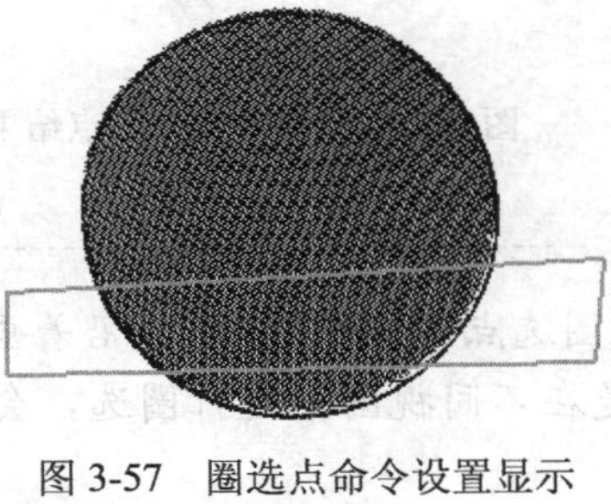

图 3-57 圈选点命令设置显示

图 3-58 圈选点结果

注 意

（1）该操作只对可见的点有效。

（2）如果在视图上选择了一个错误的位置，可以用 Backspace 键来删除最后一次选择的位置。

（3）当选择了第一个点后，可以按住 Ctrl 键使得定义线只能沿着水平或者垂直方向画线。

2. 抽取曲线内的点云

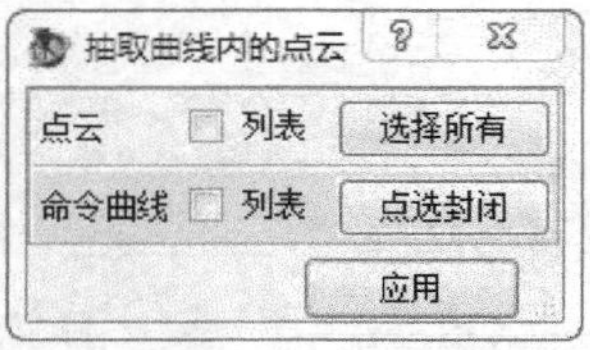

图 3-59 抽取曲线内部点对话框

抽取曲线内的点云命令用于当前视图中指定一条封闭曲线，并撷取包含在该曲线内的点。执行命令后得到如图 3-59 所示的对话框，具体操作如下。

（1）打开练习文件“3-10.imv”。

（2）选择【修改】→【抽取】→【抽取曲线内的点】。打开的对话框如图 3-59 所示。

（3）将视角设为“上视图”，方法如前所述。

（4）单击“点云”选项，选择 AddCld。

（5）单击“命令曲线”，选择曲线 Circle，单击“应用”按钮如图 3-60 所示。

（6）将原始的点云 AddCld 隐藏，采用快捷键 Ctrl+L，得到的结果如图 3-61 所示，并自动命名为 InCurveCld。

图 3-60 抽取曲线内部点操作过程

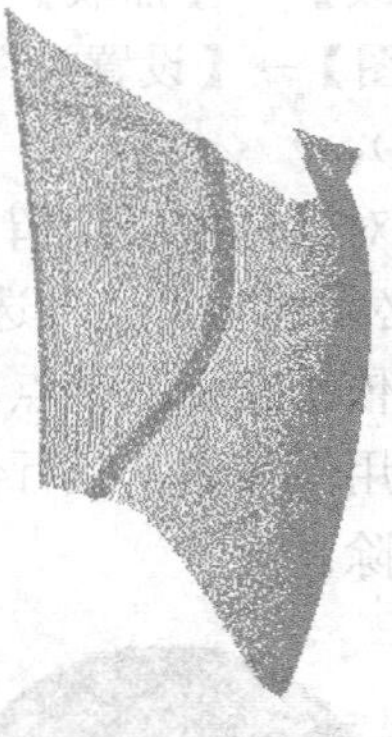
图 3-61 抽取曲线内部点结果

注 意

该命令使得用户可以利用已有的封闭线段来圈选点云。圈选操作要沿着垂直于屏幕方向进行。所以，即使是同一个封闭线段，如果是在不同视图下进行圈选，会圈出不同的点云。

3. 抽取长方体内的点

抽取长方体内的点命令用于撷取长方体框架内包含的点，并创建一个新的点云。这种方式的点云抽取方法通常用于形状比较规则的实体的各部分分割中，对话框如图3-62所示，具体操作如下。

（1）打开练习文件“3-11.imv”。

（2）选择【修改】→【抽取】→【抽取长方体内的点】，单击“应用”按钮，结果如图3-63所示。

（3）在视图中单击隐藏原始的点云数据后，得到的结果如图3-64所示。

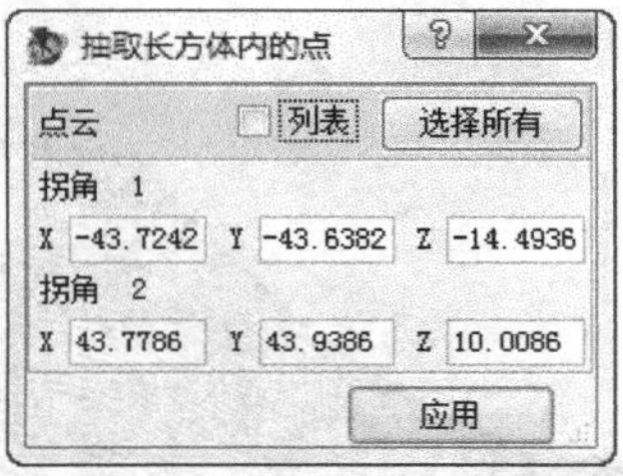

图3-62 抽取长方体内部的点窗口

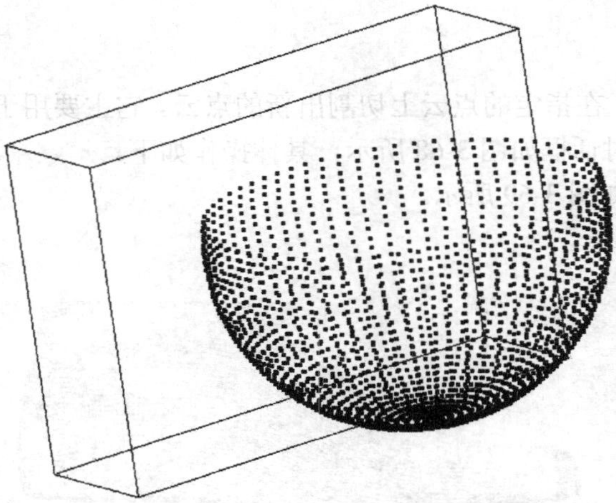

图3-63 抽取长方体内部点操作

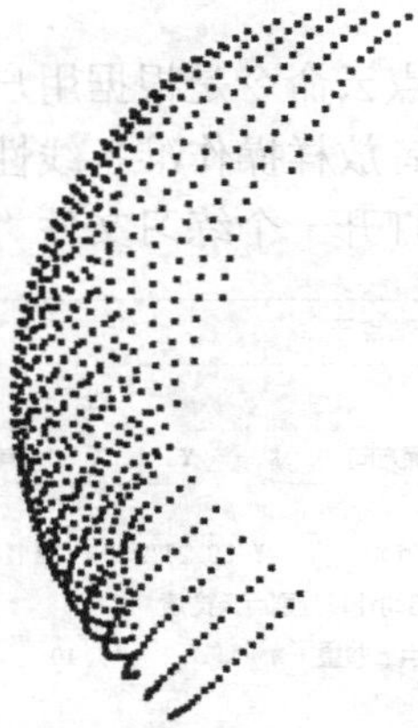

图3-64 抽取长方体内部点结果

（4）系统自动命名为InboxCld。

（5）保存文件并退出。

4. 减去点云

减去点云命令就是根据用户指定的距离，撷取所有第一个点云到第二个点云中点的距离超出该设定值的点，并以此构建出新的点云，对话框如图3-65所示，具体操作如下。

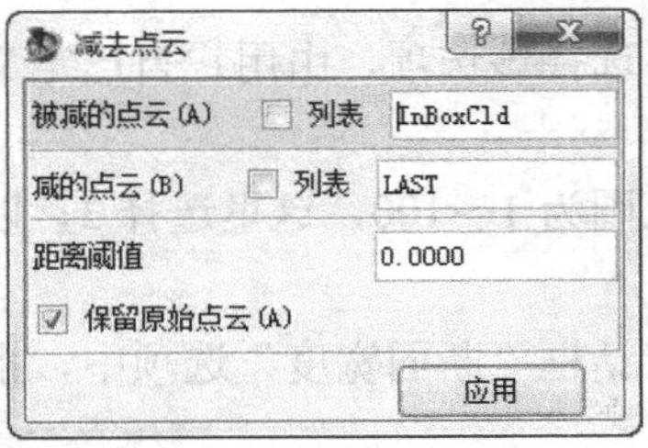

图3-65 减去点云对话框

（1）打开一个练习文件“3-12.imv”。

（2）抽取点云，保存源文件。

（3）选择【修改】→【抽取】→【点云相减】。打开减去点云对话框如图3-65所示。

（4）单击“被减的点云”选项，在视图中选择InBoxCld。

（5）单击“减的点云”选项，在视图中选择LAST，如图3-66所示。

（6）设定一个“距离阈值”，推荐工件的精度要求值。

（7）单击“应用”按钮。

（8）系统会自动命名一新点云 SubCld。隐藏其他实体，仅显示 SubCld，如图 3-67 所示。

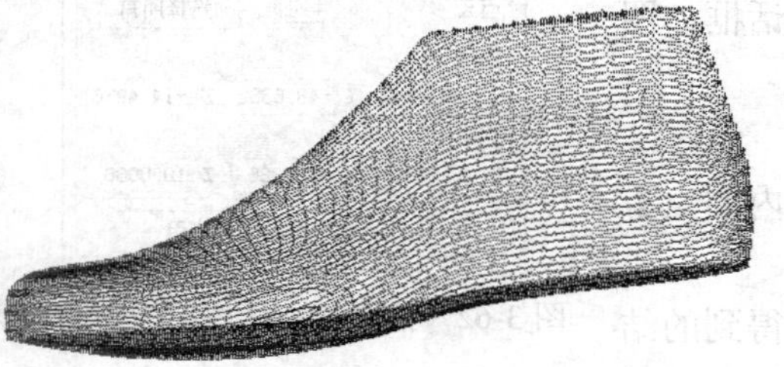

图 3-66　点云相减操作

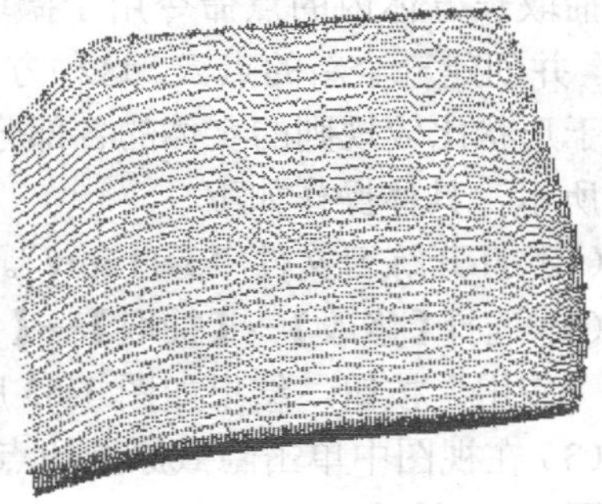

图 3-67　点云相减结果

5．断面点云

断面点云命令是根据用户设定的方向，在指定的点云上切割出新的点云。它主要用于为曲线拟合或者放样操作准备线性扫描数据，对话框如图 3-68 所示，具体操作如下。

（1）打开一个练习文件“3-12.imv”，如图 3-69 所示。

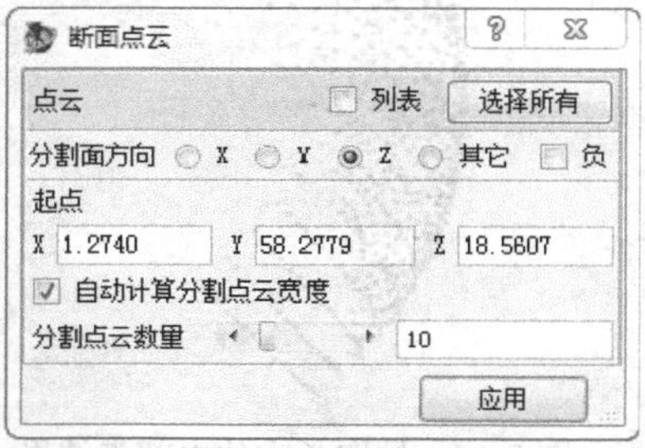

图 3-68　断面点云对话框

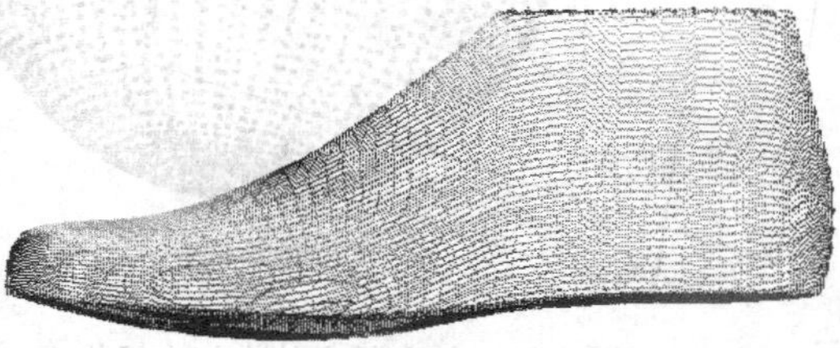

图 3-69　断面点云文件显示

（2）选择【修改】→【抽取】→【断面】。

（3）单击“点云”选项，在视图中直接选取要操作的实体。或者选择 List 复选框，在选择列表中要单击需要的实体名称，这里选择 LAST。

（4）在“分割面方向”选项组中，选择切割方向。其中，除了 *X*、*Y*、*Z* 三个轴外，还可以选择其他方向，这里就选择 *Y* 轴作为切割方向。

（5）单击“起点”选项，选择切割线的起点。可以直接在文本框中输入 *X*、*Y*、*Z* 的坐标值，也可以在屏幕上单击以获得该点的坐标值。

（6）可以选择“自动计算分割点云宽度”选项。也可以不选择该选项，由用户自已定义切割宽度。

（7）在“分割点云数量”选项中，指定切割线的条数，范围为 1～100，这里选择 3，以创建 3 的点云断面，如图 3-70 所示。

（8）若没有选择“自动计算分割点云宽度”选项，则在对话框“断面宽度”选项中，指定切割线之间的间距，取值范围视尺寸而定。

（9）单击“应用”按钮，关闭对话框。

（10）隐藏原来的 LAST 点云，将系统自动命名的“Slice 1 of 2”和“Slice 2 of 2”点云切片用不同的效果显示出来，如图 3-71 所示。

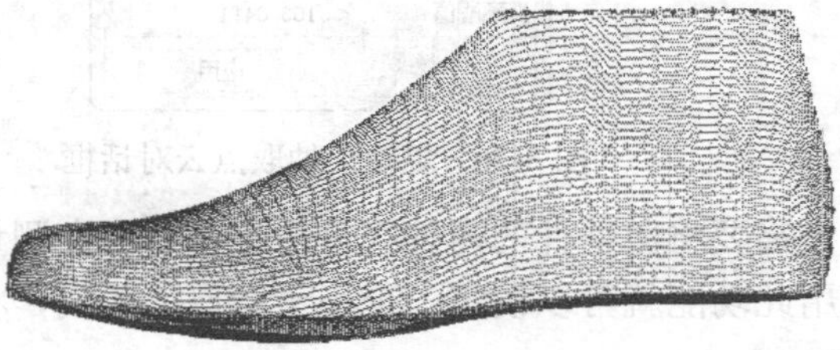

图 3-70 断面点云操作

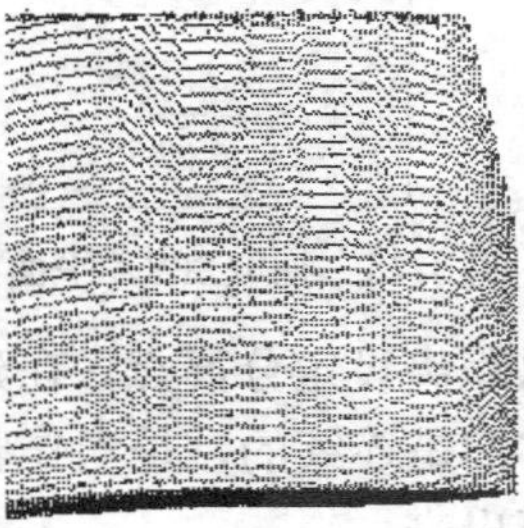

图 3-71 断面点云结果

6. 抽取扫描线

抽取扫描线是从点云中撷取扫描线，对话框如图 3-72 所示，具体操作如下。

（1）打开练习文件“3-13.imv”。

（2）选择【修改】→【抽取】→【抽取扫描线】，打开的对话框如图 3-72 所示。

（3）在“点云”选项中，单击“Cloud 1 SectCld”，选择由点云 1 生成的断面轮廓线“Cloud 1 SectCld”。

（4）在抽取扫描线选项组中选择“冻结”选项，然后依次选择断面轮廓线，使得被选中的断面轮廓呈高亮显示状态。

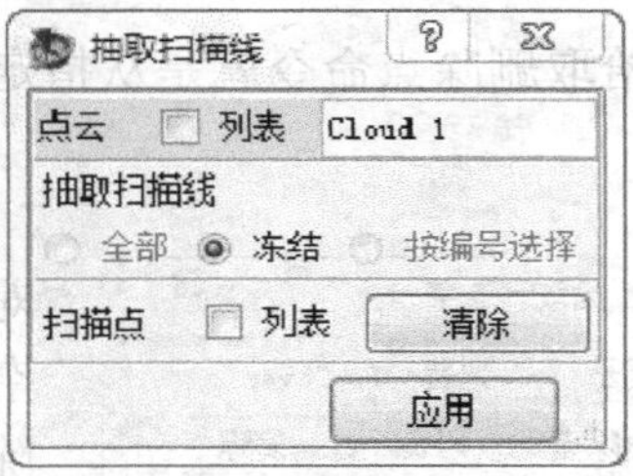

图 3-72 抽取扫描线对话框

（5）单击“应用”按钮，抽取扫描线文件显示结果，如图 3-73 所示。

（6）将原始的点云和断面轮廓线隐藏，仅显示析出的扫描线，如图 3-74 所示。

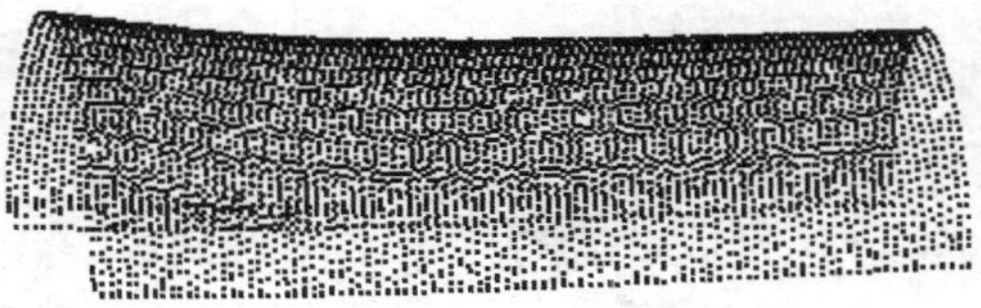

图 3-73 抽取扫面线文件显示

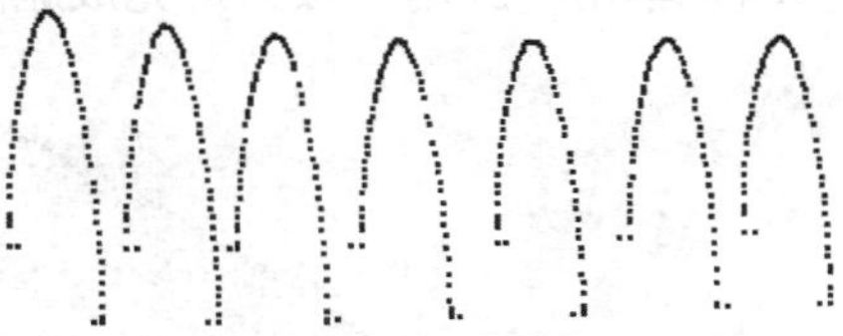

图 3-74 抽取扫描线结果

7. 抽取 XYZ 平面的扫描线

抽取 XYZ 扫描线命令就是从选定的点云中析出相对独立的 X、Y、Z 方向的扫描点云。执行该命令后，新的点云命令将取代原来的合成点云，对话框如图 3-75 所示。

该选项将一个完整的点云分解成在 X、Y、Z 方向有序的 3 个点云。对原始点云中不能按要求归入三个方向的点，被归入一个单独的任意点云。

8. 以距离抽取点云

根据空间距离和设定的限定值，将一个点云分散成多个点云，对话框如图 3-76 所示。

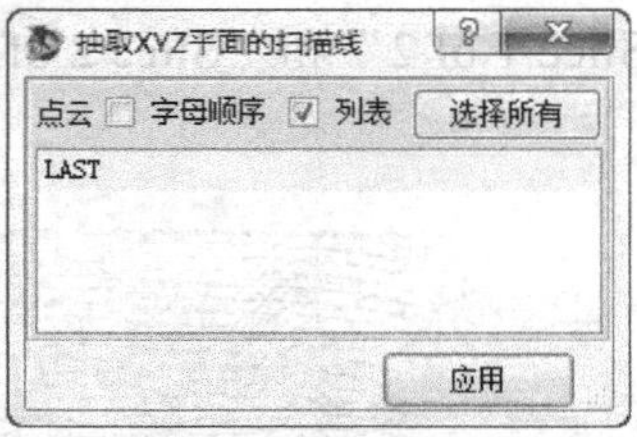

图 3-75　抽取 XYZ 平面的扫描线对话框

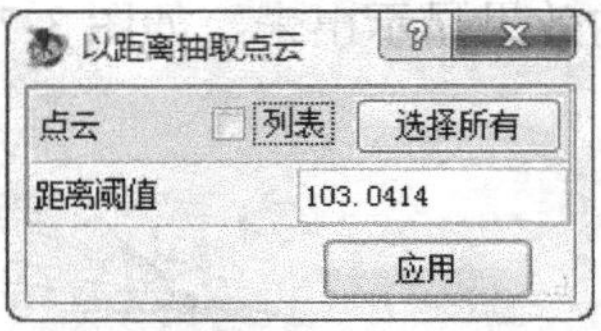

图 3-76　以距离抽取点云对话框

以距离设定分离点，在建模的时候，常常需要将薄壁件的内外壳分析出来，但在测量的时候，它们是连续的，是当作整体输入的，运用此功能就可以设定一个小于壁厚的距离，将内外壁分离出来。

3.4.4　扫描线

1. 拾取删除点

拾取删除点命令就是从指定的点云中删除点，快捷键是 Ctrl+Shift+P，对话框如图 3-77 所示。

图 3-77　拾取删除点对话框

通常在测量中，会不可避免地遇到干涉，因而会产生杂点。对于大量的杂点，可以选用“圈选点”功能处理；对于少量的杂点，或者不规则的杂点区域可以使用该命令，选择杂点后删除，具体操作如下。

（1）打开练习文件“3-14.imv”。

（2）使用快捷键 Ctrl+Shft+P，或者选择【修改】→【扫描线】→【拾取删除点】，打开的对话框如图 3-77 所示。

（3）在视图区域选择需要删除的杂点，如图 3-78 所示。

（4）单击“应用”按钮，完成删除动作，拾取删除点结果，如图 3-79 所示。

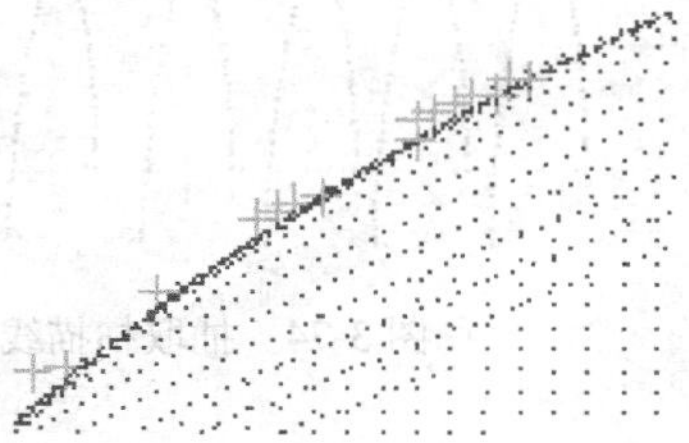

图 3-78　拾取删除点的操作

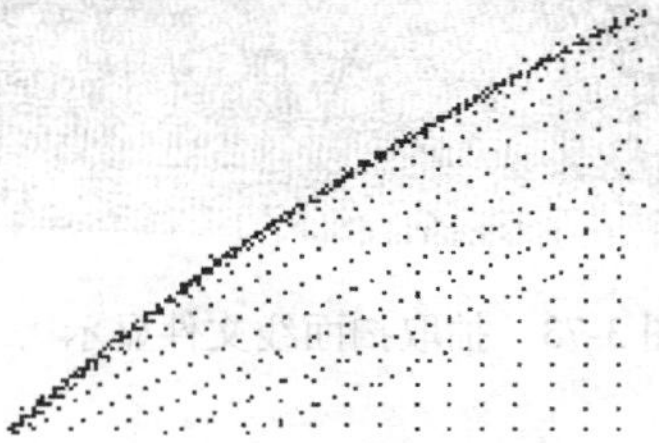

图 3-79　拾取删除点结果

2. 补间隙

补间隙命令就是从指定的点云中，对这些点云进行间隙补偿，因为对于某些点云在创建过程中可能会出现点云之间间隔很大的情况，所以这个命令的功能就是能很好地修补点云间隙过大的缺陷。

选择【修改】→【扫描线】→【补间隙】，补间隙对话框，如图 3-80 所示。

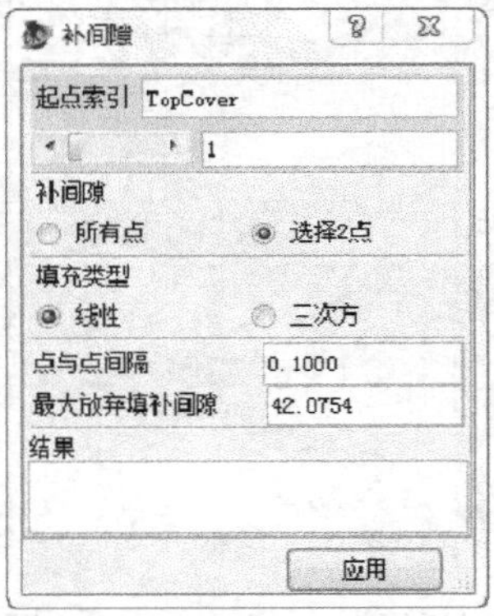

图 3-80 补间隙对话框

3.4.5 定位点云

由于某些扫描仪器不能一次获得一件物体的各个面的点云数据，所以经常需要一个物体的不同侧面的点云数据的定位，从而获得完整的点云数据。定位功能也可以在其他几何模型中运用，类如 CAD 几何模型与点云数据的定位，从而通过比较找出它们之间的不同。

Imageware 中提供了多种定位的模式，下面将对每种模式进行详细阐述。

1. 点至点定位

选择【修改（M）】→【定位（L）】→【点至点定位（P）】，这种模式在已知参考点时非常有用，但要求是点云的尺寸和次序相同，如图 3-81 所示。

2. 约束点到点定位

选择【修改（M）】→【定位（L）】→【点到点定位（S）】。这种模式在已知参考点时非常有用，要求点云的尺寸与次序相同，并且要求其中一个点云不可移动时选用，如图 3-82 所示。

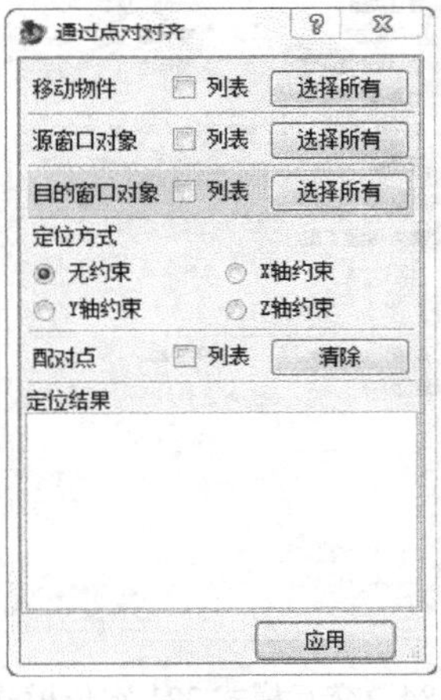

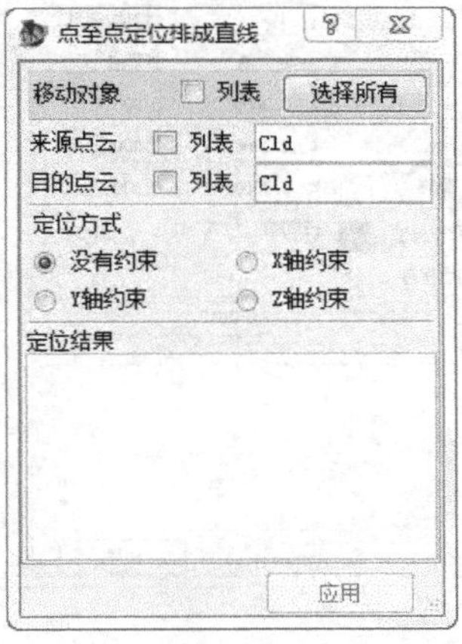

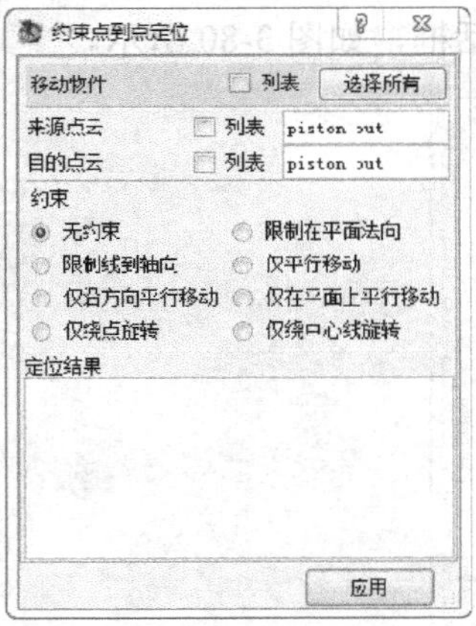

图 3-81　点至点定位排成直线对话框

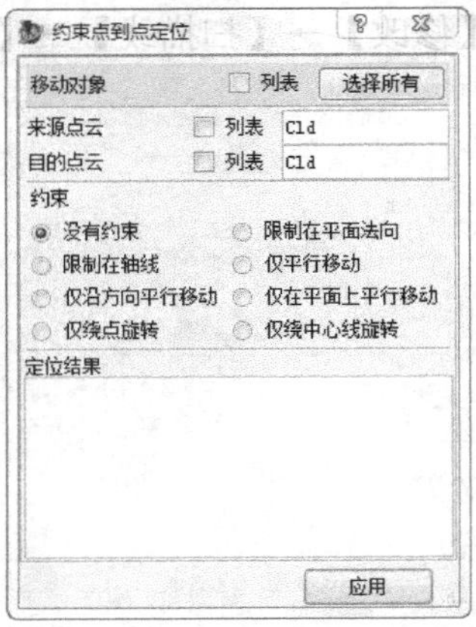

图 3-82　约束点到点定位对话框

3．321 定位

选择【修改（M）】→【定位（L）】→【321】。321 定位操作方式主要是对于两个物件在不同坐标系统上，点选相同轴向的位置，只要点选相同三个点位置，足够将 X、Y、Z 限制住即可完成定位的动作。也就是三点决定一平面，两点决定一轴线，再加上一点决定最后的位置，如图 3-83 所示。

4．交互模式 321 定位

选择【修改（M）】→【修改（L）】→【交互模式 321 定位（I）】。这种定位模式与上面的 321 定位模式有点相似，但是它实际最少需要用到的点为 6 个。例如，定义 X 轴至少要 3 个点，定位 Y 轴至少要 2 个点，而定义 Z 轴至少也要 1 个点。

如图 3-84 所示，在对话框中可有 4 个特征类型选取：固定、穿过点、锐边特征线、圆角边。

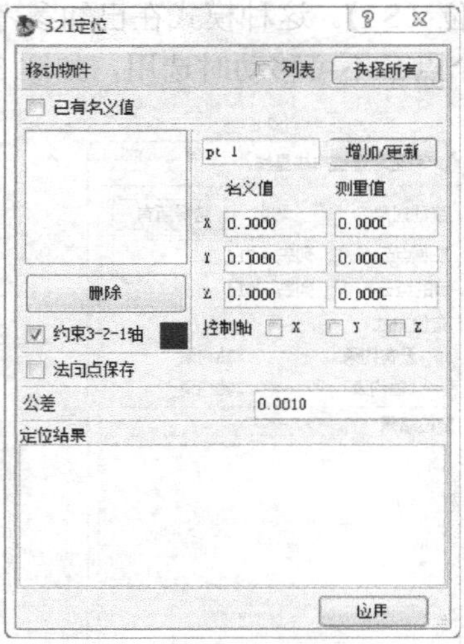

图 3-83　321 定位对话框

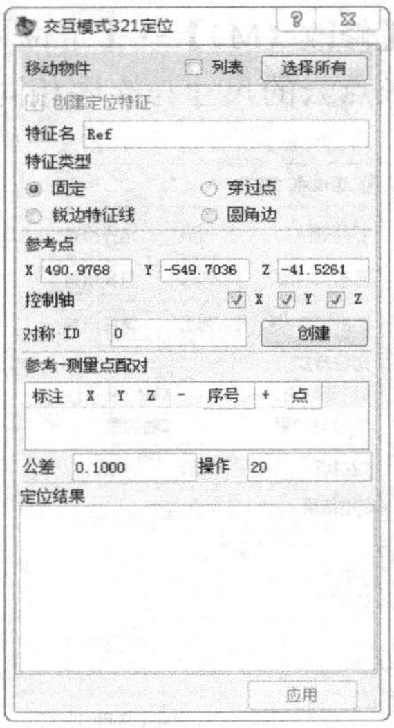

图 3-84　交互模式 321 定位模式

（1）固定：一般是二次曲线或者曲面的中心。这些固定点在交互模式 321 定位过程中不会发生改变。

（2）穿过点：是点和直线相穿过，从而形成了一些相交点。这些参考点在交互过程中会更新。因为交互模式 321 定位时，点云的位置会发生一定的移动，这样这些交点也会跟着移动。

（3）锐边特征线：是点云上的边与截面高度方向名义上的交点。这些点在交互过程中也会跟着更新。

（4）圆角边：是点云的边界圆与截面高度方向名义上的点。这些点也会在交互过程中更新。

5. 自动定位点云

选择【修改（M）】→【定位（L）】→【自动定位点云（U）】。该功能主要就是以创建的点云进行自动定位，找出所需要的数据，如图 3-85 所示。

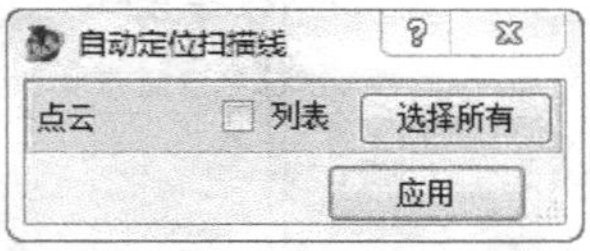

图 3-85　自动定位点云模式

6. 最佳拟合定位

选择【修改（M）】→【定位（L）】→【最佳拟合（B）】。这种功能是在找不到简单几何体配对的情况下来使用的。执行该命令的对话框如图 3-86 所示。

在该对话框中要设定以下几个条件。

1）公差

说明点云与实体之间差异的值。一般用一个较大的公差分析一次，然后再用一个比较小的公差来分析。

2）定位选项

定位选项中有两种模式，一种是优化模式，这适用于匹配对非常接近的情况，如二者已经被移动到一块，或者之前已经对齐时使用；另一种是最优模式，这种情况会评估所有的匹配对情况，并且会选择最优的情况。

3）定位方式

定位方式中有四种模式：没有约束、*X* 轴约束、*Y* 轴约束、*Z* 轴约束。

（1）没有约束：它允许实体在定位过程中不受约束。

（2）*X* 轴约束：实体不能绕 *X* 轴转动，但可以绕其他两个轴转动。这种约束使用在实体已经在 *X* 方向定位的情况。

（3）*Y* 轴约束：实体不能绕 *Y* 轴转动，但可以绕其他两轴转动。

（4）*Z* 轴约束：实体不能绕 *Z* 轴转动，但可以绕其他两轴转动。

4）显示动画

该选项对于设计影响不大，取决于用户在设计过程中的追求与做法。

7. 定位信息

选择【评估（A）】→【信息（I）】→【定位（A）】。该操作可以查询到已经完成的定位信息，如图 3-87 所示。

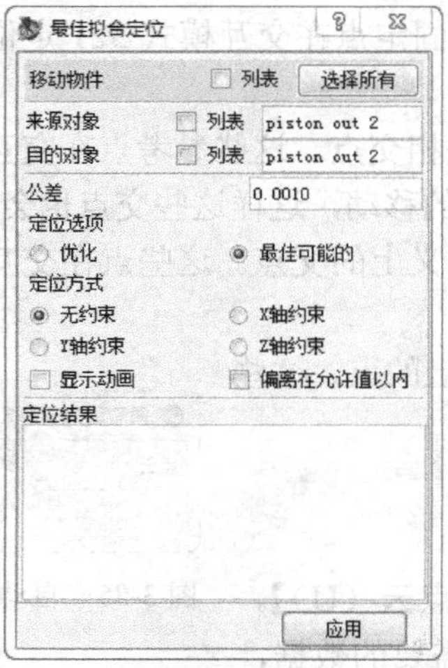

图 3-86　最佳拟合定位模式

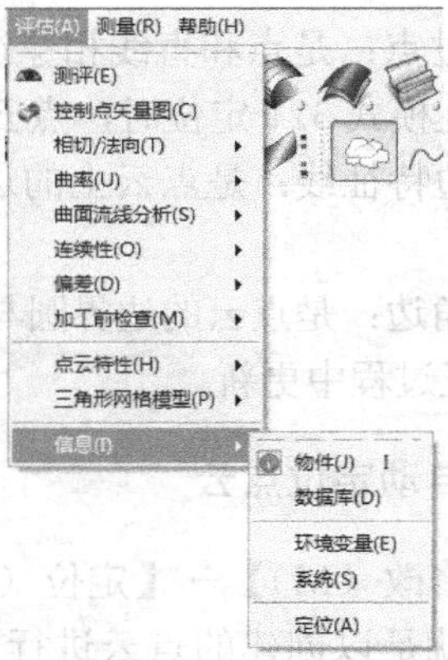

图 3-87　定位信息设置对话框

3.5 分析点云数据

在得到点云数据时，通常会先分析点云数据，如对一些标准点的坐标、点到点的距离、点云的曲率连续性等进行分析，便会得到一个关于点云的初步概念。

3.5.1　点云测量

1. 测量点云偏差

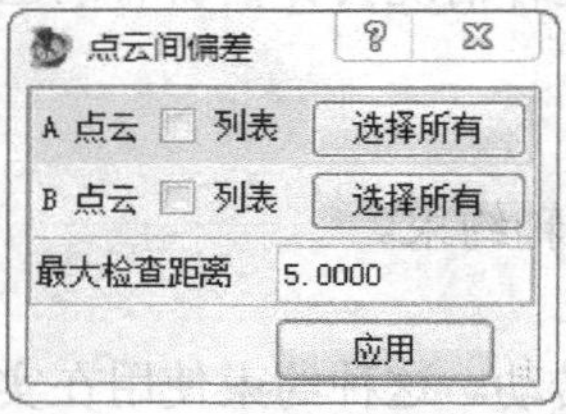

图 3-88　点云偏差对话框

Imageware 中提供了点云偏差的测量功能，使用户可以快速地找出各点云的偏差关系，从而进行修正。

选择【测量】→【点云】→【点云偏差】，打开的对话框如图 3-88 所示。

这一命令主要涉及点与点之间的偏差测量，并且在下方有“最大检查距离”的选项显示，通过该测量，用户能快速找到偏差的大小情况，有利于点云数据的创建。

2. 点比较

该功能主要是提供用户进行点与点间的比较，其他的功能用处不大。

选择【测量】→【点云】→【点比较】，打开的对话框如图 3-89 所示。

3. 多点比较

该功能与“点比较”相似，只不过这里是多点比较。

选择【测量】→【点云】→【多点比较】，打开的对话框如图 3-90 所示。

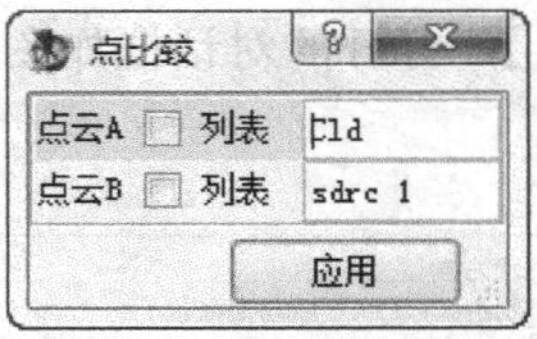

图 3-89 点比较对话框

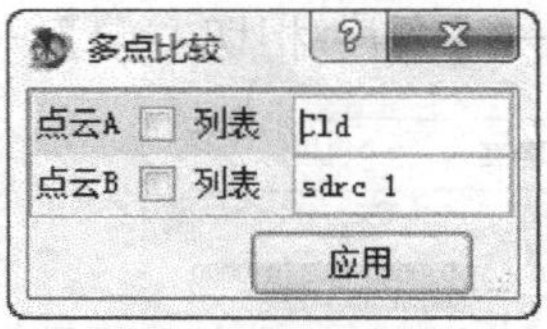

图 3-90 多点比较对话框

3.5.2 距离测量

1. 点间距离

通常在确定壁厚、长度和宽度等距离数据时，点与点距离的测量功能会经常用到。

选择【测量】→【距离】→【点间】，打开的对话框如图 3-91 所示。

(1) 点 1：配合全局捕捉器在视图上选择第一个点。选项中的文本框即为该点的三维坐标。

(2) 点 2：配合全局捕捉器在视图上选择第二个点。选项中的文本框即为该点的三维坐标。选择了两个点后，可在距离选项组中，显示出这两个点间的距离。

(3) 视图方向：点选该选项后，显示视图方向上的各种平面距离。

2. 点至曲线最小距离

该功能主要是寻找点至任意一条给定曲线的最小距离。

选择【测量】→【距离】→【点至曲线最小距离】，打开的对话框如图 3-92 所示。

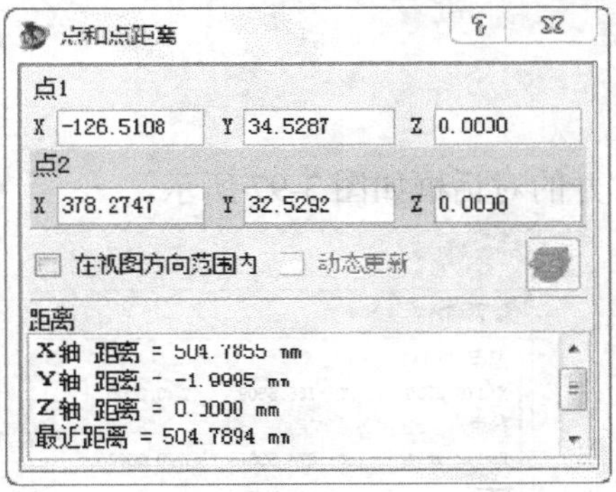

图 3-91 点和点距离对话框

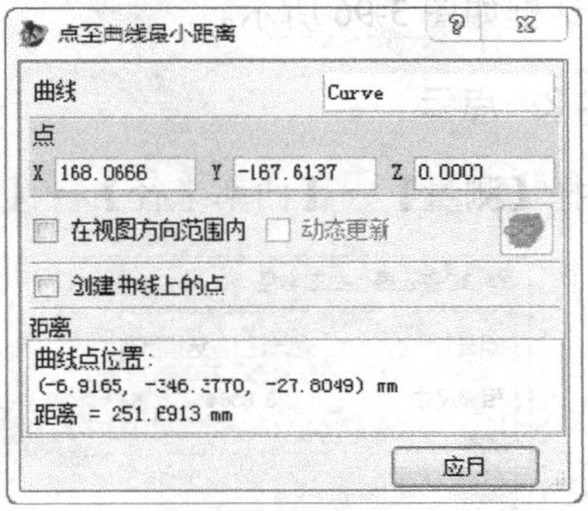

图 3-92 点至曲线最小距离对话框

3.5.3 点之间角度

1. 点之间角度

该功能主要定义两点之间的角度大小。

选择【测量】→【角度/相切方向】→【点间】，打开的对话框如图 3-93 所示。

2. 两点方向

该功能顾名思义就是定义点的方向，两个点的相对方向。

选择【测量】→【角度/相切方向】→【两点方向】，打开的对话框如图 3-94 所示。

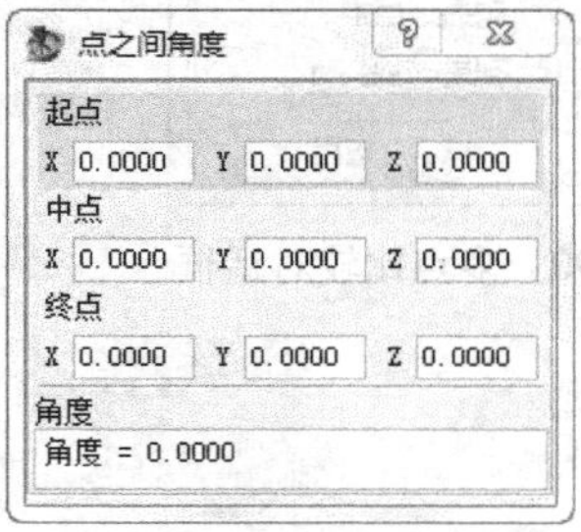

图 3-93　点之间角度对话框

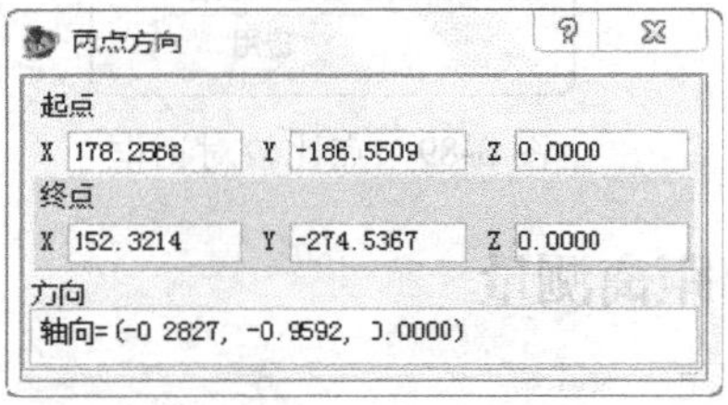

图 3-94　两点方向对话框

3.5.4　点的位置

该功能主要是在一个面上或者一条线上定义点的位置。

选择【测量】→【位置】→【点位置】，打开的对话框如图 3-95 所示。

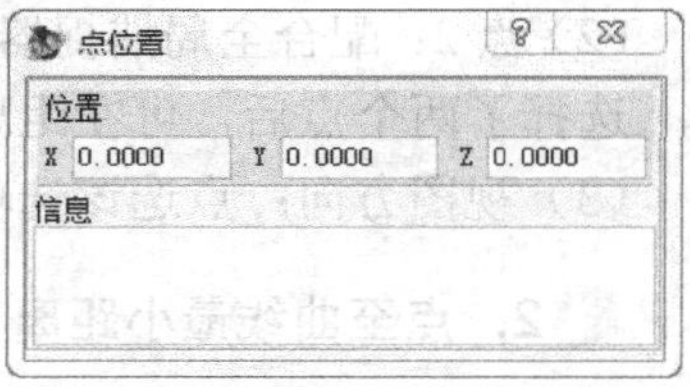

图 3-95　点位置对话框

3.5.5　曲率半径

1. 3D 点云最小值

选择【测量】→【曲率半径】→【3D 点云最小值】，打开的对话框如图 3-96 所示。

2. 点云

选择【测量】→【曲率半径】→【点云】，打开的对话框如图 3-97 所示。

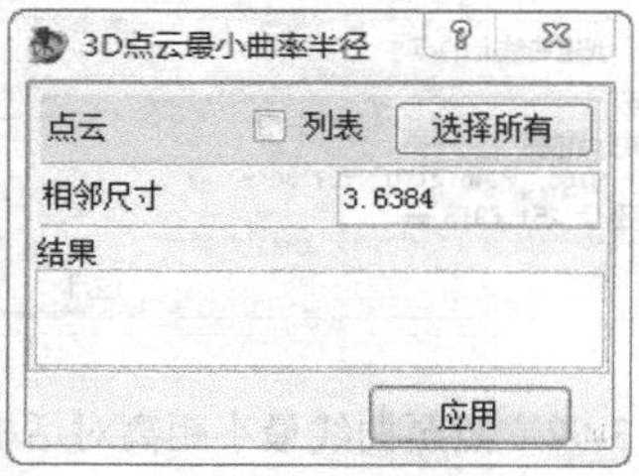

图 3-96　3D 点云最小曲率对话框

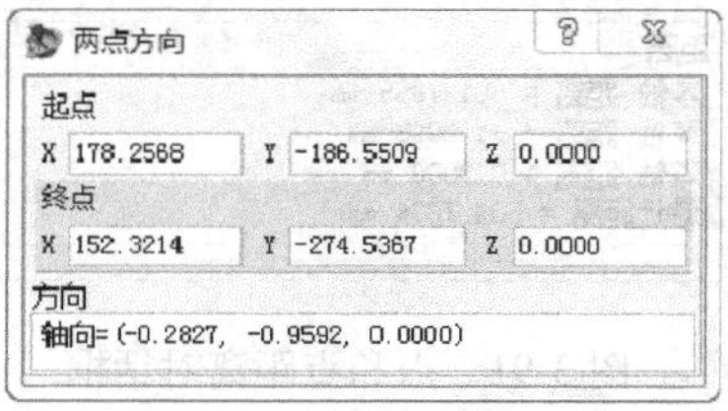

图 3-97　点云曲率半径对话框

小结

本章介绍了点云的各种相关操作，点云处理是逆向工程任务的起点，其重要性不言而喻，希望读者能对点云处理有一定的熟悉之后，再去进行曲线和曲面的处理，届时会更加得心应手。

第4章

曲　线

本章主要介绍创建和构建曲线、修改曲线以及分析曲线三个方面的操作方法。

曲线的构造是3D造型的基础，通过曲线的拉伸、旋转等操作来构造实体，也可以用曲线来进行复杂实体造型，或者作为建模的辅助线。

4.1 概述

Imageware 中曲线的构造是 3D 造型的初始条件，下面介绍 Imageware 中曲线的基本情况。

1. 曲线的要素

（1）节点：两个跨度相连接的点，显示曲线的走向。

（2）控制顶点：用来影响和约束小区域内曲线形状的数学上的点。

（3）阶数：控制顶点减 1。

（4）段数：两个节点之间的曲线。

（5）方向：每条曲线都有自己的方向，在生成放样曲面时方向要统一。

（6）起始点和末点：相对于方向而言的两个端点，生成曲面时一系列曲线的起始点最好一致，如图 4-1 所示。

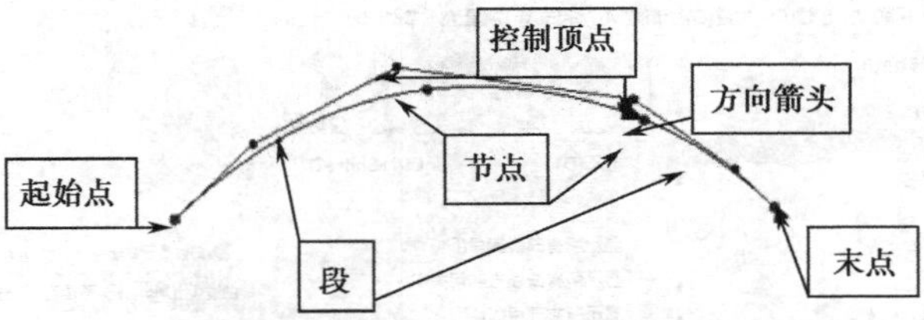

图 4-1　曲线要素

2. 曲线的显示

在构建曲线的过程中，有时会要求曲线的一些视觉效果，因此要先设置曲线的显示参数。用户可通过【编辑】→【参数设定】设置曲线的显示参数，如图 4-2 所示。

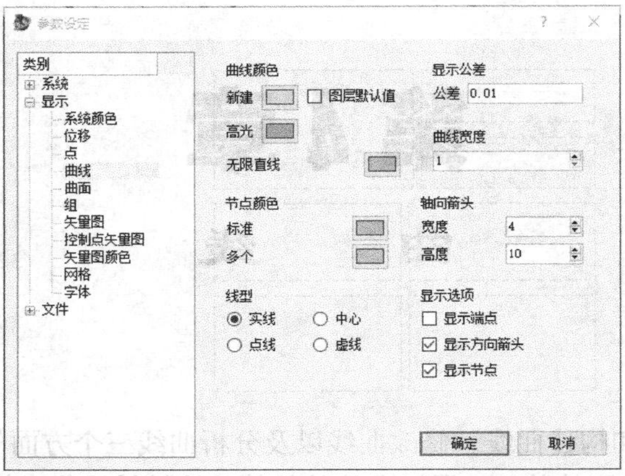

图 4-2　参数设定对话框

（1）曲线颜色：可分别设置新建曲线、被激活曲线以及无限长曲线的颜色。

（2）节点颜色：可设定一般节点的颜色和同时选中多个节点的颜色。

（3）线型：一般默认为实线。

（4）弦偏差采样：默认值为 0.01。

（5）曲线宽度：用户可预先设置线宽。

（6）方向箭头：设定箭头的宽和高。

（7）显示选项：可复选端点、方向、节点的显示情况。

注 意

用此种方法设置曲线显示参数，是针对所有的曲线，必须在绘制曲线之前设置才能生效。

用户可通过【显示】→【图素颜色】来设置曲线颜色，如图 4-3 所示。

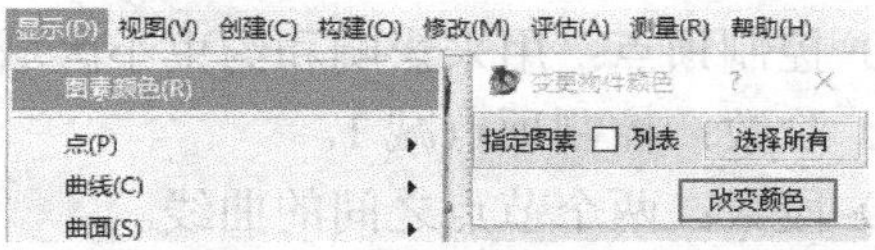

图 4-3　变更物件颜色对话框

此种方法可以选定部分曲线并改变其颜色。

用户可通过【显示】→【曲线】来设置曲线相关参数，操作如图 4-4 所示。

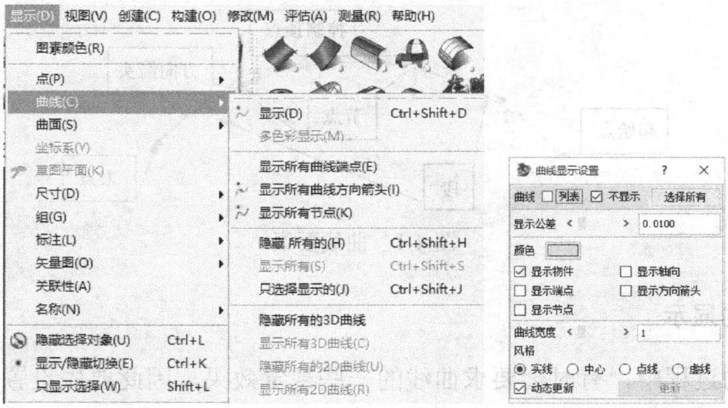

图 4-4　曲线显示命令

4.2 曲线创建

在 Imageware 中，曲线有三种生成方法：一是直接构建基本曲线；二是基于测量点的曲线构建；三是基于面的曲线构建，本节将一一介绍。

4.2.1 3D 曲线

创建 3D 曲线的命令如图 4-5 所示。

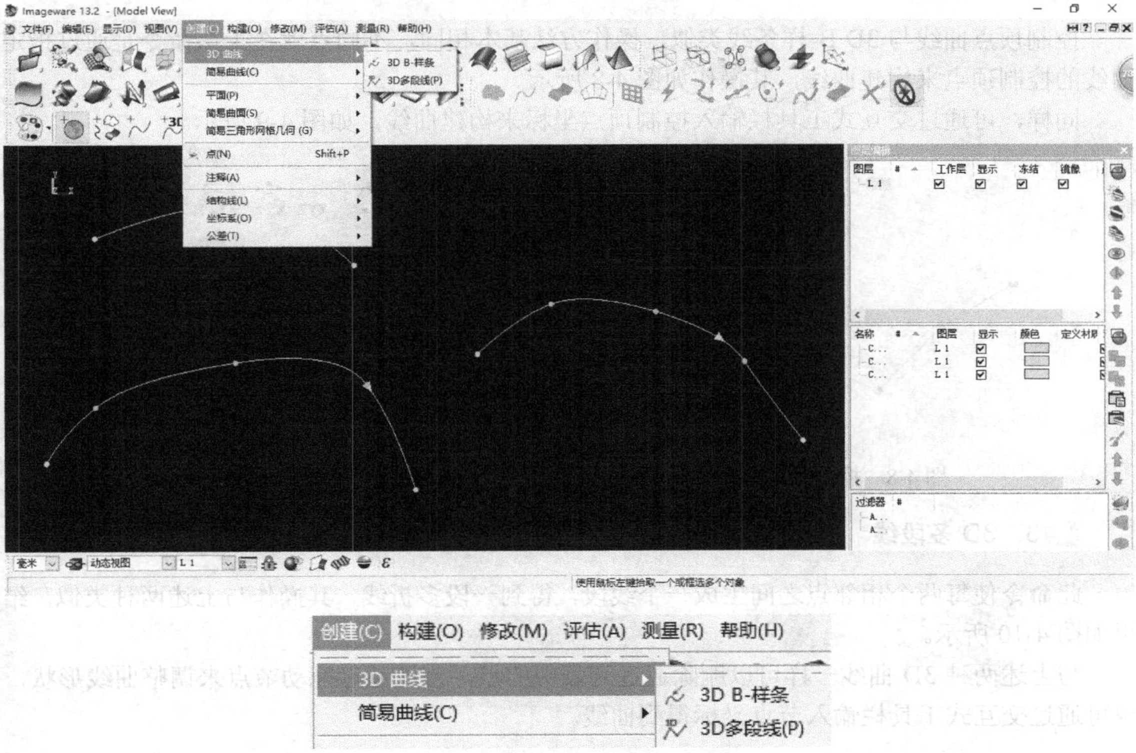

图 4-5 3D 曲线命令

1. 3D B-样条

3D B-样条命令有两种构建曲线的方法。

（1）选择【创建】→【3D 曲线】→【3D B-样条】命令，然后在工作视窗中拾取点，会得到依次通过拾取点的曲线，单击鼠标中键后结束选择，如图 4-6 所示。

本操作所得曲线所在平面平行于视图平面。可通过鼠标拖动调整节点的位置，也可通过对话框中各节点坐标来调整曲线形状。

（2）选择 3D B-样条命令，然后通过交互式工具栏，在图 4-7 所示对话框中输入坐标确定点，从而得到所求曲线。

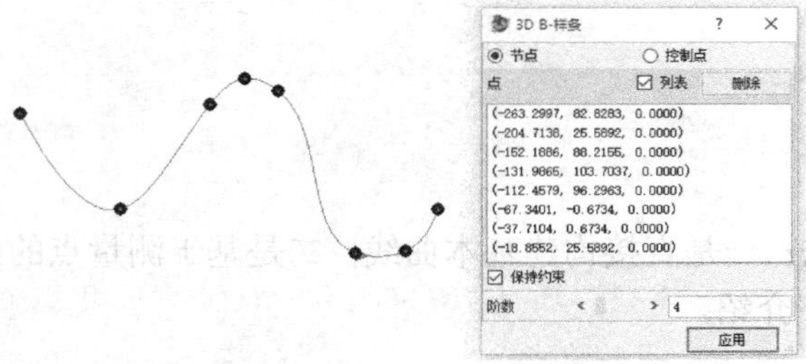

图 4-6　3D B-样条

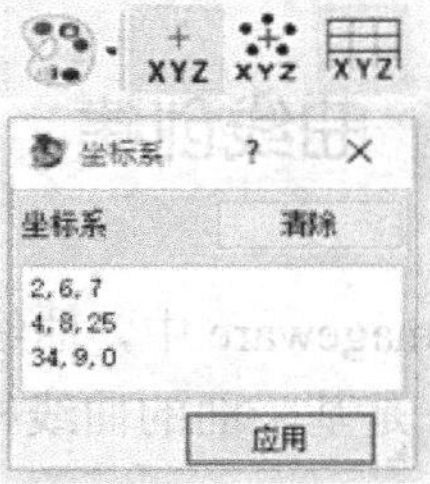

图 4-7　通过交互式工具栏输入坐标确定点

2. 控制点

控制顶点曲线与 3D B-样条线类似，操作方法基本相同，不同点就在于该命令是通过指定曲线的控制顶点来构建曲线，其操作如图 4-8 所示。

同样，可通过交互式工具栏输入控制顶点坐标来构建曲线，如图 4-9 所示。

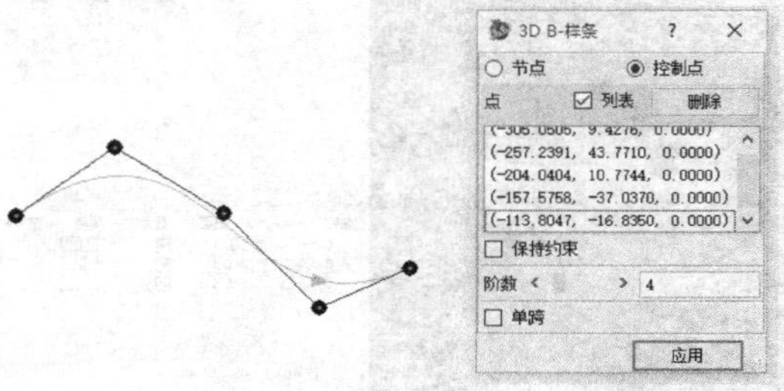

图 4-8　控制点构建曲线

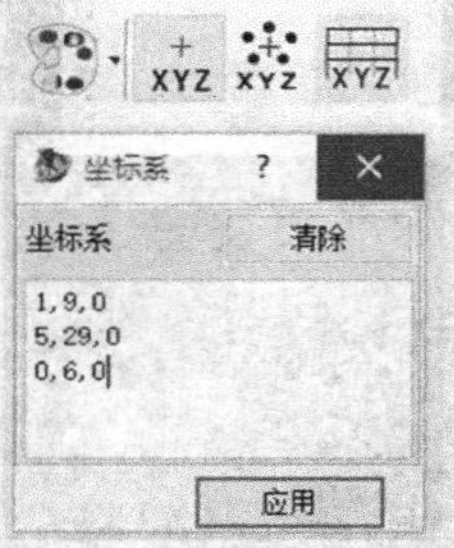

图 4-9　输入控制顶点坐标

3. 3D 多段线

此命令使每两个相邻点之间生成一个线段，得到一段多折线，其操作与上述两种类似，结果如图 4-10 所示。

与上述两种 3D 曲线一样可以删除通过列表中的点，或者通过拖动节点来调整曲线形状，也可通过交互式工具栏输入节点坐标得到曲线。

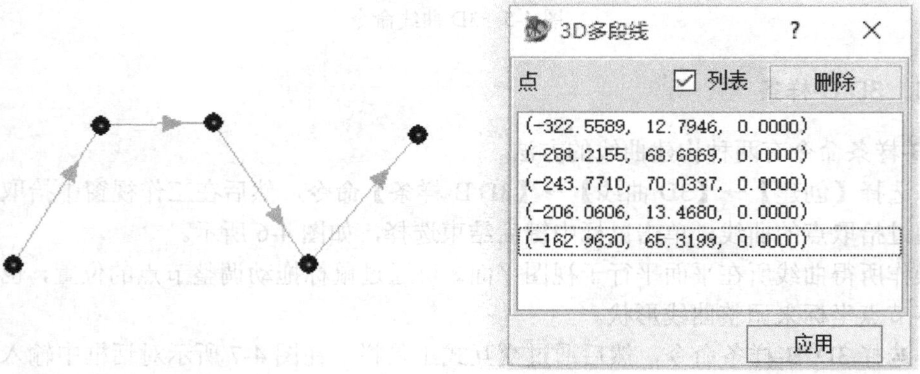

图 4-10　3D 多段线

4.2.2 简单曲线

在 Imagware 中提供了多种创建曲线的命令，有直线、圆、多边形等基本图形命令，本节将一一介绍，如图 4-11 所示。

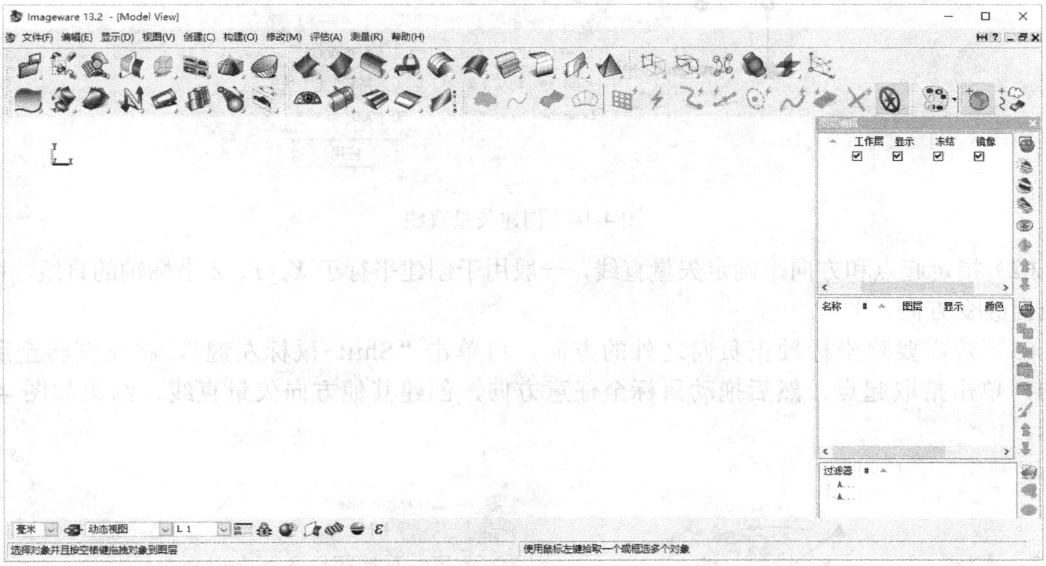

图 4-11　简易曲线

1. 直线

Imagware 中创建直线命令如图 4-12 所示。

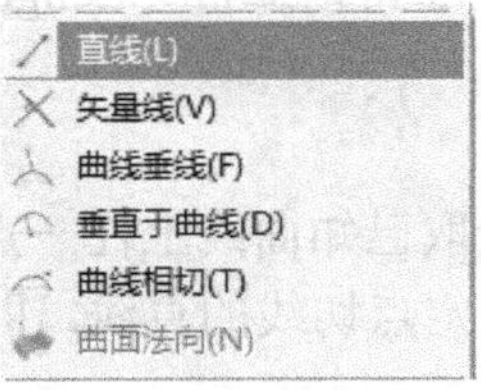

图 4-12　创建直线命令

1）直线（L）

无约束直线命令，可以创建空间任意两点之间的一条 3D 曲线。在绘图过程中常用作旋转轴、镜像轴等，其具体操作过程如下。

（1）选择【创建】→【简单曲线】→【直线】命令。

（2）直接在视图中拾取两点，或在对话框中输入起始点和末点坐标创建直线，结果如图 4-13 所示。

（3）如图 4-13 所示，所得直线会自动显示长度，可通过拖动点来调整直线的方向和长度。

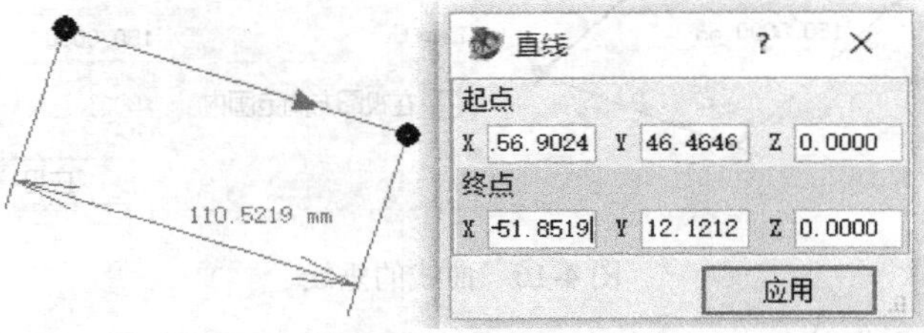

图 4-13　无约束直线命令

2）矢量线（V）

创建矢量线的具体操作如下。

（1）选择【创建】→【简单曲线】→【矢量线】，结果如图 4-14 所示。

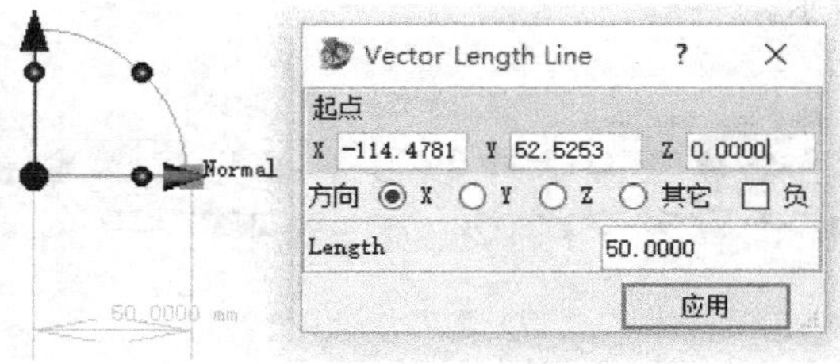

图 4-14 创建矢量直线

（2）指定起点和方向来确定矢量直线，一般用于创建平行于 X、Y、Z 坐标轴的直线，可选择负向改变方向。

（3）若需要除坐标轴正负向之外的方向，可单击“Shift+鼠标左键”，将试图转至所需方向，单击拾取起点，然后拖动鼠标至任意方向，创建其他方向矢量直线，结果如图 4-15 所示。

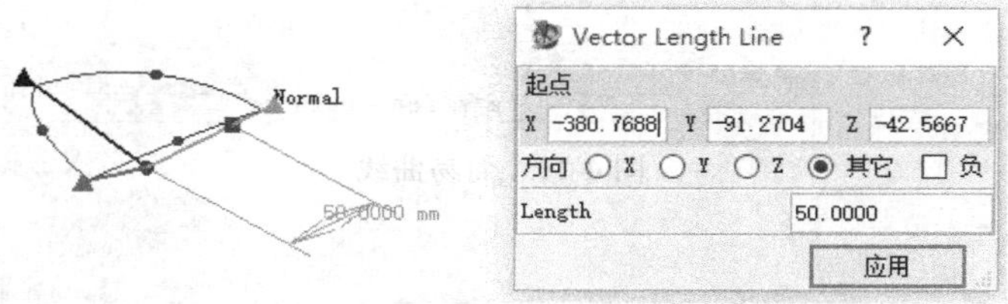

图 4-15 其他方向矢量直线

（4）矢量线命令还可以通过在对话框中输入坐标来确定起点位置，还可以通过“Length”选项设定直线长度。

3）曲线垂线（F）

如图 4-12 所示，选择【创建】→【简单曲线】→【曲线垂线】，拾取已知曲线上任一点，在“Length”选项中设定直线长度，从而得到一条垂直于过已知曲线选定点切线的直线，即曲线的垂线，结果如图 4-16 所示。

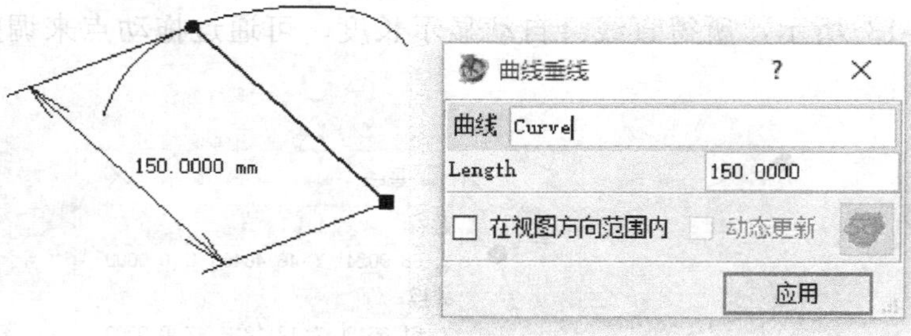

图 4-16 曲线的垂线

使用曲线垂线构建直线还可以通过 Length 选项设定直线的方向。“Length”选项中的数值代表直线长度，正负号可以体现线段方向，对照图 4-16 可设定反向垂线，如图 4-17 所示。

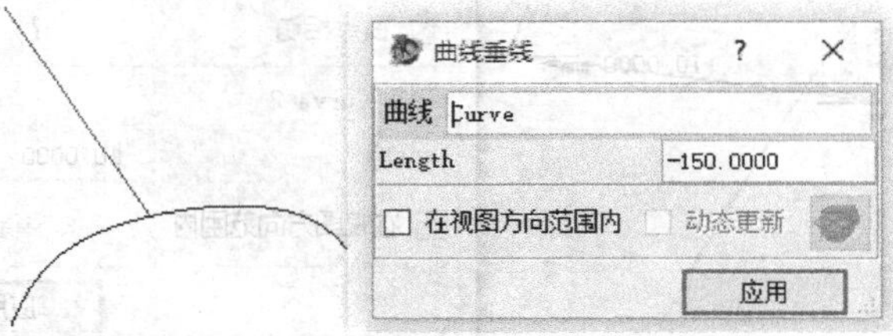

图 4-17　线段方向

4）垂直于曲线（D）

同样是做曲线的垂线，垂直于曲线命令与曲线垂线命令不同点就在于，垂直于曲线命令是指定曲线外一点来得到已知曲线的垂线，结果如图 4-18 所示。

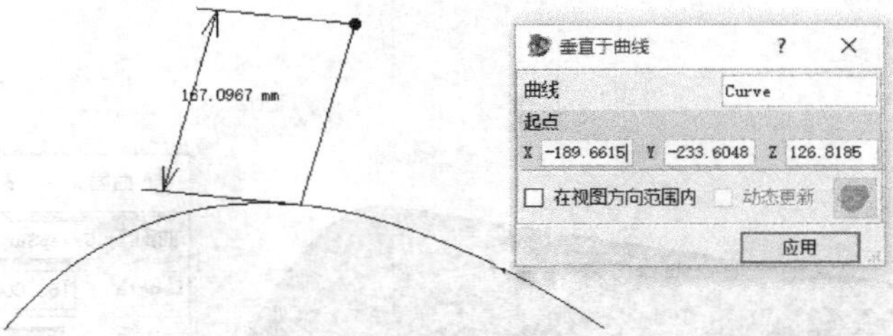

图 4-18　垂直于曲线

由对话框可直接看到，此命令通过选定源曲线和垂线段的起点坐标来创建垂线。除了用鼠标直接在视图中拾取，也可以通过在对话框中输入起点的确定坐标来构建所需垂线。

注 意

上述两种创建垂线命令，都可以通过鼠标拖动来改变起始点的位置。对话框中的视图方向选项，在不选择的时候，创建出的曲线是已知曲线的空间垂线；选择之后会使直线与曲线在视图方向上呈垂直状态，其操作效果如图 4-19 所示。

图 4-19　视图方向垂线

5）曲线相切（T）

类似于曲线垂线，曲线相切命令也是通过制定已知曲线上某一点，以及设定“Length”选项中的数值来确定切线长度和方向的。

同样的，可以通过鼠标拖动起始点来调整直线位置，也可通过拖动轴向控制点改变直线长度；通过此命令，对话框中视图方向选项也可以得到已知直线在选定点的空间切线和当前视图的切线。

曲线相切如图 4-20 所示。

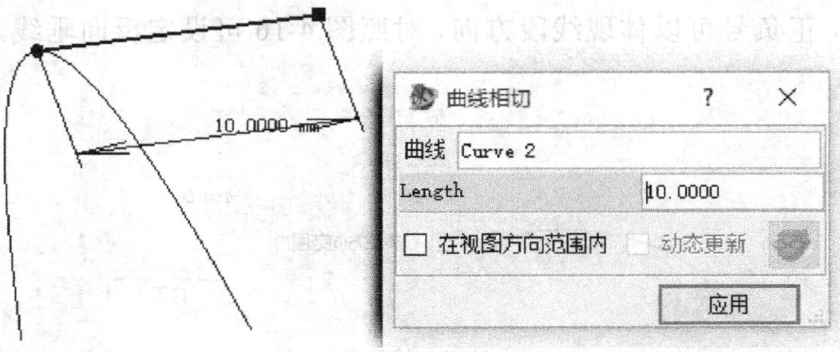

图 4-20　曲线相切

6）曲面法线（N）

曲面法线命令也与垂线、切线命令类似，通过指定曲面上任一点，过该点沿着曲面法线方向作直线。起始点位置可以通过鼠标拖动来改变，“Length”选项确定切线的长度和方向，结果如图 4-21 所示。

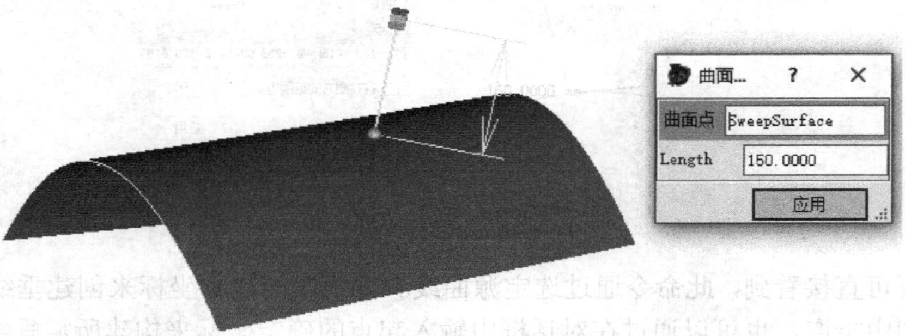

图 4-21　曲面法线

2．圆弧

Imagware 中创建圆弧的命令如图 4-22 所示。

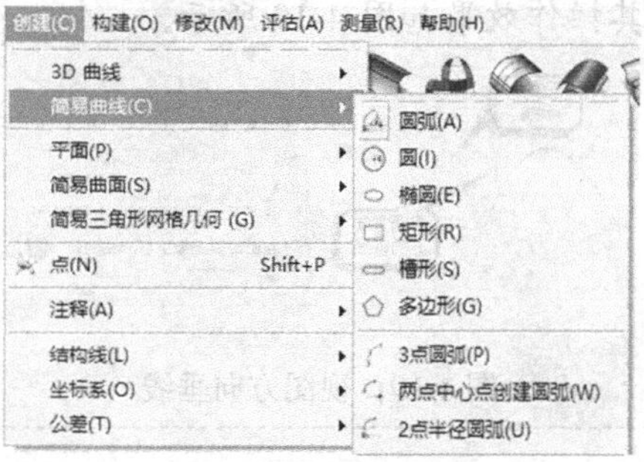

图 4-22　圆弧相关命令

1）圆弧（A）

创建圆弧的具体操作如下。

（1）选择【创建】→【简单曲线】→【圆弧】，显示如图 4-22 所示的对话框。

（2）指定圆弧中心。可在视图内拾取任一点或者在对话框中输入所需点的坐标值。

（3）选择圆弧所在平面的法线方向。如图 4-23 所示，可以选择坐标轴各方向或者其他要求的方向。

（4）确定起始点和末点的角度。Imagware 软件中假定逆时针旋转得到的角为正。

（5）指定圆弧半径值。可直接在文本框输入所需半径值。

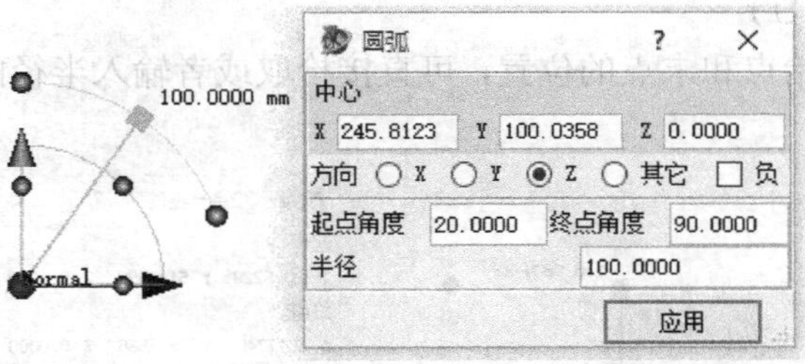

图 4-23 创建圆弧

2）3 点圆弧（P）

此命令是通过选择视图内三个不共线的点创建一个圆弧，结果如图 4-24 所示。

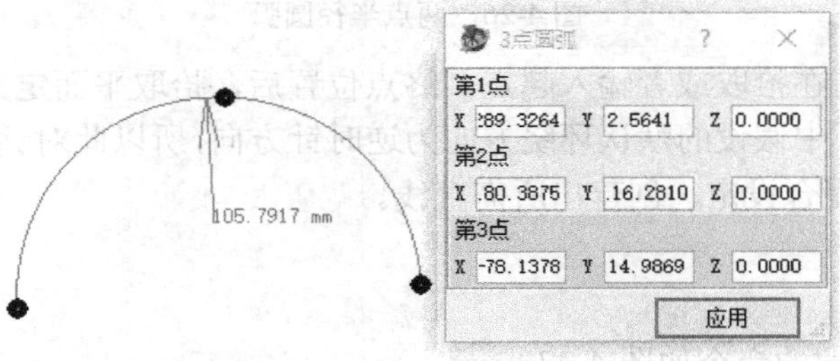

图 4-24 过 3 点做圆弧

操作时，可用鼠标单击所选视图内依次拾取的三个点来创建 3 点圆弧，也可以直接在对话框中输入 3 点坐标确定圆弧。

注 意

一定要选取不共线的 3 点，否则系统自动退出该命令。

3）两点中心点创建圆弧（W）

顾名思义，此命令是通过指定中心点、起点和终点来构建一段弧，类似于圆弧命令，结果如图 4-25 所示，可通过直接拾取点和输入坐标来创建圆弧。

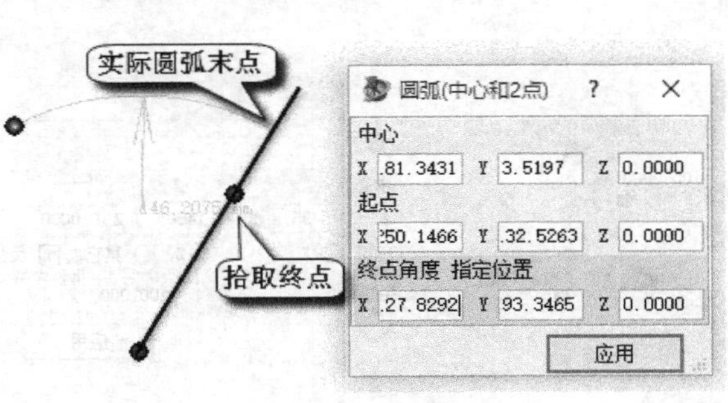

图 4-25 两点中心点创建圆弧

注 意

如图 4-25 所示，先在视图中拾取中心和起点，而终点的位置拾取只代表了圆弧末点与起点关于中心所成的角度。

4）两点半径圆弧（U）

这一命令先指定起始点和末点的位置，可直接拾取或者输入半径的值来创建圆弧，结果如图 4-26 所示。

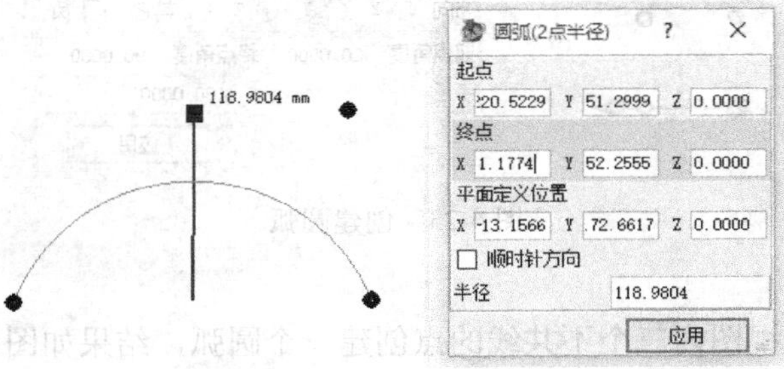

图 4-26　两点半径圆弧

如图 4-26 所示，在拾取或者输入起点、终点位置后，拾取平面定义位置的点代表了圆弧环绕的方向。Imagware 中假设的默认环绕方向为逆时针方向，所以此对话框中有个顺时针选项，可与平面定义位置点配合设定，创建出所需直线。

3. 圆

Imagware 中创建圆的命令如图 4-27 所示。

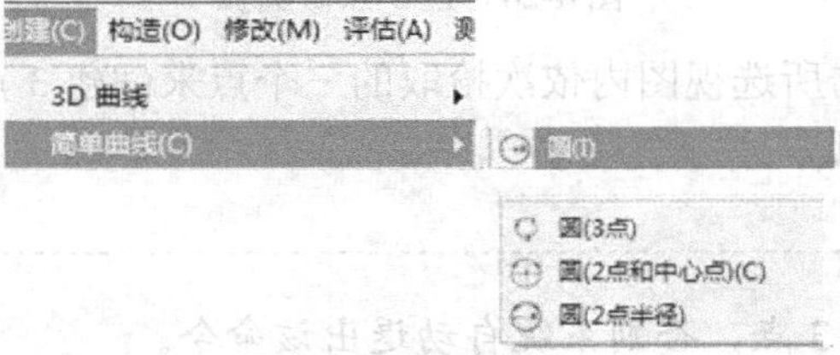

图 4-27　创建圆的命令

1）圆（I）

此命令是简单的创建圆的命令，只须选择圆心位置、圆所在平面法线方向和圆的半径，结果如图 4-28 所示。

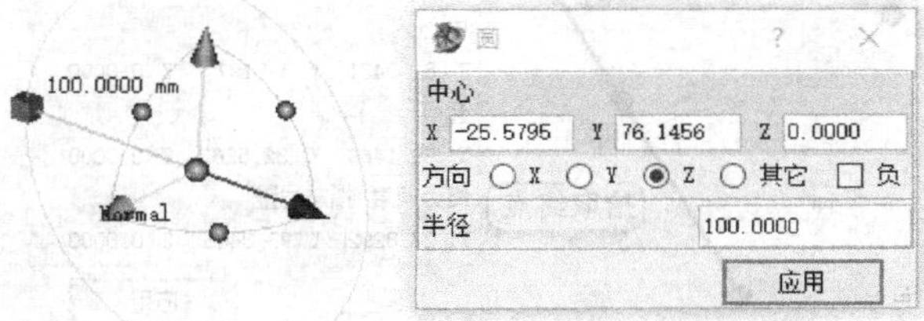

图 4-28　圆命令

对话框中方向的选择在矢量线命令处已经介绍过，此处不再赘述。类似于圆弧，圆也有如下几种创建方法。

2）圆（3点）

指定视图中任意不共线三点创建一个圆，结果如图4-29所示。

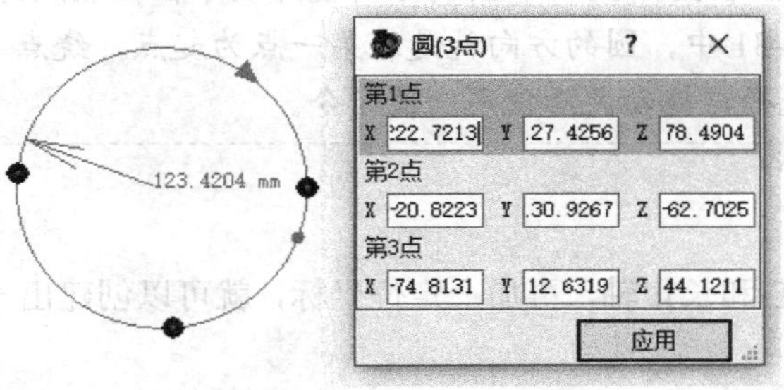

图4-29　三点确定一圆

3）圆（2点中心点）

此命令须要选择中心点和半径位置来确定圆的大小和位置，通过平面定义位置来确定圆的方向，操作方法同两点中心点圆弧命令，结果如图4-30所示。

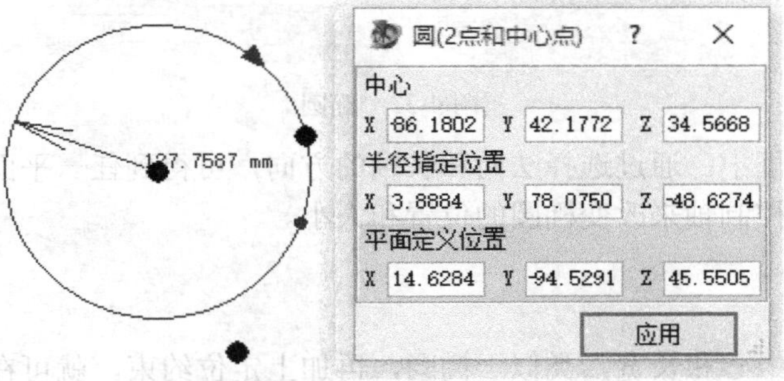

图4-30　两点和中心点创建圆

4）圆（2点半径）

选取视图内任意两点或输入坐标，然后在半径文本框中输入合适的数值确定圆的大小和位置，最后通过选取平面定义位置来确定圆的走向，结果如图4-31所示。

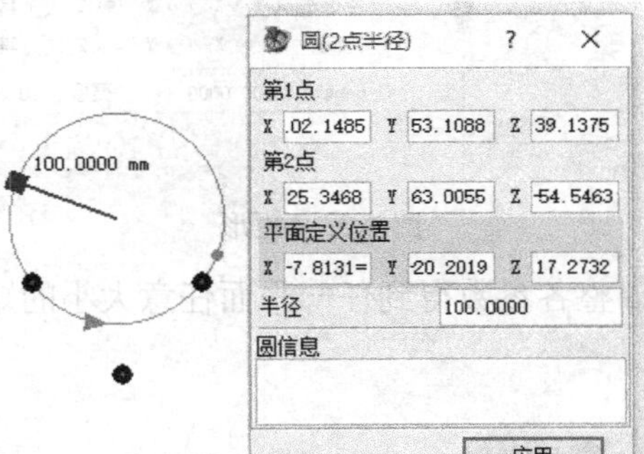

图4-31　两点半径创建圆

用户可通过鼠标拖动选定两点的位置改变圆的大小或位置。

注 意

在此具体介绍一下上述两种创建圆的命令对话框中的平面定义位置点的使用方法。设平面位置定义位置点为 A。在图 4-30 中，圆的方向就是以半径位置点为起点，绕中心点指向 A 点的环绕方向；在图 4-31 中，圆的方向就是以第一点为起点，绕点 A 指向第二点的环绕方向。用户可通过点的选择与拖动灵活使用上述命令。

4．椭圆

椭圆的要素包括中心和长短轴，再加上定位坐标，就可以创建出一个椭圆，结果如图 4-32 所示。

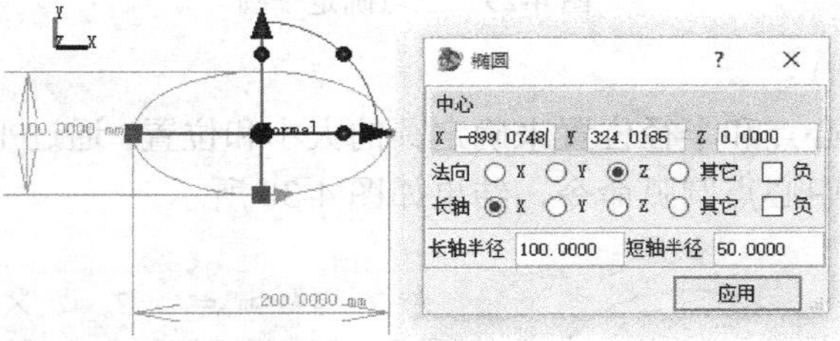

图 4-32　椭圆

在椭圆命令对话框中，通过选择法向和长轴的方向，可得到任一平面上的椭圆。同样的，通过拖动椭圆中心和控制轴来改变椭圆的位置和大小。

5．矩形

矩形的要素包括中心和长宽，类似于椭圆，再加上定位约束，就可在 Imagware 中构建任意矩形，结果如图 4-33 所示。

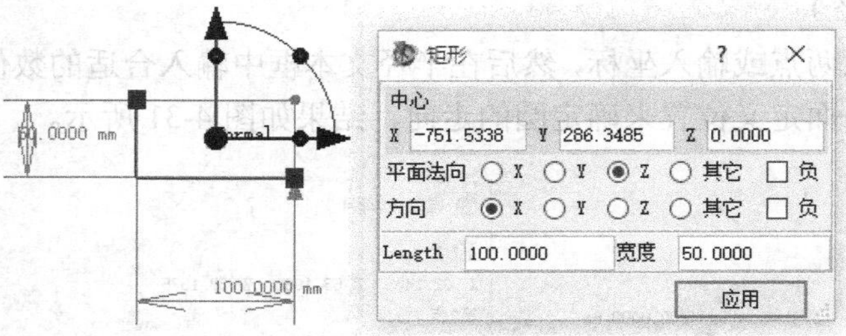

图 4-33　矩形

类似于椭圆创建命令，调整各参数得到任一平面任意大小的矩形，此处不再赘述。

6．槽形

槽形命令的对话框如图 4-34 所示。

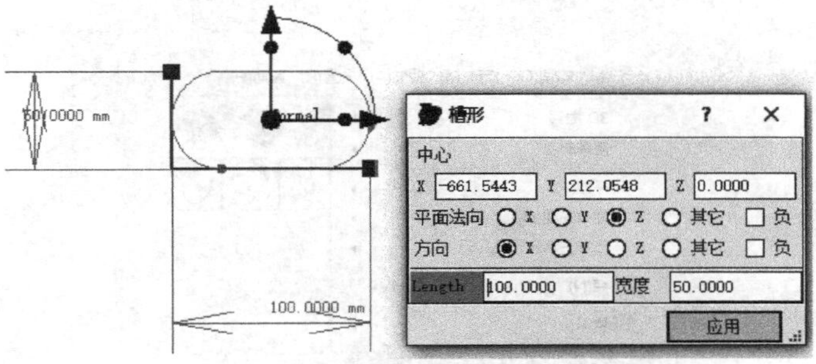

图 4-34　槽形

此命令与矩形命令基本相同，细微差别就在于，“Length”选项设定的是槽形的总长，跨度即为槽形两边圆的直径，由图 4-34 可直观地看出。

7. 多边形

多边形的要素包括中心、边数、外接圆半径，在 Imagware 软件中，再加入定位设定，就可创建出任意平面的多边形，结果如图 4-35 所示。

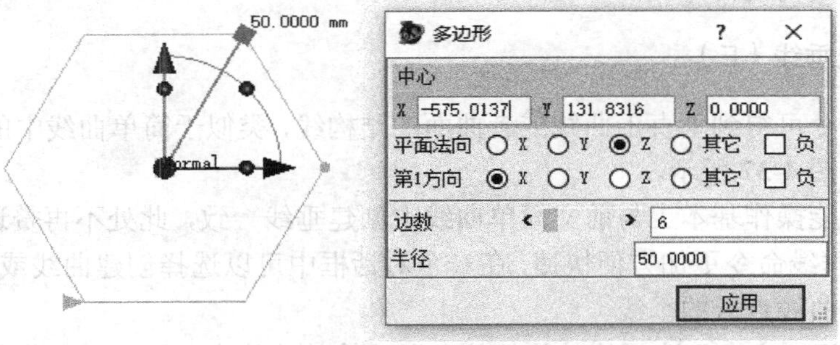

图 4-35　多边形

注 意

在 Imagware 中构建曲线的命令较为简单，用户只须按照对话框提示熟练操作便可运用自如。

在简单曲线创建过程中，操作一般都是基于屏幕视图方向的，因此用户在构造之前，要先将视图旋转移动至适当位置。

另外，操作过程中，点的选取可以配合全局捕捉器以及交互式工具栏使用，更加方便快捷。

Imagware 软件十分智能，选定对象后可通过鼠标拖曳各种控制点来改变曲线的位置、形状和长度等。

4.2.3 结构线

除了前文介绍的 3D 样条曲线和各种简单曲线，Imagware 中还提供了结构线的构建命令，如图 4-36 所示。

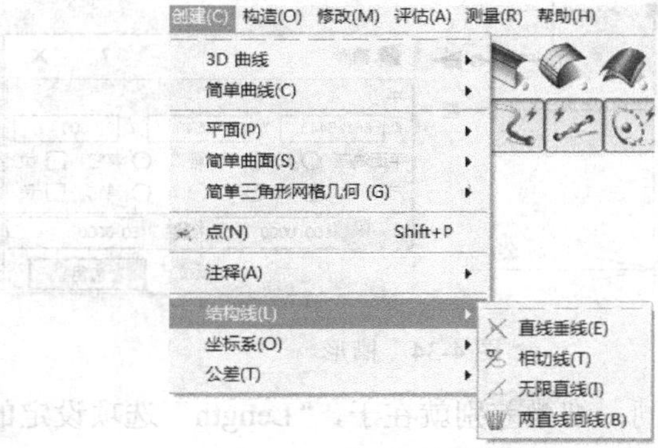

图 4-36　结构线命令

在 Imagware 三维造型软件中，结构线就是指细线，可以作为制图辅助线、尺寸标注线、等分线等，如对称图形的对称线、圆柱形物体的中轴线等。结构线在 CAD、Inventer、proE、UG 等制图软件中应用广泛，设置此命令方便了用户将制图软件与 Imagware 结合使用。接下来将一一介绍四种结构线命令。

1. 直线垂线（E）

直线垂线命令可得到垂直于曲线或者曲面的结构线，类似于简单曲线中的垂直于曲线的直线命令，结果如图 4-37 所示。

这一命令功能操作基本上与前文简单曲线中创建垂线一致，此处不再赘述。与简单曲线相比，结构线这一垂线命令更加方便快捷，在一个对话框中可以选择创建曲线或者曲面的结构线，还可以选择做出曲线点云的垂线。

对话框中“视图方向”选项的功能与前文所述简单曲线中曲线的垂线类似。可以在当前视图平面中，做出选定对象在选定点处的垂线，具体操作如图 4-19 所示。

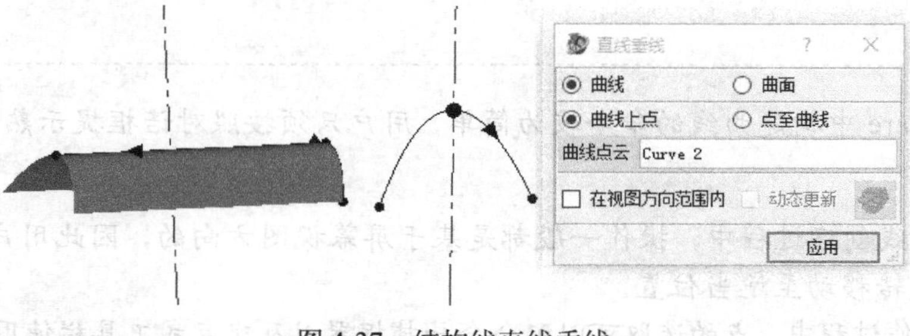

图 4-37　结构线直线垂线

2. 相切线（T）

此命令能创建出已知曲线的切线，如图 4-38 所示。可以选取曲线上的某点创建切线；也可以选择曲线外一点创建。对话框下边的“结果”文本框会显示结果数量。图 4-38 所示为平行直线与曲线相切命令操作结果。

3. 无限直线（I）

在机械制图软件中，常常需要这样的无限结构线作为图形的定位中心线。Imagware 中提供的无限直线创建命令如图 4-39 所示。

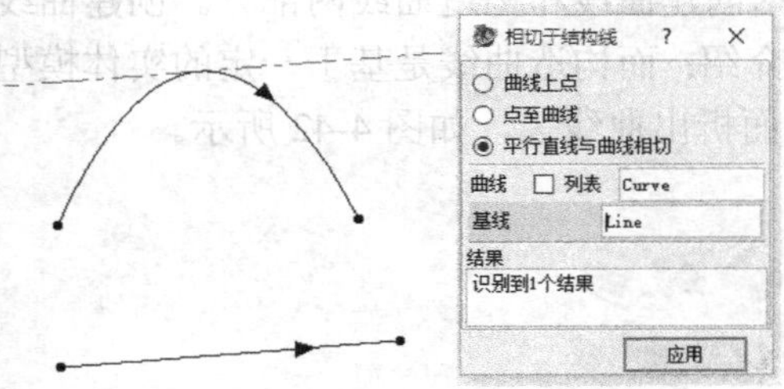

图 4-38 相切于结构线

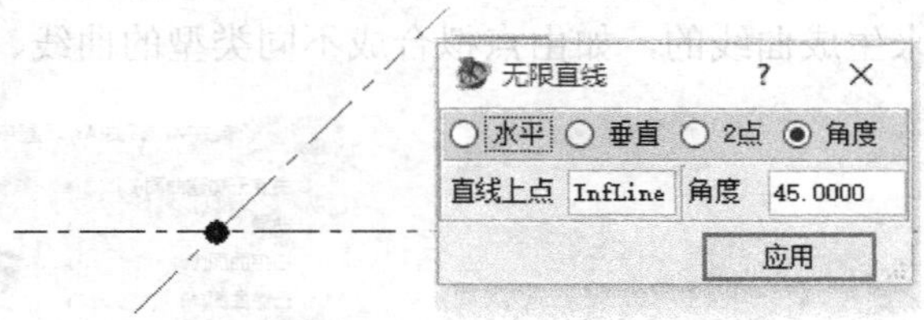

图 4-39 无限直线

图 4-39 所示为角度选项创建结果。由无限直线对话框可以直观看出，无限直线命令非常简单，可选择“水平”、“垂直”、“2 点”确定的任意方向以及“角度”选项，配合点的拾取来创建结构线，这在制图操作中应用广泛。例如，可以用来做某正多边形的对称线，通过中心与对角线角度的配合快捷创建。

4. 两直线间线（B）

通过这一命令可以快捷创建两直线之间角度或者距离的等分线，结果如图 4-40 所示。

对话框中“创建直线面积”选项指定了两直线所夹扇形的内侧，与扇形选项配合使用，可得到所需角度的等分线。直线数量选项设定已知两直线的等分数。

对平行直线，此命令可得到距离等分线，结果如图 4-41 所示。

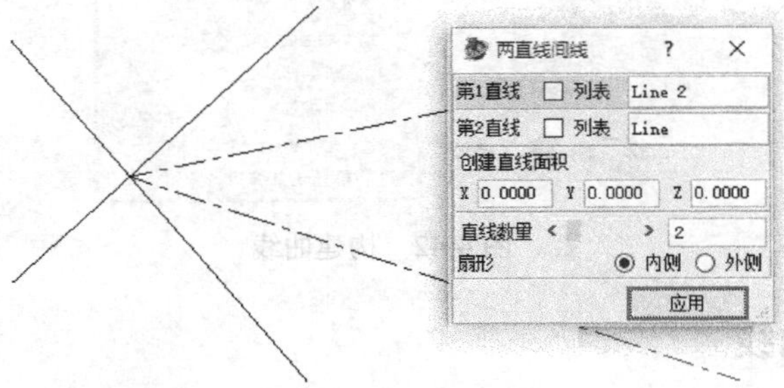

图 4-40 角度等分线

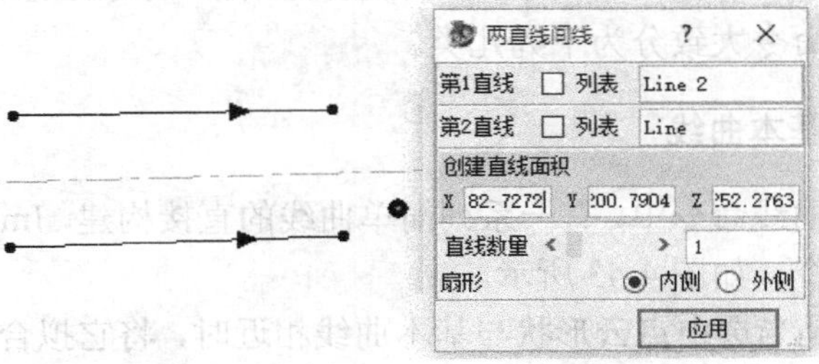

图 4-41 距离等分线

4.3 曲线构造

我们知道，Imageware 软件中生成曲线的命令包括创建曲线和构造曲线两部分。创建曲线一般不需要其他元素作为基础，上一节已经做过详细介绍；而构造曲线是基于一定的实体模型来生成曲线的，如由点拟合成不同类型的曲线、由曲面析出曲线等，如图 4-42 所示。

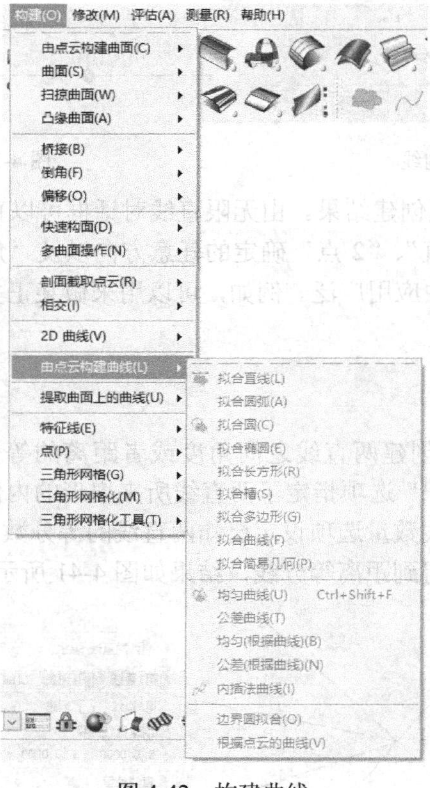

图 4-42　构建曲线

4.3.1　点拟合曲线

在第 3 章中，介绍了点云的预处理，创建、编辑的方法及常用的点云数据分析命令。在 Imagware 中，点是三维造型的基础，由点拟合出曲线、曲面，最终经过编辑得到模型。Imagware 软件中由点拟合直线的命令大致分为下列几类。

1. 由点云构建基本曲线

在上节介绍的构建曲线命令中，有一系列简单曲线的直接构建，Imagware 中还提供了利用点云构造简单曲线的命令，如图 4-43 所示。

拟合基本曲线，就是当选中点云形状与基本曲线相近时，将它拟合成为最接近的一种基本曲线，如图 4-44 和图 4-45 所示。

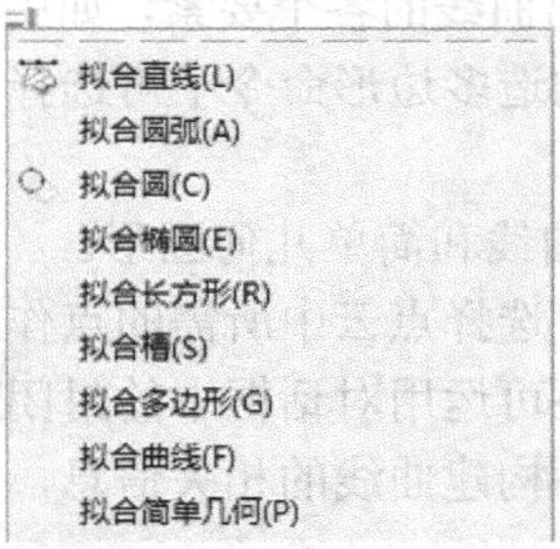

图 4-43　点云拟合简单曲线

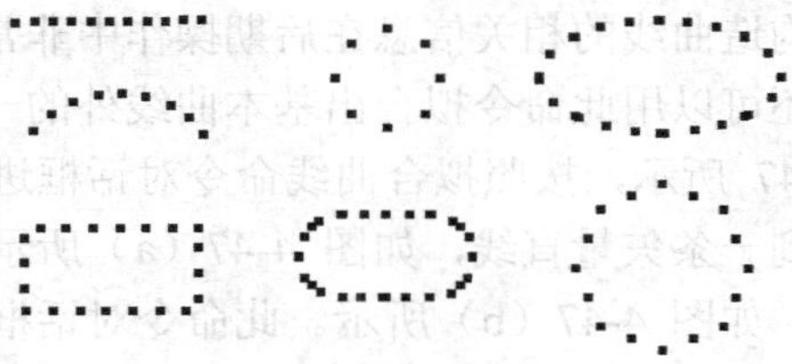

图 4-44　各种点云

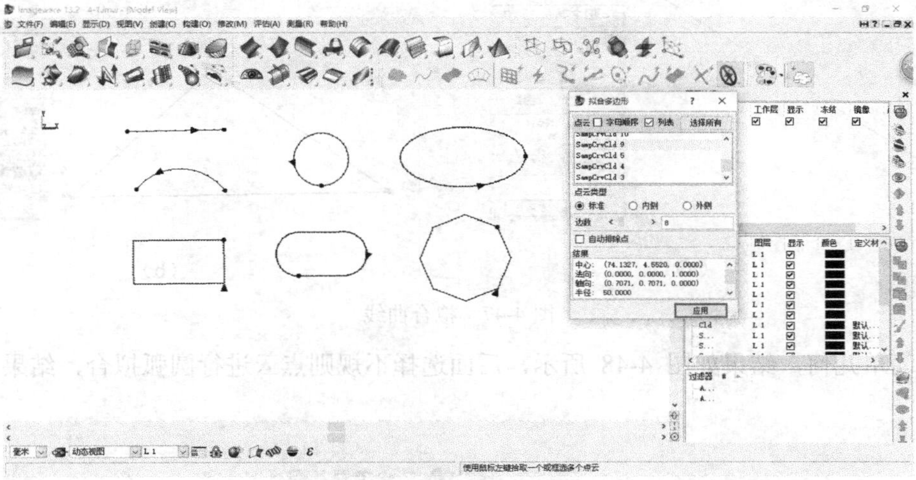

图 4-45　拟合成相近基本曲线

点云拟合基本曲线的命令较为简单，其具体操作过程如下。

（1）打开源文件文件夹→曲线文件夹中的文件 4-1.imw，如图 4-44 所示。

（2）选择【构建】→【由点云构建曲线】，根据点云形状选择对应命令，结果如图 4-45 所示。

对话框中“自动排除点”选项可去掉误差较大的点，选择此选项之后，会出现公差栏，如图 4-46 所示。用户可根据所需的精度设置排除公差。

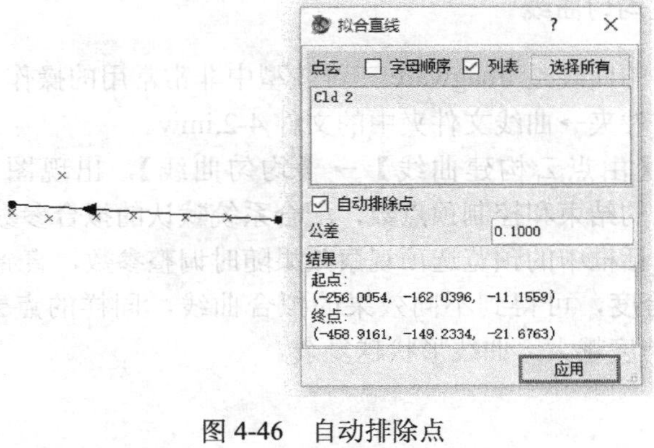

图 4-46　自动排除点

这一系列命令对话框中都有结果文本框，会显示构造出曲线的各个要素，如中心坐标、始末点坐标、边长等。该命令会与各曲线自身性质联系，如构造多边形命令中可选择目标图形的边数。这些构造曲线的相关信息在后期操作中非常有用。

另外，还可以用此命令拟合出基本曲线外的一些一般曲线和简单几何图形。

如图 4-47 所示，按照拟合曲线命令对话框进行操作，选择点云中所需的点作为起点和终点，便可得到一条矢量直线，如图 4-47（a）所示；用户还可运用对话框中的封闭选项得到矢量封闭图形，如图 4-47（b）所示。此命令对话框中有每条构建曲线的相关信息，非常直观，使用方便。

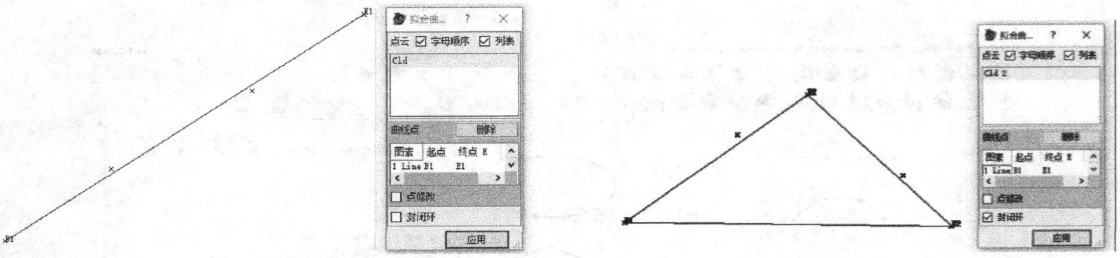

（a） （b）

图 4-47　拟合曲线

拟合简单几何，结果如图 4-48 所示，后面选择不规则点云进行圆弧拟合，结果为三段圆弧组成。

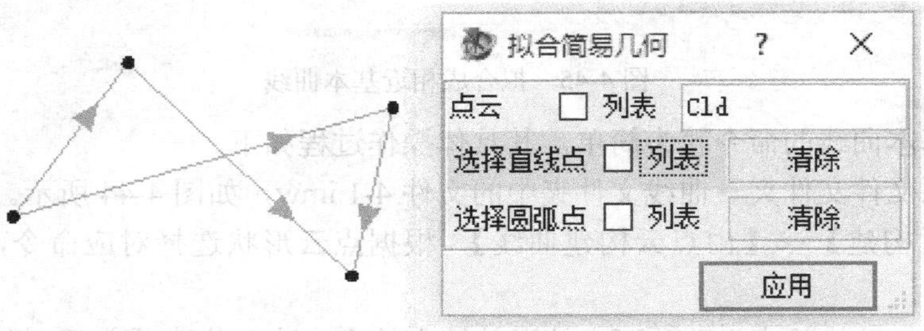

图 4-48　简单几何

2．由点云构建均匀曲线

将点云拟合成均匀的曲线是 Imagware 三维造型中非常常用的操作，其具体操作如下。

（1）打开源文件文件夹→曲线文件夹中的文件 4-2.imw。

选择【构建】→【由点云构建曲线】→【均匀曲线】，出现图 4-49 所示的对话框。

（2）指定均匀曲线的结束和控制顶点数，配合系统默认的拟合参数构造均匀曲线。

（3）用户可单击对话框中的预览选项观察效果随时调整参数，直到得到满意的形状。

（4）设定阶数和跨度，可得到不同效果的拟合曲线，同样的点云选择不同的阶数，如图 4-50 所示，阶数和跨度越大，曲线形状越复杂。

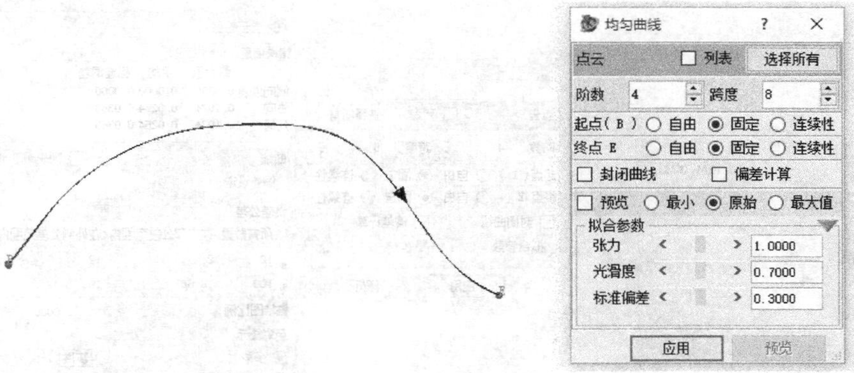

图 4-49 均匀曲线

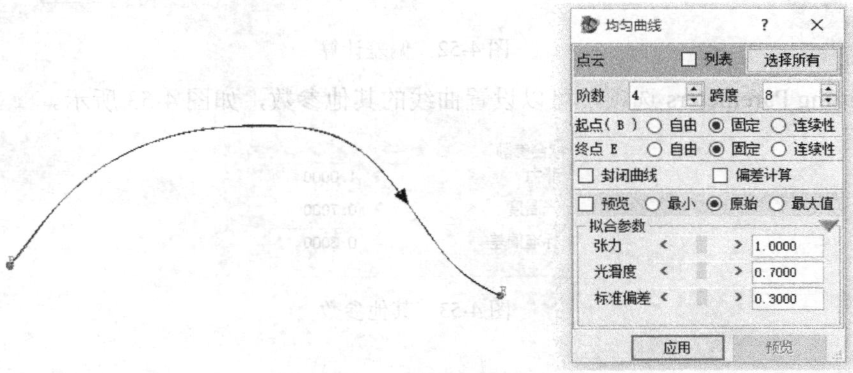

图 4-50 高阶均匀曲线

（5）改变控制点数目，调整曲线形状，控制点越多则曲线形状吻合度越好，控制点减少则曲线较为光顺。

（6）在开始和终点选项组中选择固定，使拟合成的均匀曲线必须通过点云的起始点和终点。

（7）选择对话框中“封闭曲线”选项，可得到封闭的矢量曲线，结果如图 4-51 所示。其中，改变跨度文本框中的数字可以调整曲线形状，系统默认的最小值为 5。

（8）在构造完曲线后，还可以选择偏差计算选项，单击应用之后就会出现显示差别对话框，显示各种参数，如图 4-52 所示。

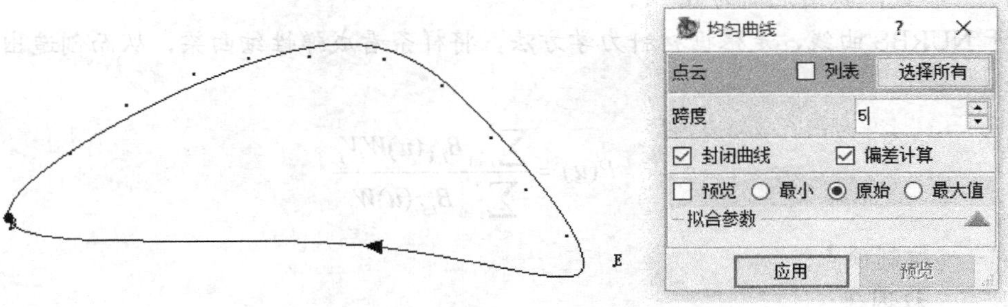

图 4-51 封闭曲线

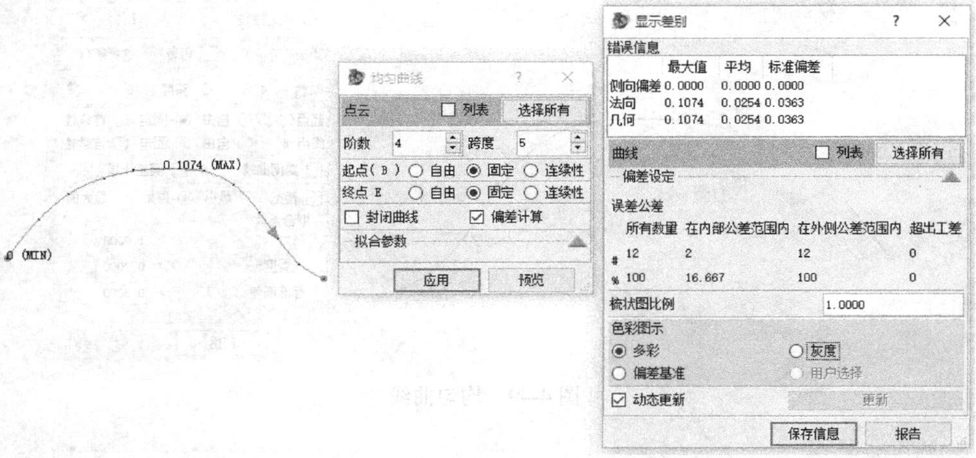

图 4-52　偏差计算

（9）Fitting Paremeters 选项，可以设置曲线的其他参数，如图 4-53 所示。

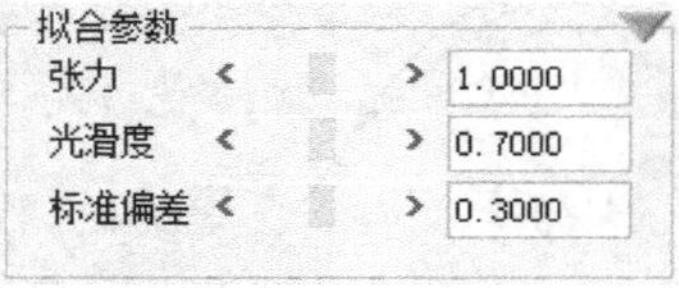

图 4-53　其他参数

注 意

这里简单介绍一下曲线的阶次。

我们都知道，由不同幂指数变量组成的表达式称为多项式，多项式中最大指数称为多项式的阶次。

对于 Bezier 曲线，是由指定的控制顶点为基准进行不同阶数的插值运算得到的。

例如，2 阶 Bezier 样条线的公式：

$$P=(1-t)^2P_1+2(1-t)P_2+t^2P_3$$

式中　P_1、P_2、P_3——分别表示三个控制顶点的三维坐标；

t——参数，取值范围为 0～1。

对于 NURBS 曲线，是根据材料力学方法，将样条看成弹性细曲梁，从而创造出样条计算公式：

$$P(u)=\frac{\sum_{i=0}^{n}B_{i,k}(u)W_iV_i}{\sum_{i=0}^{n}B_{i,k}(u)W_i}$$

式中　V_i——控制顶点；

W_i——权因子；

$B_{i,k}(u)$——k 次 B-样条基函数。

曲线的阶次用于判断曲线的复杂程度，而不是精确程度。简单来说，曲线的阶次越高，曲线就越复杂，计算量就越大。

低阶曲线有如下优点。

（1）更加灵活。

（2）更加靠近它们的极点。

（3）使后续操作（显示、加工、分析等）运行速度更快。

（4）便于与其他 CAD 系统进行数据交换，因为很多 CAD 系统软件只接受 3 次曲线。

所以，一般来说，最好使用低阶多项式。

3. 由点云拟合公差曲线

此命令就是根据指定的公差拟合曲线，将构造出的曲线控制在公差范围之内。此种曲线为非均匀曲线，控制点数是在公差范围内所需的最少控制点数，排列方式在曲率变化较大的位置会有较多控制点，曲率平缓的位置控制点数较少。

如图 4-54 所示，第一条曲线是未选择封闭曲线选项的效果，下边的点云拟合成了封闭曲线，系统默认连接点处为 C2 连续，且阶数固定为 3。

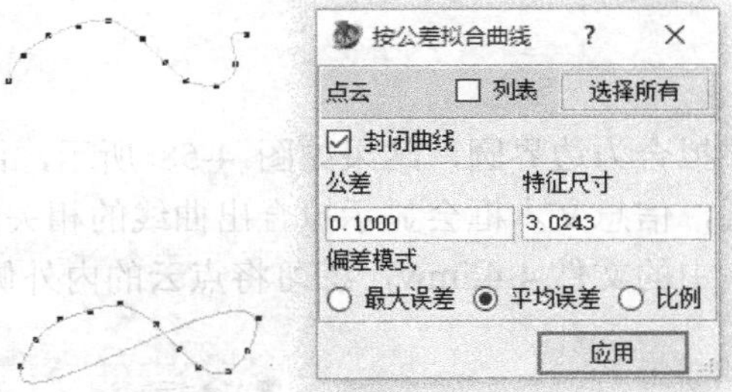

图 4-54　按公差拟合曲线

如图 4-54 所示的对话框，“公差”文本框可输入要求公差值，“特征尺寸”文本框可显示曲线尺寸。“偏差模式”选项中，“最大误差”是指以最大误差不超过设定范围的原则运算；“平均误差”是指以平均误差作为运算标准；“比例”选项单击之后会要求输入百分比的值，然后以设定误差百分比的方式运算。

用户可打开曲线文件夹中的文件 4-3.imw，根据上述讲解进行练习，将点云拟合为公差曲线。

4. 基于已知曲线构造曲线

图 4-55　基于曲线

基于曲线的构造命令有两个，如图 4-55 所示。

针对上述均匀和公差两种曲线，Imagware 中又给出了基于曲线的构造方法。此命令使用方便，以构造均匀曲线为例。如图 4-56 所示，此命令可根据已知曲线，由点云构造出与已知曲线各项参数一致的曲线。

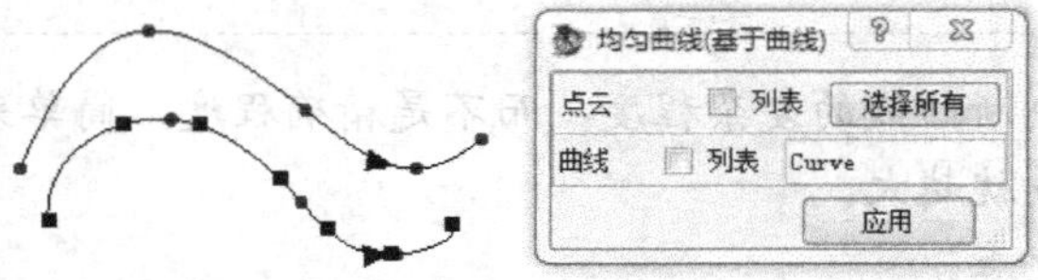

图 4-56　基于已知曲线构造均匀曲线

5. 内插法曲线

此命令就是对点云插值构造出前文介绍过的 Bezier 样条曲线，结果如图 4-57 所示。

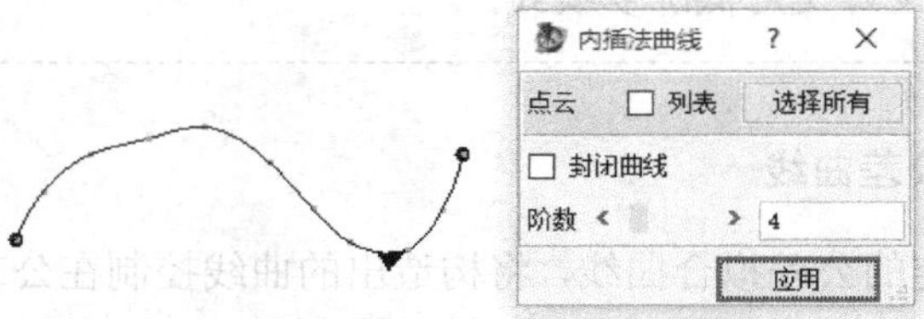

图 4-57　内插法曲线

该命令所构造的曲线会经过所有的点，误差较小，但控制点数偏多，往往不是一条好的曲线。这个功能比较适合于快速找出曲线或只要将点云、断面构造成曲线，再输出到其他 CAD 系统，以方便实用的场合。

6. 边界圆拟合

此命令可将点云的边界拟合为边界圆，结果如图 4-58 所示，由对话框可知，可根据需要选择点云的外侧圆或内侧圆，信息文本框会显示拟合出曲线的相关信息。

用户可打开曲线文件夹中的文件 4-4.imw，练习将点云的内外侧边界拟合为边界圆。

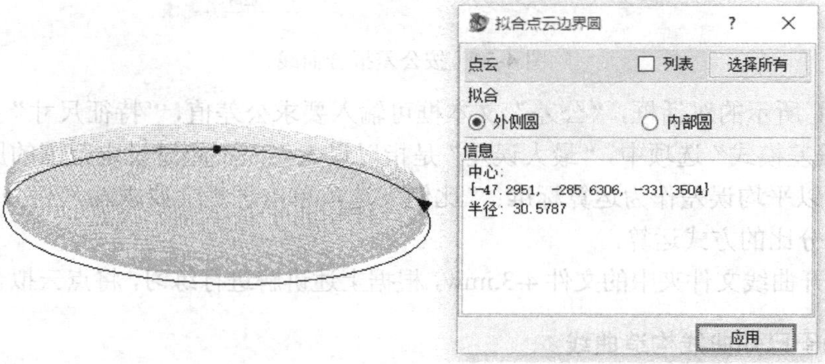

图 4-58　拟合点云边界圆

7. 根据点云的曲线

此命令是在已知点云的基础上，选取一部分点拟合出在点云构成曲面上的曲线，结果如图 4-59 所示。

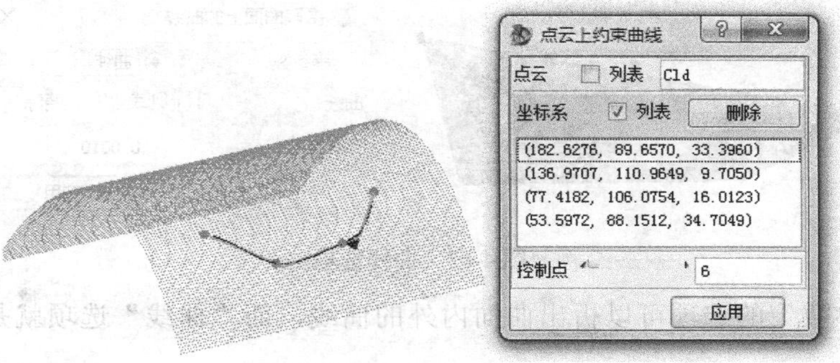

图 4-59 点云上约束曲线

从图 4-59 中的对话框我们可以看到，列表中有每个选定点的坐标，可以单个调整，还可以选择构造曲线的控制点个数来得到符合要求的曲线。

4.3.2 提取曲面上的曲线

Imagware 中提供的由曲面析出曲线的命令，如图 4-60 所示。

1. 取出 3D 曲线

操作过程中往往需要析出曲面上的曲线来做基准线等，其具体操作过程如下。

（1）打开源文件文件夹→曲线文件夹中的文件 4-5.imw。

（2）选择【构建】→【提取曲面上的曲线】→【取出 3D 曲线】，出现图 4-61 所示的对话框。

（3）选择“等参数”方式析出曲线，用户可指定曲面的 *U* 或 *V* 参数，由曲面的“等参线”上构造出一条 3D 曲线，结果如图 4-62 所示。该命令是将曲面中的 *U*、*V* 向量曲线撷取出来。用户可自行设定 *U*、*V* 向量的参数。

（4）用户还可通过拖动控制点的位置来确定曲线位置。

（5）选择曲线选项，可以析出已知曲面的边界线，结果如图 4-63 所示。

图 4-60 由曲面析出曲线

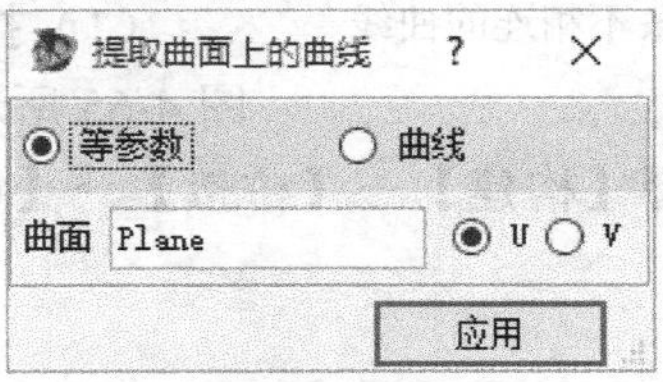

图 4-61 由曲面析出曲线

图 4-62 曲面析出 3D 曲线

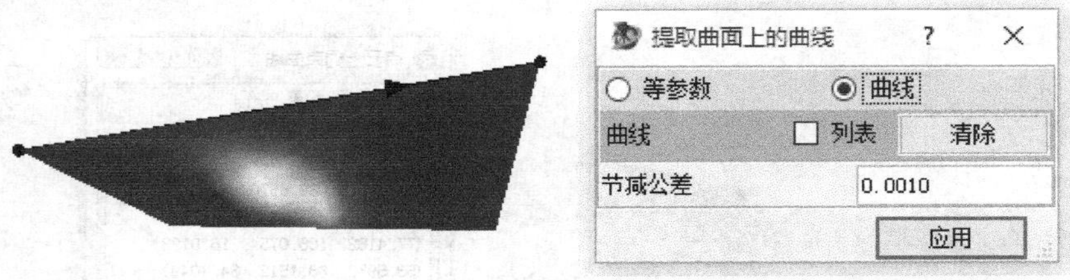

图 4-63　曲线选项

选择“等参数”的选项可以析出曲面内外的曲线，而“曲线”选项就是析出曲线的边界曲线。

2. 创建圆柱、圆锥体轴线

此命令比较简单，只要选定已知圆柱面或圆锥面即可，如图 4-64 所示。

图 4-64　创建圆柱、圆锥体轴线

用户可打开曲线文件夹中的文件 4-6.imw，根据上述讲解进行练习，创建出已知圆锥体的轴线。

4.3.3　桥接曲线

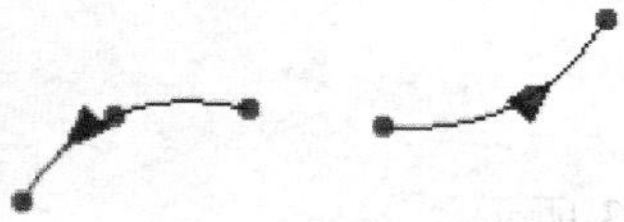

图 4-65　两条不相连的曲线

桥接曲线就是将两条不相连的的曲线用第三条曲线按一定方式连接起来，其操作过程如下。

（1）打开源文件文件夹→曲线文件夹中的文件 4-7.imw，如图 4-65 所示。

（2）选择【构建】→【桥接】→【曲线】，结果如图 4-66 所示。

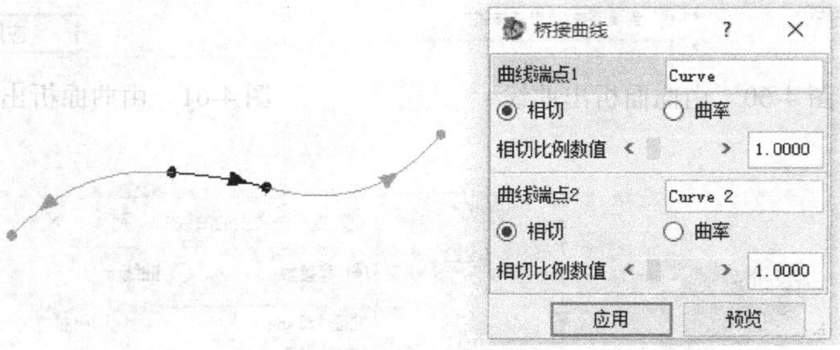

图 4-66　桥接曲线

（3）选择“相切”选项，桥接曲线与原曲线在接点处的切线重合，但曲率会发生突变，如图 4-67 所示。

（4）选择“曲率”连接时，接点处与原曲线曲率相同，如图 4-68 所示。

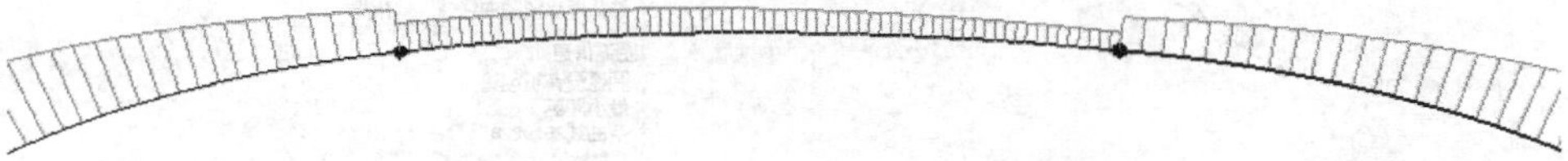

图 4-67 相切连接

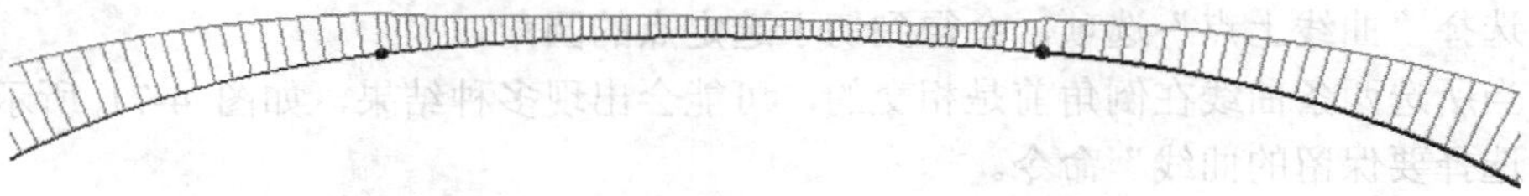

图 4-68 曲率连接

4.3.4 曲线倒角

曲线倒角就是为两条曲线倒圆角，原始曲线被保留，同时生成修建的曲线，其具体操作过程如下。

（1）打开源文件文件夹→曲线文件夹中的文件 4-8.imw。

（2）选择【构建】→【倒角】→【曲线】，出现图 4-69 所示的对话框。

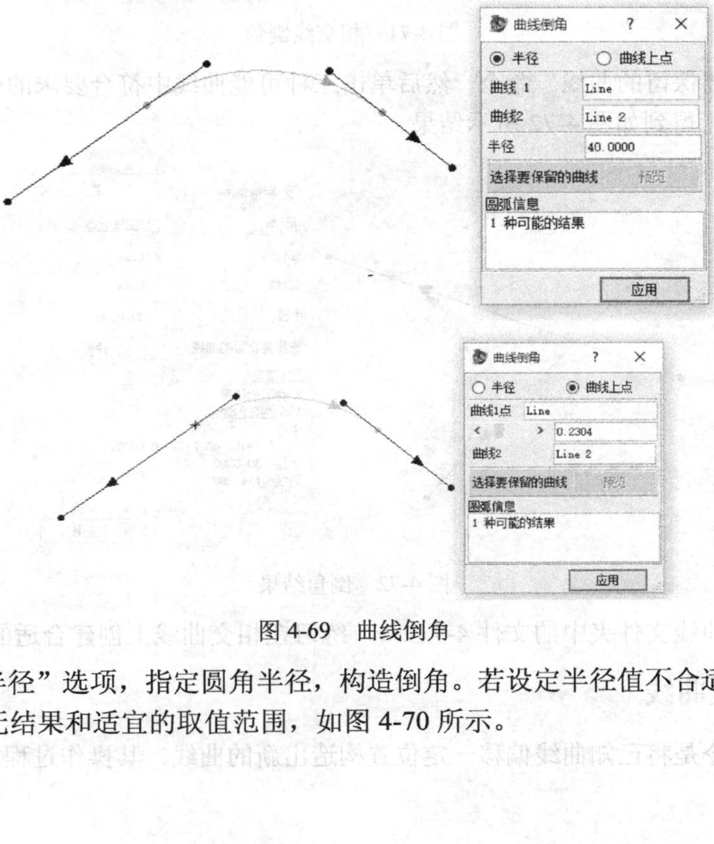

图 4-69 曲线倒角

（3）选择“半径”选项，指定圆角半径，构造倒角。若设定半径值不合适，对话框下部圆弧信息中会显示无结果和适宜的取值范围，如图 4-70 所示。

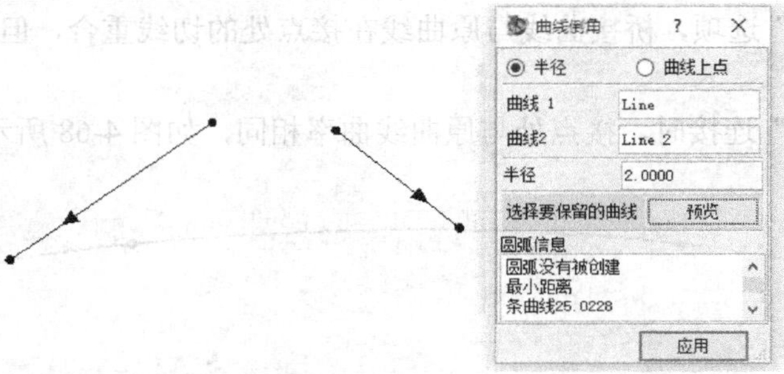

图 4-70　圆弧信息

（4）选择“曲线上点”选项，会得到切于选定点的圆角。

（5）当所选两条曲线在倒角前是相交的，可能会出现多种结果，如图 4-71 所示，此时就会用到“选择要保留的曲线”命令。

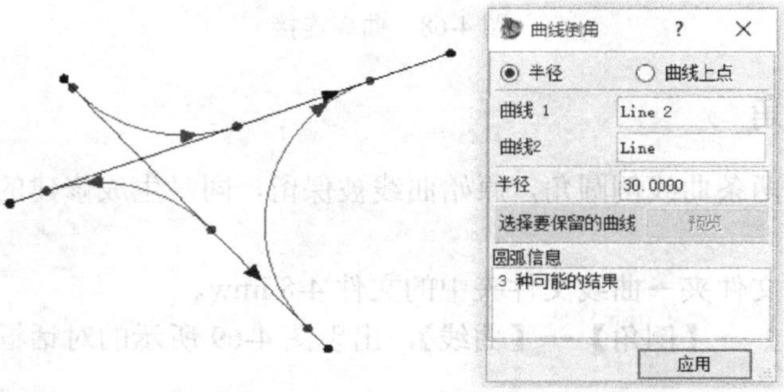

图 4-71　相交线倒角

选择“选择要保留的曲线”命令，然后单击三种可能曲线中符合要求的一条，就可去掉其他不需要的部分，得到如图 4-72 所示结果。

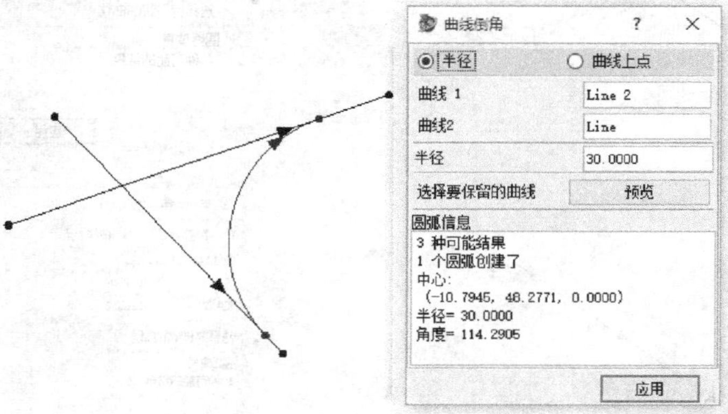

图 4-72　倒角结果

用户可打开曲线文件夹中的文件 4-9.imw，练习在相交曲线上创建合适的圆角。

4.3.5　偏置曲线

偏置曲线命令是将已知曲线偏移一定位置构造出新的曲线，其操作过程如下。

（1）打开源文件文件夹→曲线文件夹中的文件 4-10.imw。

（2）选择【构建】→【偏移】→【曲线】，结果如图 4-73 所示。

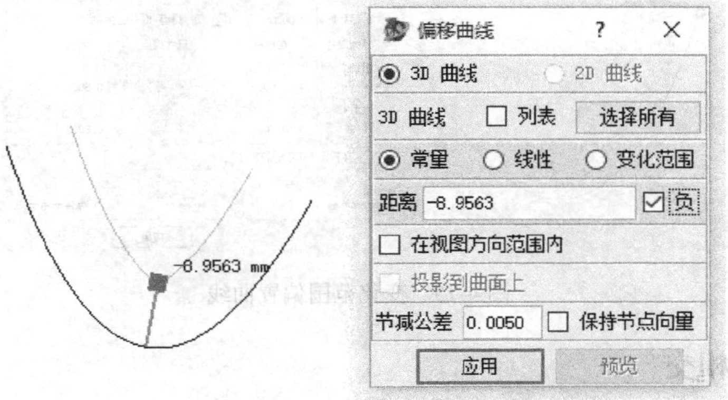

图 4-73　偏置曲线

（3）拖动轴向控制点或者输入距离值来改变偏移量，可选择“预览”，观察动态变化。

（4）“负向”选项用来改变曲线的偏置方向。

（5）“节减公差”文本框显示了偏移后新曲线与原来线型的误差变化量。

（6）选择“保持节点向量”会使偏移后的曲线控制点数不会与原始曲线相差太多，但可能会导致生成的曲线与原始曲线有较大变化。

（7）选择“线性”选项时，操作结果如图 4-74 所示。根据起始点的偏移距离，曲线产生线性偏移，用鼠标拖动两轴向控制点，可改变曲线形状。

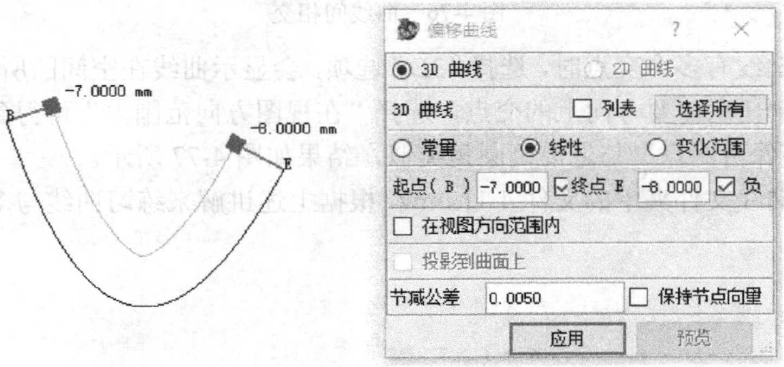

图 4-74　线性偏置曲线

（8）选择“变化范围”选项，显示起点、终点尺寸，还可以通过设置相切、曲率的变化范围来生成偏置曲线，结果如图 4-75 所示。

（9）选择“在视图方向范围内”选项，偏移距离就指的是当前视图方向的最短距离。用户可以通过鼠标拖动轴向控制点动态预览一下效果，当偏移量过大时，系统会自动生成一个最大偏移量，保证偏置曲线不变形。

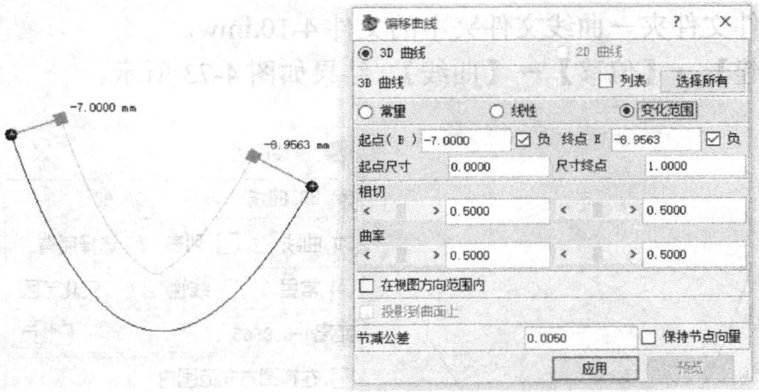

图 4-75　变化范围偏置曲线

4.3.6　曲线相交

此命令常用来检测两曲线的交点，并用点云表示该交点，结果如图 4-76 所示。

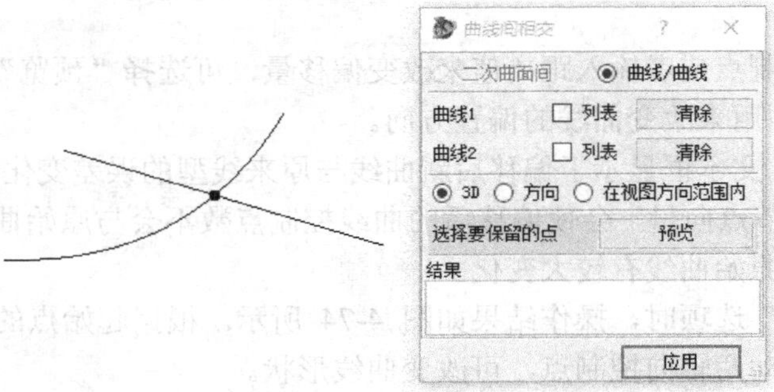

图 4-76　曲线间相交

当两条空间曲线有多个交点时，选择“3D”选项，会显示曲线在空间的所有交点，选择“方向”选项可以得到任意需要方向上的交点，选择“在视图方向范围内”可得到当前视图平面上的交点。“选择要保留的点”与之前倒圆角类似，结果如图 4-77 所示。

用户可打开曲线文件夹中的文件 4-11.imw，根据上述讲解来练习曲线与多段线相交时检测交点的操作。

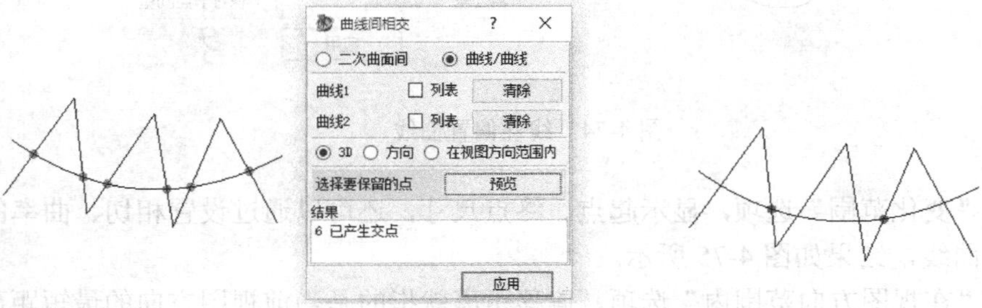

图 4-77　保留六个交点中的两个

注 意

在图 4-77 所示多段线与样条线的交点检测中，选择两条曲线之前一定要分别单击“曲线1”、“曲线 2”选项，若选择第二条曲线时没有单击“曲线 2”，则用户选择的多段线还是属于“曲线 1”，视图中只有一个实体，不能生成交点。“结果”对话框会显示操作结果和失败原因。

另外，当曲线没有显示的交点时，将产生延长线的交点。

4.4 曲线修改

本节主要介绍曲线的各种修改功能，在曲线的后期操作中将起到非常重要的作用。

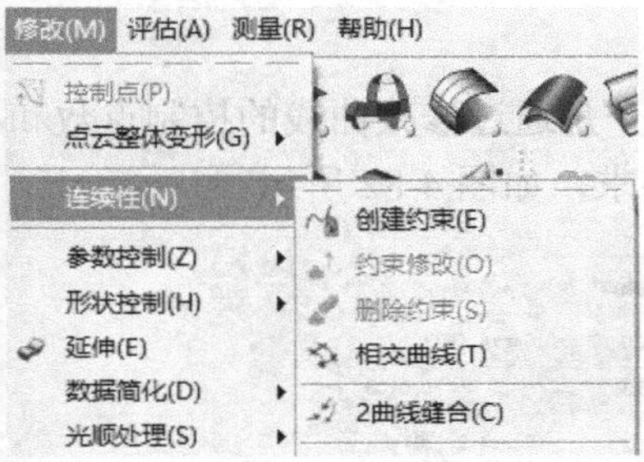

图 4-78 曲线连续性命令

4.4.1 曲线连续性

此功能是用来编辑曲线之间的连续性，命令如图 4-78 所示。

假如有两条不相连的曲线，怎样将它们连续且光顺的连接起来？这就要用到这些命令，其操作过程如下。

（1）打开源文件文件夹→曲线文件夹中的文件 4-7.imw，如图 4-79 所示。

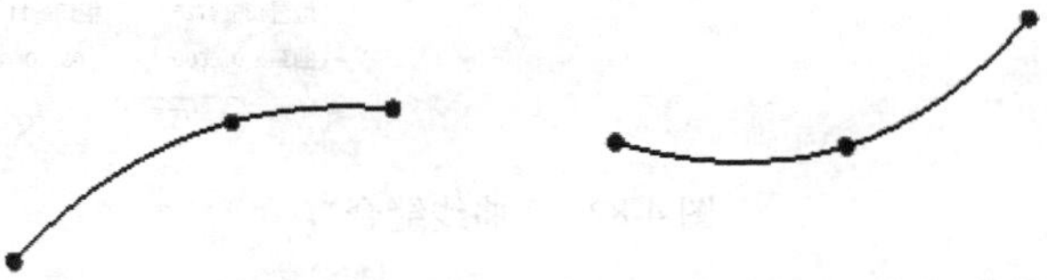

图 4-79 两条不相连曲线

（2）选择【修改】→【连续性】→【创建约束】，得到如图 4-80 所示的对话框。

（3）选择“固定点”选项，以选定点为连续点修改另一条曲线，使两者平滑连接，选择“相切”、“曲率”选项则类似于前文桥接曲线所述。

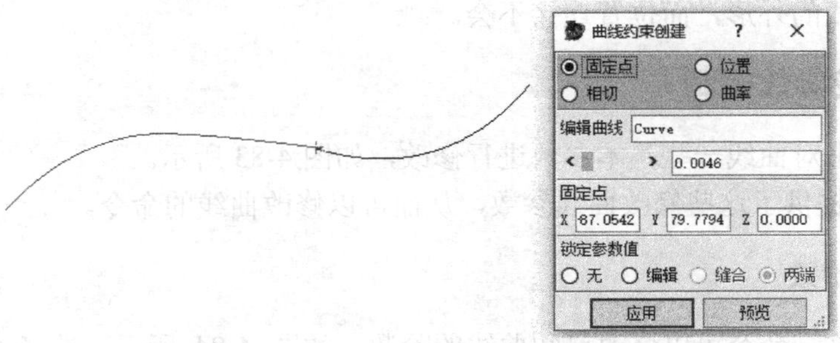

图 4-80 创建约束及其结果

（4）选择【修改】→【连续性】→【相交曲线】，也可将两条曲线连接并修改原曲线，用户可以根据需要，修改某一条曲线或者同时修改两侧曲线。两条曲线若不在公差范围内，则会被大幅度修改，如图 4-81 所示。

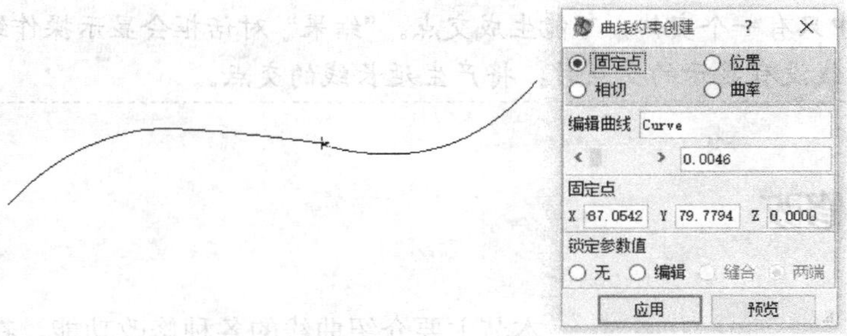

图 4-81　相交曲线

（5）最常用的连接曲线命令就是 2 曲线缝合命令。这一命令是通过修改曲线的控制点数和曲线端点的延伸线，使得缝合的两条曲线满足一定连续性的要求，如图 4-82 所示。

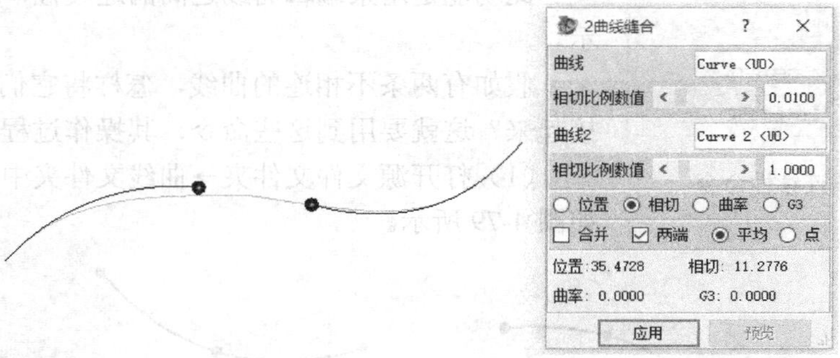

图 4-82　2 曲线缝合

2 曲线缝合命令最后生成的曲线阶数与两条曲线中的高者相同。用户通过拖动曲线上两个控制点的位置可以改变缝合效果。对话框中选择了两侧和平均，表示同时改变两条曲线，并且修正结果取平均值。

除了相切缝合，还有曲率、位置缝合，用户可根据对话框提示使用其他缝合方式观察效果。位置连续就是两条曲线的缝合处自然连接，曲率连续会得到足够光顺的连接效果，相切和曲率连接都会改变曲线的外形，而位置连接不会。

4.4.2　曲线参数控制

此功能是用来对曲线一些基本参数进行修改，如图 4-83 所示。

Imagware 中提供了这些修改曲线参数，从而可以修改曲线的命令。

1．变更阶数

顾名思义，这一命令可以修改已知曲线的阶数，如图 4-84 所示。选择“提升”是指不改变曲线精确度，同时提高曲线阶数；“降低”选项则是在设定公差范围内提高曲线阶数，用户可根据要求选用。

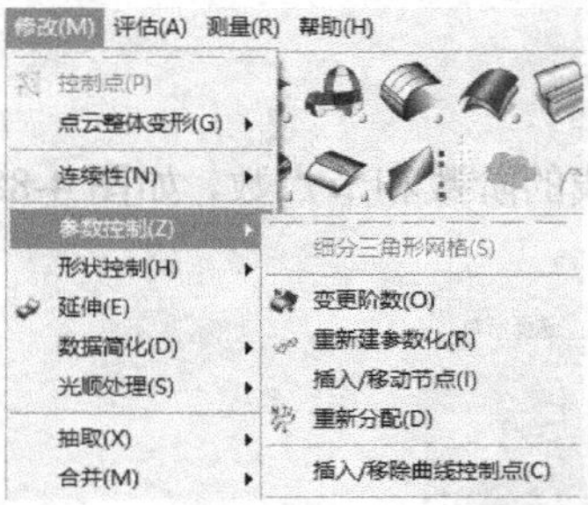

图 4-83 参数控制

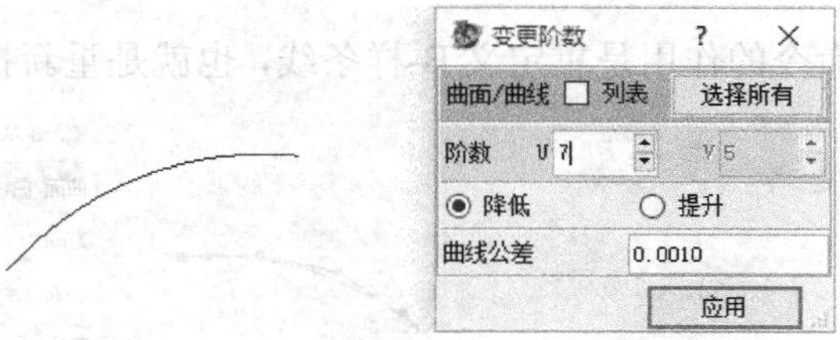

图 4-84 变更阶数

2. 重新建参数化

此命令是对指定的曲线进行均匀参数化，或依照已有的曲线进行参数化。若选择“指定”参数化方式，节点将在曲线的参数方向上均匀分布，如图 4-85 所示。

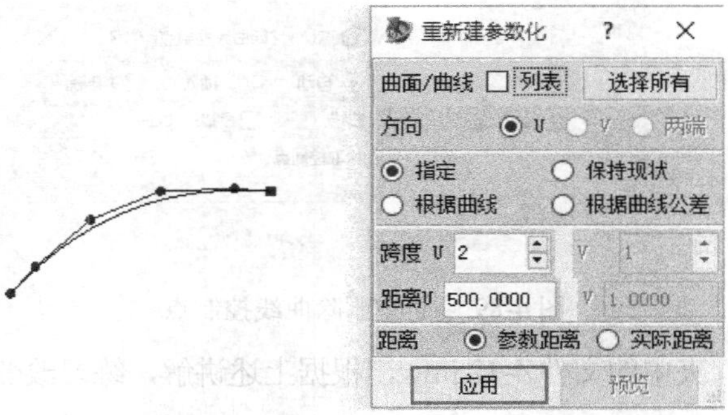

图 4-85 重新建参数化

若选择“保持现状”选项，系统将用已有的控制点数对曲线重新参数化；当选择“根据曲线”参数化方式，须指定另一条已知参考曲线，系统将用参考曲线的控制点数对其重新参数化。

3. 插入/移除节点

此命令实现在曲线的指定位置插入节点。或者移除指定的节点以及它们相关的控制点，以光顺节点所在的区域，如图 4-86、图 4-87 所示。

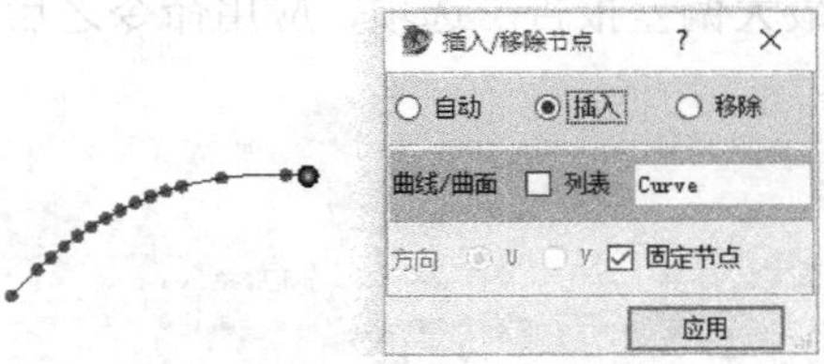

图 4-86 插入节点

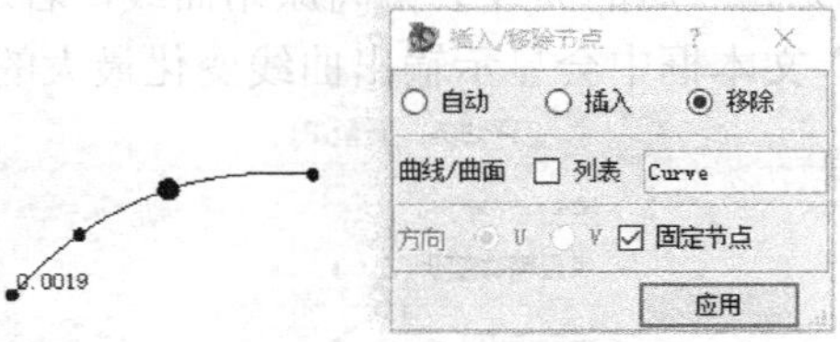

图 4-87 移除节点

对比图 4-86 和图 4-87，可以看出，移除节点的时候会引入曲线的偏差，曲线节点过少，就无法保持曲线外形。

“自动”选项实际上是插入和移除的简化，当控制点拖动到的位置原先没有节点，系统就自动插入节点；而当控制点移动到原先有节点的位置时，系统将自动移除节点。

4．B-样条重新分配

此命令的作用是重定义B-样条线，也就是重新指定曲线的阶数和节点数，如图4-88所示。

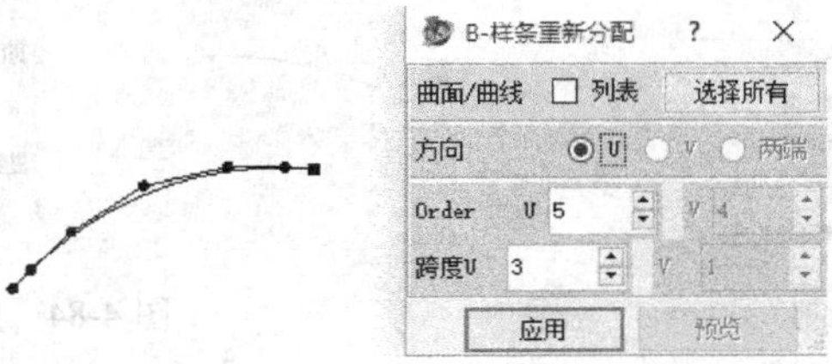

图4-88　B-样条重新分配

5．插入/移除曲线控制点

类似于插入/移除节点，具体操作此处不再赘述，如图4-89所示。

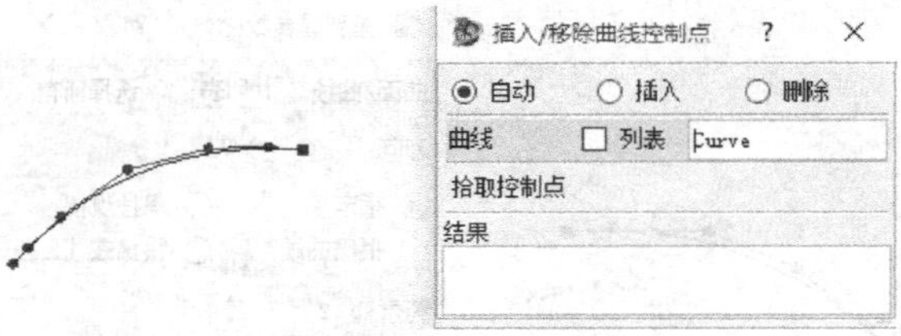

图4-89　插入/删除曲线控制点

用户可打开曲线文件夹中的文件4-12.imw，根据上述讲解，练习改变曲线参数并修改曲线。

6．光顺处理

此命令是对曲线进行光顺处理，如图4-90所示。

Imagware中构造出来的曲线可能存在不光顺的问题，而由此曲线延伸出来的曲线或构造出来的曲面，其品质也不会太光顺，这一命令可以对曲线进行光顺化的操作，具体操作如下。

（1）打开源文件文件夹→曲线文件夹中的文件4-13.imw。

（2）选择【修改】→【光顺处理】→【B-样条】，如图4-91所示。

（3）拖动控制点的位置可指定光顺曲线的区域。

（4）光顺后的曲线会偏离原始曲线，若选择“最大偏差报告”选项，应用命令之后，下方“结果”文本框中会显示输出曲线变化最大的误差值。

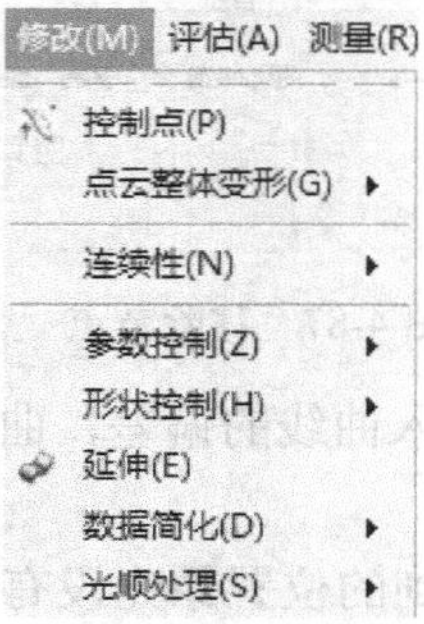

图4-90　光顺处理

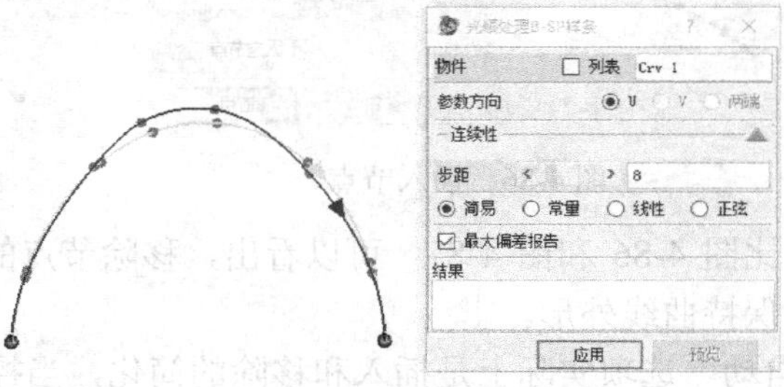

图4-91　光顺处理B-样条

7. 曲线方向

曲线的方向在作图中也是非常重要的因素，错误的方向容易导致错误的结果。Imagware 中提供了反转曲线方向的命令，如图 4-92 所示。

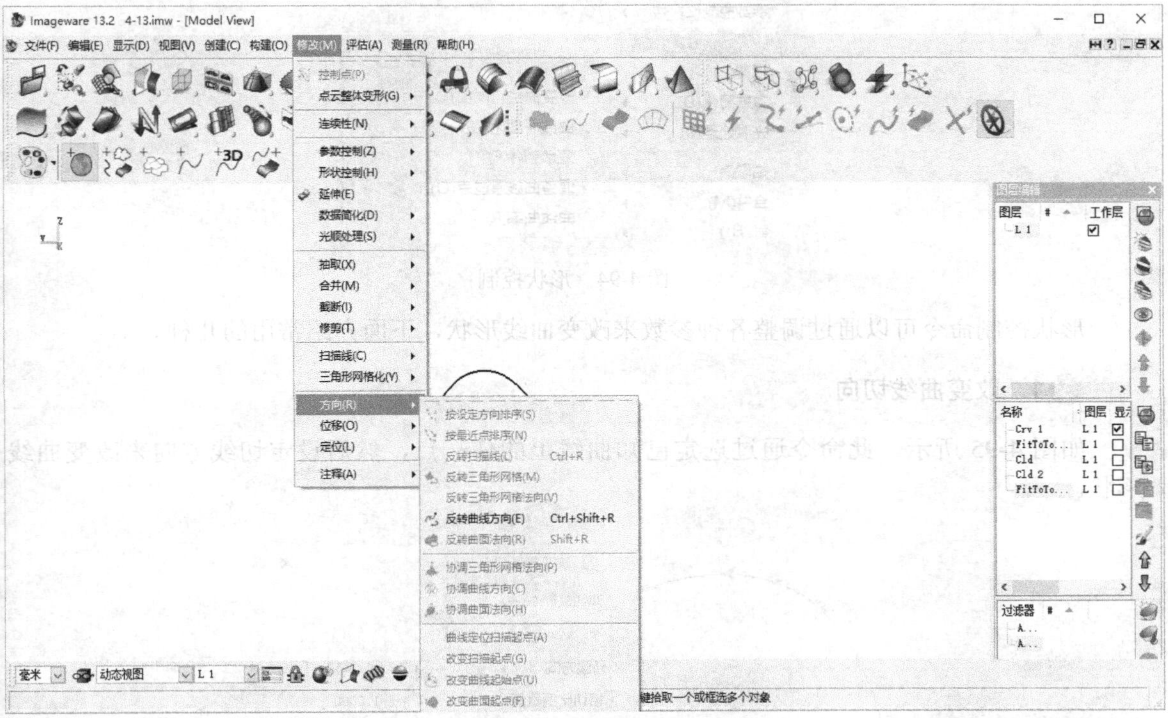

图 4-92 “方向”菜单

反转曲线方向命令就是反转曲线的参数方向，反转后的曲线，除了其方向与原始曲线不同外，其他属性不会改变，如图 4-93 所示。

图 4-93 反转曲线方向

4.4.3 形状控制

此命令通过对曲线和曲面的参数进行调节达到对曲线或曲面形状的修改，如图 4-94 所示。

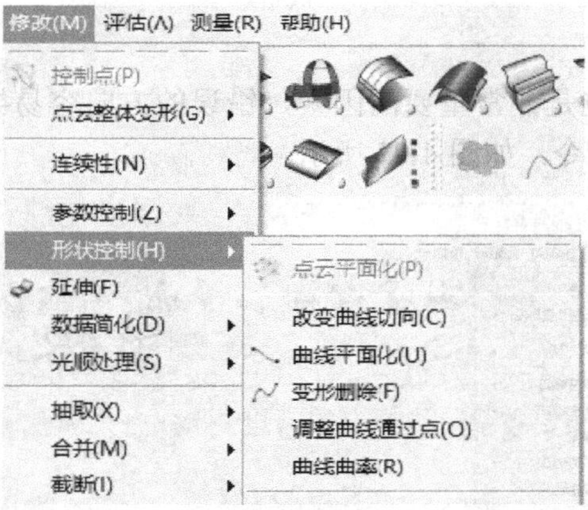

图 4-94　形状控制

形状控制命令可以通过调整各种参数来改变曲线形状，下面介绍常用的几种。

1. 改变曲线切向

如图 4-95 所示，此命令通过选定已知曲线上的任一点，然后设定切线方向来改变曲线形状。

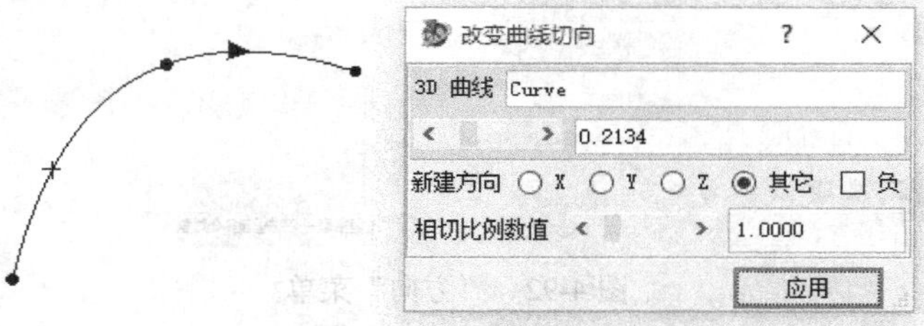

图 4-95　改变曲线切向

2. 曲线通过点修改

选择此命令可改变已知曲线形状，使已知曲线通过选定点，如图 4-96 所示。

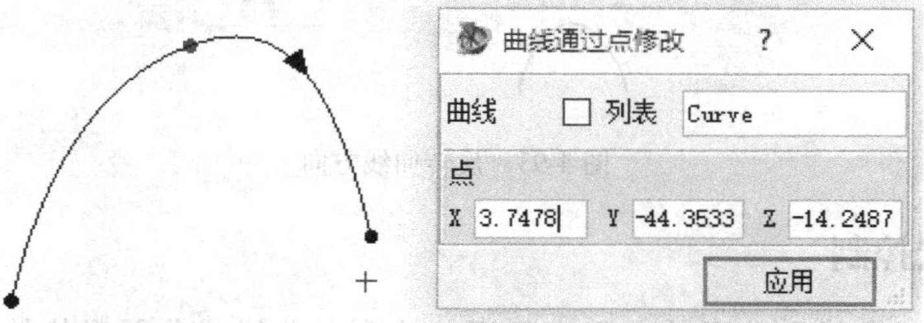

图 4-96　曲线通过点修改

用户可打开曲线文件夹中的文件 4-14.imw，根据上述讲解进行练习。

3. 曲线曲率

曲线曲率就是切线方向沿着曲线变化的速率，此命令可以编辑已知曲线上某点的曲率值，如图 4-97 所示。

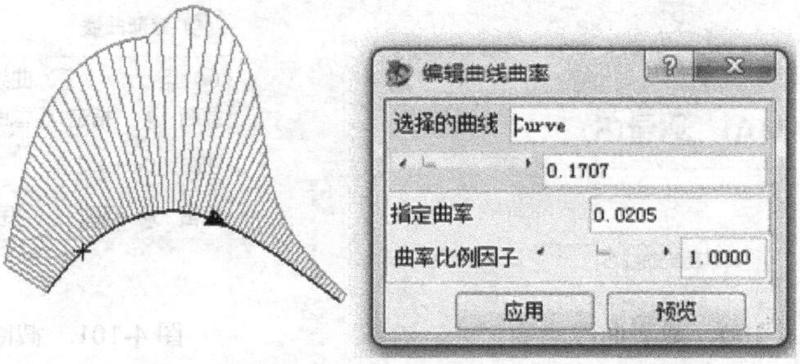

图 4-97 编辑曲线曲率

由图 4-97 的对话框可知，选择已知曲线上的某一点之后，对话框中会显示此点的曲率值，用户可以根据需要或要求改变数值，并预览效果。

4.4.4 延伸曲线

此命令常用来增长或缩短曲线或曲面的长度。此命令在实际操作中非常重要，可以用来延长拟合后的曲线使其满足实际所需要的长度，为后续修改做准备，其操作过程如下。

（1）打开源文件文件夹→曲线文件夹中的文件 4-15.imw。

（2）选择【修改】→【延伸】，如图 4-98 所示。

（3）选择“延伸到曲线”方式，将曲线延伸至指定曲线，如图 4-99 所示。

（4）还可以选择在“距离”文本框中输入延伸长度的方式来延伸曲线。

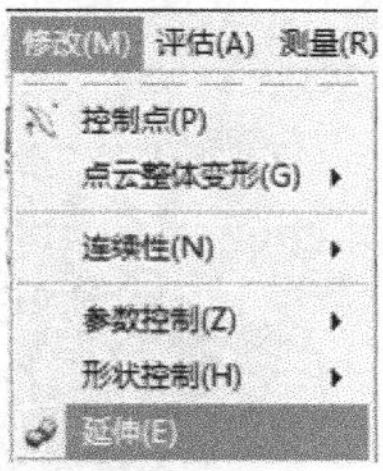

图 4-98 延伸曲线命令

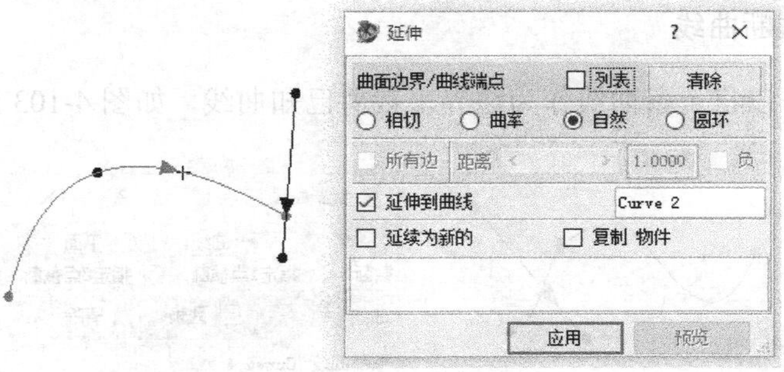

图 4-99 延伸

图 4-99 的对话框中，“相切”选项是指延伸曲线与原曲线延伸段切线相同；“曲率”选项是指延伸曲线与原曲线延伸端曲率相同；“自然”选项是指按照原曲线的走向自由延伸；“圆环”选项是指延伸曲线为一段圆弧。

4.4.5 截断曲线

此命令常用于修改多余的曲线，如图 4-100 所示。

截断曲线对话框如图 4-101 所示。

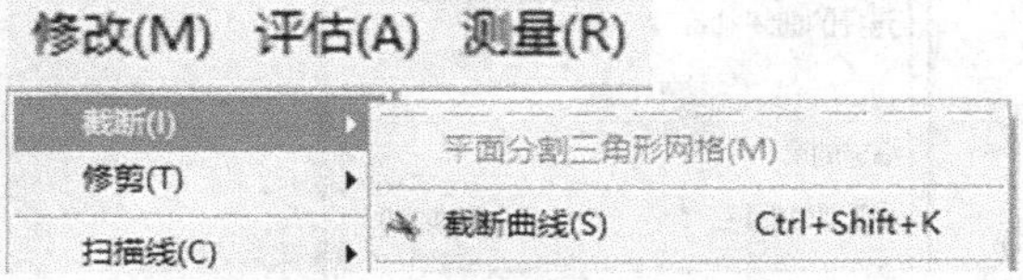

图 4-100 截断曲线命令

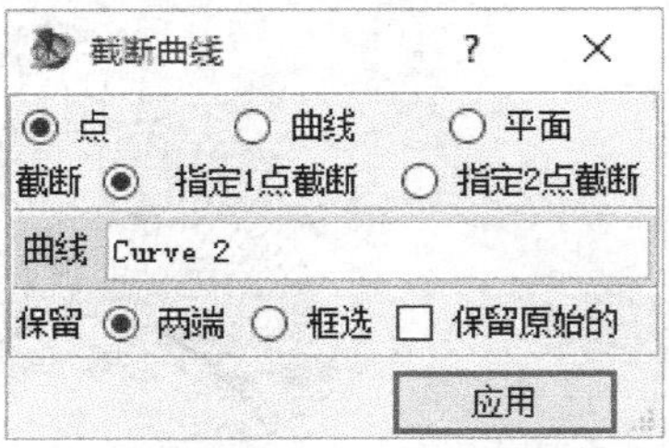

图 4-101 截断曲线对话框

由 4-101 的对话框第一行选项组可以看出，此命令有三种使用方法，接下来将一一介绍。

1. 用点截断曲线

选择“点”就可以选定已知曲线上任一点截断曲线，如图 4-102 所示。通过“保留”选项组用户可以选择想要的效果，选择“两侧”就是把已知曲线打断成为两条曲线，选择“保留原始的”选项就是选定要保留的部分，选定点另外一侧就被切掉。

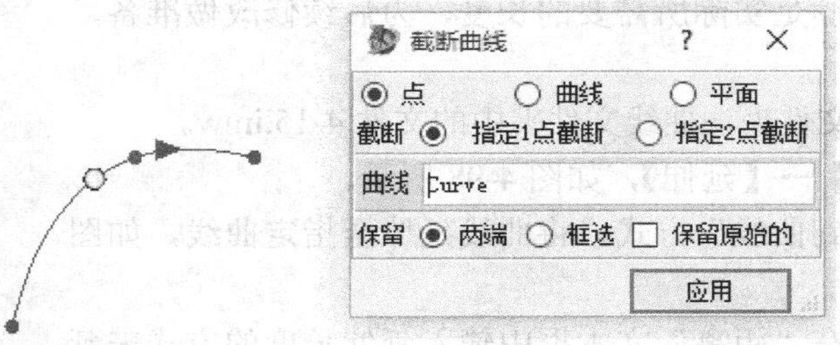

图 4-102 用点截断曲线

2. 用曲线截断曲线

选择这一命令可以将一条曲线作为边界来裁剪已知曲线，如图 4-103 所示。

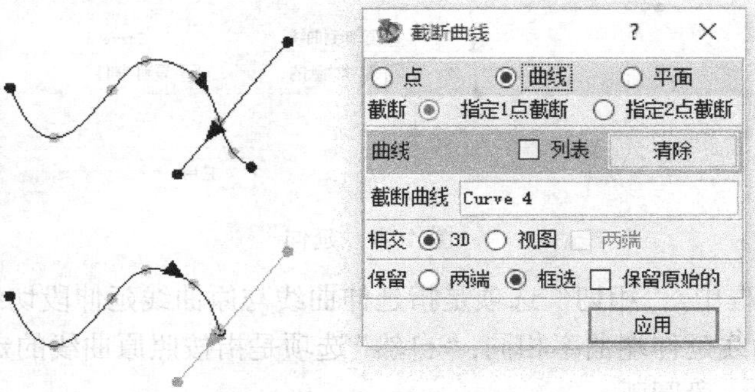

图 4-103 用曲线截断曲线

用户可打开曲线文件夹中的文件 4-16.imw，练习用曲线截断曲线的操作。

3. 用平面截断曲线

类似于点与直线，用平面作为界线截断或裁剪曲线，如图 4-104 所示。

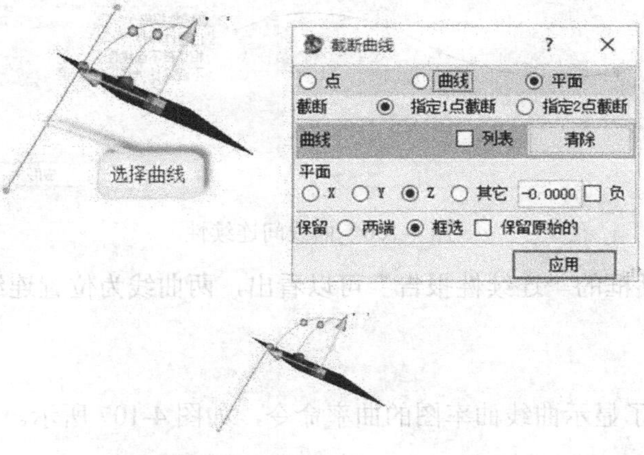

图 4-104　平面截断曲线

4.5 曲线的评估与测量

Imagware 中针对曲线的相关性质，提供了许多分析曲线并评估测量曲线要素的命令，本节将一一介绍。

4.5.1 连续性

除了缝合连接两曲线，Imagware 中还提供了诊断已连接两曲线连续性的命令，如图 4-105 所示。

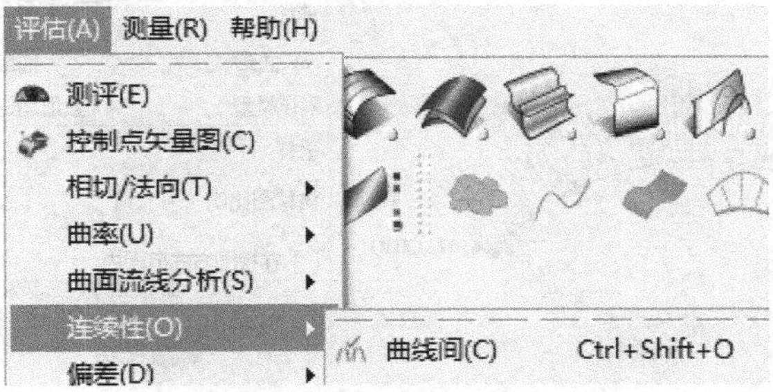

图 4-105　诊断曲线连续性

选择【评估】→【连续性】→【曲线间】，如图 4-106 所示。

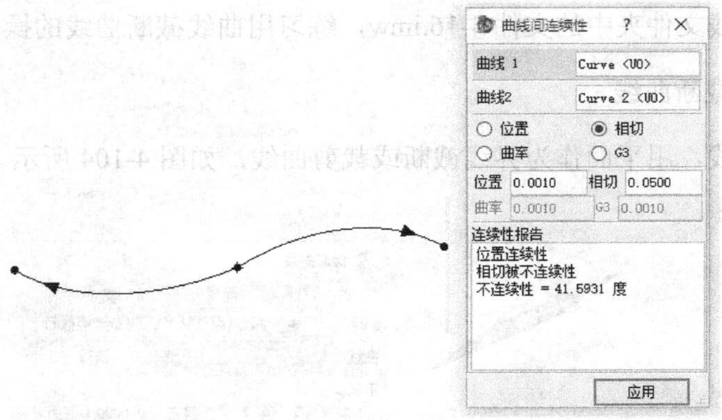

图 4-106　曲线间连续性

由图 4-106 的对话框的“连续性报告”可以看出，两曲线为位置连续，且相切不连续。

4.5.2　曲率

Imagware 中提供了显示曲线曲率图的曲率命令，如图 4-107 所示。

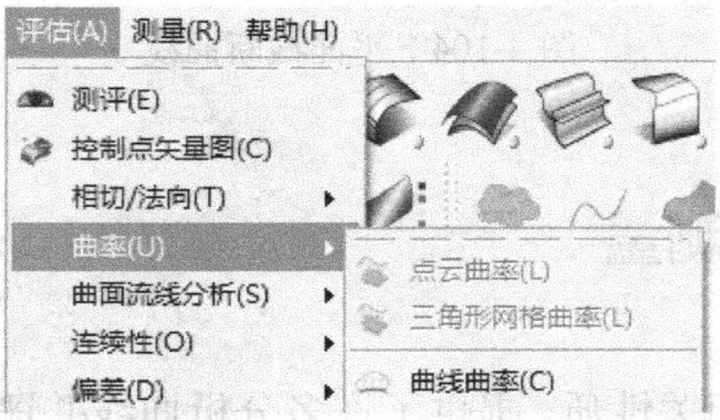

图 4-107　曲率

曲率图是以一组不同半径的圆弧表示不同位置的曲率，半径和曲率值的大小成正比例关系，如图 4-108 所示。

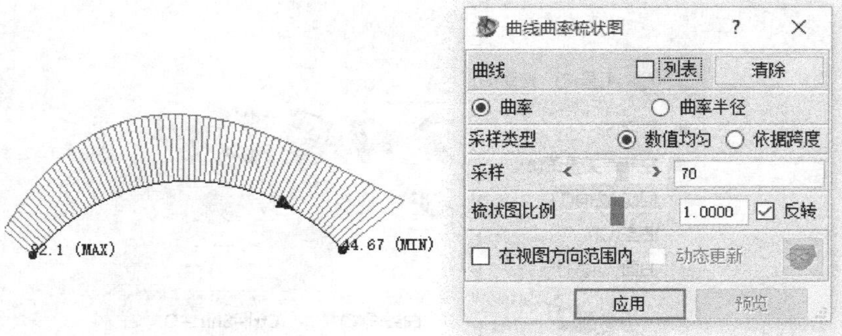

图 4-108　曲线曲率梳状图

用户可拖动调节“梳状图比例”观察动态变化，选择适合的显示方法。选择“曲率半径”选项，将创建出曲线的曲率半径分布图。“采样”选项设定的数值表示每段曲线显示的曲率半径的个数。

4.5.3 测量操作

测量命令可以在指定检查范围内计算出曲线与点云、曲线与曲线、点与曲线之间的偏差和距离，如图 4-109 所示。

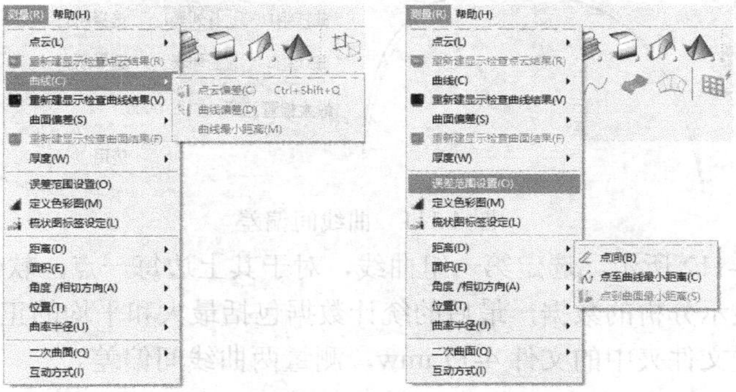

图 4-109 测量

1. 曲线和点云偏差

由点云拟合成的曲线与点云之间的差值可通过曲线和点云偏差命令计算出来，其具体操作过程如下。

（1）打开源文件文件夹→曲线文件夹中的文件 4-2.imw，先将点云拟合成曲线。

（2）选择【测量】→【曲线】→【点云偏差】，如图 4-110 所示。

（3）选择“数量数值矢量图”选项，用户可根据需要选择采样点的数目，适当放大梳状图的比例以便于观察，单位因子默认值为 1，小数数字代表偏差值中小数的位数。

（4）若选用“色彩图示”选项，曲线与点云每点的差异将用一条彩色的曲线表示出来，各种颜色代表的误差范围将在屏幕上给出，同时给出误差报告，用户对照之后会得到一个误差的大概值。

（5）在 Tolerance Settings 选项组中可以设置误差范围。

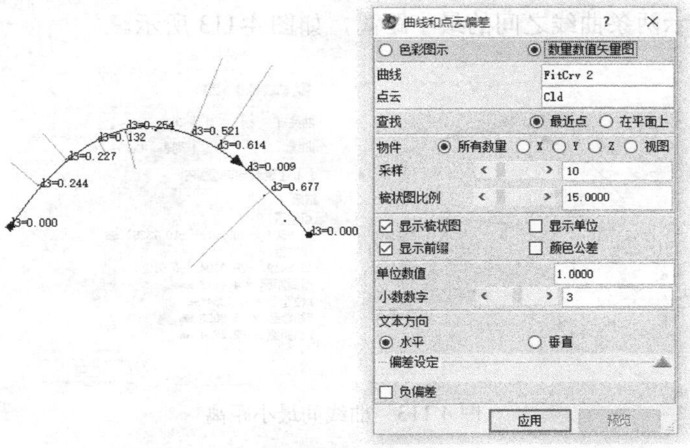

图 4-110 曲线和点云偏差

2. 曲线间偏差

此命令用于根据指定的检查范围，计算并报告曲线与曲线之间的差值，如图 4-111 所示。

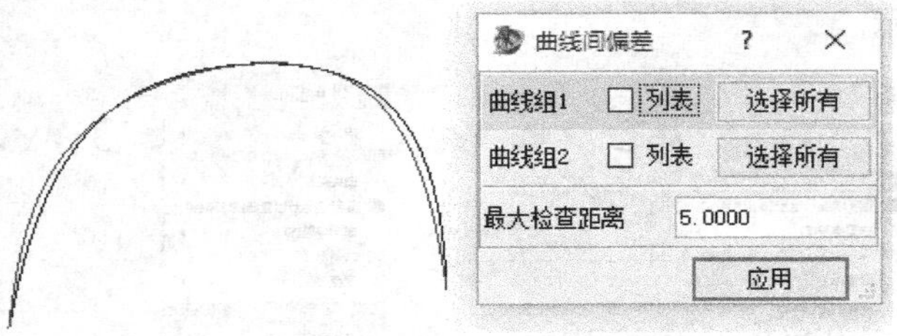

图 4-111　曲线间偏差

测量结果如图 4-112 所示。选定第一组曲线，对于其上边每一点，软件分别计算它们到其他曲线的距离，并显示分析的数据，最后的统计数据包括最大和平均的正负偏差。

用户可打开曲线文件夹中的文件 4-17.imw，测量两曲线间偏差。

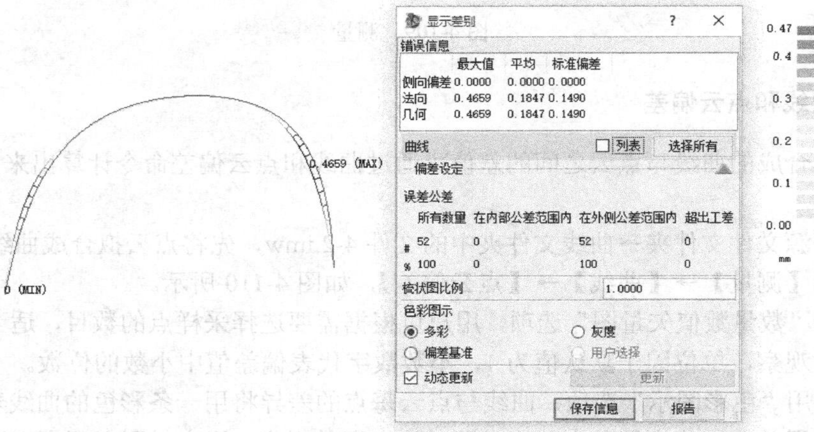

图 4-112　测量结果

3. 曲线最小距离

此命令用来显示两条曲线之间的最小距离，如图 4-113 所示。

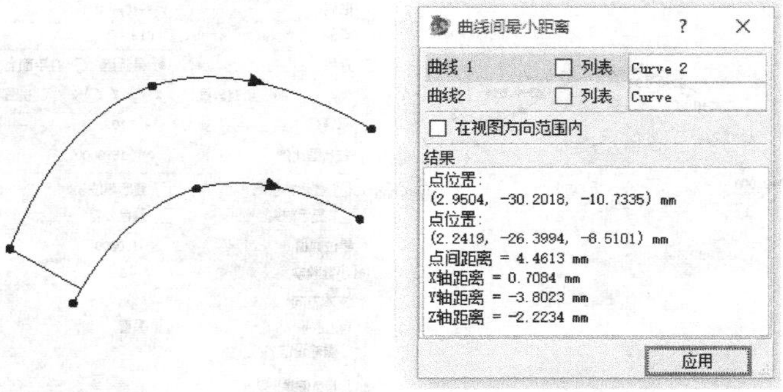

图 4-113　曲线间最小距离

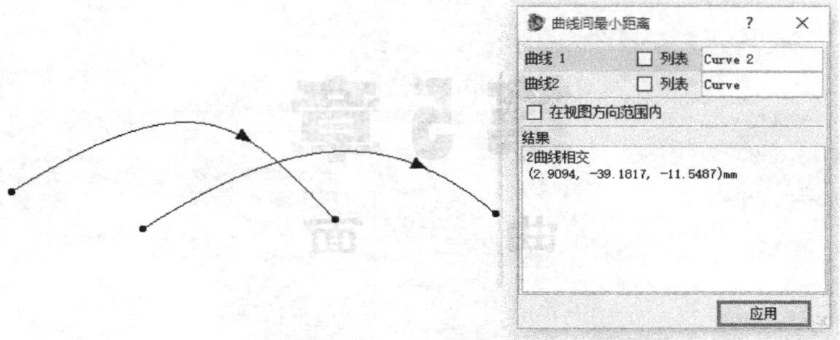

图 4-113　曲线间最小距离（续）

“结果”文本框中会显示最终结果，若两曲线不相交，会显示最短距离的长度和曲线上两点坐标；若曲线相交，则显示出交点坐标。

用户可打开曲线文件夹中的文件 4-18.imw，求出已知两曲线之间的最小距离。

4. 点至曲线距离

此命令用来显示一点到曲线上最近点的距离，如图 4-114 所示。

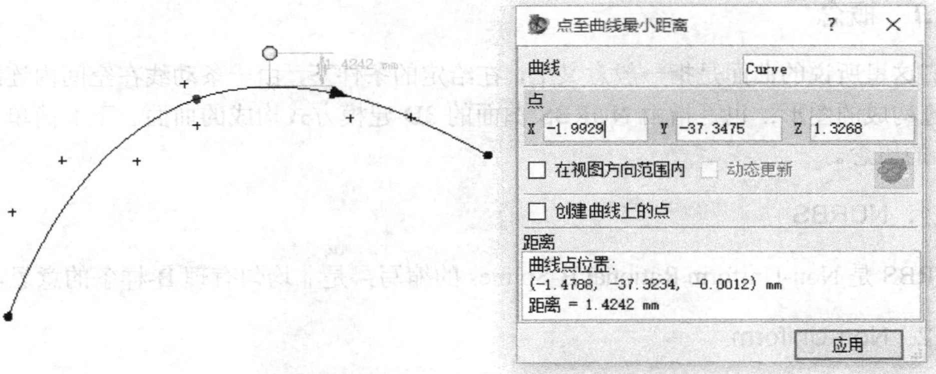

图 4-114　点至曲线最小距离

用户可打开曲线文件夹中的文件 4-19.imw，选择任一点显示出该点至曲线的距离。

小结

曲线是了解曲面构型的基础，也是实际操作中经常用来修剪曲面的重要参考，本章详细解释了每一种曲线功能的操作和实例，希望读者们能够了解曲线相关的操作，并多加练习。

第5章

曲 面

曲面的构建和修改是 Imageware 最核心的内容之一，本章通过对曲面的概念、显示、构建、修改等方面的介绍，让读者对软件在有关曲面设计方面的界面和操作有个基本的认识。

5.1 概述

5.1.1 概念

我们这里所说的曲面是指一般意义上，在给定的条件下，由一条动线在空间内连续运动所形成轨迹构成的图形；也是指由 NURBS 曲面的 3D 建模方式构成的曲面。下面简单介绍一下 NURBS 的概念。

1．NURBS

NURBS 是 Non-Uniform Rational B-Splines 的缩写，是非均匀有理 B-样条的意思。

2．Non-Uniform

Non-Uniform（非均匀性）是指一个控制顶点的影响力的范围能够改变。当创建一个不规则曲面的时候这一点非常有用。同样，统一的曲线和曲面在透视投影下也不是无变化的，对于交互的 3D 建模来说这是一个严重的缺陷。

3．Rational

Rational（有理）是指每个 NURBS 物体都可以用有理多项式的形式来定义。

4．B-Spline

B-Spline（B-样条）是指用路线来构建一条曲线，在一个或更多的点之间能以内插值替换。

简单地说，NURBS 就是专门做曲面物体的一种造型方法。NURBS 造型是由曲线和曲面来定义的，所以要在 NURBS 表面生成一条有棱角的边是很困难的。就是因为这一特点，可以用它做出各种复杂的曲面造型和表现特殊的效果，如人的皮肤、面貌或流线型的跑车等，如图 5-1 所示。

图 5-1 由曲线定义的曲面

5.1.2 曲面要素

曲面主要由法向、*U* 向、*V* 向、节点、控制定点和阶次等要素组成。

1. 法向

如果过曲面上一点有切平面，则过切点且垂直于切平面的向量称为曲面在该点的法向量。法向量的方向称为法方向。由此我们可知在曲面上的不同点，法向可能是不一样的。

2. *U* 向和 *V* 向

U 向和 *V* 向是 NURBS 曲面的等参线所创造的从属曲线，两个方向互相垂直且有正负之分，如图 5-2 所示。

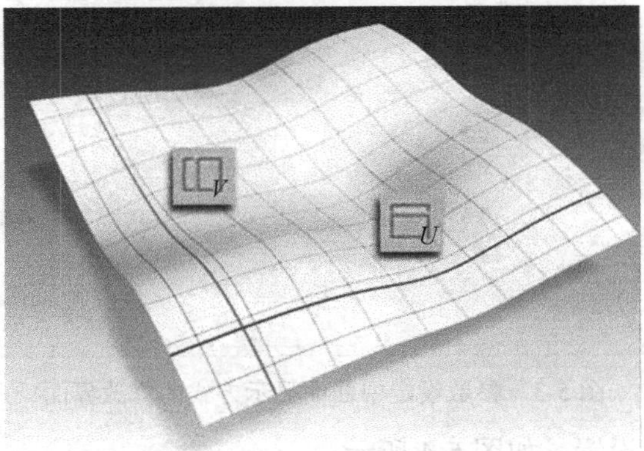

图 5-2 NURBS 曲面上的 *U* 向和 *V* 向

U 向和 *V* 向并不实际存在，而是用来进行修剪等修改的参考系。

3. 节点

节点同曲线中的节点是同一个概念。它决定了曲线和由该曲线所生成曲面的外形，就像人体骨骼的关节一样。

4．控制顶点

曲面上的控制顶点同曲线中的控制顶点是同一个概念，都是通过B-样条曲线插值算法产生的，原理过程对用户来说无太大意义，故不再赘述，它可以用来约束小区间内曲线及曲面的形状，还可以设置不同控制点的权重，实现更精确的形状控制。

5．阶数

阶数同曲线中的阶数是同一个概念，默认值为4，可在[2,22]的区间内调节。对曲面来说阶数越小就越平滑（即光顺性好），阶数越高形状就越复杂。

5.1.3　曲面显示方式

同点和曲线一样，曲面的显示方式也可以通过综合参数界面来修改。

用户可以采用【编辑】→【参数设定】的命令设置各种参数的默认值。其中，用户可以通过【编辑】→【参数设定】→【显示】进行点云参数的设置，如图5-3所示。

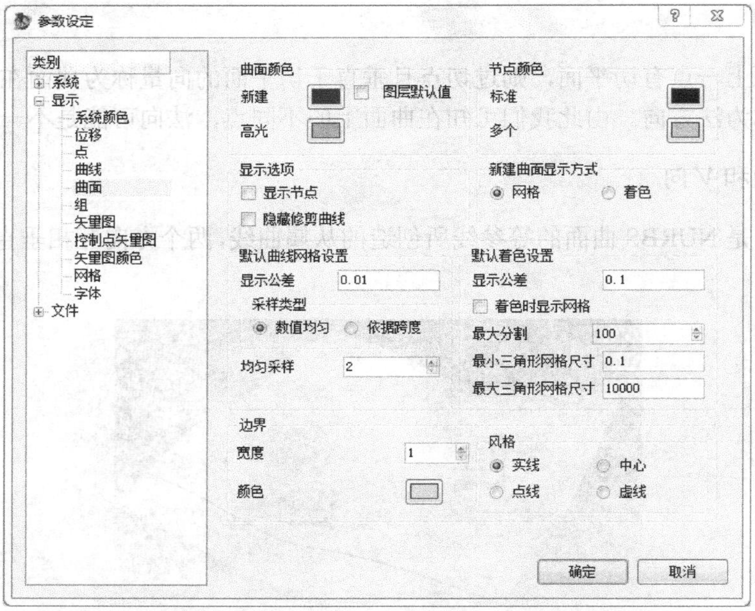

图5-3　参数设定中曲面显示方式的修改界面

底端的选项栏也可以设置，如图5-4所示。

图5-4　底端控制选项栏

因这些内容与在之前章节所涉及的内容类似，这里不再赘述。

5.2 曲面创建

5.2.1 创建平面

1. 由中心和法线创建平面

（1）选择【创建】→【平面】→【中心/法向】命令，得到如图 5-5 所示的对话框。

（2）可以直接在视图中拾取一点作为平面中心，也可以在对话框中输入中心坐标、输入 *U*/*V* 方向延伸量（即平面的边长）、法线方向参数来创建平面。

（3）单击“应用”，结果如图 5-6 所示。

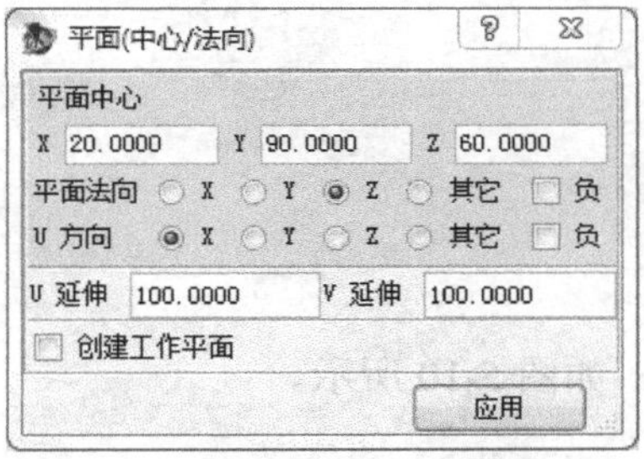

图 5-5 平面（中心/法向）对话框

图 5-6 创建出的中心/法向平面

注 意

如果在对话框里勾选了“创建工作平面”，即在平面位置创建一个工作平面，以下的创建方式也是同样的道理。

2. 由三点创建平面

（1）选择【创建】→【平面】→【平面（3 点）】命令，如图 5-7 所示。

（2）可以直接在视图中拾取三点作为平面参考点，也可以在对话框中输入坐标创建平面。

（3）单击“应用”，结果如图 5-8 所示。

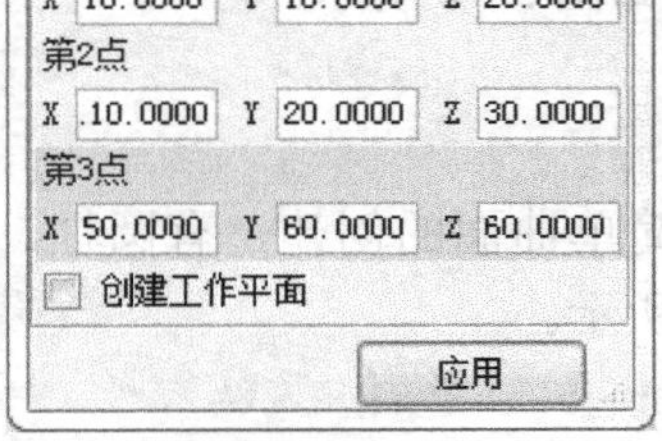

图 5-7 3 平面（3 点）对话框

图 5-8 由 3 点创建出的平面

3. 由视图方向点创建平面

（1）选择【创建】→【平面】→【在视图方向范围内】命令，如图 5-9 所示。

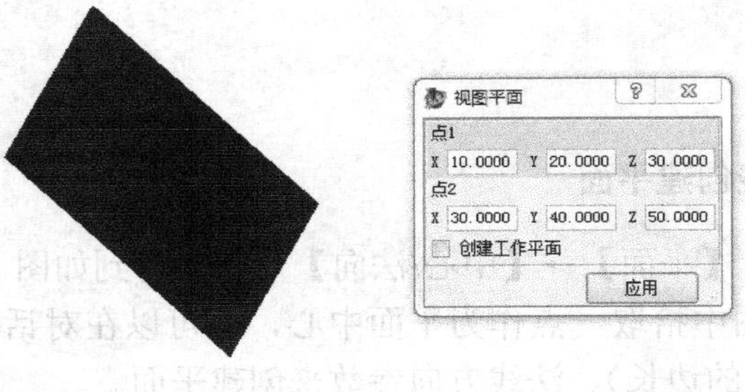

图 5-9　在试图方向范围内创建出的平面及对话框

（2）此命令可以直接在视图中拾取两点作为平面参考点，也可以在对话框中输入坐标创建平面。

（3）单击“应用”按钮，结果如图 5-9 所示。

4. 创建平面组

平面组是用来创建等间隔的一定数量的平面。

（1）选择【创建】→【平面】→【平面组】命令，如图 5-10 所示。

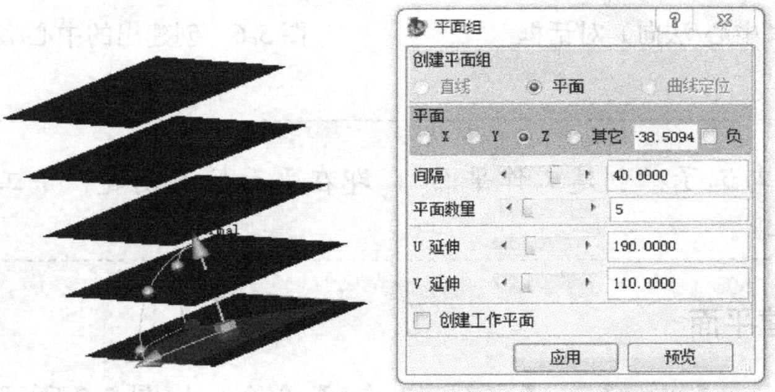

图 5-10　平面组及其创建对话框

（2）可以选择平面的方向、平面数量、间隔、U 延伸和 V 延伸。

（3）单击“应用”按钮，结果如图 5-10 所示。

5.2.2　创建简单曲面

Imagware 提供了多种快捷的简单曲面的创建，有圆柱、球、圆锥等基本图形命令，如图 5-11 所示。

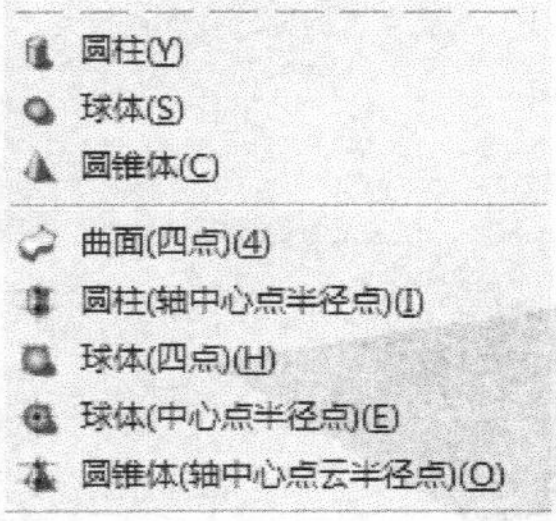

图 5-11　简单曲面命令列表

1. 圆柱

1）直接创建圆柱

（1）选择【创建】→【简单曲面】→【圆柱】命令，如图 5-12 所示。

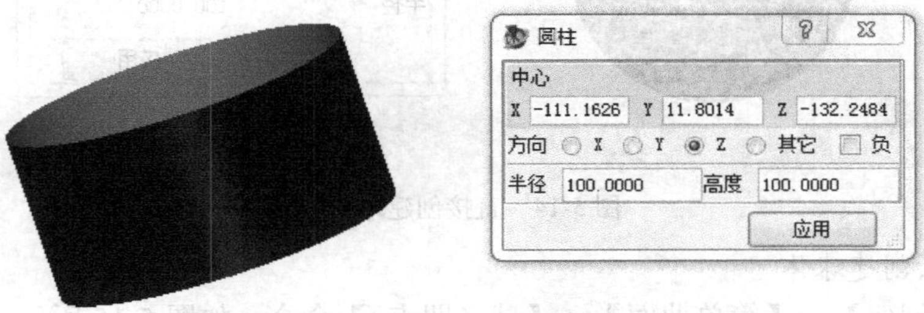

图 5-12　直接创建圆柱

（2）可以直接在视图中拾取一点作为中心，也可以在对话框中输入中心坐标，输入半径、高度、方向参数创建圆柱曲面。

（3）单击“应用”，结果如图 5-12 所示。

2）通过轴中心点半径点创建圆柱

（1）选择【创建】→【简单曲面】→【圆柱（轴中心点半径点）】命令，如图 5-13 所示。

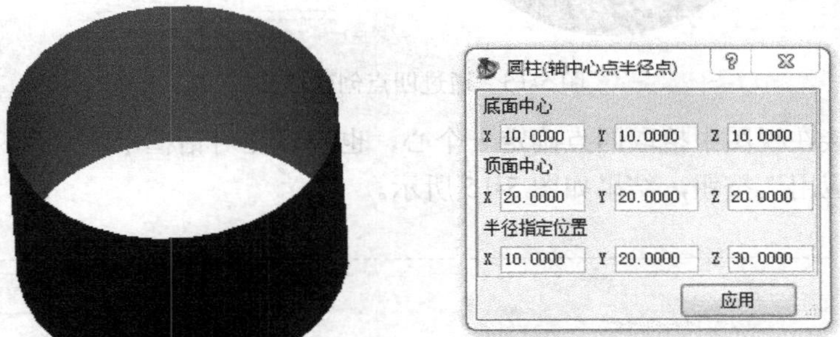

图 5-13　通过轴中心点半径点创建圆柱

（2）可以直接在视图中拾取三点作为底面、顶面中心与半径的指定位置，也可以在对话框中输入中心坐标参数创建圆柱曲面。

（3）单击“应用”，结果如图 5-13 所示。

2. 球体

1）直接创建球体

（1）选择【创建】→【简单曲面】→【球体】命令，如图 5-14 所示。

（2）可以直接在视图中拾取一点作为球心，也可以在对话框中输入中心坐标，输入半径创建球体曲面。

（3）单击“应用”，结果如图 5-14 所示。

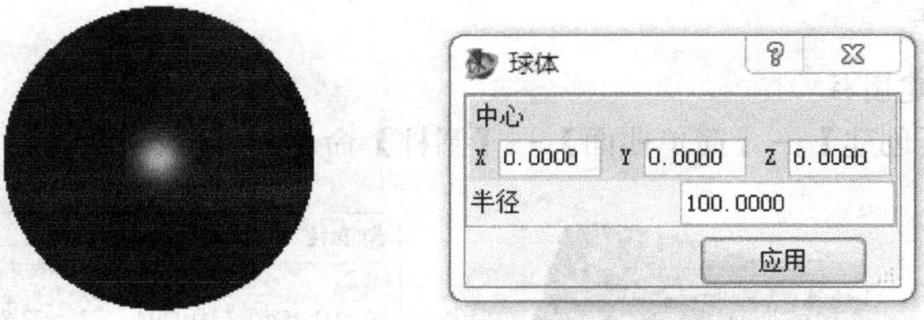

图 5-14　直接创建球体

2）通过四点创建球体

（1）选择【创建】→【简单曲面】→【球（四点）】命令，如图 5-15 所示。

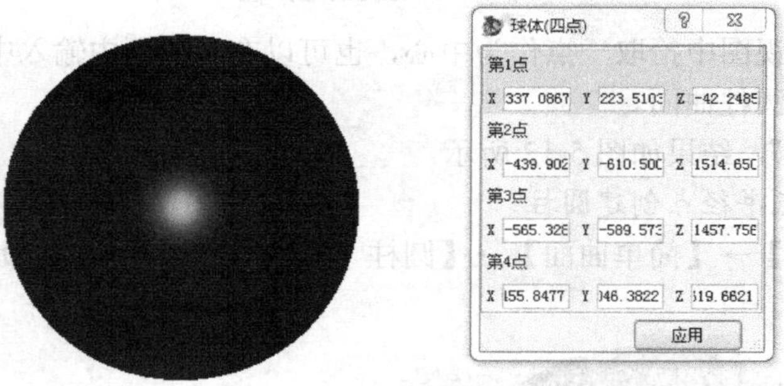

图 5-15　通过四点创建球体

（2）可以直接在视图中拾取四点确定一个心，也可以在对话框中输入坐标创建球体曲面。

（3）单击“应用”按钮，结果如图 5-15 所示。

注 意

四个点不能在同一个平面上，即至少更改一次视角才能通过四点确定一个球。

还可以选择中心点和半径点来确定一个球，如图 5-16 所示，原理和前两种方法类似，这里不再赘述。

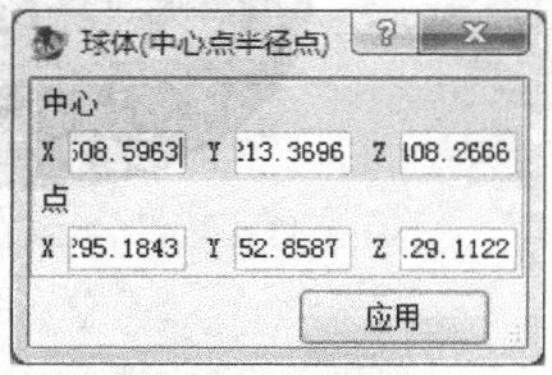

图 5-16　球体（中心点半径点）对话框

3．圆锥体

1）直接创建圆锥体

（1）选择【创建】→【简单曲面】→【圆锥体】命令，如图 5-17 所示。

（2）可以直接在视图中拾取一点作为底面圆心，也可以在对话框中输入中心坐标，输入底圆半径、顶圆半径、高度、方向等参数创建圆锥体曲面。

（3）单击“应用”按钮，结果如图 5-17 所示。

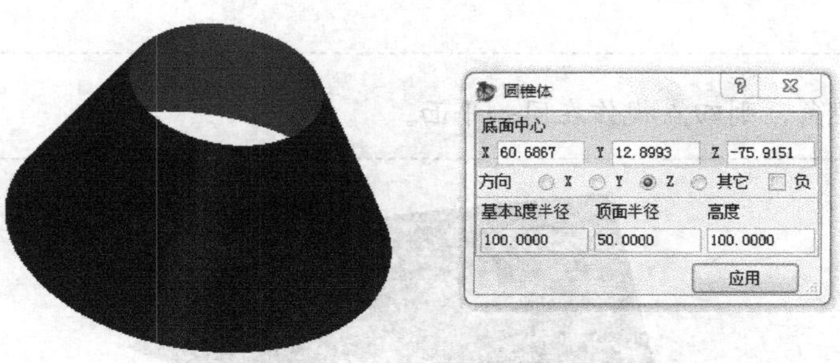

图 5-17 直接创建圆锥体

2）通过轴中心云半径点创建圆锥体

（1）选择【创建】→【简单曲面】→【圆锥体（轴中心点云半径点）】命令，如图 5-18 所示。

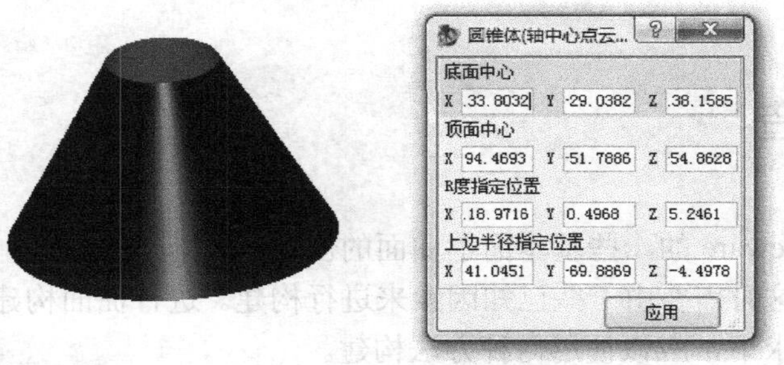

图 5-18 通过轴中心点云半径点创建圆锥体

（2）可以直接在视图中按顺序拾取四点分别作为底面和顶面圆心以及底面和顶面半径点，也可以在对话框中输入坐标创建圆锥体曲面。

（3）单击“应用”按钮，结果如图 5-18 所示。

注 意

无论哪种创建方式，两个基圆的半径都不可以为 0，即无法创建真正的“锥”。

4. 四点曲面

（1）选择【创建】→【简单曲面】→【曲面（四点）】命令，如图 5-19 所示。

（2）可以直接在视图中拾取四点作为平面参考点，也可以在对话框中输入坐标参数创建四点曲面。

（3）单击“应用”按钮，结果如图 5-20 所示。

图 5-19 曲面（四点）对话框

注 意

如果不改变视角，则四点视作在同一平面。

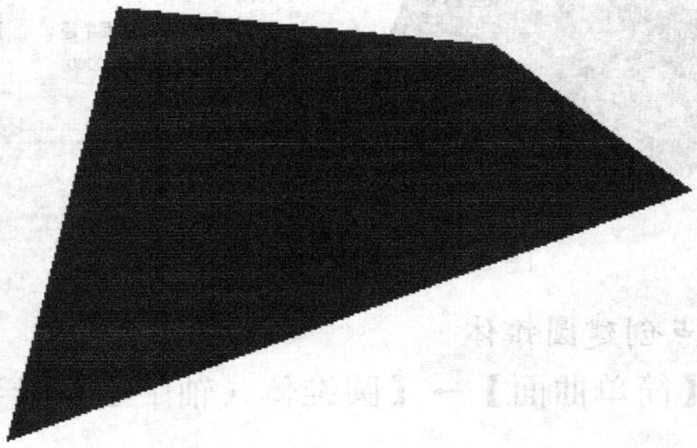

图 5-20　四点创建出的曲面

5.3 曲面构造

上面介绍了 Imageware 的一些基本简单曲面的创建，但是很多时候，并不能直接这样快捷的创建出简单曲面，这时需要由一些已知因素来进行构建。进行曲面构建时，要考虑到在不同的条件、类型以及需求下，应该使用何种方法构建。

（1）边界曲面：需要四条边的封闭区域。

（2）*U*/*V* 方向混合曲面：需要两条（组）相交且相互垂直的曲线。

（3）曲线及点云拟合曲面：需要四条边的封闭区域以及点云。

（4）放样曲面：需要两条或两条以上在要创建的曲面上与 *U*/*V* 向平行的曲线。

（5）扫掠曲面：需要两条定义 *U*/*V* 方向的曲线。

（6）拉伸曲面：需要一条曲线。

（7）旋转曲面：需要一条曲线和一个中心轴。

（8）均匀曲面：需要单值点云。

5.3.1　由点云构建曲面

1．自由曲面

（1）打开曲面文件夹中的文件 5-1.imw，如图 5-21 所示。

（2）选择【构建】→【由点云构建曲面】→【自由曲面】命令（快捷键为 Shift+F），如图 5-22 所示。

（3）选中点云，设置曲面阶数（实为曲面度数，即阶数+1）、跨度（*U*/*V* 方向的段数），拟合参数、坐标系和方向。

（4）单击“应用”按钮，生成阶数为 4 的拟合曲面，如图 5-23 所示。

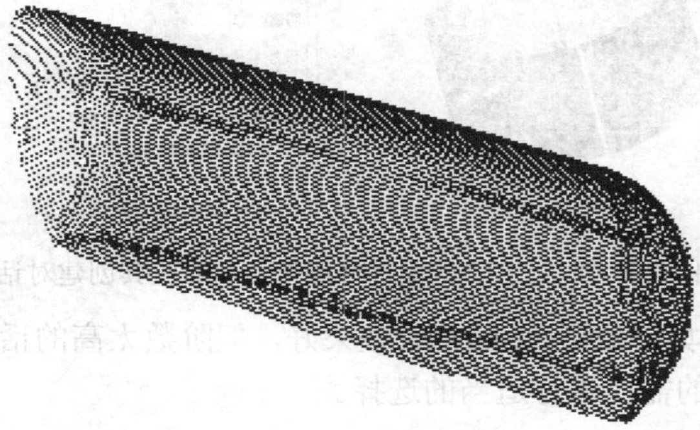

图 5-21 单值点云

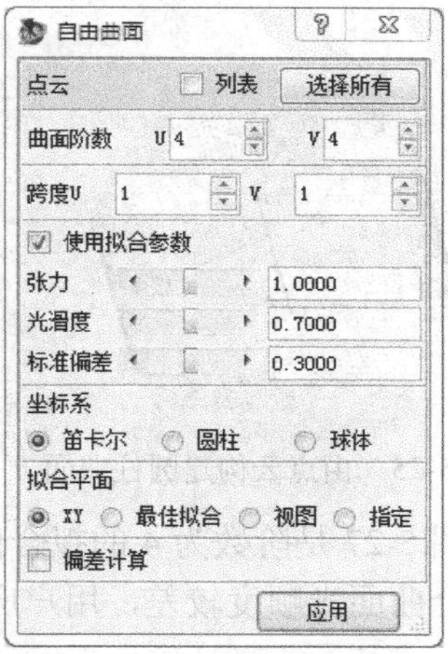

图 5-22 自由曲面对话框

注 意

关于坐标系，如果点云形状类似平缓曲面，可选择笛卡尔坐标系，若形状接近柱体或球体，则应选择圆柱或球坐标系。

若单击偏差计算，则生成的曲面会自动显示出与原点云的偏差程度。

由图 5-23 很直观的就可以看出，在点云图形稍微复杂的情况下，低阶数的直接拟合效果较差，图 5-24 是将阶数设置为 18 时的拟合效果，相对低阶的效果好了很多。

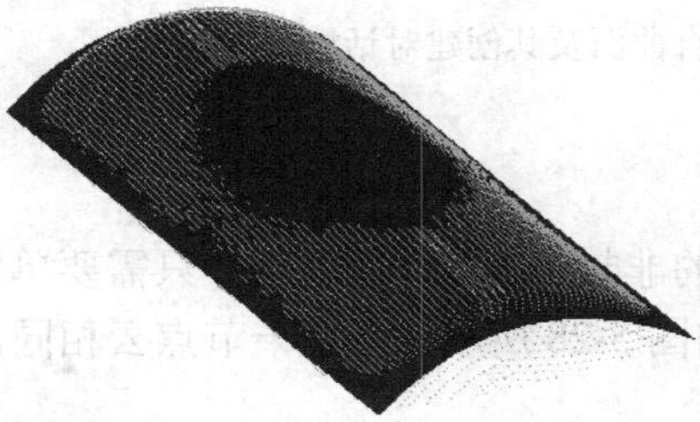

图 5-23 4 阶拟合自由曲面

图 5-24 18 阶拟合自由曲面

2. 由点云构建圆柱曲面

由点云构建圆柱面就是利用一条已知（或已绘制）的 3D 曲线，将指定点云拟合成指定度数的圆柱状 NURBS 曲面。

（1）打开曲面文件夹中的文件 5-2.imw，出现一个圆柱状点云和一条位于中心的直线，如图 5-25 所示。

（2）选择【构建】→【由点云构建曲面】→【圆柱曲面(曲线)】命令。

（3）选中点云，再选择一条脊线作为参考线，设置曲面阶数（默认为 4，这里取值为 12）、跨度、拟合参数。

（4）单击“应用”按钮，结果如图 5-26 所示。

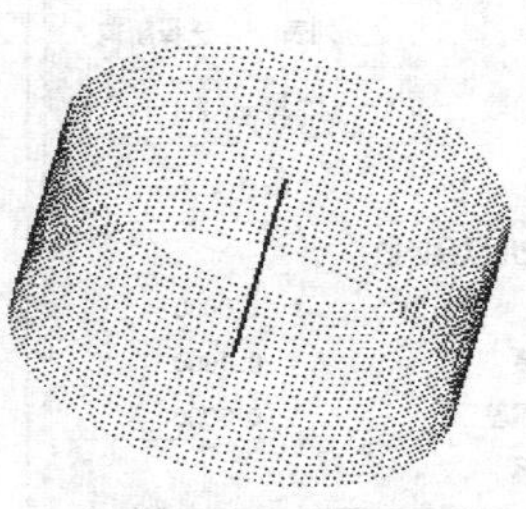

图 5-25　由点云构建圆柱曲面

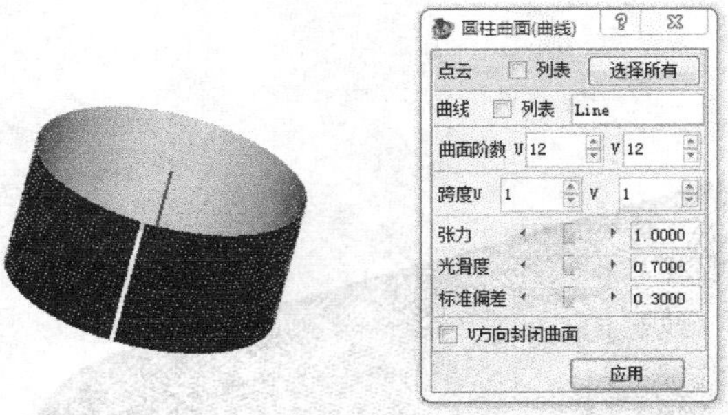

图 5-26　阶数为 12 的圆柱曲线拟合曲面及其创建对话框

图 5-27 是阶数为 4 的拟合曲面，远不如阶数为 12 的拟合效果好，但阶数太高的话可能会使拟合曲面光顺度较差，用户应根据自己的需要进行适当的选择。

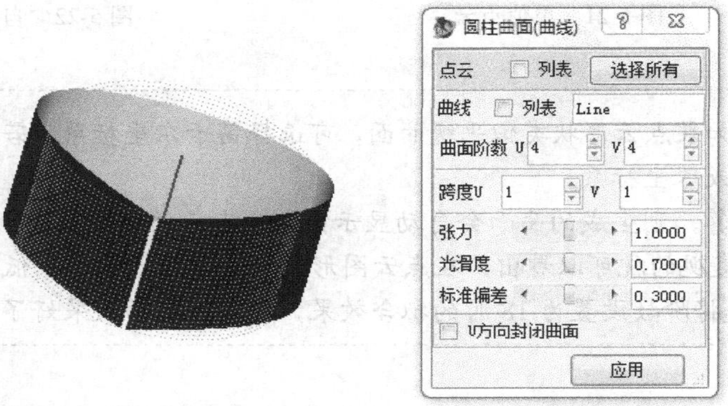

图 5-27　阶数为 4 的圆柱曲线拟合曲面及其创建对话框

3. 内插法构建曲面

内插法构建曲面是通过插值运算构建指定阶数的非封闭 NURBS 曲面，只需要单值点云。

（1）打开曲面文件夹中的文件 5-3.imw，点云如图 5-28 所示，与上一节点云相同，不同之处是不需要中心曲线。

（2）选择【构建】→【由点云构建曲面】→【内插法构建曲面】命令，如图 5-29 所示。

（3）选择点云，设置阶数（默认为 4）。

（4）单击“应用”按钮，结果如图 5-30 所示。

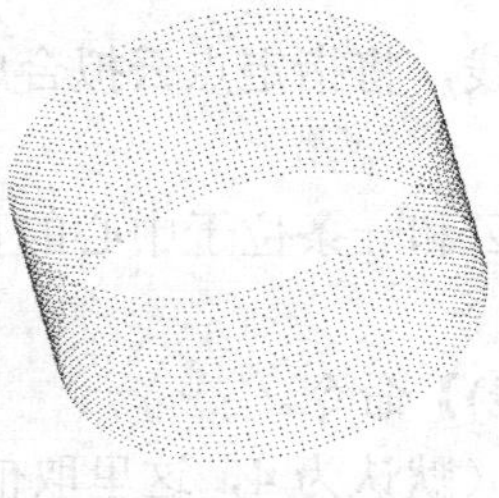

图 5-28　圆柱形的单值点云

图 5-29　内插法构建曲面对话框

图 5-30　内插法构建的圆柱曲面

> **注 意**
>
> 虽然可以看出内插法在这里有较好的拟合效果，但其构建的曲面为非封闭图形，有所谓的“裂缝”。

4. 直接拟合基本曲面来构建曲面

有时候，点云的形状是可以分割为几个简单几何形状的组合，如将一杆笔分割成柱体的笔身、球体的衔接部分和椎体的笔尖，在这时就可以用点云拟合成最大限度趋近成以上几何形状的曲面，如图 5-31 所示。下面以圆锥体为例说明操作步骤。

（1）打开曲面文件夹中的文件 5-4.imw。

（2）选择【构建】→【由点云构建曲面】→【拟合圆锥体】命令，如图 5-32 所示。

（3）只需要选择“点云”，再单击“应用”按钮，结果如图 5-33 所示。

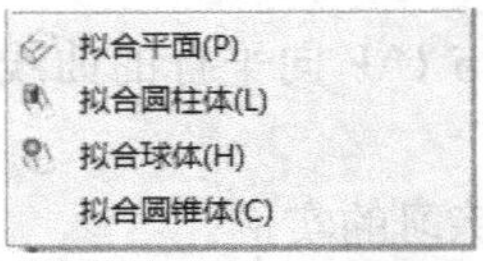

图 5-31　可供拟合的几种简单曲面

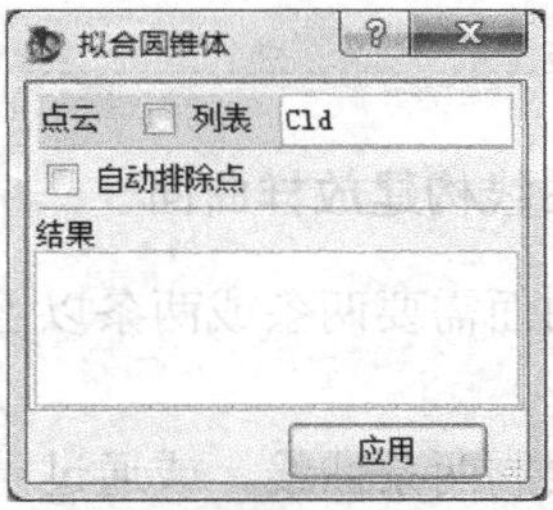

图 5-32　拟合圆锥体对话框

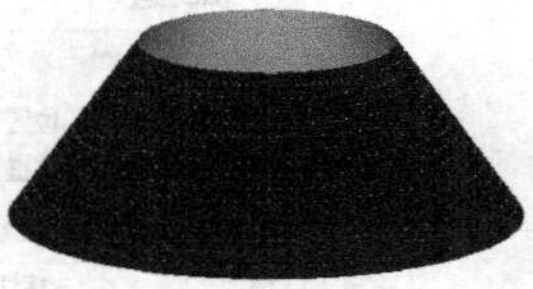

图 5-33　拟合出的圆锥体曲面

> **注 意**
>
> 只有在点云几乎完全呈现简单曲面的形状时，才有较好的拟合效果。

5.3.2 曲线参考构建曲面

1. 由 Bi-双向放样曲线构建曲面

Bi-双向放样曲线构建曲面需要一到两条作为路径的曲线和一条作为轮廓的曲线。

（1）打开曲面文件夹中的文件 5-5.imw。

（2）选择【构建】→【曲面】→【Bi-双向放样曲面】命令，如图 5-34 所示。

（3）点选“路径曲线”数量为 2，选择两条作为路径曲线，另外一条作为轮廓曲线。

（4）单击“应用”按钮，结果如图 5-35 所示。

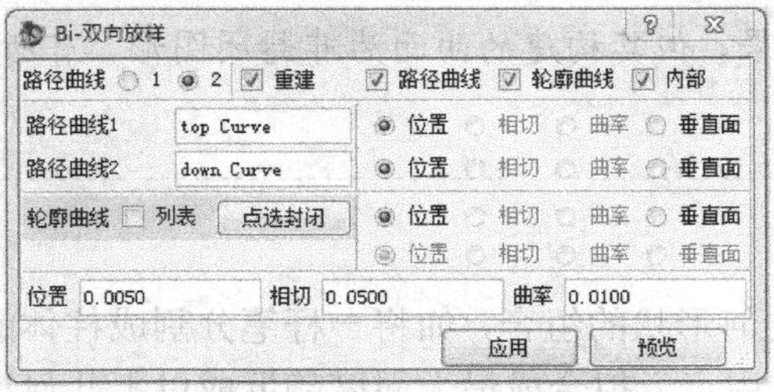

图 5-34　Bi-双向放样对话框

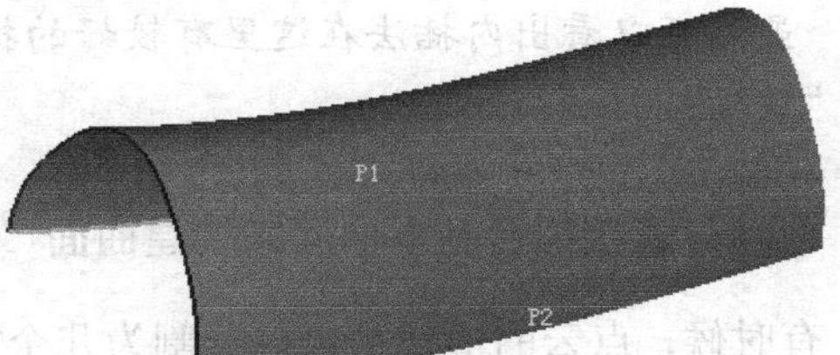

图 5-35　拟合出的 Bi-双向放样曲面

注 意

如果两条路径曲线的终点与其他曲面相连，则可以指定构建曲面与相邻曲面的关系，对话框中“位置”、“相切”、“曲率”、“垂直面”选项就是为此存在的，之后讲到的放样曲面对话框也是如此。

2. 由曲线构建放样曲面

构建放样曲面需要两条或两条以上在要创建的曲面上与 U\V 向平行的曲线，能取得较为平滑的曲面。

（1）任意绘制两条曲线，或通过点云构建曲线，作为练习的实例。

（2）选择【构建】→【曲面】→【放样(L)】命令，如图 5-36 所示。

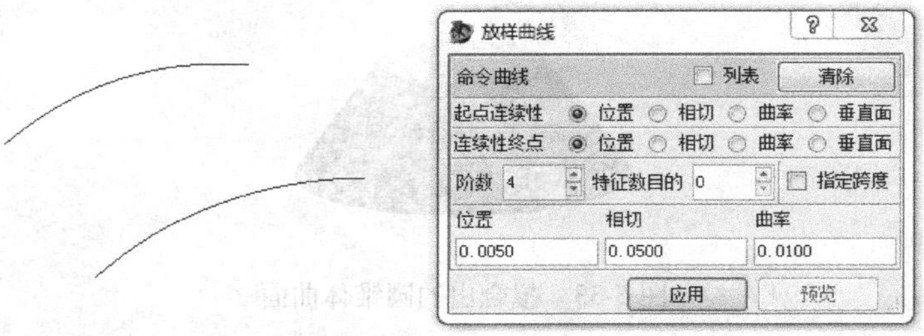

图 5-36　两条基准曲线及创建对话框

（3）选择“命令曲线”，设置起点、终点的连续性，阶数、曲率等参数。

（4）单击“应用”按钮，结果如图 5-37 所示。

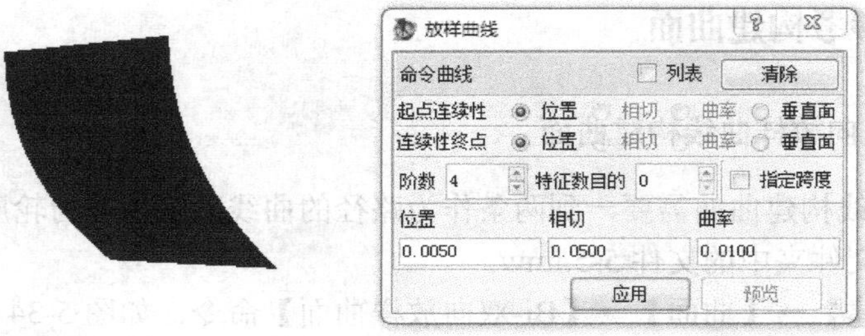

图 5-37　通过放样曲线构建的拟合曲面

注 意

要想取得较为理想的曲面，应使放样曲线的控制点较为平均，曲线越多对曲面的约束越大。

起点（终点）连续性是用来确定构建曲面与已有曲面的关系。

曲线有方向的时候，方向决定了构建曲面的法向。如果曲线的方向不合适，会使曲面产生扭曲。

使用封闭曲线时，起始位置不同也有可能造成曲面扭曲。

3. 边界曲面

由封闭曲线边界构建曲面需要 4 条首尾相接的 3D 曲线或边界曲线，约束条件与点云拟合相比很单薄，基本只有在曲面简单或较为平滑的情况下才能有较好的拟合效果，但仍然没有曲线—点云的拟合方式精确。

（1）打开曲面文件夹中的文件 5-6.imw。

（2）选择【构建】→【曲面】→【边界曲面】命令，如图 5-38 所示。

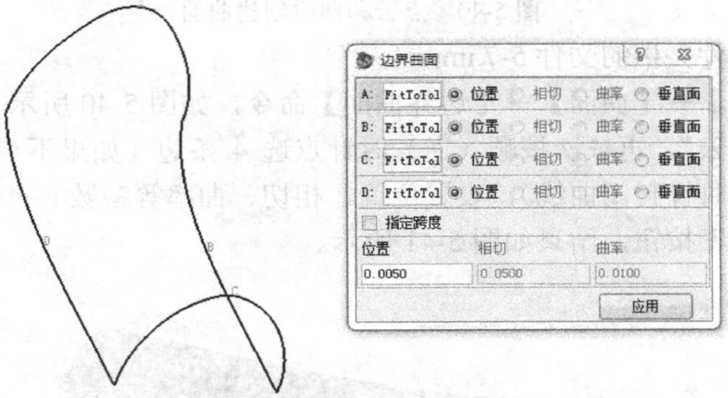

图 5-38 边界曲面

（3）依次按顺（逆）时针顺序点选 4 条曲线，使之形成一封闭空间。

（4）单击“应用”按钮，即通过这四条边界曲线拟合出一个曲面，如图 5-39 所示。

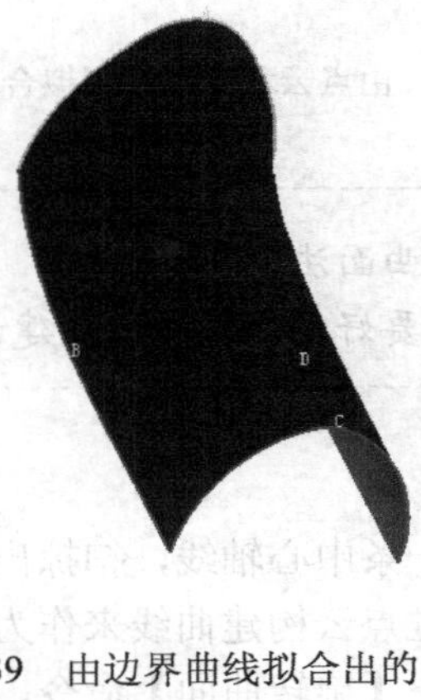

图 5-39 由边界曲线拟合出的曲面

注 意

边界线可以为曲面边界或3D曲线，若为曲面边界，则同样可自定与邻近曲面的连续性，也可设定控制点数量与排列方式。

4．由点云和曲线共同拟合曲面

点云和曲线拟合曲面，是由用户指定的4条边界曲线和单值点云共同拟合出的一个曲面，与单由边界曲线拟合相比，有较好的拟合效果，如图5-40所示。

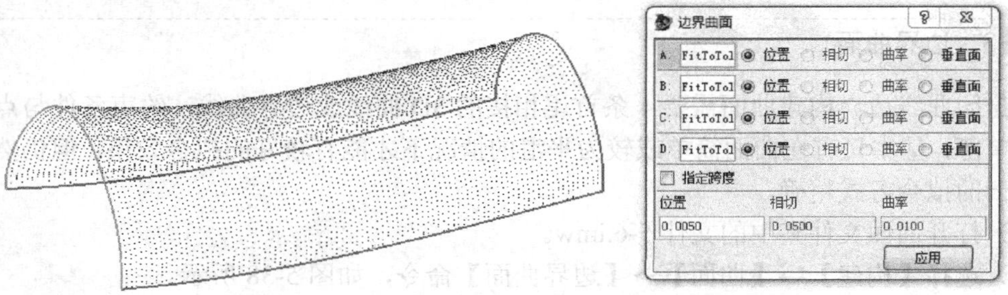

图5-40　点云和曲线创建曲面

（1）打开曲面文件夹中的文件5-7.imw。

（2）选择【构建】→【曲面】→【边界曲面】命令，如图5-40所示。

（3）先选择“点云”，再依次按顺（逆）时针点选4条边（如果不点选边、就会默认为点云周围的4条俯视顺时针封闭曲线），设置位置、相切、曲率等参数。

（4）单击“应用”按钮，结果如图5-41所示。

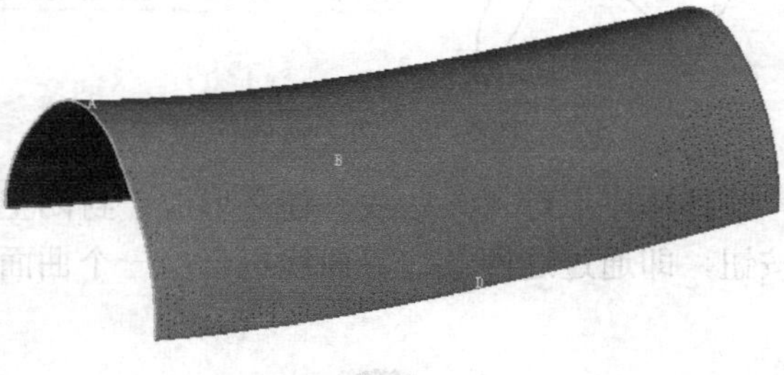

图5-41　由点云和曲线共同拟合出的曲面

注 意

边界的选择顺序决定了生成的曲面法向。

由于有点云的约束，拟合程度要好于边界曲线构建曲面。

5．旋转曲面

旋转曲面就是选择一条曲线和一条中心轴线，扫掠出一个曲面。

（1）任意绘制一条曲线，或通过点云构建曲线来作为练习的实例。

（2）选择【构建】→【曲面】→【旋转曲面】命令，如图5-42所示。

（3）选择一条曲线，然后选择一个点作为中心轴的基本点，选择“轴方向”后，输入起点和终点角度（默认为 360°，旋转方向为俯视的顺时针）。

（4）单击“应用”按钮，构建曲面如图 5-43 所示。

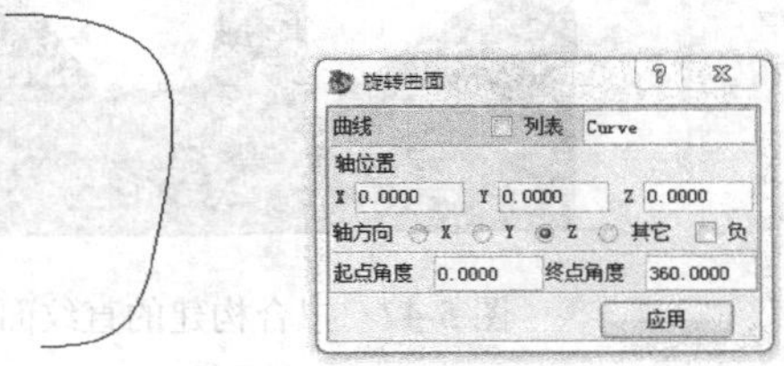

图 5-42 旋转曲面

图 5-43 扫掠出一个葫芦形状的回转体曲面

注 意

轴的方向决定了构建曲面的法向，可通过点选“其他”来修改成非 *X*/*Y*/*Z* 的方向。

6. 边界线构建平面

边界线构建平面就是由若干条曲线形成一个封闭圈，生成一个平面。

（1）任意绘制两条或几条，或者通过点云构建出曲线（通常在同一个平面上，但即使不在一个平面上也可以构建）来作为练习的实例。

（2）选择【构建】→【曲面】→【边界平面】命令，如图 5-44 所示。

（3）选择“曲线”，单击“应用”按钮。若选择的曲线不构成封闭圈，系统将自动以直线来生成封闭曲线，结果如图 5-45 所示。

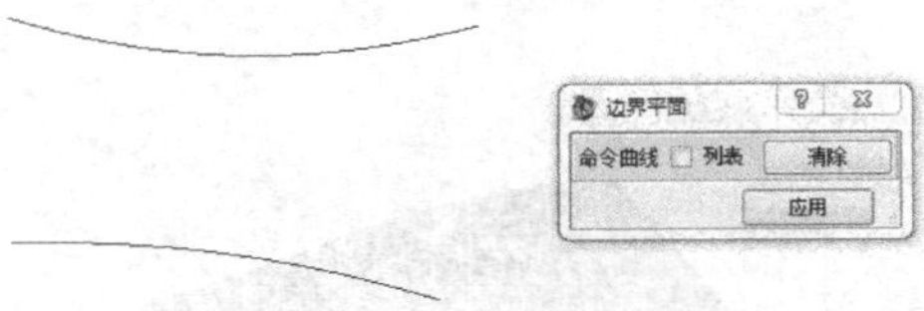

图 5-44 边界平面

图 5-45 由边界曲线拟合的平面

注 意

若选择的曲线不在同一平面内，则生成的平面位置在几条曲线的几何中心，但实用性较低而且难以控制，不推荐使用。

5.3.3 扫掠曲面

1. 直纹曲面

直纹曲面命令是在两条给定曲线间做指定方向的连接，从而形成扫掠面。

（1）打开曲面文件夹中的文件 5-8.imw 文件。

（2）选择【构建】→【扫掠曲面】→【直纹(R)】命令，如图 5-46 所示。

（3）点选上面的曲线为“曲线”，下方的直线为“路径曲线”，设定扫掠方向。

（4）单击“应用”按钮，结果如图 5-47 所示。

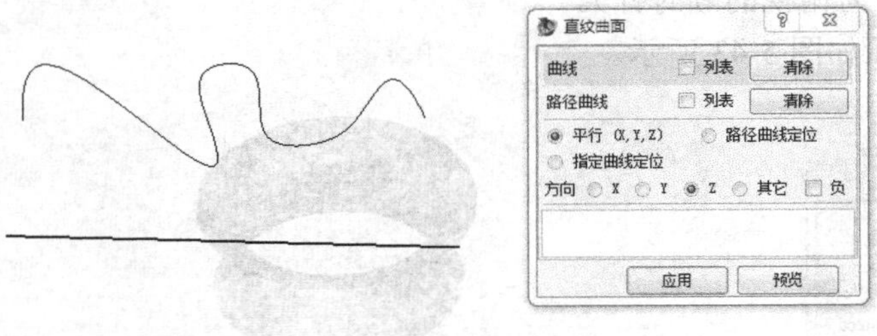

图 5-46　直纹曲面

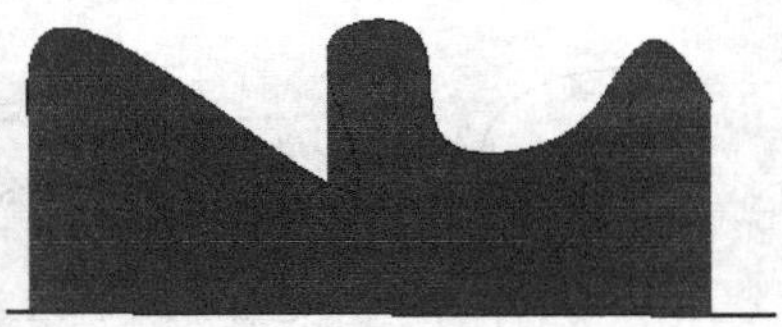

图 5-47　拟合构建的直纹面

注 意

图 5-47 可以看到直纹扫掠的特点是忽略凹曲线效果的。另外，如果选择的平面走向的垂直方向与路径曲线垂直时（如选择 Z 向），将没有直纹面产生。

2. 扫掠曲面

扫掠曲面命令是根据扫掠线和扫掠路径来拟合曲面的命令。

（1）打开曲面文件夹中的文件 5-9.imw 文件。

（2）选择【构建】→【扫掠曲面】→【扫掠(S)】命令，如图 5-48 所示。

（3）使用两条路径曲面，分别选择 Curve2 和 Line，选择 Curve 作为轮廓曲线，以路径曲线 1 作为截面。

（4）单击“应用”按钮，结果如图 5-49 所示。

图 5-48　扫掠曲面对话框

图 5-49　扫掠曲面

注 意

扫掠曲面对曲线的形状要求较高，对任何一条参考线进行一点小的改动，有时候就可能会造成曲面形状的很大改变。用户可以先预览效果，然后做出调整，再尝试创建扫掠曲面。

3. 沿方向延伸（拉伸曲面）

拉伸曲面是给曲线指定一个方向、角度和拉伸量，扫掠出一个曲面。

（1）任意绘制一条曲线，或通过点云构建曲线来作为练习的实例。

（2）选择【构建】→【扫掠曲面】→【沿方向延伸】命令，如图 5-50 所示。

（3）选择曲线，选择方向，设定延伸量，设定在该方向上的角度。

（4）也可以通过拖动图像界面的两个控制点（图中已用箭头标出）来控制角度和延伸量。

（5）单击“应用”按钮，扫掠曲面如图 5-50 所示。

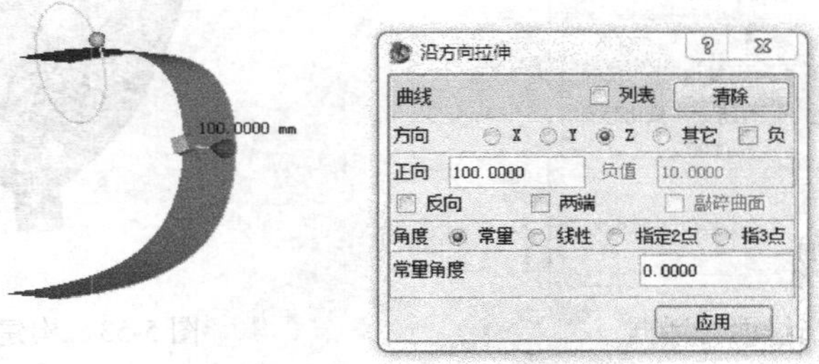

图 5-50 沿方向延伸

4. 管状曲面

管状曲面是一种特殊的扫掠曲面，其意义就是沿一条线的中心指定半径做一个圆，然后将这个圆沿曲线路径拉伸为一个均匀的圆管曲面。

（1）打开曲面文件夹中的文件 5-10.imw。

（2）选择【构建】→【扫掠曲面】→【管状(T)】命令，如图 5-51 所示。

（3）选择中心，设定半径，方向通常选择“中心曲线定位”，若底面在另一条曲线上可选择“指定曲线定位”。

（4）单击“应用”按钮，结果如图 5-51 所示。

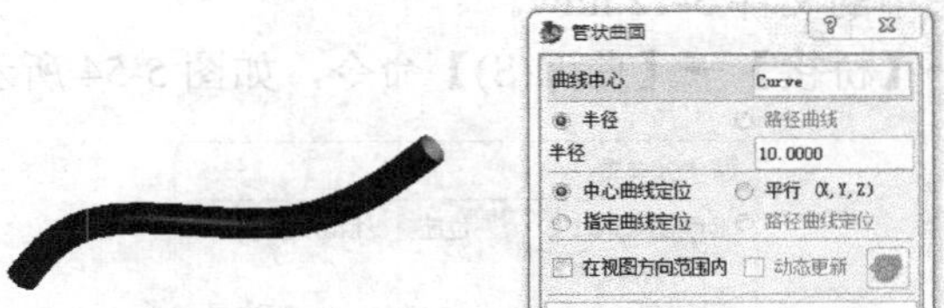

图 5-51 经过拉伸的管状曲面及其对话框

5.3.4 凸缘面

凸缘面命令是根据曲面的边界曲线生成新的曲面，即一般所谓的“延展”，因为有的工件凸缘面太小，难以用点云详细表达，这时就可以用构建凸缘面命令进行构建。

（1）打开曲面文件夹中的文件 5-11.imw。

（2）选择【构建】→【凸缘曲面】→【凸缘曲面(F)】命令，如图 5-52 所示。

（3）先选择曲面的底边，延伸的基准方向选择“平行”，纵深默认为 100，这里设为 24，

截面方向设置为 X 向，参考方向设为 Z 向，角度设为 0。

（4）单击“预览”按钮，效果如图 5-53 所示。

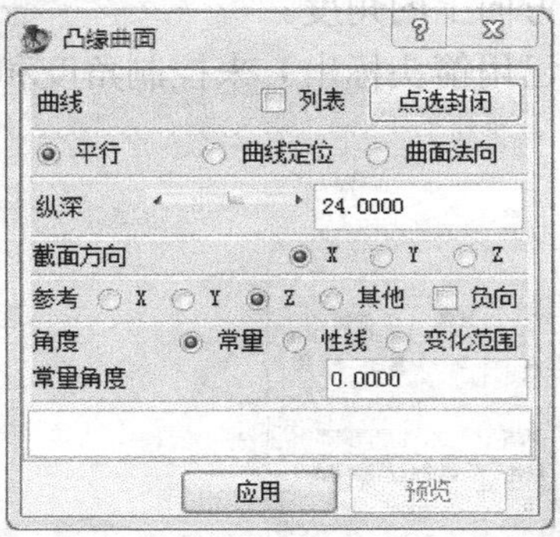

图 5-52　凸缘面对话框

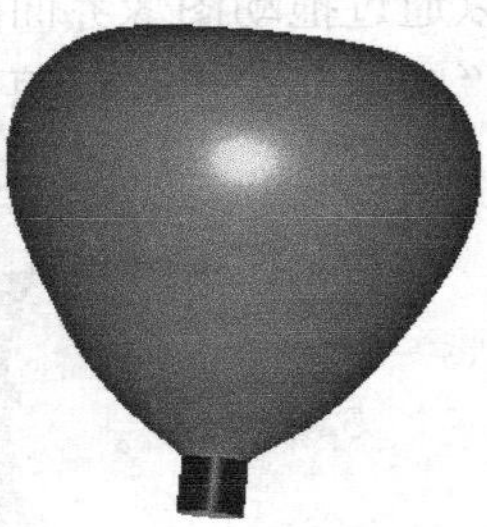

图 5-53　构建的凸缘面

（5）这时用户可以根据需求调节各种参数。若选择参考方向为 Z 轴负向，将角度设到 20°，就是向内窝折的漏斗形曲面了。

（6）最后得到满意的凸缘面之后，单击“应用”按钮，生成曲面。

注 意

延伸的基准方向选择时，曲线定位和曲线法向都是指它们的曲线的切线和法线，用户根据自己需求选择。角度则是延伸方向与参考方向之间的夹角。

5.3.5　桥接曲面

桥接曲面命令就是把两个本来不相连的曲面，通过一些特定的方式（相连、相切、圆滑相接等）连接在一起的一种命令。

（1）打开曲面文件夹中的文件 5-12.imw。

（2）选择【构建】→【桥接】→【曲面(S)】命令，如图 5-54 所示。

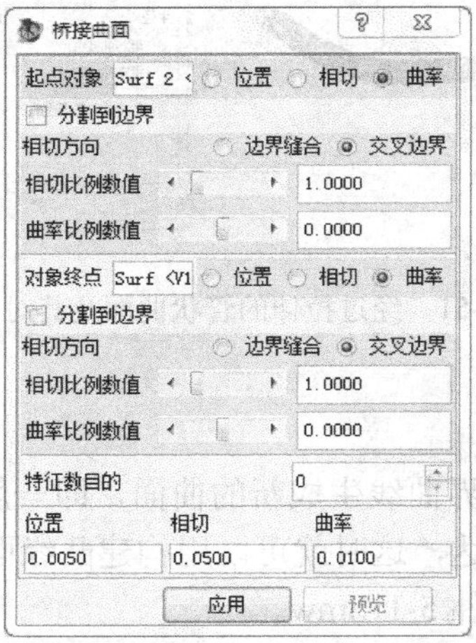

图 5-54　桥接曲面对话框

（3）点选两个曲面最接近的两条边，在连接方式里选择“曲率”，单击“预览”按钮，如图 5-55 所示。

（4）拖动“相切比例数值”与“曲率比例数值”的参数来调节生成曲面的形状，也可以在视图区域拖动边界线上的控制点，拖动它们来扩展桥接面到合适的范围。

（5）单击“应用”按钮，结果如图 5-56 所示。

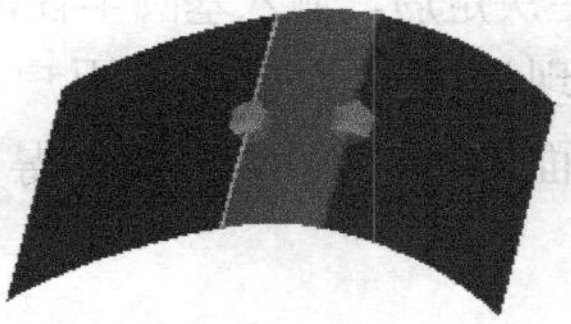

图 5-55　曲面的桥接效果

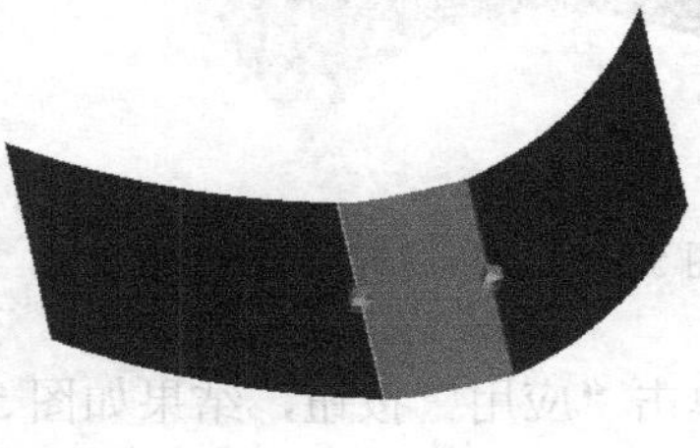

图 5-56　调整之后更为圆滑的桥接效果

注 意

相切的方向选择“边界缝合”时，会有较好的圆滑曲面；选择“交叉边界”则是沿曲面原 U/V 方向中与边界垂直的那一条切向延伸，所以往往会使交界较为突出。

5.3.6　倒圆角

倒圆角命令是指在两个曲面间，用一个指定半径的圆弧面进行连接的命令。

（1）打开曲面文件夹中的文件 5-13.imw。

（2）选择【构建】→【倒角】→【模式(S)】命令，如图 5-57 所示。

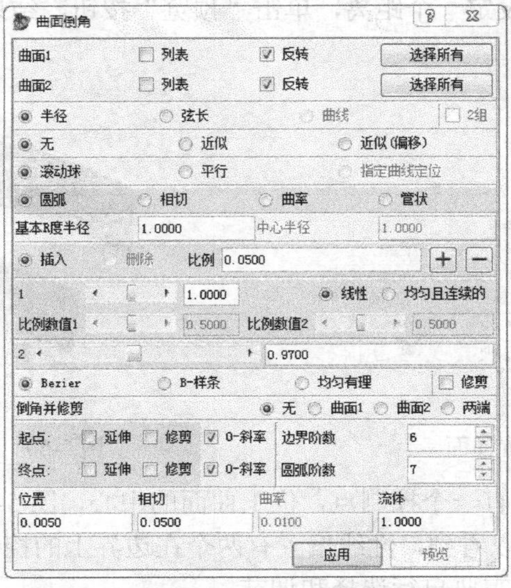

图 5-57　曲面倒角对话框

（3）前两栏用来指定两个目标曲面。

（4）第三栏“半径”是选择指定半径，还是指定圆弧弦长，还是沿着曲线上的曲面来倒角。

（5）第四栏是逼近类型，若选择了“逼近”就是由软件自动拟合出圆角类型，用户只要给出半径、曲线类型、阶数等即可。

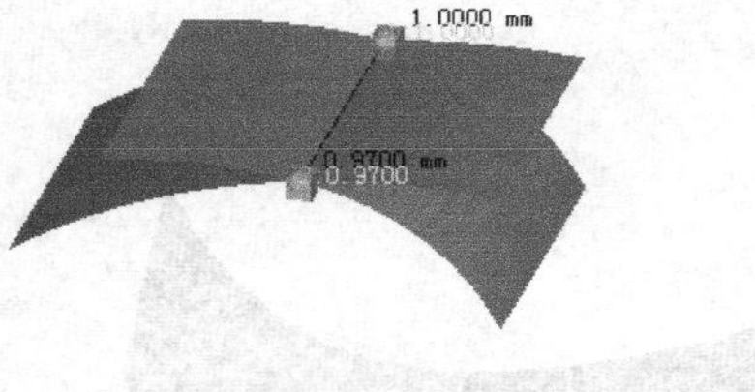

图 5-58　倒角后的曲面

（6）第五栏是倒圆角与原始曲面之间的关系——有圆弧、相切、曲率、管状四种；

（7）上面五栏决定后，输入基圆半径，单击“预览”。

（8）这时出现详细参数选项，用户可以一边调节参数一边观察曲面的动态变化，以获得更符合自己期望的倒圆角。

（9）单击“应用”按钮，结果如图 5-58 所示。

注 意

在曲线类型那一栏的最后有个“修剪”的复选框，若勾选上则会在倒圆角后自动切除多余的部分，使原来的两个曲面视觉上成为一个整体。

5.3.7　偏置曲面

偏置曲面命令是给定一个方向和距离，由基准曲面生成一个沿该方向指定距离的新曲面，所以偏置并不是移动，而是生成一个全新的曲面，且新曲面也未必和基准曲面形状一致。

（1）打开曲面文件夹中的文件 5-14.imw。

（2）选择【构建】→【偏移】→【曲面(S)】命令，如图 5-59 所示。

（3）先选择“常量”，设定一个距离，单击“预览”按钮，结果如图 5-60 所示。

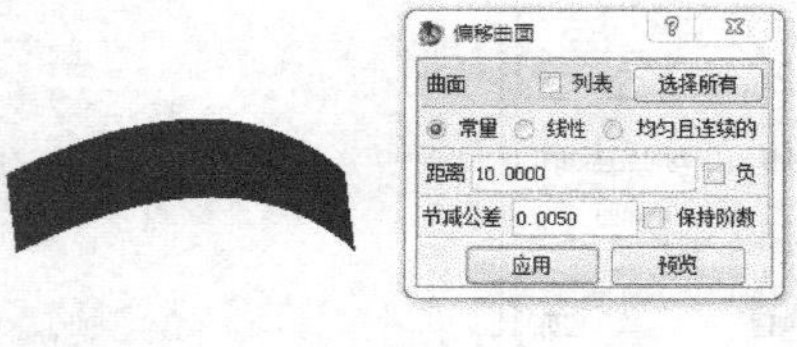

图 5-59　偏置曲面

图 5-60　经过常量偏置后的曲面

设定常量的偏置曲面只有一个控制点，位于曲面的中心，图 5-61 是性线（Linear）和变化（Variable）的偏置曲面。可以看到，性线偏置有两个在边界上的控制点，而变化偏置有 8 个控制点，用户可以根据自己的需要自行选择和调节。

图 5-61　左图是性线偏置，右图是变化偏置

（4）完成后，单击“应用”。

注 意

若在对话框里点选“保持阶数”的复选框，则生成的新曲面会保持与基准曲面同样多的控制点数。如果外形过于复杂，会使生成的新曲面产生自交的情况，导致曲面无法生成。

5.3.8　剖面截取

剖面截取命令被用来在曲面上画出截面线。

（1）任意绘制一个曲面，或通过点云构建一个曲面来作为练习的实例。

（2）选择【构建】→【剖面截取点云】→【曲面(U)】命令（快捷键为 Shift+B），如图 5-62 所示。

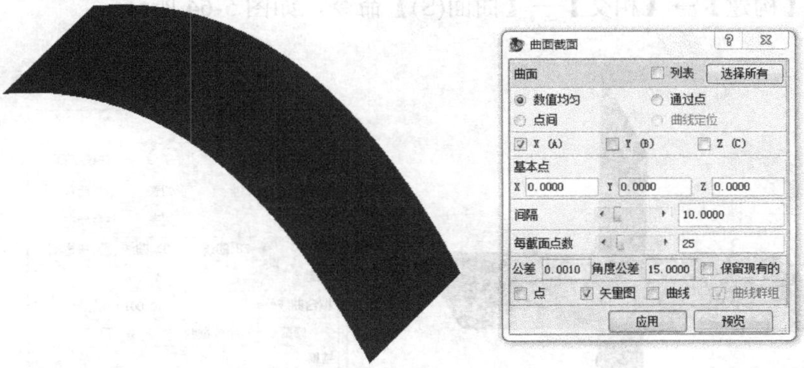

图 5-62　曲面截面

（3）选择剖断面建立的方向参考方式。方向参考方式分别是“均匀”、“通过点”、“点间”、“曲线定位”。“通过点”和“点间”需要自己选择两点作为基准，“均匀”和“曲线定位”均可拟合，“曲线定位”可以设置截面数量，这里采用的是“曲线定位”。

（4）设置好后，单击“预览”，这时可以通过动态观察，看截面是否符合自己的需要来进行即时更改，可以输入参数也可以拖动视图界面的控制点。

（5）完成后单击“应用”按钮，结果如图 5-63 所示。

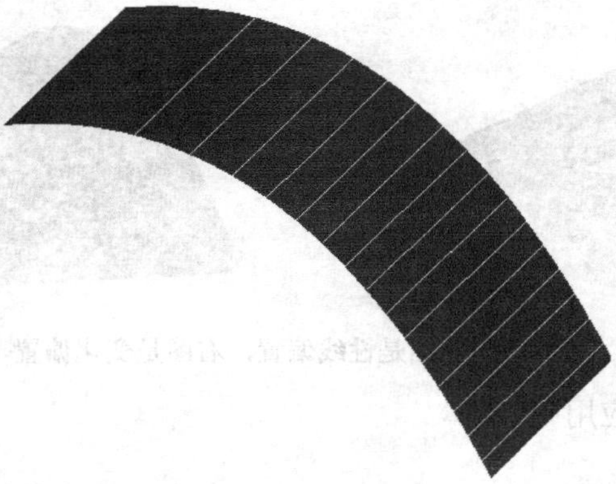

图 5-63　构造出剖面的线的曲面

注 意

点选“曲线”复选框时，可以选择“组曲线”，将生成的曲线创建成一个单独的群组。

5.3.9　曲面交线

曲面交线命令可以用来求得两曲面的交线、或者曲线与曲面间的交点。

（1）打开曲面文件夹中的文件 5-15.imw。

（2）选择【构建】→【相交】→【曲面(S)】命令，如图 5-64 所示。

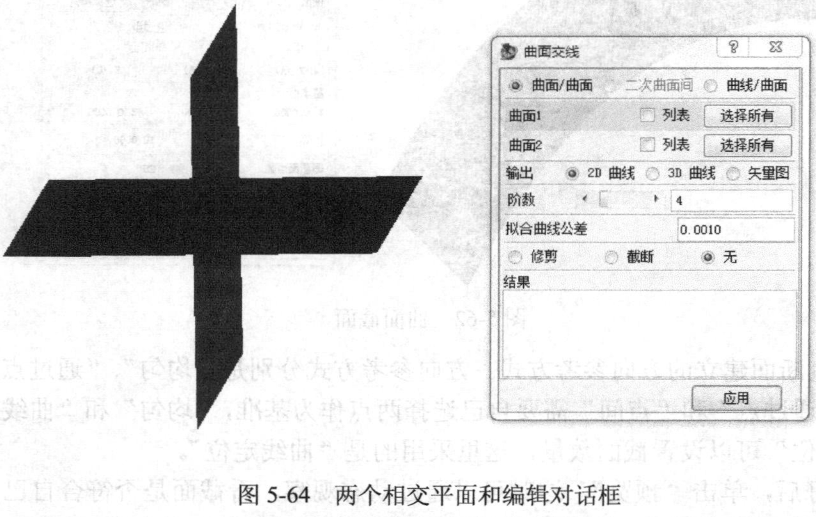

图 5-64　两个相交平面和编辑对话框

（3）选择两个曲面，确定输出何种曲线，设定曲线阶数，选择拟合后的处理（“修剪”、“分割”、“没有”）。

（4）单击“应用”按钮，生成交线的信息会显示在结果列表框里。

5.4 曲面修改

5.4.1 缝合曲面

缝合曲面命令能将两个曲面边界建立连接，使用户在构造工件的过程中确保曲面的连续性（它能保证缝合时的连续性）。因此，它能将分散的曲面一点点连接起来，使它们成为一体，所以它是非常有用的命令。

（1）打开曲面文件夹中的文件 5-16.imw。

（2）选择【修改】→【连续性】→【缝合曲面(U)】命令，如图 5-65 所示。

（3）先点选两曲面上欲缝合的边线，单击“应用”，查看生成的缝合面。

（4）这时再单击“编辑”按钮，图像上显示出了缝合面的控制顶点，如图 5-66 所示。

（5）把跨度调成和原曲面阶数相等，单击“应用”按钮，即生成缝合曲面。

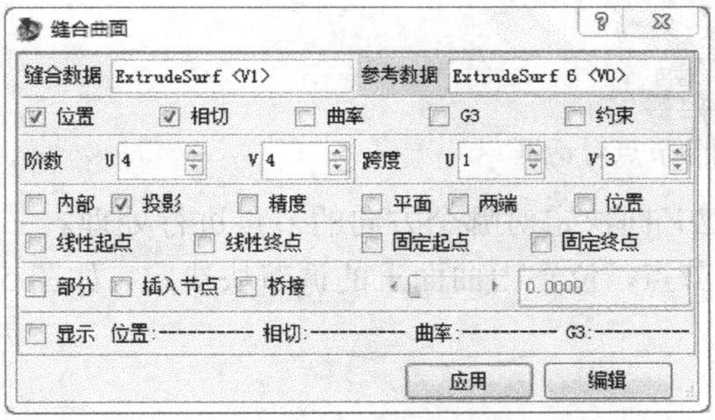

图 5-65 缝合曲面对话框

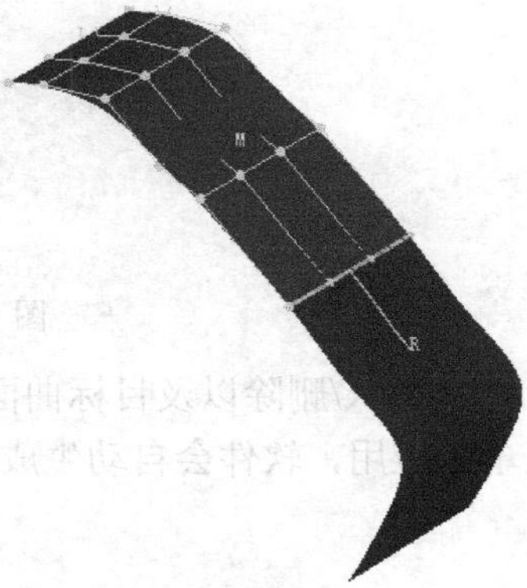

图 5-66 图像的动态预览

5.4.2 曲线参数控制

首先打开曲面文件夹中的文件 5-17.imw。

1. 重新建参数化

（1）选择【修改】→【参数控制】→【重新建参数化(R)】命令，如图 5-67 所示。

（2）选择曲面后，可以通过修改跨度、距离来调节曲面的控制点数（跨度修改后相应的距离也会自动变化）。

（3）单击“预览”，结果如图 5-68 所示。

图 5-67 重新建参数化对话框

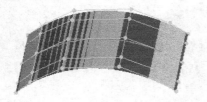

图 5-68　左图为原曲面，右图为调整控制点数后的新曲面

注 意

该命令就是用来增减曲面的控制点数量的，另外距离可以选择“参数距离”和“实际距离”两种：前者是控制点在曲面上均匀排列，而后者是按实际情况进行最佳化排列，越复杂的部分控制点越多。

2. 插入/移动节点

（1）选择【修改】→【参数控制】→【插入/移动节点】命令，如图 5-69 所示。

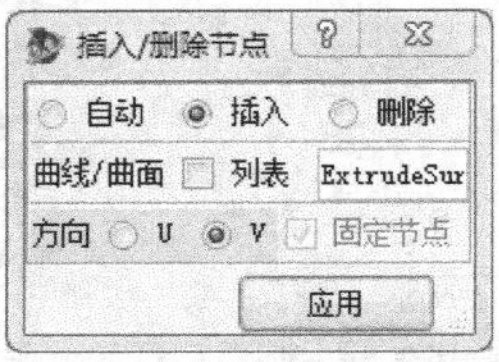

图 5-69　插入/删除节点对话框

（2）选择插入/删除以及目标曲面后，选择 *U*/*V* 向决定对哪个方向的节点进行处理。

（3）单击应用，软件会自动生成或删除一个节点，位置由曲面上的调节块决定，如图 5-70 所示。

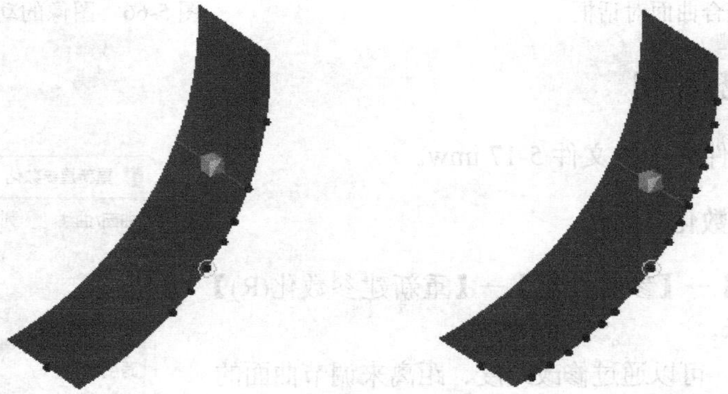

图 5-70　左图为原曲面，右图为插入节点后的曲面

这个功能的主要功能是可以把控制点增加在用户指定的位置。

3. B-样条重新分配

选择【修改】→【参数控制】→【重新分配】命令，如图 5-71 所示。

该命令可以重新对阶数和跨度进行 B-样条的数量设定，由于功能和前面所叙述的有重复而且界面较简单，故不再赘述。

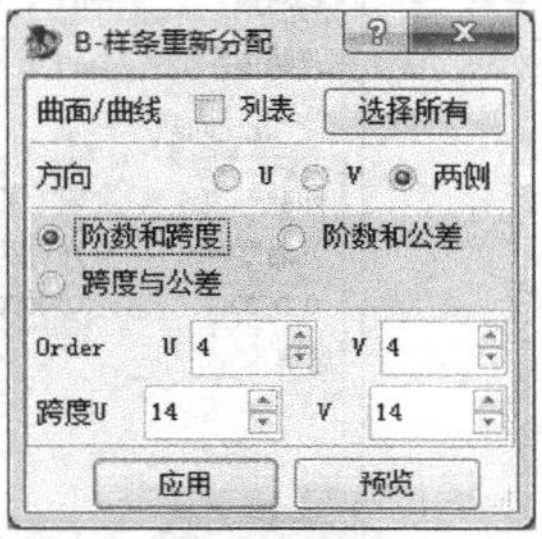

图 5-71 B-样条重新分配对话框

5.4.3 曲面延伸

（1）打开曲面文件夹中的文件 5-18.imw。

（2）选择【修改】→【延伸】命令，如图 5-72 所示。

（3）选择曲面欲延伸的边（也可以点选所有边，视为点选曲面的每一条边），设定延伸方式为相切、曲率或者自然，单击“预览”按钮，如图 5-73 所示。

（4）这时，再通过改变延伸量进行动态修改，以达到用户的需要程度时，单击“应用”按钮，生成曲面。

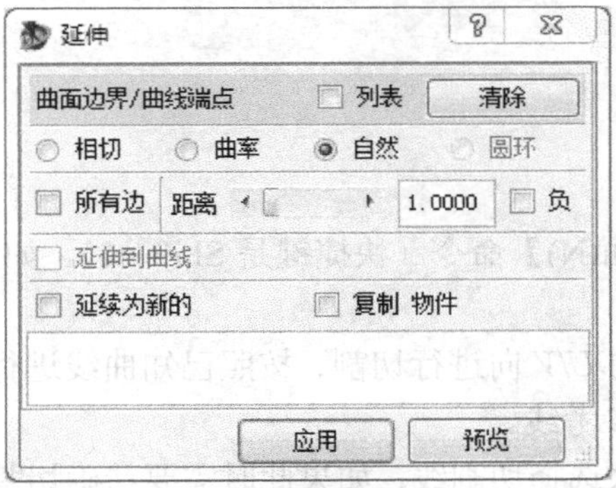

图 5-72 延伸对话框

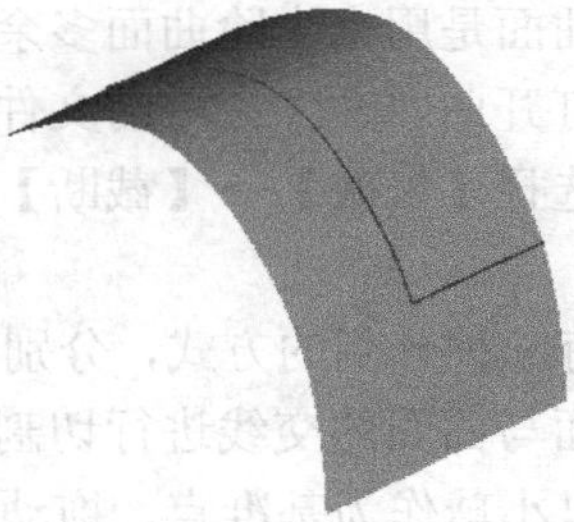

图 5-73 曲面延伸的预览效果

注 意

若点选上分割曲面的对话框，则会自动生成各自的两个方向曲面，而不是像图 5-73 一样有对角线的曲面。

该命令的主要功能在于改善曲面构造大小不理想的情况，或者使曲面伸展相交，以便画出交线进行修剪。

5.4.4 曲面合并

曲面的合并命令是用来在两个曲面中间按一定的连接方式生成第三个曲面来搭接这两个曲面。

（1）打开曲面文件夹中的文件 5-19.imw。

（2）选择【修改】→【合并】→【曲面(S)】命令，如图 5-74 所示。

（3）选择两个平面彼此靠近的两个边界，设置阶数和光顺度参数。

（4）单击“应用”按钮，生成曲面，结果如图 5-75 所示。

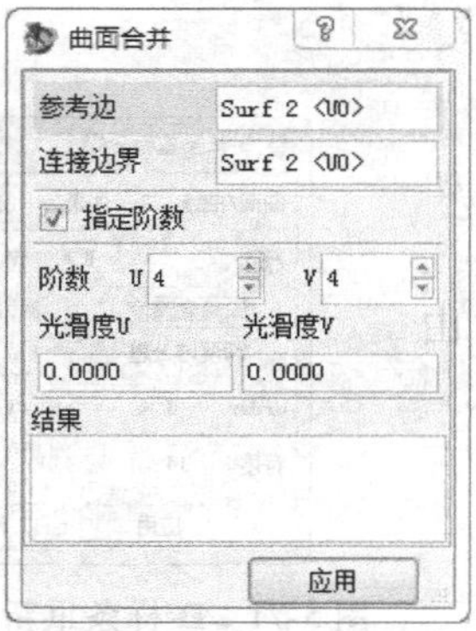

图 5-74　合并曲面对话框

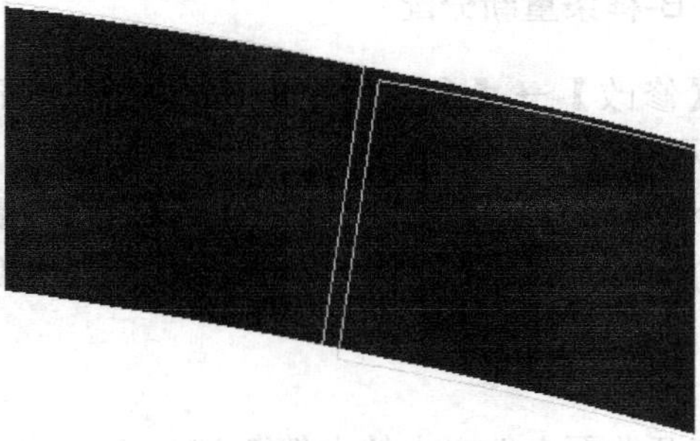

图 5-75　曲面合并的效果

注 意

这其实是通过两个曲面和两条边构建第三个曲面，所以会与原曲面有一定的偏差，结果列表框里会显示出最大偏差。想要减小最大偏差的话就要适当的加大阶数。

5.4.5　分割曲面

分割曲面是用来去除曲面多余部分的命令。

（1）打开曲面文件夹中的文件 5-17.imw。

（2）选择【修改】→【截断】→【截断曲面(N)】命令（快捷键是 Shift+K），如图 5-76 所示。

（3）有三种分割的方式，分别是按照曲面的 *U*/*V* 向进行切割、按照已知曲线进行切割、按照参考平面与曲面的交线进行切割，这里选择参考线。

（4）以小球作为基准点，拖动方块控制点来选择切割线，如果此时需要精确切割的话，双击方块控制点并输入比例参数，这里的数值是从小球到方块的距离所占整个平面的比例，如图 5-77 所示。

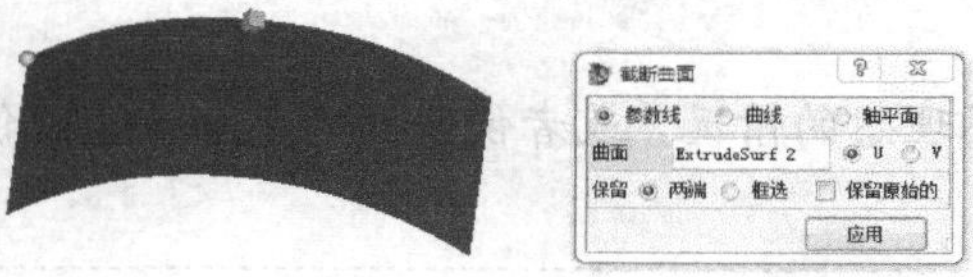

图 5-76　分割曲面

图 5-77　曲面分割的控制点和参数文本框

（5）选择要保留的部分这后，单击“应用”按钮，得到修剪后的曲面。

注 意

此时，若是选上“保留原始”的选项，可以保留原始曲面数据。

5.4.6 修剪曲面

修剪曲面功能是用来对已有曲面进行形状的修改，它与曲面分割有相似之处，也有不同，特别要注意的是经过修剪的曲面不能再进行分割。

1. 修剪曲面区域

（1）打开曲面文件夹中的文件 5-20.imw。

（2）选择【修改】→【修剪(T)】→【修剪曲面区域(T)】命令。

（3）选择“平面”修剪（即以一平面作为参考），曲面一栏点选“球面”。选择平面法向为 Z 向（法向方向为修剪后保留的部分），通过点选“截面位置”确定参考平面，如图 5-78 所示。

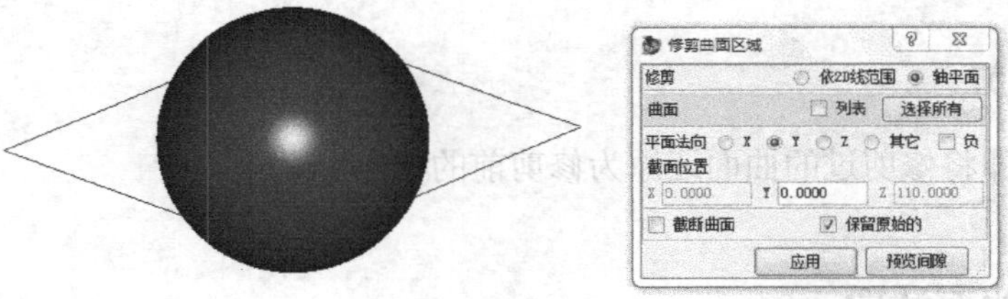

图 5-78 修剪曲面区域

（4）单击“应用”按钮，结果如图 5-79 所示。

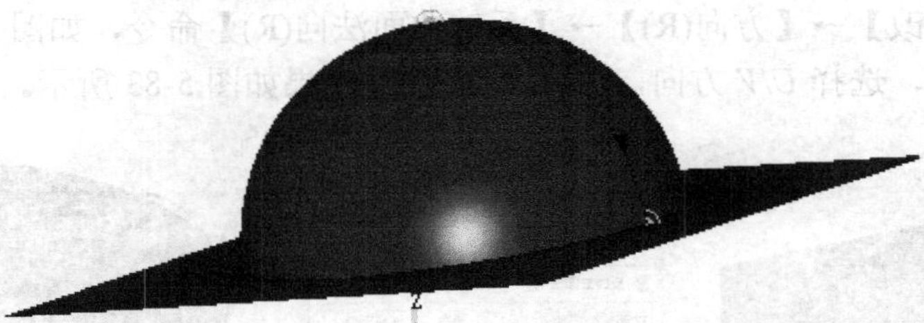

图 5-79 修剪后的球面

注 意

若点选“分割曲面”复选框，则保留剪掉部分，留下两个半球；若点选保留原始的复选框，则保留原始球面。

2. 用曲线修剪曲面

（1）打开曲面文件夹中的文件 5-21.imw。

（2）选择【修改】→【修剪(T)】→【用曲线修剪曲面(C)】命令，如图 5-80 所示。

（3）点选“曲面”和“命令曲线”，选择“修剪类型”（选择“外侧修剪”即剪掉外侧，选择“内部修剪”即剪掉内部），复选“在相交位置分割曲线”的效果是当曲线数量较多时，以所有曲线交点所围成的封闭曲线为边界线。

（4）单击“应用”按钮，结果如图 5-81 所示。

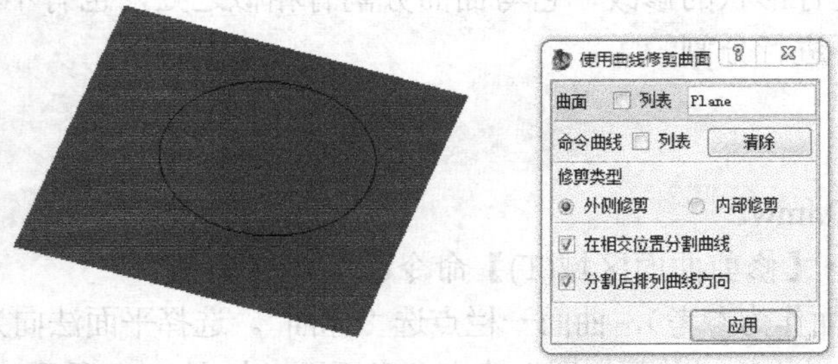

图 5-80　用曲线修剪曲面

图 5-81　修剪后的曲面

3. 还原修剪

还原修剪功能即将修剪过的曲面还原为修剪前的状态。

5.4.7　反转曲面法向

反转曲面法向命令就是将曲线法向反转，即通常意义上的翻面。

（1）任意构建一个曲面，作为练习的实例。

（2）选择【修改】→【方向(R)】→【反转曲面法向(R)】命令，如图 5-82 所示。

（3）选择曲面，选择 *U*/*V* 方向，单击“应用”，结果如图 5-83 所示。

图 5-82　反转曲面法向

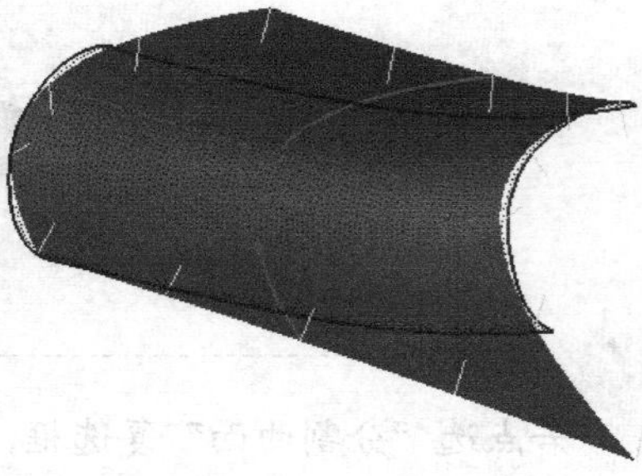

图 5-83　反转法向后的曲面

可以看到曲线的法线反转了，原来高亮的一面变成了灰色的，即正面变成了反面。该命令常用于由于曲线的方向不当导致曲面法向不符合要求的情况，还常用于误差对比前的预处理，否则容易因为正负值不正确而导致误判。

5.5 曲面评估与测量

5.5.1 曲面连续性

曲面的连续性功能是用来检查曲面之间连接处的连接状况。

（1）打开曲面文件夹中的文件 5-22.imw。

（2）选择【评估】→【连续性(O)】→【多曲面(M)】命令（快捷键是 Shift+O），如图 5-84 所示。

（3）选择这两个曲面之后，依次点选“位置”、“相切平面”、“截面曲率”、“高斯曲率”、“平均曲率”、“绝对曲率”选项，对话框下部的“连续性报告”里将显示出相应的连续性。

这说明这两个曲面在位置、相切、自然曲率三种连续方式上都是完全连续的，通俗的讲就是“二者与同一个曲面无异”，而当所选两个曲面的某种连续出现间断时，在连续性报告列表框中将显示这种连续性的偏差。

当选择“位置”与“相切”时，命令将检查两曲面的位置与相切关系；而不论选择剩下四种曲率中哪一种，命令都将检查两曲面的位置关系、相切关系和所选择的曲率连续关系。

现在换一个连续性很差的曲面，如图 5-85 所示。

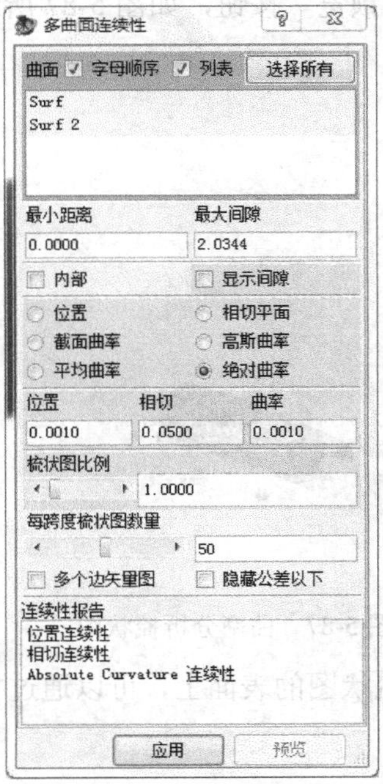

图 5-84 多曲面连续性对话框

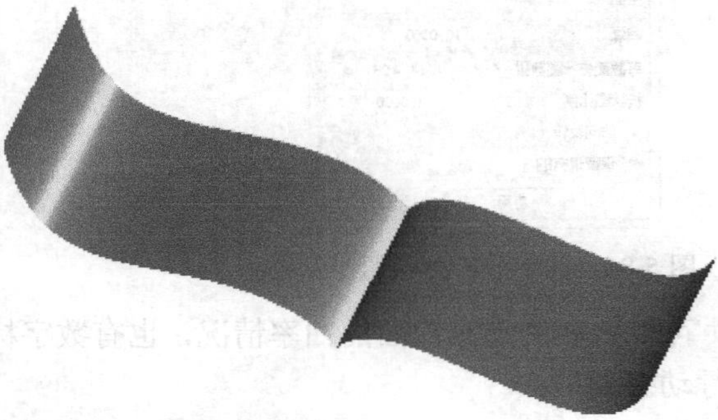

图 5-85 两个连续性较差的曲面

可以看到这两个曲面之间有明显的一条棱，重复上述步骤，得到如下的连续性报告。

位置连续性

最小=0.1215mm

最大=0.1305mm

相切不连续性

最小=70.466°

最大=70.466°

绝对曲率不连续性

最小=0.148938

最大=0.148938

绝对曲率位置不连续矢量图没有创建。这就可以视为曲面的连续性很差，须要进行桥接、倒角等处理，但不代表它绝无连续性，上述那两个曲面是可以通过高斯曲率连续性检验的。

5.5.2 曲率分析

1. 曲面曲率梳状图

（1）打开曲面文件夹中的文件 5-23.imw。

（2）选择【评估】→【曲率(U)】→【曲面梳状图(N)】命令，如图 5-86 所示。

（3）选择曲面后，选择曲率参考方向为 *X* 向，点选一点设定为起点位置（可在预览时动态修改），设定合适的截面数量、截面间隔、每个截面上的梳状图数量，然后设定梳状图显示比例（这个参数和曲率无关，只是调节梳状图的大小），单击“预览”按钮，如图 5-87 所示。

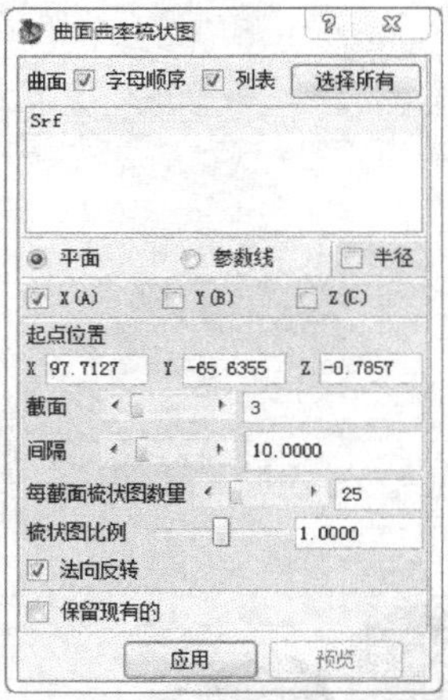

图 5-86 曲率分析梳状图对话框

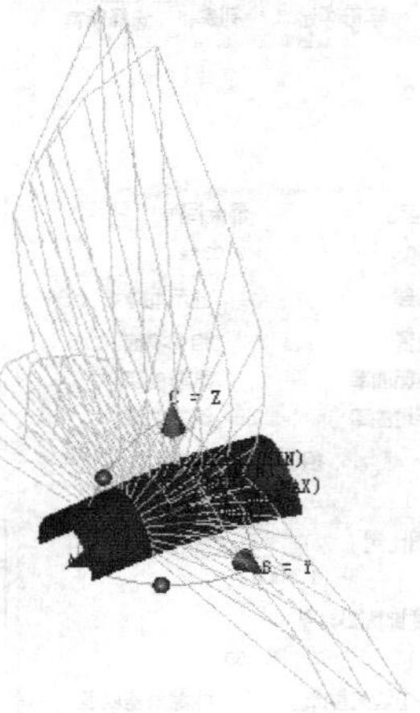

图 5-87 曲率分析梳状图

（4）可以直观的看到曲面的曲率情况，也有数字标记在梳状图的表面上，可以通过拖动控制点进行动态调节。

2. 曲面曲率分布图

（1）继续打开曲面文件夹中的文件 5-23.imw。

（2）选择【评估】→【曲率（U）】→【曲面的曲率分布图(S)】命令，如图 5-88 所示。

（3）可以在这里选择不同的曲率类型进行分析，会在对话框中生成一个分析图，同时单击

“预览”后，可以用多种颜色渲染曲面表面，直观地看出曲面的曲率分布情况，颜色越均匀则说明曲率越好，如图 5-89 所示。

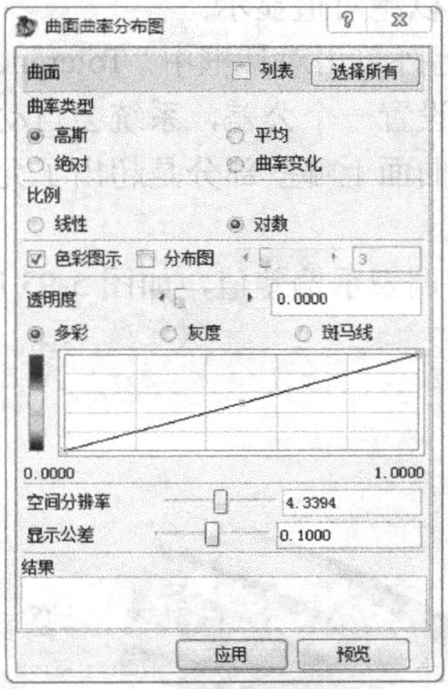

图 5-88　曲面曲率分布图对话框

图 5-89　曲面曲率的颜色分布图

5.5.3　曲面间差异分析

该命令被用来检测两个曲面之间的误差值，界面比较简单。

（1）打开曲面文件夹中的文件 5-24.imw。

（2）选择【测量】→【曲面到】→【曲面偏差】命令，如图 5-90 所示。

如图 5-90 所示，单击“应用”按钮后，对话框会生成一个简单的报告，包含了正负法向、测向和几何形状上的偏差，每种偏差都显示了最大值、平均值、基准值三个指标，单位为 mm，如图 5-91 所示。

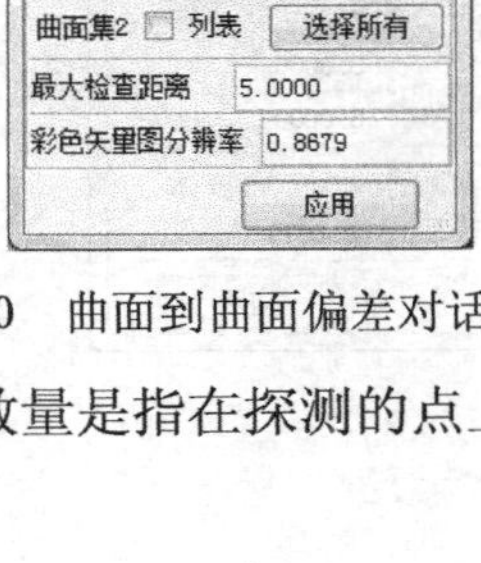

图 5-90　曲面到曲面偏差对话框

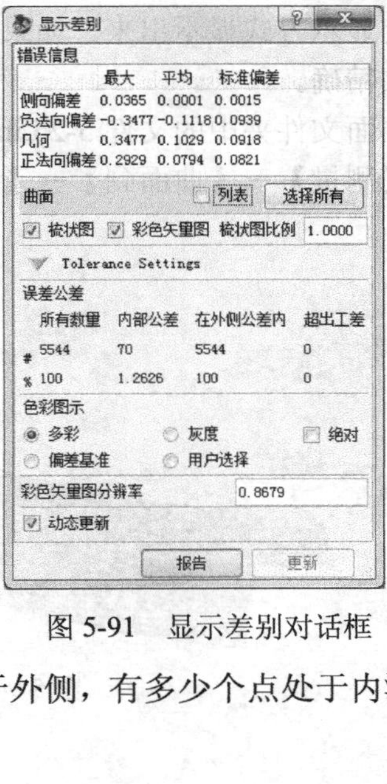

图 5-91　显示差别对话框

误差公差数量是指在探测的点上有多少个点处于外侧，有多少个点处于内测，又有多少个点超出了允许的公差范围。

偏差的正负值是由点到曲面的方向与曲面在该点上的法向是否一致决定的，色彩图示栏中有一个“绝对”复选框，点选后不考虑偏差的正负值，仅以绝对值显示。

可以单击“报告”将对话框中的内容生成一个报表，另外单击对话框中“Tolerance Setting”设置公差，如图 5-92 所示，该功能的作用，是用户手动设置一个公差，系统会自动将公差超过用户设置值的部分用灰色显示，使用户可以直观的看出曲面上哪些部分是超出了允许偏差的（一般工作时，该偏差不得大于 0.5mm）。

用户也可以生成曲面间的对比色图，使用冷暖两个色调表示偏差值，如图 5-93 所示。

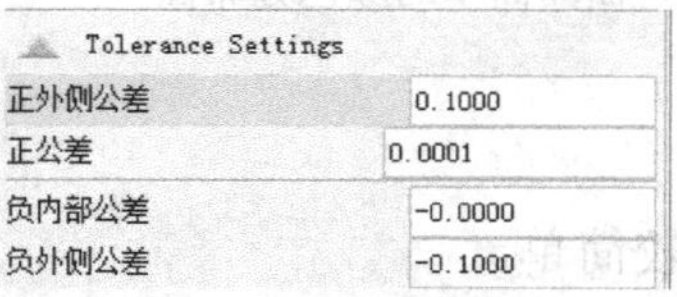

图 5-92　Tolerance Settings 对话框

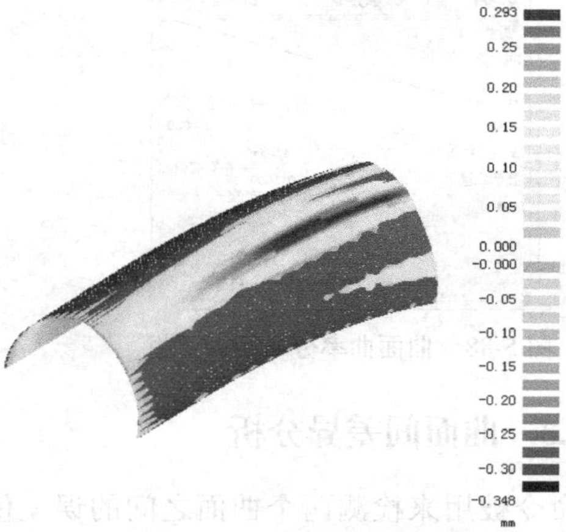

图 5-93　曲面间的对比色图

5.5.4　曲面与点云偏差

曲面到点云偏差命令可以让用户选择欲检测的曲面和点云，设定好最大测量距离和最大测量角度（这两个值是作为检测时的上限值，超出该值视为曲面和点云无拟合性），让系统把检测的结果按指定显示方式显示出来。如果有扫描数据记录，还可以设定扫描时探针的补偿值，使分析结果更加精确。

（1）打开曲面文件夹中的文件 5-25.imw。

（2）选择【测量】→【曲面到】→【点云偏差】命令，如图 5-94 所示。

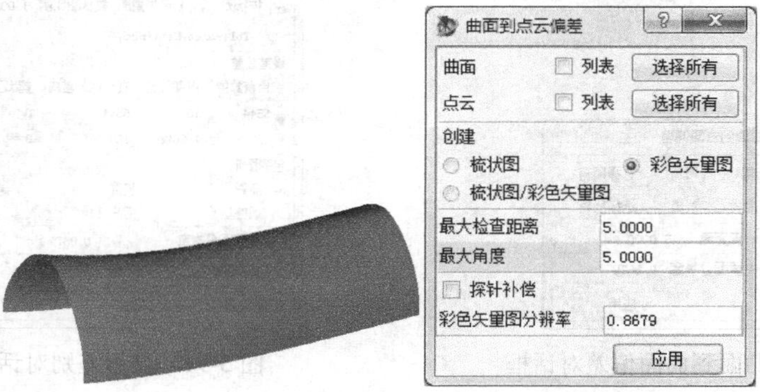

图 5-94　曲面到点云偏差

（3）选择“曲面”和“点云”后，选择“梳状图/彩色矢量图”，最大检查距离和角度保持默认。

（4）单击“应用”按钮，结果如图 5-95 所示。

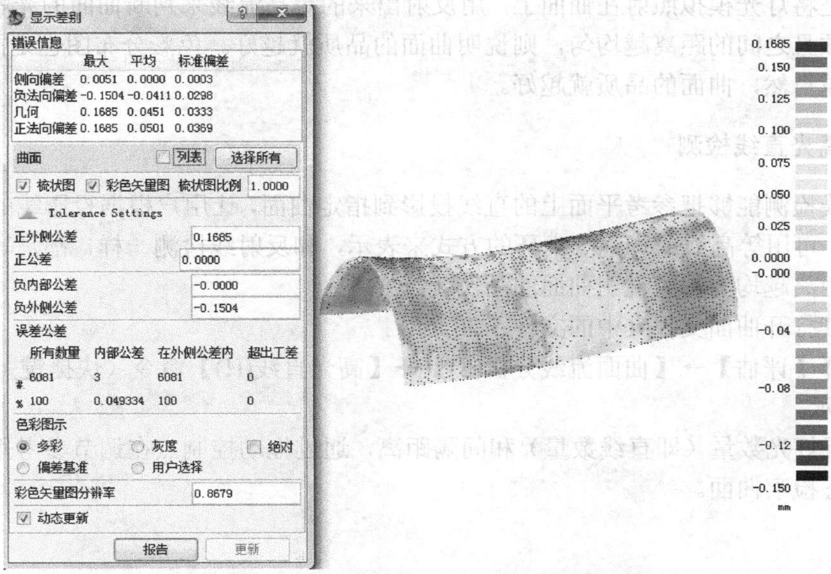

图 5-95　曲面到点云的偏差测量报告和分布图

5.5.5　曲面光顺度

光顺度是判断曲面品质最重要的指标，对于高品质的 A 级曲面的一般检验方法就是通过高光等高流线来判断有无视觉瑕疵，Imageware 为用户提供了这种检测方法。

1. 反射线检测

（1）打开曲面文件夹中的文件 5-26.imw。

（2）选择【评估】→【曲面流线分析（S）】→【反射线(R)】命令（快捷键是 Ctrl+E），如图 5-96 所示。

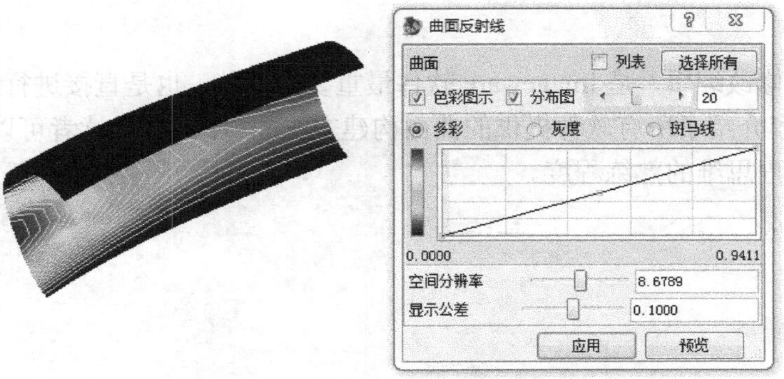

图 5-96　曲面反射线的色彩及等高流线分布图

（3）设置色彩图示与分布图模式，选择等高线数量为 20，单击预览，此时曲面上会同时出现等高流线和色彩分布图，在对话框中拖动控制点来调整光源的位置，达到最大程度的动态检察曲面。

反射线是将灯光模拟照射在曲面上，用反射出来的等高流线来判断曲面的光顺度指标，等高流线越平顺且之间的距离越均匀，则说明曲面的品质就越好。色彩分布图也是同样的道理，颜色过渡的越自然，曲面的品质就越好。

2. 高光直线检测

高光直线检测能够把参考平面上的直线投影到指定曲面，让用户根据投影线的形状来判断曲面的品质。可用等高线或彩色等高环的方式来表示，和反射线检测一样，都是等高流线越平顺且之间的距离越均匀，则说明曲面的品质就越好。

（1）继续打开曲面文件夹中的文件 5-26.imw。

（2）选择【评估】→【曲面流线分析(S)】→【高光直线(H)】命令（快捷键是 Shift+E），如图 5-97 所示。

（3）设置灯光数量（即直线数量）和间隔距离，通过拖动控制点在调节参考平面，达到最大程度的动态检察曲面。

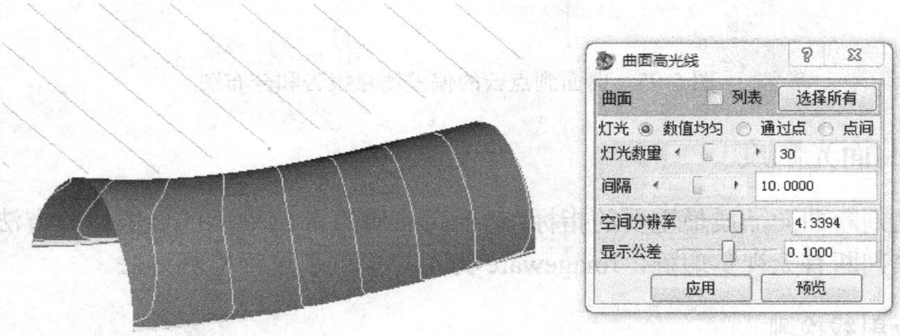

图 5-97　曲面高光线

小结

曲面的构建和修改编辑，是 Imageware 软件最重要的功能，也是直接进行逆向工程最常用的工具。本章的内容介绍了所有软件提供的曲面构建方法和修改工具，读者可以多多进行练习，提高软件和逆向工程思维的熟练程度。

第6章

逆向造型效果评估与测量

本章将向读者详细地介绍评估与测量菜单下的各种命令。在前面的章节中，已经介绍过一些常用的评估与测量命令，这里不再赘述。

6.1 评估

6.1.1 控制点矢量图

关于控制点的显示及编辑在第4、5章已经阐述过，这里不再赘述。

6.1.2 法线/相切

1. 法线

点云法向矢量图用于显示和判断点云的法线方向。
曲面法向矢量图用于显示和判断曲面的法线方向。
法线的具体操作如下。
（1）打开源文件文件夹→评估与测量文件夹中的文件6-1.imw。
（2）在图层编辑器中显示Cloud。
（3）选择【评估】→【相切/法向】→【点云法向矢量图】，出现如图6-1所示对话框。
（4）选择采样比率，这里选择10，即每10个点显示一条法线。
（5）单击“应用”按钮，显示结果如图6-2所示。

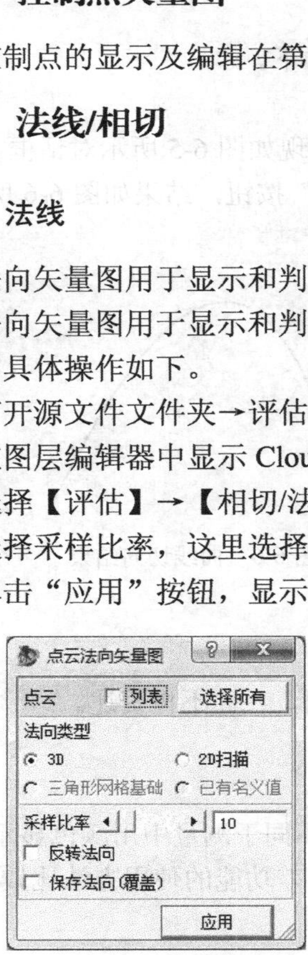

图6-1 点云法向矢量图对话框

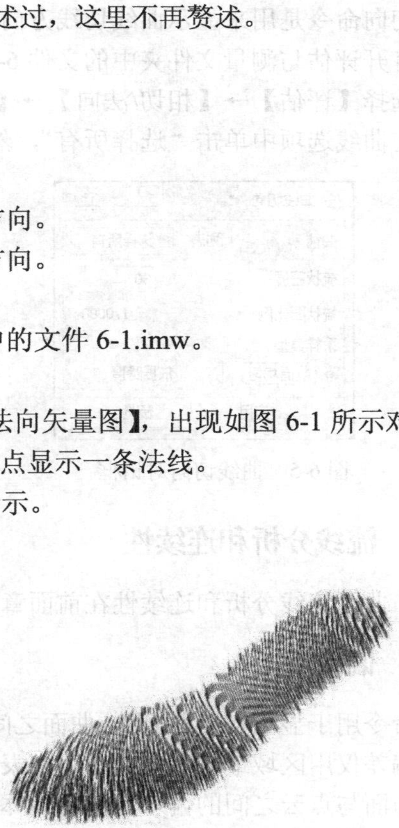
图6-2 点云法线结果

（6）继续在图层管理器中取消显示 Cloud，选择显示 FitSrf。

（7）选择【评估】→【相切/法向】→【曲面法向】，出现如图 6-3 所示对话框。

（8）选择每跨度梳状密度，这里选择 20，即每一个跨度有 20 条法线。

（9）单击“应用”按钮，显示结果如图 6-4 所示。

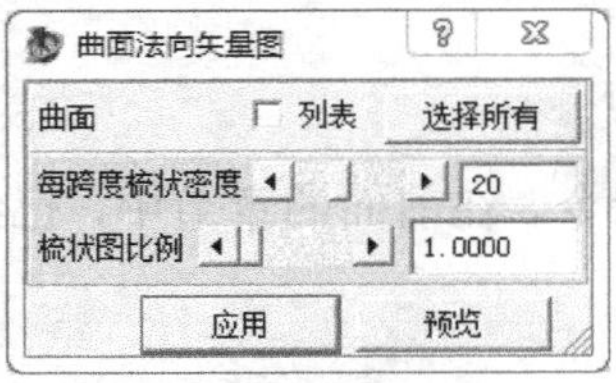

图 6-3　曲面法向

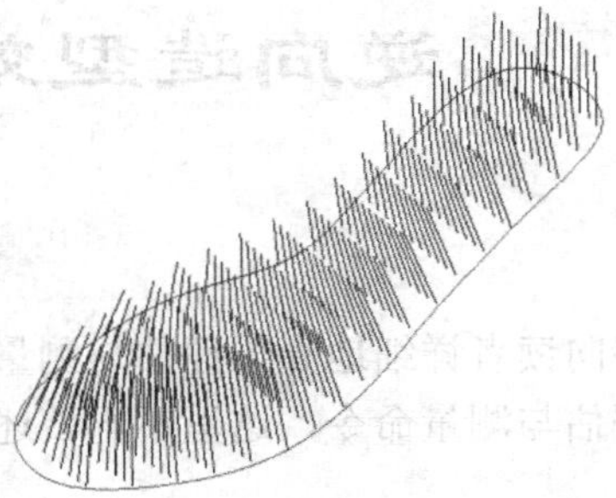

图 6-4　曲面法向结果

另外，选择反转法向可以将点云的法线方向进行反向变化，在多点云的情况下，可以改变不同点云的方向，使点云方向满足用户需要。

2. 相切

曲线切向命令是用来显示曲线切线方向的，具体操作如下。

（1）打开评估与测量文件夹中的文件 6-2.imw。

（2）选择【评估】→【相切/法向】→【曲线相切】，出现如图 6-5 所示对话框。

（3）在曲线选项中单击“选择所有”，然后单击“应用”按钮，结果如图 6-6 所示。

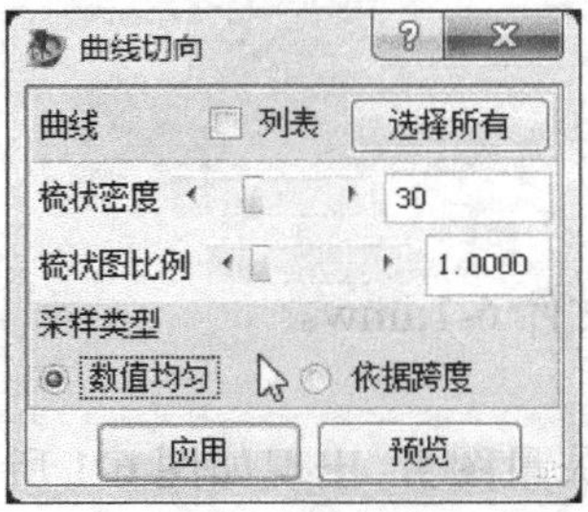

图 6-5　曲线切向对话框

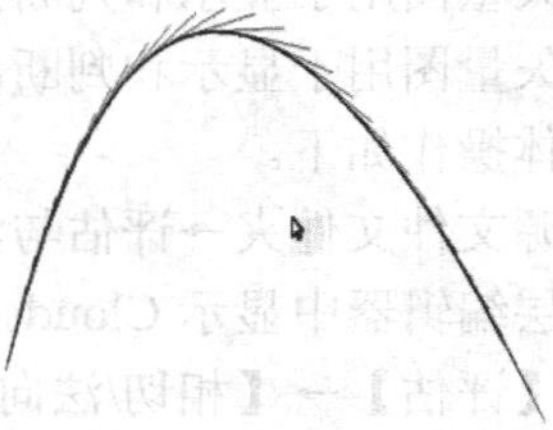

图 6-6　曲线切向结果

6.1.3　流线分析和连续性

曲率、曲面流线分析和连续性在前面章节已经详细说明，在此不再赘述。

6.1.4　偏差

偏差命令用于显示点云、曲线、曲面之间的位置差异。不同于测量中用颜色显示整体偏差，评估中的偏差仅用区域最大的误差数值来表现偏差。所有偏差功能的使用方法比较类似，这里我们只以曲面与点云之间的偏差为例，具体操作如下。

（1）打开评估与测量文件夹中的文件 6-1.imw。

（2）在图层编辑器中显示 Cloud 及 FitSrf。

（3）选择【评估】→【偏差】→【到曲面】，出现如图 6-7 所示对话框。

（4）在点云处选择 Cloud，在曲面处选择 FitSrf。选择采样数量为 20，即将曲面划分为 20 个区域。

（5）单击“应用”按钮，显示结果如图 6-8 所示。

图 6-7　曲面距离对话框（最近点）

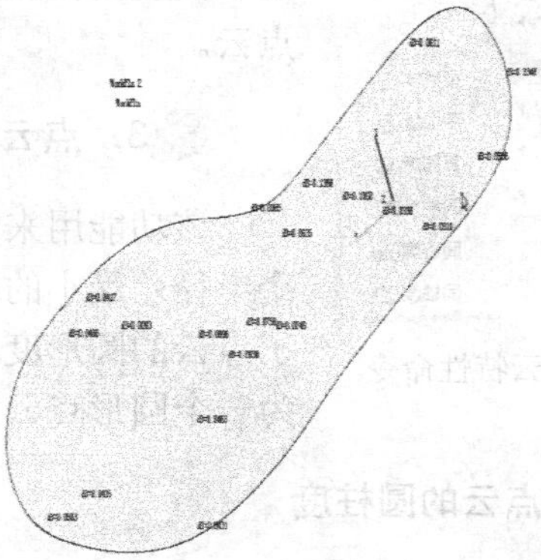

图 6-8　曲面偏差结果

上面我们选择的是用最近点的方式评估点云到曲面的偏差值。另外，在查找选项中，用户还可以根据需要选择以某个方向为基准进行偏差处理，如图 6-9 所示。

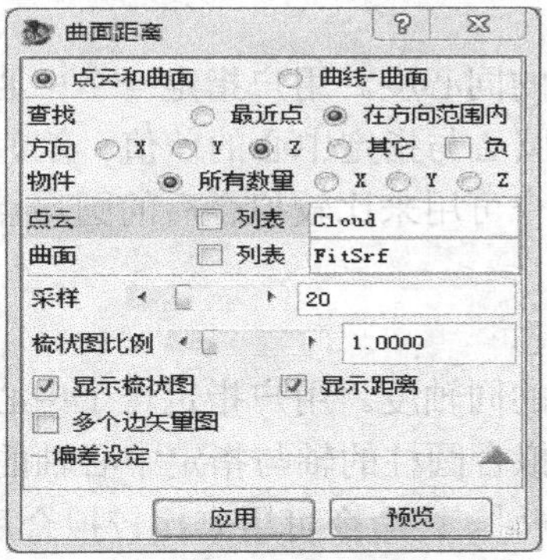

图 6-9　曲面距离对话框（方向）

6.1.5　点云特性

点云特性命令主要用在用户进行拟合操作前，分析点云是否与用户判断的结果一致，并报告点云实际情况与理想状况之间的差异，如图 6-10 所示。

Imageware 中提供了评估点云的直线度、平面度、真圆度、圆柱度、同心度、同轴度等命令。

1. 点云的直线度

该功能用来计算和显示点云的直线程度。Imageware 会自动用一个半径最小的圆柱作为边界来包含整个点云。圆柱的半径反映了点云的直线度。半径越小，点云越直；当半径为 0 时，表示为一条直线点云。

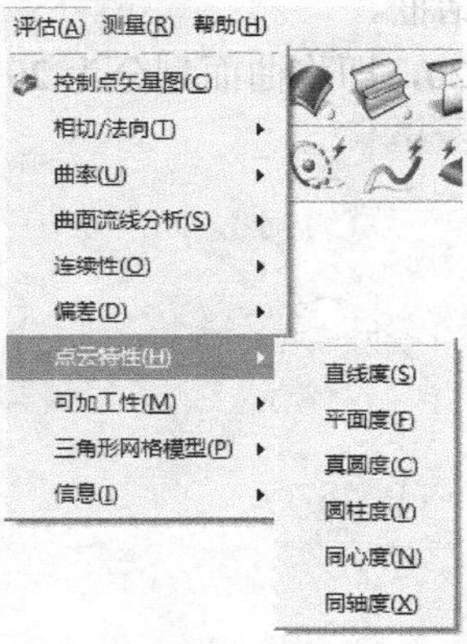

图 6-10　点云特性命令

2．点云的平面度

该功能用来计算和显示点云的平坦程度。Imageware 会自动用两个间距最小的平面作为边界来包含整个点云。平面的间距反映了点云的平面度。间距越小，点云越平；当间距为 0 时，表示为一个平面点云。

3．点云的真圆度

该功能用来计算和显示点云的圆形程度。Imageware 会自动用两个半径差最小的同心圆作为边界来包含整个点云。两圆的半径差反映了点云的圆形度。差值越小，点云越接近圆形；当差值为 0 时，表示为一个圆形点云。

4．点云的圆柱度

该功能用来计算和显示点云的圆柱度。Imageware 会自动用两个半径差最小的同心圆柱作为边界来包含整个点云。两圆柱的半径差反映了点云的圆柱度。差值越小，点云越接近圆柱；当差值为 0 时，表示为一个圆柱点云。

5．点云的同心度

该功能用来计算和显示点云的同心度。用户指定一个中心后，Imageware 会自动拟合出点云的最佳圆，计算并显示出拟合圆心与指定中心的差值。差值越小，点云同心度越好；当差值为 0 时，表示为完全同心。该命令可用来比较拟合后的圆与点云之间的同心度。

6．点云的同轴度

该功能用来计算和显示点云的同轴度。用户指定一个中心轴后，Imageware 会自动拟合出点云的最佳圆柱，计算并显示出拟合圆柱的轴与指定中心轴的差值。差值越小，点云同轴度越好；当差值为 0 时，表示为完全同轴。该命令可用来比较拟合后的圆柱面与点云之间的同轴度。

6.1.6　可加工性

可加工性主要用在分析曲面加工时可能出现的问题。

1．曲面拔模角度检查

曲面拔模角度检查命令可以检测出构造的曲面在拔模时会产生的问题。如图 6-11 所示，在该对话框中，可以任意选择拔模方向和角度。单击“应用”后，会通过颜色表示拔模情况。在检测的结果中，红色表示为反拔的曲面，绿色表示为可以正常拔模的曲面。

2．探针半径矢量图

该命令是用来评估对曲面凹面部分进行加工时，工具的最大尺寸，如图 6-12 所示。

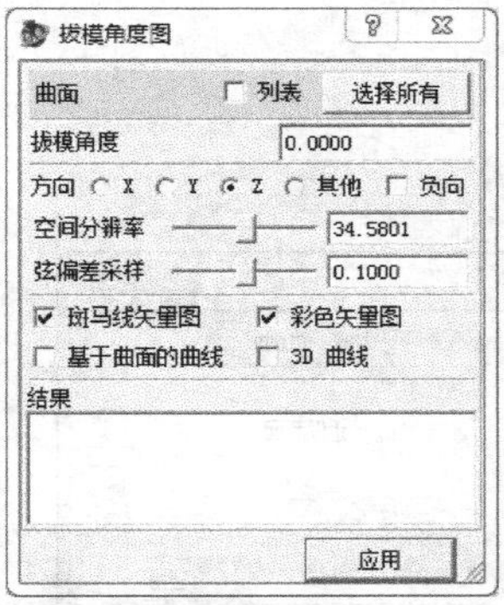

图 6-11 拔模角度图对话框

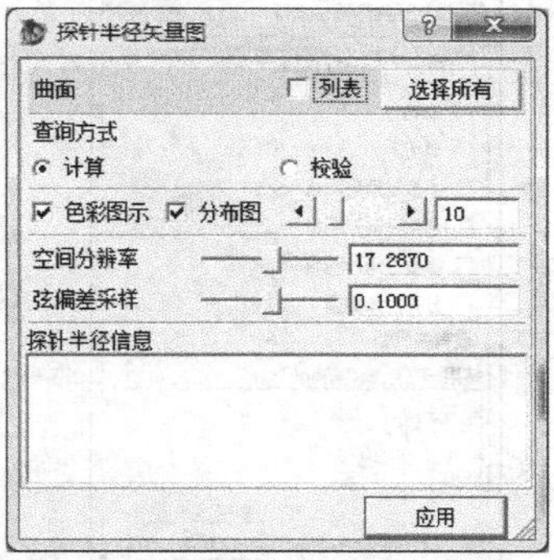

图 6-12 探针半径矢量图对话框

3. 识别重复曲面

该命令是用来分析是否有两个曲面重合在一起，如图 6-13 所示。

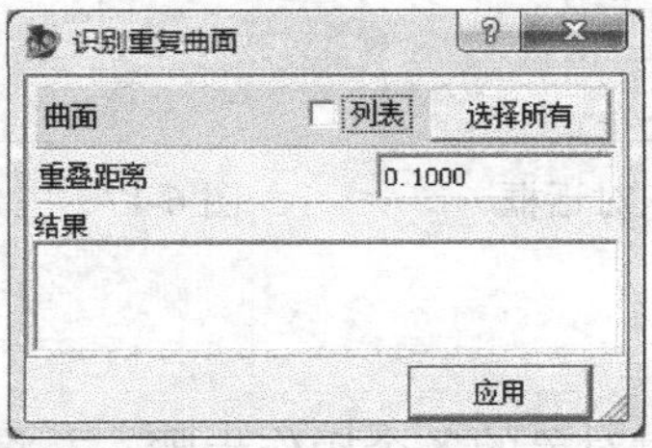

图 6-13 识别重复曲面对话框

6.1.7 三角形网络模型

三角形网络模型功能是基于点云三角形网格化的操作。用户可以在不创建曲线和曲面的情况下，通过将点云网格化后得到多种信息，该功能用于创建之初的信息采集。下面我们将详细的介绍几个常用功能。

1. 校验模型

该功能用来查看点云三角形网络模型的一些基本信息，如图 6-14 所示。

2. 体积

该功能用来计算并显示任意形状点云的体积，如图 6-15 所示。

3. 表面积

该功能用来计算并显示任意形状点云的表面积，如图 6-16 所示。

4. 重心

该功能用来计算并显示任意形状点云的重心，如图 6-17 所示。

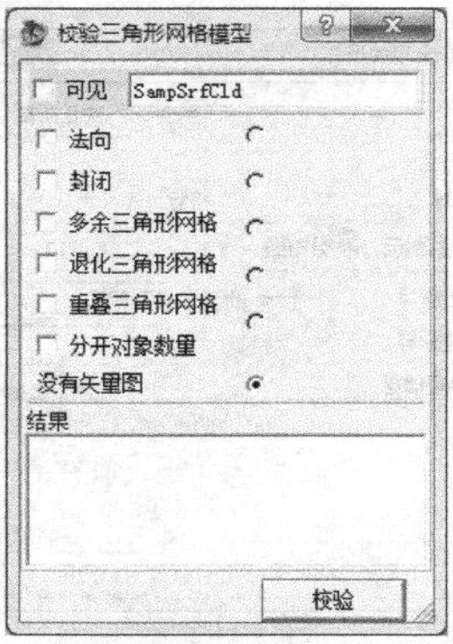

图 6-14　校验三角形网络模型对话框

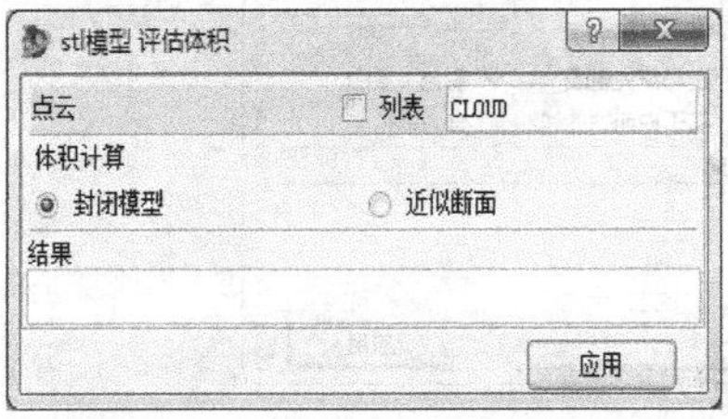

图 6-15　三角形网络模型体积对话框

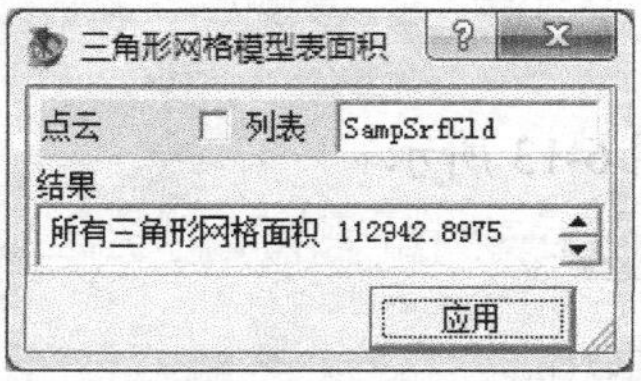

图 6-16　三角形网络模型表面积对话框

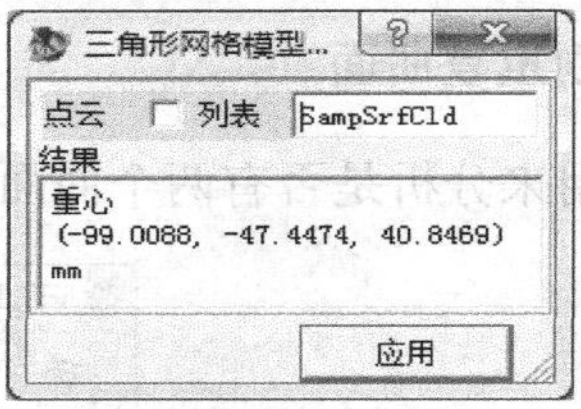

图 6-17　三角形网络模型重心对话框

6.1.8　物件信息

Imageware 会自动记录用户对对象的各个操作步骤，并将信息储存。用户可以通过该命令将信息调出。该命令在工作交接时起到重要作用，如图 6-18 所示。

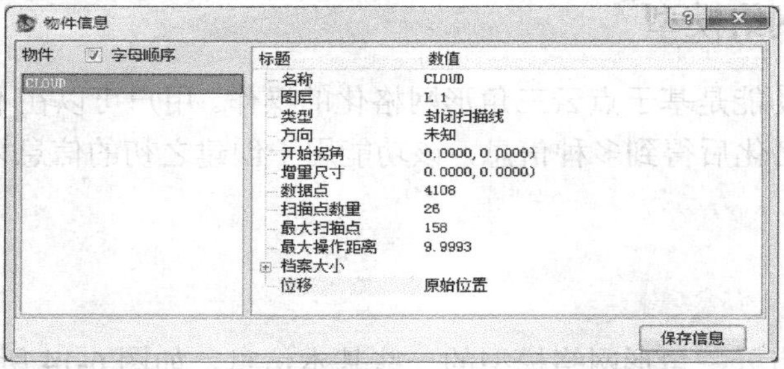

图 6-18　物件信息对话框

6.2　测量

本节主要介绍 Imageware 提供的各种测量命令，有些命令在前面章节已有叙述，此处不再赘述。

6.2.1　距离测量

距离测量主要是用来测点与点之间、点到曲线及点到曲面的最短距离。三种距离测量方式类似，此处只以点到曲面为例，具体操作如下。

（1）打开评估与测量文件夹中的文件 6-3.imw，如图 6-19 所示。

（2）选择【测量】→【距离】→【点到曲面最小距离】，出现如图 6-20 所示的对话框。

图 6-19　一个点和曲面

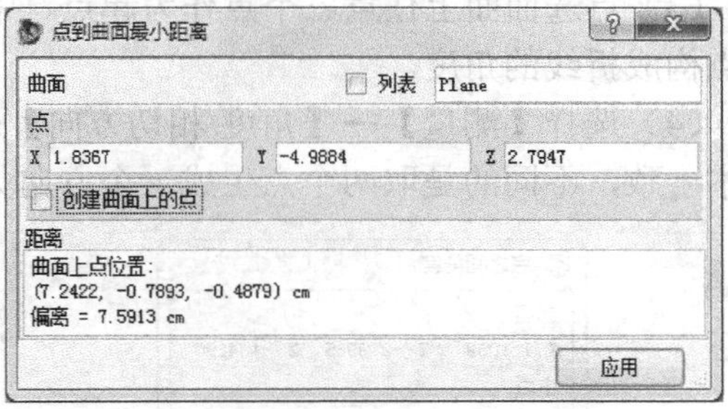

图 6-20　点到曲面最小距离对话框

（3）分别选择“曲面”和“点”（“点”可以点选已知点，也可以点选视图界面中的任意点）。

（4）单击“应用”按钮，对话框中“距离”一栏会显示点云与曲面上最近一点的坐标位置，并给出距离，如图 6-20 所示。这个过程是动态的，用户此时点选其他点时，结果会自动跟随变化，如图 6-21 所示。

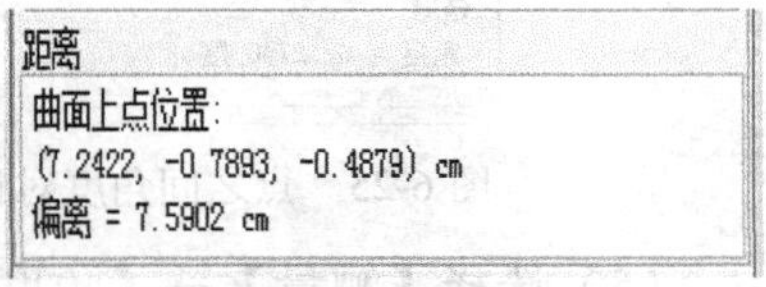

图 6-21　结果对话框

6.2.2　面积测量

面积测量主要是用来测曲面的表面积及区域的平面面积，具体操作如下。

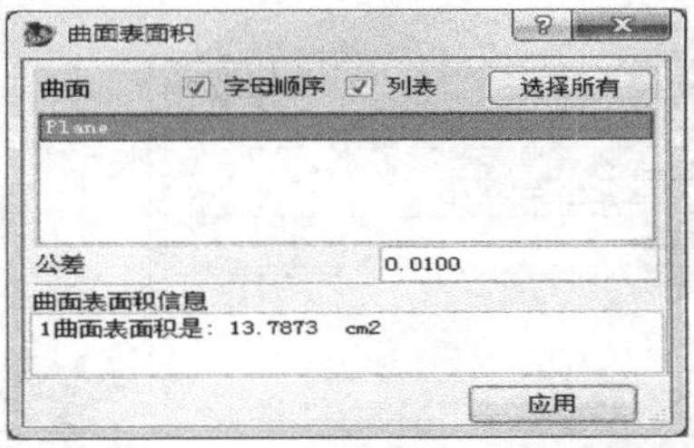

图 6-22　表面积对话框

（1）继续打开文件 6-3.imw，在图层管理器中选择取消显示 Cld。

（2）选择【测量】→【面积】→【曲面表面积】，出现如图 6-22 所示的对话框。

（3）选择“曲面”（可以选择多个曲面），设置“公差”，单击“应用”按钮。此时，对话框中“曲面表面积信息”一栏内会显示出曲面的表面积，如图 6-23 所示。

（4）继续选择【测量】→【面积】→【曲线边界限制平面面积】，出现如图 6-24 所示的对话框。

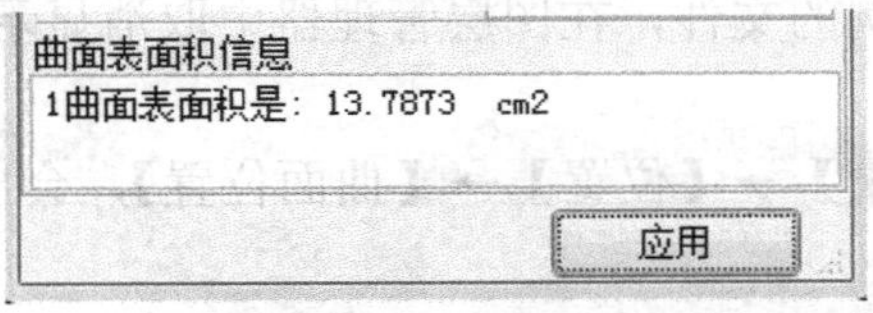

图 6-23　表面积信息对话框

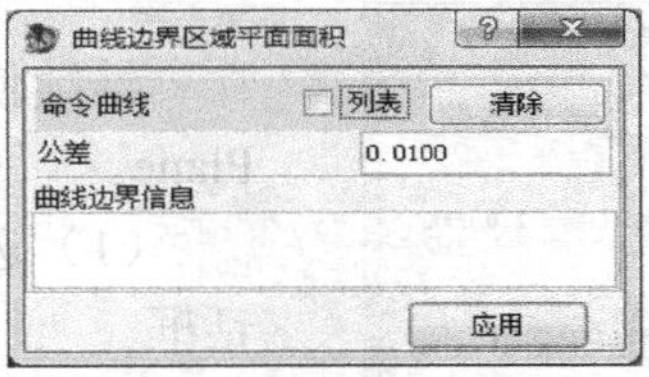

图 6-24　曲线边界区域平面面积对话框

（5）依次点选四条边界曲面，单击“应用”按钮，结果和曲面表面积结果相同。

6.2.3　角度

角度测量是用来测量对象之间的角度关系，具体操作如下。

（1）打开评估与测量文件夹中的文件 6-4.imw。

（2）选择【测量】→【角度/相切方向】→【点间】，出现如图 6-25 所示的对话框。

（3）点选曲面上任意三个点作为起点、中点、终点，这时“角度”一栏中会动态显示出这三点构成折线的角度。

（4）选择【测量】→【角度/相切方向】→【两点方向】，会出现选择对话框，操作和之前基本一致，不同的是取两个点生成一个方向矢量，如图 6-26 所示。

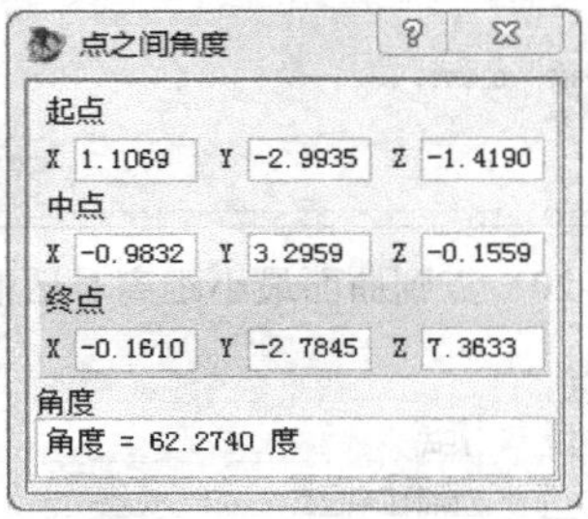

图 6-25　点之间角度对话框

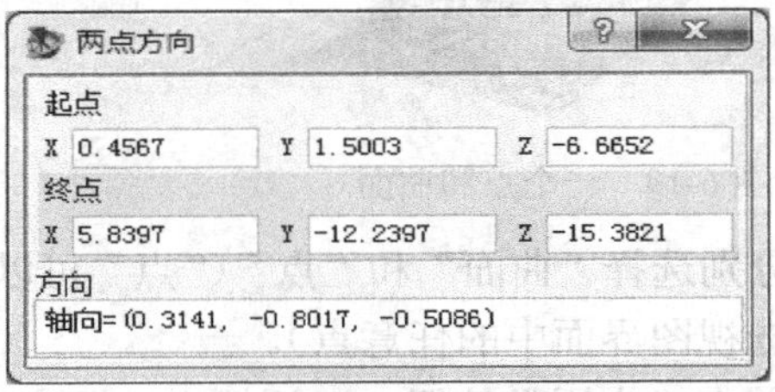

图 6-26　两点方向对话框

（5）选择【测量】→【角度/相切方向】→【曲面曲线间】，会出现选择对话框，选择一个曲线和曲面之后，同样会生成一个动态的结果，而且可以通过调节曲面参考点来设置曲面上的选择点，可以通过调节曲线参考点来设置曲线的选择点，结果如图 6-27 所示。

（6）选择【测量】→【角度/相切方向】→【相切曲面间】，会出现选择对话框，选择两个曲面之后，同样会生成一个动态的结果，而且可以通过调节曲面参考点来设置曲面上的选择点，结果如图 6-28 所示。

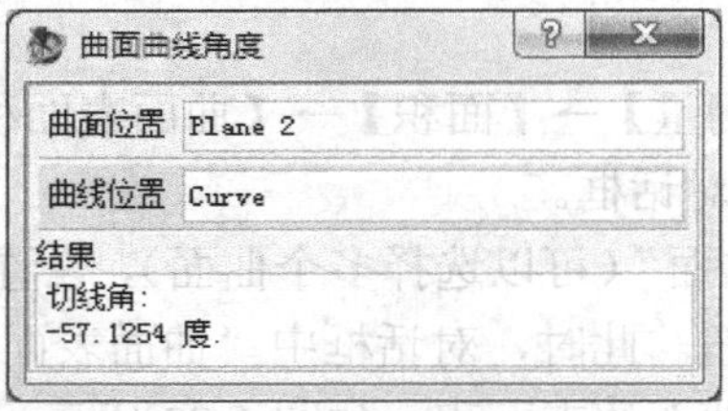

图 6-27　曲面曲线角度对话框

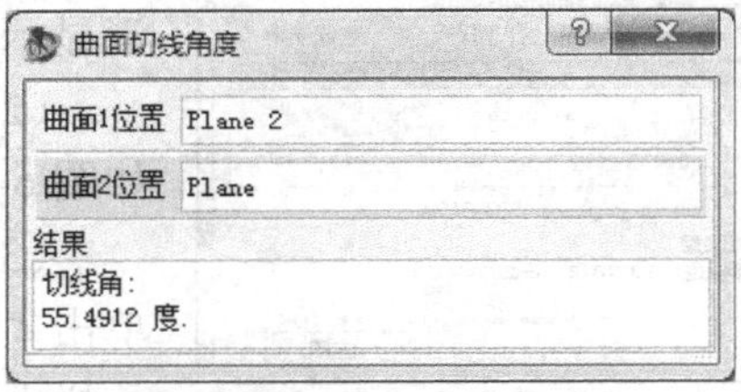

图 6-28　曲面切线角度对话框

6.2.4　位置坐标

继续使用上一例的文件，在图层管理器中取消显示 Curve 和 Plane。

（1）选择【测量】→【位置】→【曲面位置】，会出现选择对话框。

（2）选择“曲面”，设定投影坐标轴，这里只能设定 *X*/*Y*/*Z* 轴。

（3）结果会动态显示到结果栏中，包括点位置和法向，如图 6-29 所示。

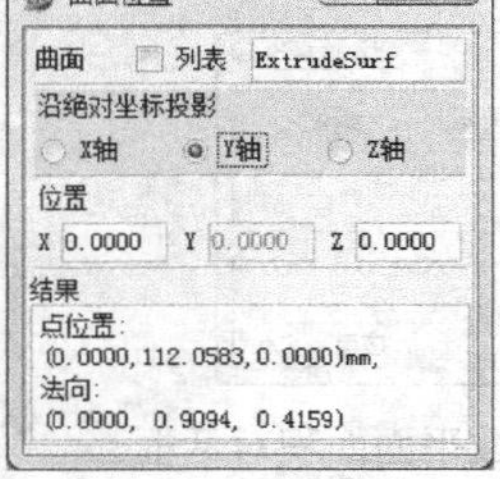

图 6-29　曲面位置对话框

6.2.5 曲率半径

（1）打开评估与测量文件夹中的文件 6-5.imw。

（2）在图层管理器中显示 Plane，取消显示 Curve 和 FitSrf。

（3）选择【测量】→【曲率半径】→【3D 点云最小值】，会出现如图 6-30 所示的对话框。

（4）选择“点云”之后，对话框中的“结果”栏会自动显示出最小的曲率半径，这是一个动态结果，随用户单击点不同而产生变化。

（5）在图层管理器中显示 Curve，取消显示 FitSrf 和 Plane。

（6）选择【测量】→【曲率半径】→【曲线】命令，结果会动态显示在曲线上，随用户的取点不同而产生变化。

（7）在图层管理器中显示 FitSrf，取消显示 Plane 和 Curve。

（8）选择【测量】→【曲率半径】→【曲面】命令，结果会动态显示在曲面上，随用户的取点不同而产生变化，如图 6-31 所示。

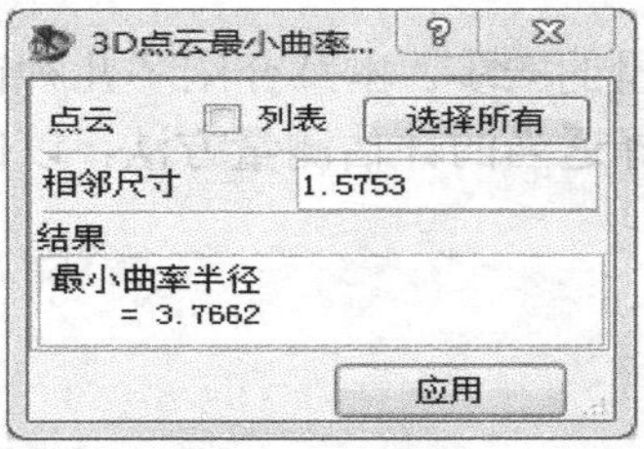

图 6-30　3D 点云最小曲率对话框

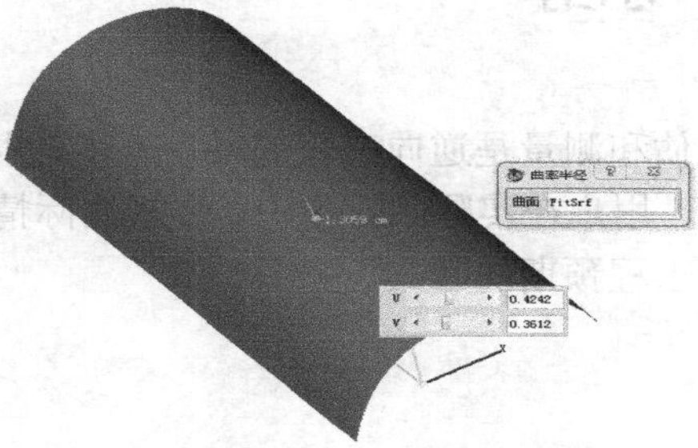
图 6-31　曲面的曲率半径测量

（9）双击曲面，会产生一个对话框，可以通过此对话框按照 *U*/*V* 比例来选择点。

6.2.6 交互方式及二次曲面检测

交互式就是用户指定几个基准点，然后直接拟合成直线、圆弧、椭圆等二次基本曲线，或者直接拟合成平面、球、圆柱、圆锥的二次基本曲面。

不同的二次曲线或曲面需要不同数量的点，形状复杂的二次曲面需要较多数量点才能拟合，交互式命令不需要全部的点云，只要用户选择合适的点作为拟合的元素就可以，本小节这里以圆柱为例。

（1）打开评估与测量文件夹中的文件 6-6.imw。

（2）选择【测量】→【互动方式】命令，如图 6-32 所示。

（3）在二次曲面类型中选择圆柱，在视图界面点选点云上的点，被选中的点的坐标会在“拾取点云”一栏中被显示，如图 6-32 所示。

（4）尽量把点选取得更加散开一些，单击“应用”按钮，生成拟合二次曲面。

（5）这时，再用二次曲面命令检查这个曲面，选择【测量】→【二次曲面】→【曲面】命令，打开如图 6-33 所示的对话框。

（6）选择“曲面”和“点云”，设定“最大检查距离”与“公差”，单击“应用”按钮，“结果”栏将显示出检测到的一个圆柱曲面。

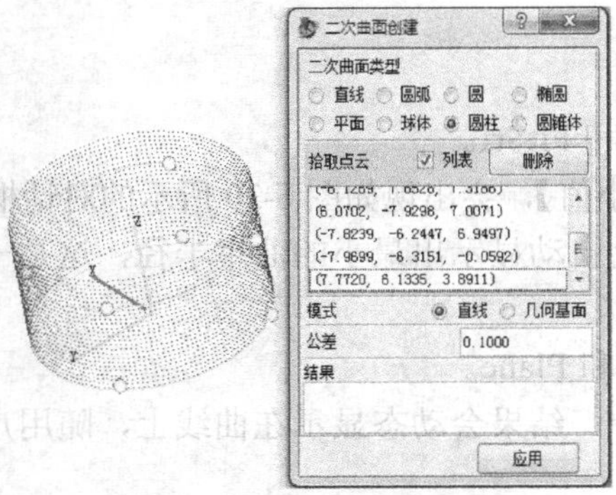

图 6-32　交互方式对话框

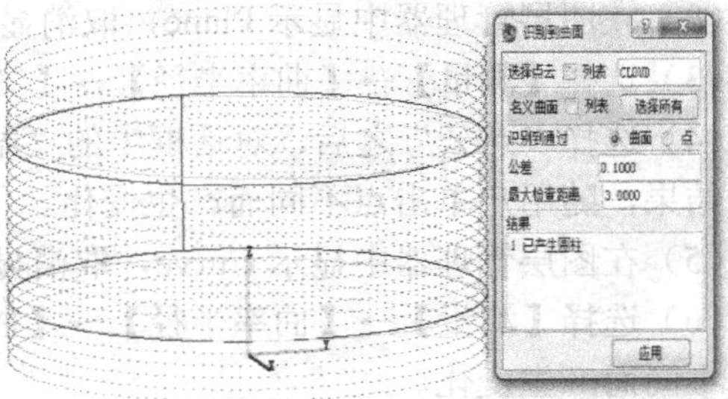

图 6-33　发现曲面对话框

小结

评估和测量是逆向工程的最后一步，也是决定工程质量的一步。本章介绍了几种评估测量的方法，用户在实际的操作中，要视实际情况综合起来选择适当的评估测量方法，以便测定是否达到工程预期的效果。

第 7 章

Imageware 逆向造型实例——规则零件

本章通过一个比较简单的零件实例，介绍使用 Imageware 软件进行逆向造型中的一些基本常用的方法，如构建平面、利用点云拟合均匀曲面、曲线扫掠得到曲面、构造圆角、镜像复制等，并且着重介绍分割点云和创建剖断面的方法。

零件成型后的曲面如图 7-1 所示。

图 7-1　零件成型后的曲面

7.1 逆向造型思路

逆向造型的实施过程与产品分析的分解过程正好相反，所以用户首先应该根据对点云的分析，得出一个反求的大体思路。

观察该零件的外形特征，因为本零件是一个对称体，如图 7-1 所示，因此只要构造对称的一般曲面，然后镜像得到另一半。

经分析可知，该零件可大致分为三部分：顶面、侧面和内孔。所以将对称的一半点云分成三部分来拟合，其具体操作如下。

1. 步骤一：点云的处理

（1）分割点云。根据上述分析，将点云分割为三个部分。

（2）点云分层。利用图层管理器将不同部分放置到不同图层中，以方便切换视图，且使操作过程更有条理、不容易出错。

（3）创建剖断面。利用分割得到的点云在不同图层中创建顶面、侧面、内孔的剖断面点云，为后续曲面制作做好准备。

2. 步骤二：曲面的制作

（1）顶面的制作。
（2）侧面的制作。
（3）内孔的制作。
（4）曲面的裁剪。
（5）圆角的制作。
（6）镜像得到对称曲面。

3. 步骤三：误差与光顺性分析

分析曲面与原始点云之间的误差。

7.2 点云处理

7.2.1 分割点云

分割点云是为后续利用点云拟合曲面做准备，就是将点云分块提取出来，再根据其特点，用不同的方法构造曲面，其具体操作如下。

（1）打开文件夹中的文件 lingjian.imw，如图 7-2 所示，图层编辑器中的点云名称显示为 AddCld。

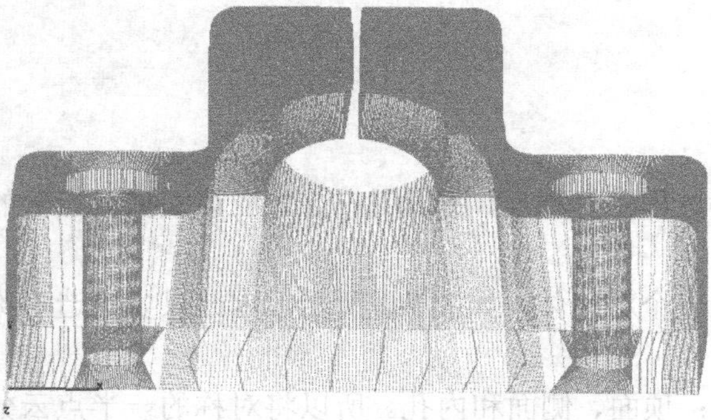

图 7-2　规则零件的点云

（2）单击主工具条上的“视图设置”图标，按住鼠标左键，移动鼠标到图 7-3 所示的正上方“顶面视图”图标上，释放鼠标左键，将系统的视图调整到“顶面视图”的位置。

（3）使用菜单命令【修改】→【抽取】→【圈选点】，得到如图 7-4 所示的对话框。选择保留内侧点云，圈选对称的一半点云。

（4）选择“保留原始数据”复选框，保留原始点云。单击选择屏幕上的点，得到图 7-5 所示的框选线。

（5）单击鼠标中键，得到如图 7-6 所示的点云，系统自动将生成的点云命名为 AddCld in。

（6）在视图空白处单击鼠标右键，按住鼠标右键，移动到图 7-7 所示的右上角“旋转视图”图标上，释放鼠标右键，系统显示为旋转模式，可通过右下角红色、绿色、紫色三个对应滑动条来调整点云的视图方向。

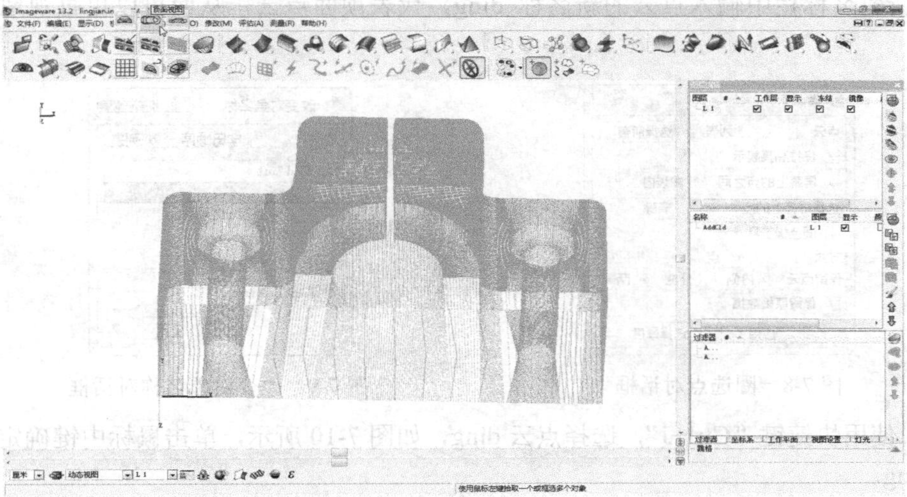

图 7-3 顶面视图

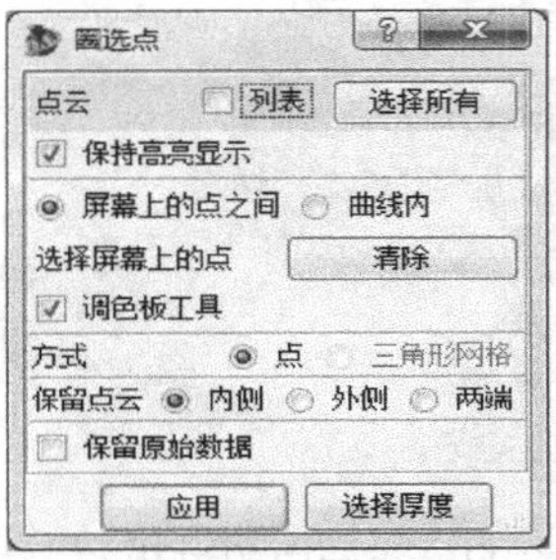

图 7-4 圈选点对话框

图 7-5 圈选点

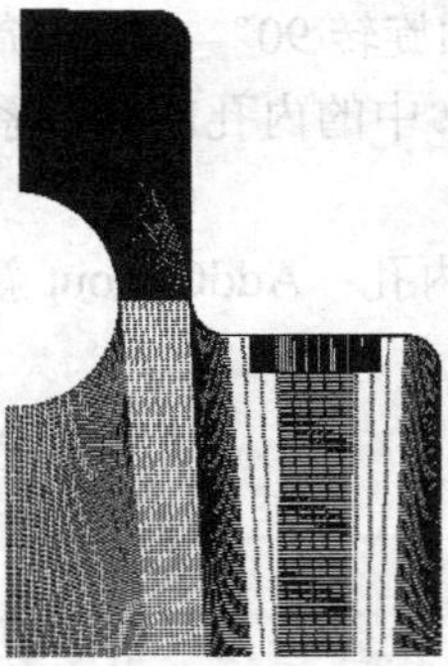

图 7-6 “圈选点”的结果

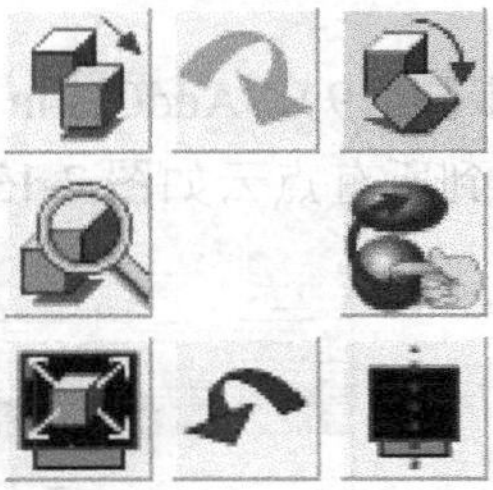

图 7-7 “旋转视图”图标

（7）按住鼠标左键，选择绿色对应的滑动条拖动到最左边，使零件点云沿 *Y* 轴旋转 90°。

（8）选择【修改】→【抽取】→【圈选点】，如图 7-8 所示，选择保留两端点云，然后选择屏幕上的圈选点顶面部分，单击鼠标中键确定。系统自动将生成的点云命名为 AddCld in 2 和 AddCld out。

（9）使用快捷键“Ctrl+N”，得到如图 7-9 所示的对话框，在“对象”栏中选择点云 AddCld

in 2，在新建名称栏中输入点云的新名称 ding，代表顶面点云，从而可以更直观地管理点云文件。

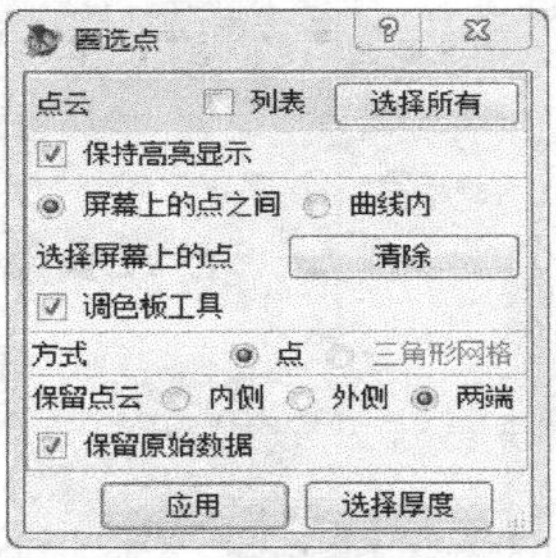

图 7-8　圈选点对话框

图 7-9　改变对象名称对话框

（10）使用快捷键“Ctrl+J”，选择点云 ding，如图 7-10 所示，单击鼠标中键确定，仅显示出点云 ding。

（11）同步骤（8），圈选点云 ding 中的内孔，如图 7-11 所示，单击鼠标中键确认，系统将自动生成的点云命名为 ding in 和 ding out，同操作步骤（9），点云 ding in 新建名称为 kong 1，表示内孔部分。

图 7-10　只显示选择点云

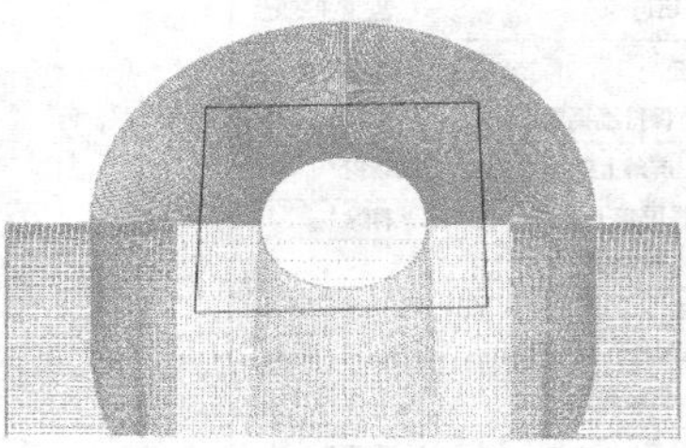

图 7-11　点云中的内孔

（12）同操作（10），使用快捷键“Ctrl+J”，仅显示出点云 AddCld out。

（13）按住红色对应的滑动条拖至最下方，使点云沿 *Z* 轴旋转 90°。选择命令【修改】→【抽取】→【圈选点】，如图 7-12 所示，圈选点云 AddCld out 中的内孔部分，系统自动命名为 AddCld in。

（14）同步骤（9），AddCld in 新建名称为 kong 2，表示内孔；AddCld out 新建名称为 ce，表示侧面。得到所有点云如图 7-13 所示。

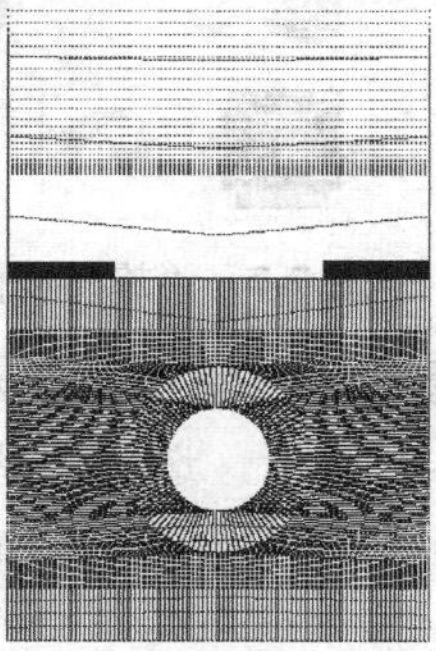

图 7-12　点云内孔部分

图 7-13　改变对象名称对话框

7.2.2 点云分层

利用图层管理器将不同部件放置到不同的层中，以便切换视图，使操作更有条理、不易出错，具体操作如下。

（1）单击主工具条上的图层编辑图标，如图 7-14 所示，打开图层编辑器。图层管理器包括图层、过滤器、坐标系、工作平面、视图和实体等信息。

（2）单击层管理器右侧第一栏中的新建图层命令图标三次，生成 3 个新建图层，系统自动命名为 L2、L3、和 L4，缓慢单击名称 L2 两次，该层的名称栏变成输入框模式，输入新的名称即可改变该层名称。为了方便操作，这里将三个图层分别命名为 din g、ce m 和 kong，如图 7-15 所示。

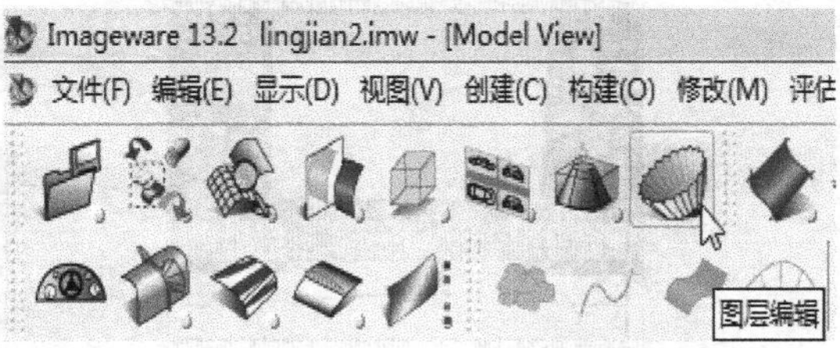

图 7-14 图层管理器图标

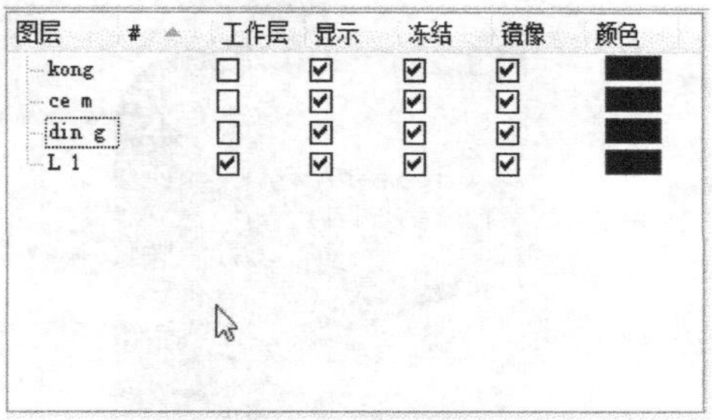

图 7-15 新建图层

（3）单击 L1 层，单击层管理器下半部分的实体名称 ding out，按住鼠标左键，并拖动鼠标到层管理器的上半部分的 din g 图层上。同理，将其他三个点云挪到对应的图层中。

注 意

命名图层时要区别于点云，就是不能有重复的实体名称，不能把名为 ce 的点云移动到 ce 图层中，所以，操作（3）中将图层命名为 ce m，以示其与点云实体的区别。

分层完成之后，在后续操作中，选择激活对应的图层，然后隐藏其他图层，进行相关操作。

7.2.3 创建剖断面

利用前面操作中分割得到的点云创建剖断面，从而构建出顶面、侧面、内孔的轮廓线，为之后拟合曲面做准备工作。接下来将在不同图层中根据各部分特点创建剖断面，具体操作如下。

（1）首先构建顶面轮廓线。选择激活图层 ding，并隐藏其他图层，如图 7-16 所示。使用视图命令将点云 ding out 置于顶面视图。

（2）选择【构建】→【剖面截取点云】→【交互式点云截面】，对话框如图 7-17 所示。

（3）单击“选择屏幕上的直线”，按住 Ctrl 键（使得两点间所成的直线沿着水平或者是垂直的方向），在视图中选取如图 7-18 所示两条垂直的直线，截取顶面的圆弧和侧面，单击鼠标中键确定。系统自动将剖断面命名为 ding out InteractSectCld 和 ding out InteractSectCld 2。

（4）激活 ce m 图层，隐藏其他实体，重复交互式截取点云。将点云 ce 置于前视图，拖动紫色对应滑块至最左端。如图 7-19 所示，截取前侧面和右侧面的剖断线。

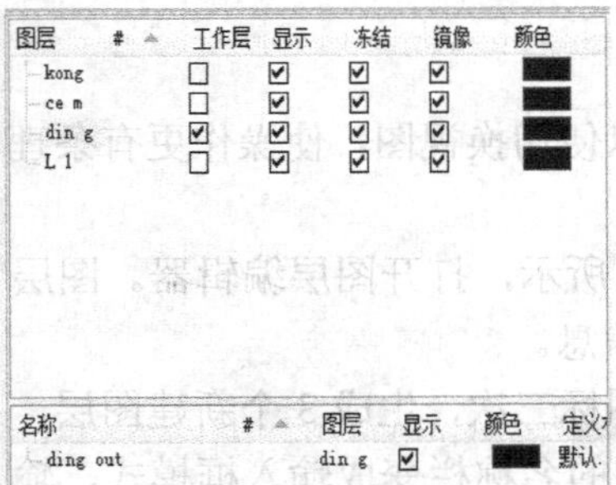

图 7-16　图层设置

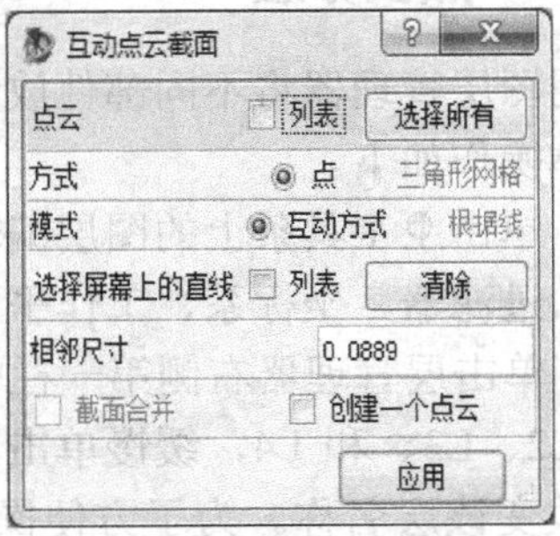

图 7-17　交互模式点云截面对话框

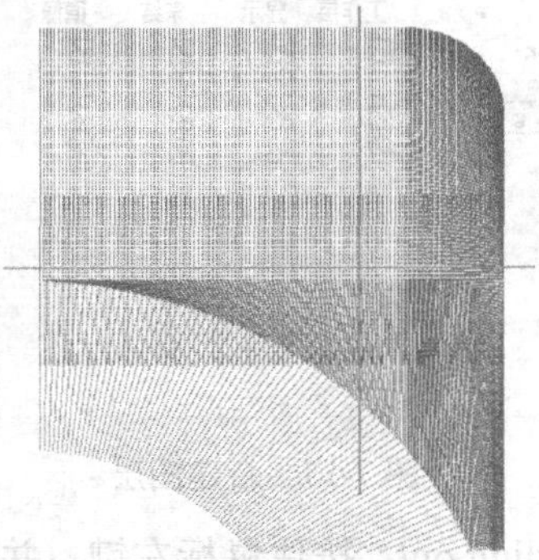

图 7-18　截取顶面的圆弧和侧面

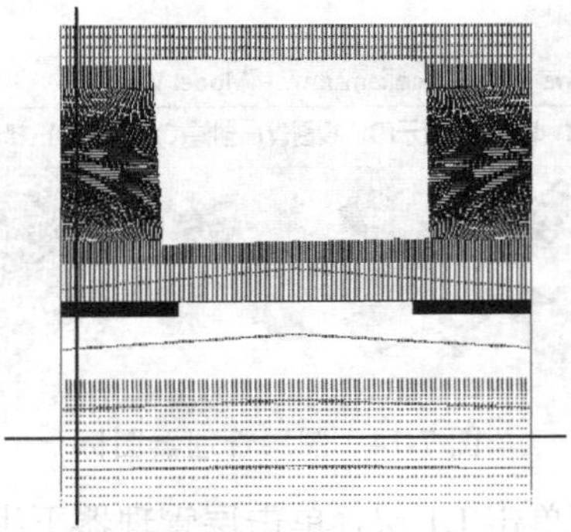

图 7-19　截取前侧面和右侧面的剖断线

（5）激活 kong 图层，创建两个孔的剖断轮廓线。先选择隐藏 kong 2，继续采用交互式截取点云截取 kong 1 的轮廓，将点云 kong 1 置于顶视图，如图 7-20 所示。

（6）选择只显示 kong 2，观察实体特征，可采用旋转方式拟合圆孔面。所以，首先要构造对称轴线。选择【修改】→【抽取】→【圈选点】，圈选出一段圆柱部分作为辅助点云，如图 7-21 所示。选择“保留原始数据”，点鼠标中键确认，生成辅助点云 kong in。

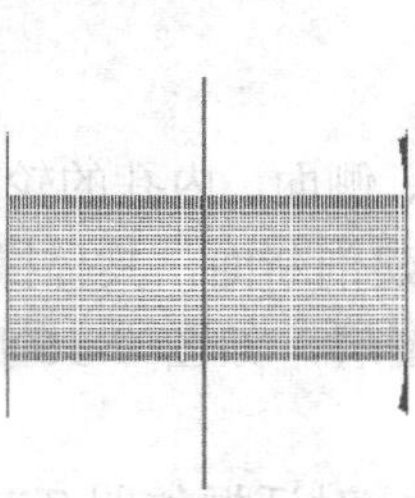

图 7-20　交互式截取点云

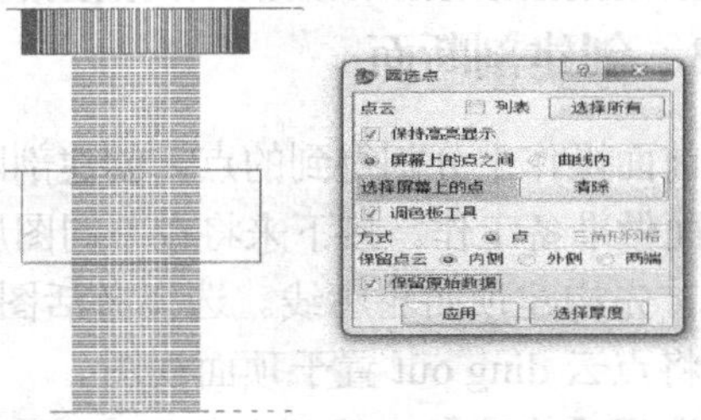

图 7-21　圈选圆柱的部分点云

（7）选择只显示 kong in，单击【构建】→【由点云构建曲面】→【拟合圆柱体】，如图 7-22 所示，单击鼠标中键确认，将点云 kong in 拟合成圆柱体 FitCylinder。

（8）选择【构建】→【提取曲面上的曲线】→【创建圆柱/圆锥体轴线】，如图 7-23 所示，析出圆柱体 FitCylinder 的轴线 Line，即为 kong 2 的对称线。

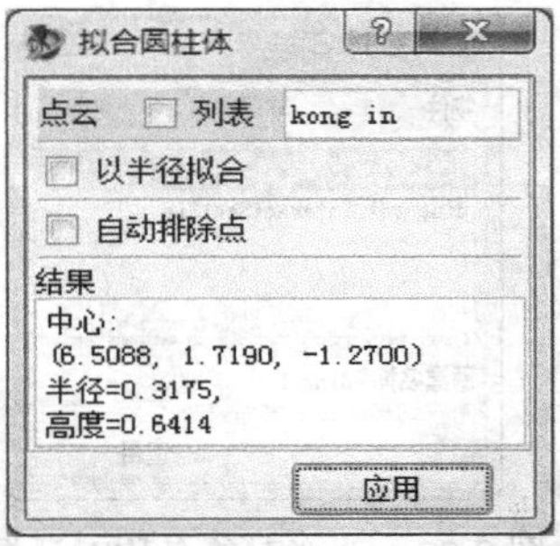

图 7-22　拟合圆柱体对话框

图 7-23　析出圆柱体轴线

（9）选择只显示 kong 2，置于右边视图，重复交互式截取剖断面，如图 7-24 所示。

（10）使用快捷键“Shift+N”，显示视图中的实体名称，创建的剖断面点云如图 7-25 所示。

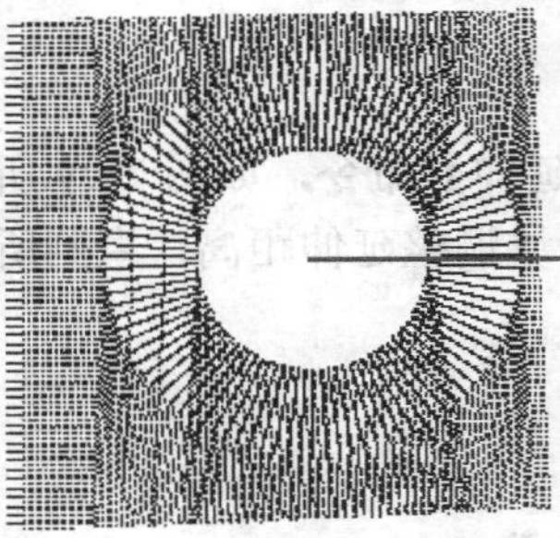

图 7-24　交互式截取剖断面

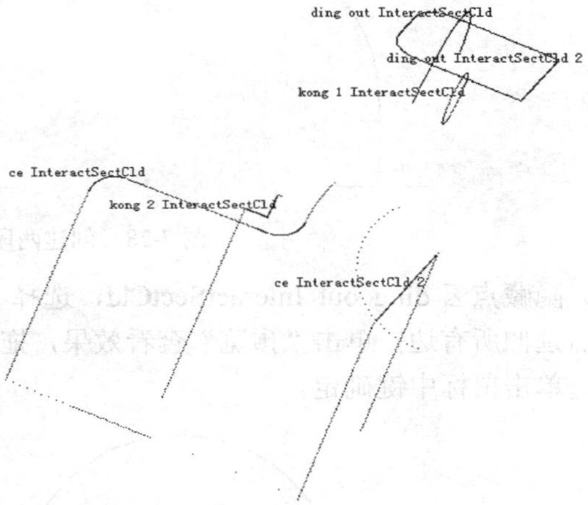

图 7-25　创建的剖断面点云

7.3　曲面制作

本节将详细介绍根据剖断面点云创建曲面的操作，包括曲面的拟合、裁剪、圆角操作。

7.3.1　顶面制作

选择 ding 图层，将点云 ding out InteractSectCld 和 ding out InteractSectCld 2 直接拟合成需要的曲面，顶面由一个圆弧面和两个平面组成，具体操作如下。

（1）激活 ding 图层，隐藏其他图层及实体。使用快捷键“Ctrl+J”，选择 ding out InteractSectCld，仅显示出该点云。利用视图选项将点云置于前视图，利用旋转模式，将紫色滑动条拖动至最左边。

（2）选择【创建】→【简易曲线】→【3 点圆弧】，结果如图 7-26 所示，系统自动将生成的圆弧命名为 Arc，使用快捷键“Ctrl+N”重命名为 ding 1，如图 7-27 所示。

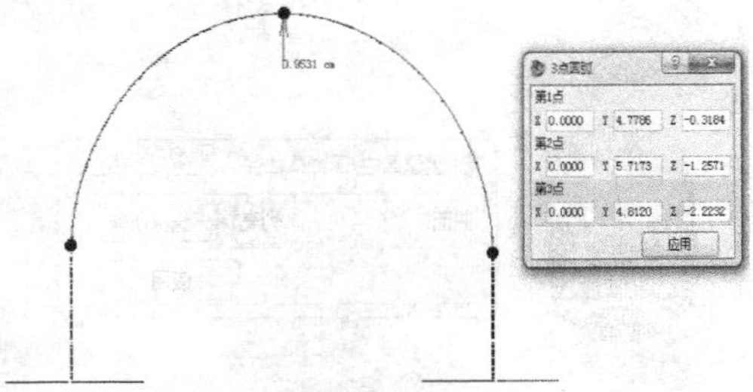

图 7-26　3 点圆弧

图 7-27　改变对象名称对话框

（3）选择【创建】→【简易曲线】→【直线】命令，创建两段直线部分，结果如图 7-28 所示。

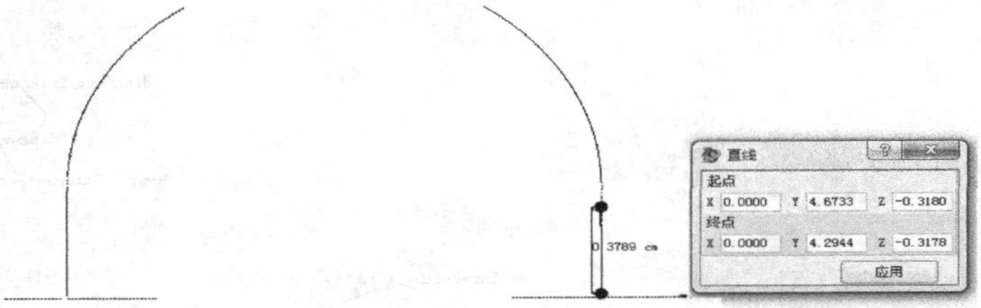

图 7-28　创建两段直线部分

（4）隐藏点云 ding out InteractSectCld，选择【修改】→【延伸】命令，如图 7-29 所示。选择自然延伸所有边，单击“预览”查看效果，拖动距离栏的滑块调整延伸距离，直到所有曲线相交，单击鼠标中键确定。

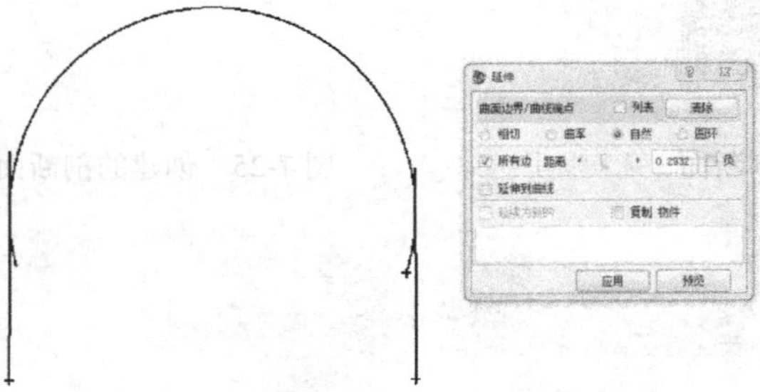

图 7-29　延伸至所有曲线相交

（5）选择【修改】→【截断】→【截断曲线】，选择曲线裁剪方式，修剪轮廓线，如图 7-30 所示。选择 1 次分割；单击“曲线”选项，再用鼠标单击被修剪曲线保留的部分；然后单击“分割曲线”，选择边界曲线。在相交栏中选择 3D，在保留选项中单击“选择”，即仅保留鼠标所选部分曲线。

（6）如图 7-30 所示，单击“曲线”，选择右侧直线，单击选择保留直线下侧，单击“分割曲线”，选择圆弧 ding 1，单击鼠标中键确认。

（7）选择【构建】→【扫掠曲面】→【沿方向延伸】命令，利用圆弧 ding 1 和两直线构造顶面圆弧曲面。如图 7-31 所示，选择 *X* 方向，向两侧延伸，调整延伸距离使拟合圆弧曲面宽度大于两侧面，在后续处理中使用边界条件进行裁剪，单击鼠标中键确认。

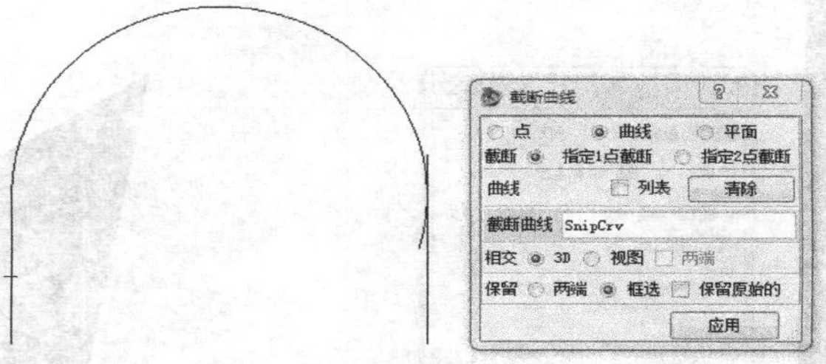

图 7-30 分割圆弧曲线

（8）单击主工具条上的基本显示图标，按住鼠标左键，移动鼠标到图 7-32 所示的“着色曲面显示”命令图标上，释放鼠标左键，更改曲面的显示模式为渲染模式。

图 7-31 沿方向延伸对话框

图 7-32 着色曲面显示命令

（9）只显示点云 ding out InteractSectCld 2，选择【创建】→【简单曲线】→【直线】，单击点云直线部分两个点作为直线的两端，创建直线，单击鼠标中键确认，为了预防误差，选择的两点一定要在直线部分，如图 7-33 所示。

（10）选择【构建】→【扫掠曲面】→【沿方向延伸】命令，利用两条直线拟合两侧面，如图 7-34 所示，单击鼠标中键确认。

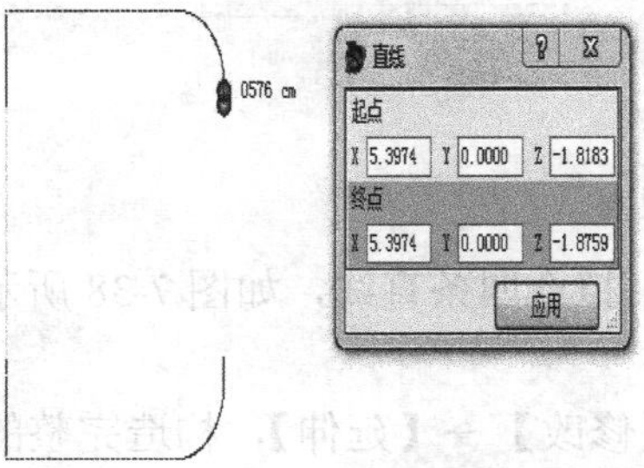

图 7-33 创建直线

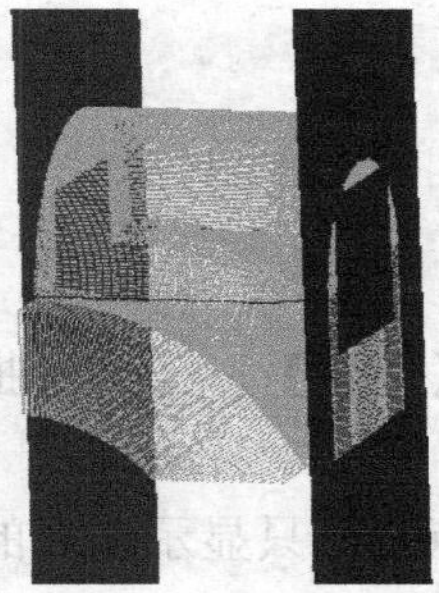

图 7-34 利用两条直线拟合两侧面

（11）选择【修改】→【延伸】，如图 7-35 所示。选择自然延伸，延长所有边，同时延伸曲面的四个边。单击“预览”按钮，查看生成效果，拖动距离栏后的滑动条调整数值，至曲面覆盖点云 ding out 的侧面，单击鼠标中键确认。

（12）拟合成的顶面三部分曲面如图 7-36 所示，后续操作处理时，再用边界条件进行裁剪、圆角操作。

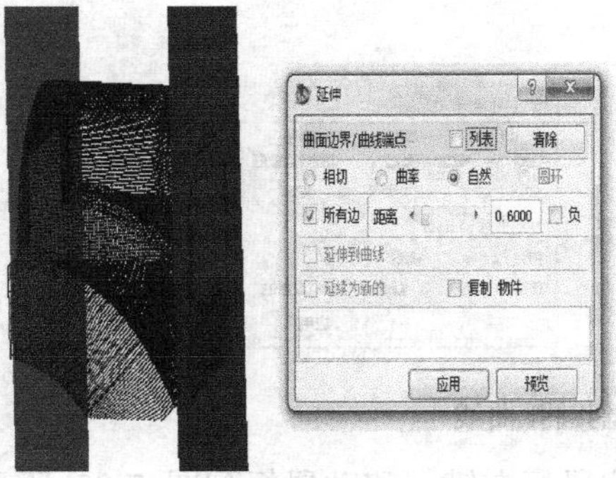

图 7-35　延伸所有边线

图 7-36　拟合成的顶面三部分曲面

7.3.2　侧面制作

选择 ce m 图层，先利用剖断面点云构建轮廓线，然后利用轮廓线拉伸成曲面。实体侧面也包括两部分：前侧面和左侧面。具体操作过程如下。

（1）激活 ce m 图层，隐藏其他图层及实体。使用快捷键“Ctrl+J”，选择 ceInteractSectCld，仅显示出该点云。利用“视图”选项将点云置于“顶面视图”。

（2）选择【创建】→【简易曲线】→【3 点圆弧】，分别选择四个圆弧部分的三个点创建圆弧，如图 7-37 所示。单击鼠标中键确认，系统自动命名为 Arc、Arc 2、Arc 3、Arc 4。

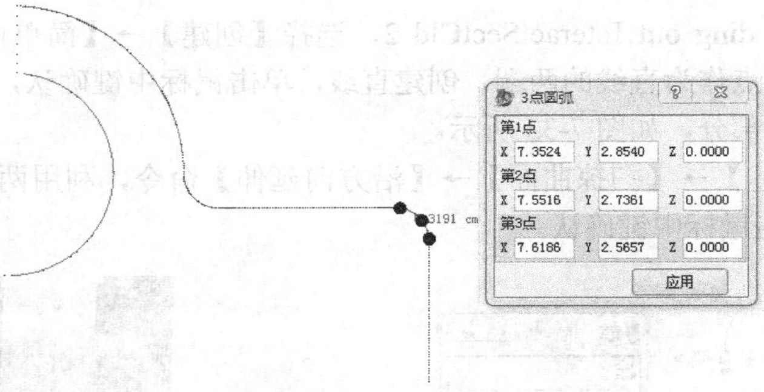

图 7-37　创建圆弧

（3）选择【创建】→【简易曲线】→【直线】，拟合四条直线，如图 7-38 所示，单击鼠标中键确认。

（4）隐藏点云，只显示生成的轮廓线，选择【修改】→【延伸】，构造完整的侧面轮廓，对话框如图 7-39 所示。选择自然延伸所有边，单击“预览”查看效果，拖动“距离”栏的滑块调整延伸距离，至所有曲线相交，单击鼠标中键确定。

（5）选择【修改】→【截断】→【截断曲线】，选择曲线裁剪方式，修剪轮廓线，其对话框如图 7-40 所示。

（6）选择 1 次分割；单击“曲线”选项，再用鼠标单击被修剪曲线保留的部分；然后单击“分割曲线”，选择边界曲线。在“相交”栏中选择 3D，在“保留”选项中单击“选择”，即仅保留鼠标所选部分曲线。如图 7-41 所示，单击曲线，选择底面水平轮廓线，单击选择保留直线左侧，单击分割曲线，选择右侧轮廓线 SnipCrv 12，单击鼠标中键确认。

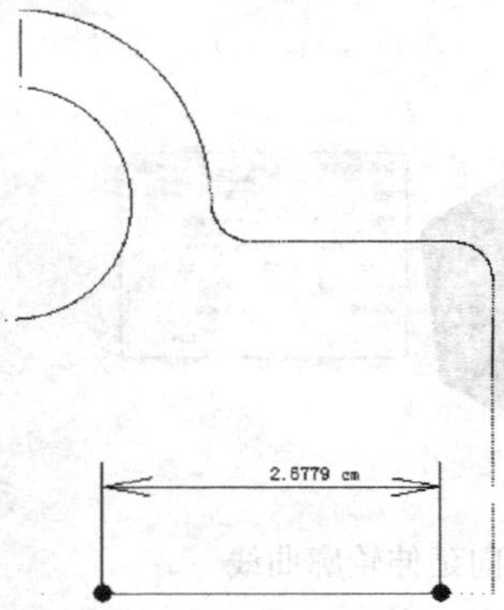

图 7-38 创建直线

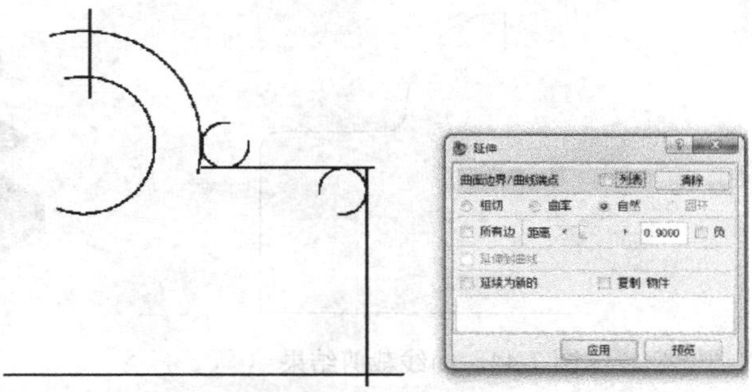

图 7-39 自然延伸所有边

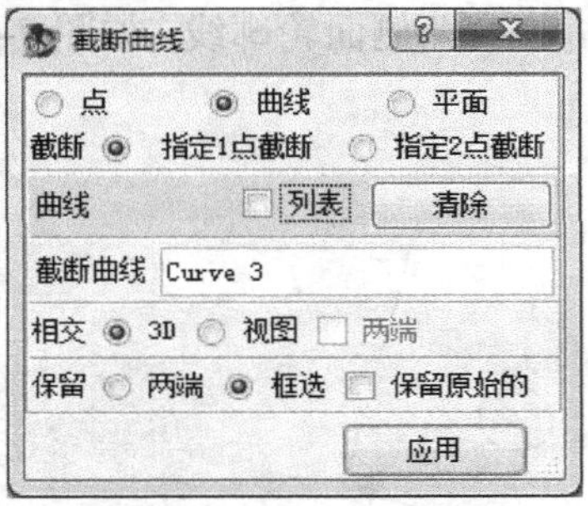

图 7-40 分割曲线对话框

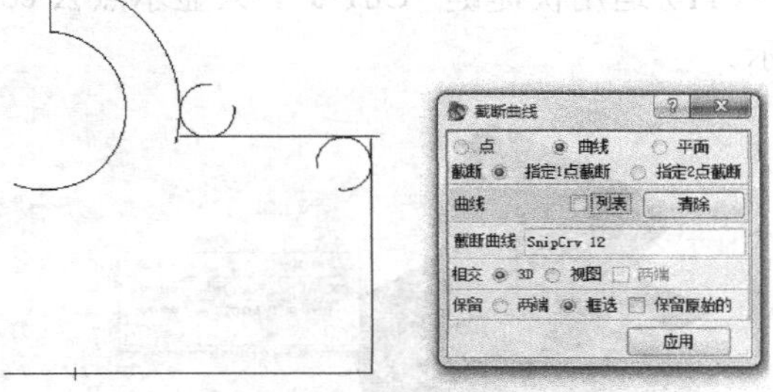

图 7-41 分割曲线

（7）操作步骤（6）结果如图 7-42 所示，可见顶面与侧面相接圆角处由于拟合尺寸误差，SnipCrv 5 和 SnipCrv 17 两曲线没有相交，因此不能进行分割曲线操作。

（8）选择选择【修改】→【延伸】命令，选择相切方式，选择 SnipCrv 5 和 SnipCrv 17 使之相交，如图 7-43 所示，单击鼠标中键确定。然后可类似上一步骤（7）的方法，裁剪曲线，结果如图 7-44 所示。

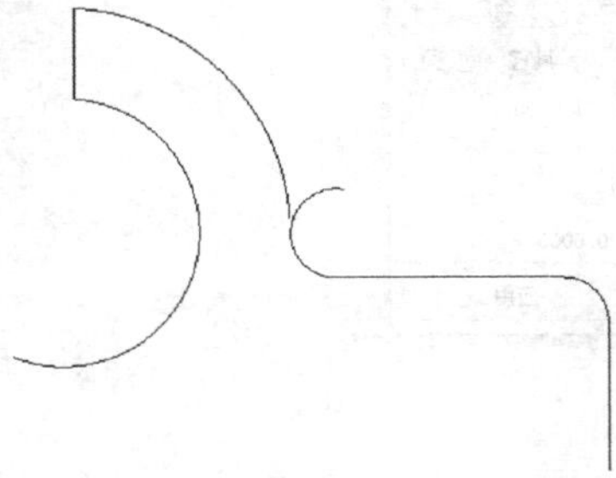

图 7-42 分割曲线中间结果

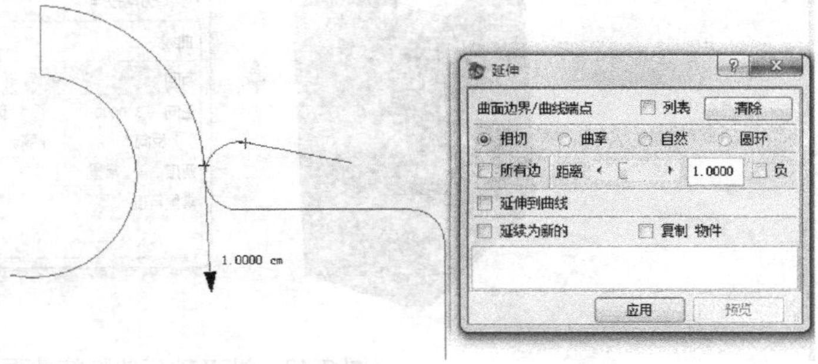

图 7-43 裁剪曲线

（9）选择【构建】→【扫掠曲面】→【沿方向延伸】命令，选择上一步中的轮廓曲线，显示点云 ce 作为参照，向 *Z* 轴延伸至覆盖点云对应部分，如图 7-45 所示，单击鼠标中键确定。

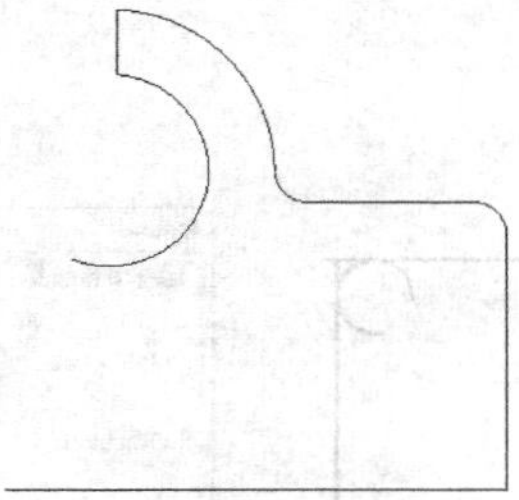

图 7-44　曲线裁剪结果

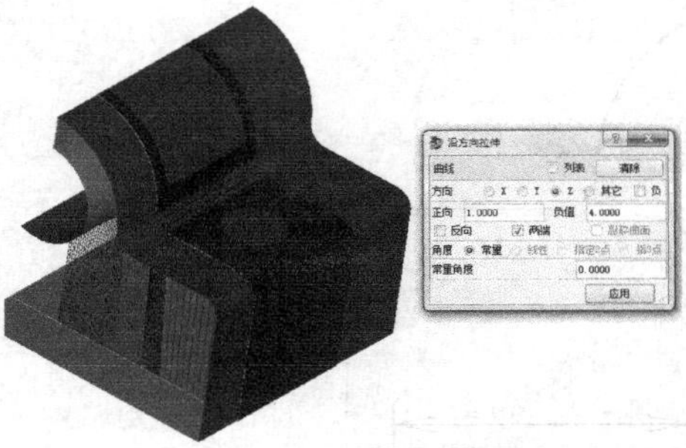

图 7-45　沿方向延伸轮廓曲线

使用渲染模式显示曲面，如图 7-46 所示。

（10）选择【修改】→【方向】→【反转曲面法向】，将曲面中光亮面朝内的方向改为朝外。

（11）运用快捷键“Ctrl+J”，只显示点云 ceInteractSectCld 2，拟合两侧面轮廓线，如图 7-47 所示。

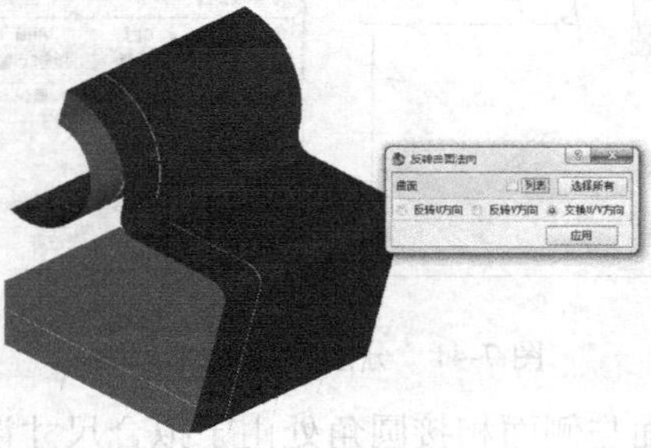

图 7-46　渲染模式显示曲面

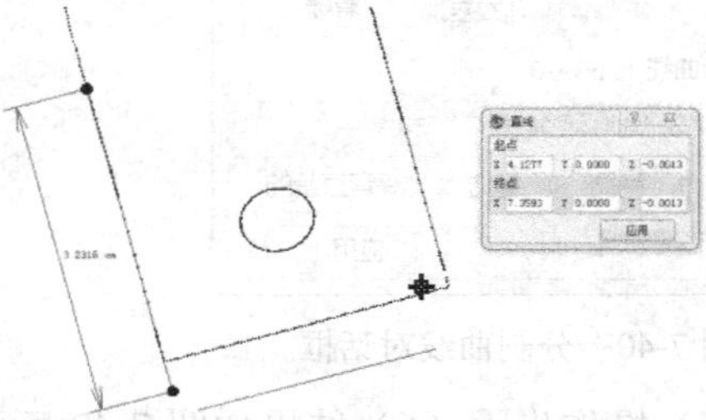

图 7-47　拟合两侧面轮廓线

（12）选择【构建】→【扫掠曲面】→【沿方向延伸】，沿 *Y* 轴扫掠曲面，如图 7-48 所示。

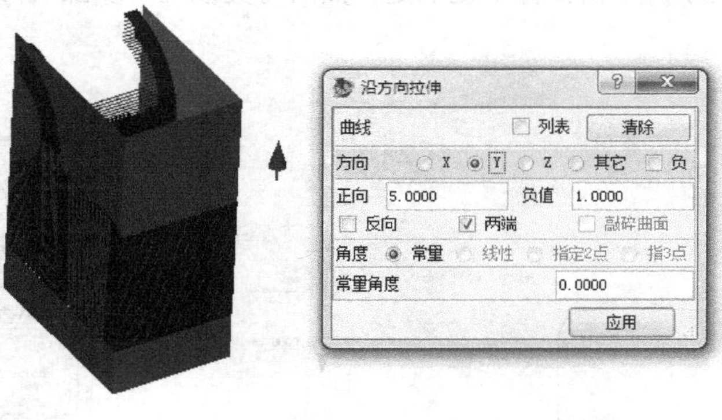

图 7-48　沿 *Y* 轴延伸扫掠曲面

（13）显示点云 ce 作为参照，选择【修改】→【延伸】命令，延伸曲面至覆盖点云侧面，如图 7-49 所示。

侧面轮廓的两部分构建完毕，如图 7-50 所示，还要进行后续裁剪处理。

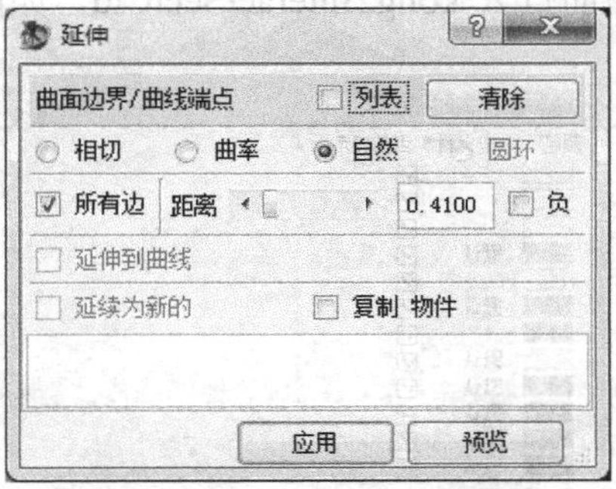

图 7-49 延伸对话框

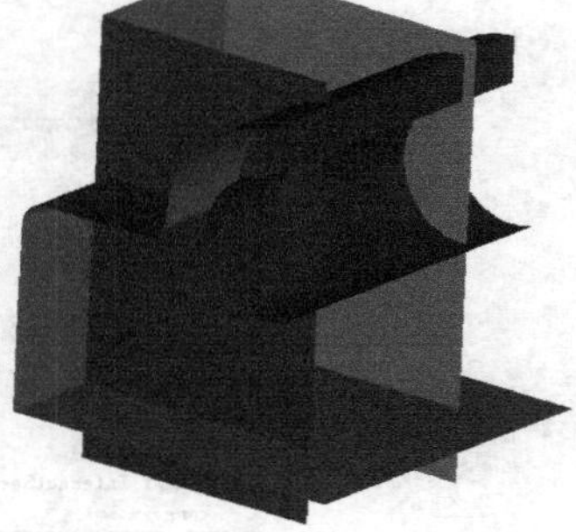

图 7-50 侧面轮廓

7.3.3 内孔制作

前两小节介绍了构建曲面的一般操作：先拟合轮廓线，然后按方向扫掠得到平面或曲面，本节将介绍内孔的制作，主要介绍旋转曲面的创建方法，具体操作如下。

（1）激活 kong 图层，隐藏其他实体，使用快捷键“Ctrl+J”，只显示剖断面点云 kong 1 InteractSectCld。

（2）选择【创建】→【简易曲线】→【圆（3 点）】命令，在点云 kong 1 InteractSectCld 基础上创建圆，单击鼠标中键确定，如图 7-51 所示，系统自动命名为 Circle。

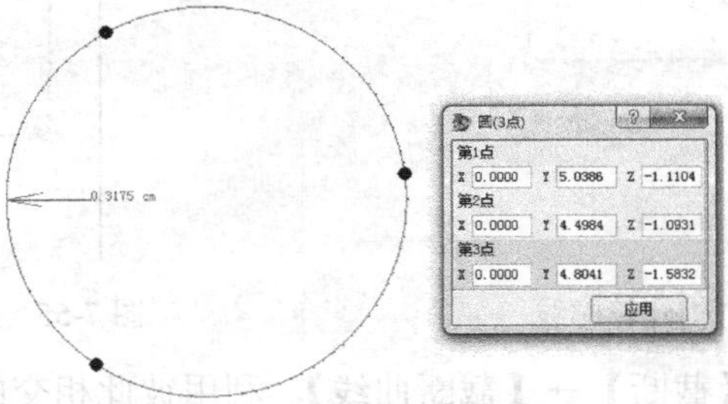

图 7-51 根据三点创建圆

（3）选择【构建】→【扫掠曲面】→【沿方向延伸】命令，将曲线 Circle 沿 *X* 轴向两侧延伸至超过点云 kong 1 的范围，如图 7-52 所示，单击鼠标中键确定。

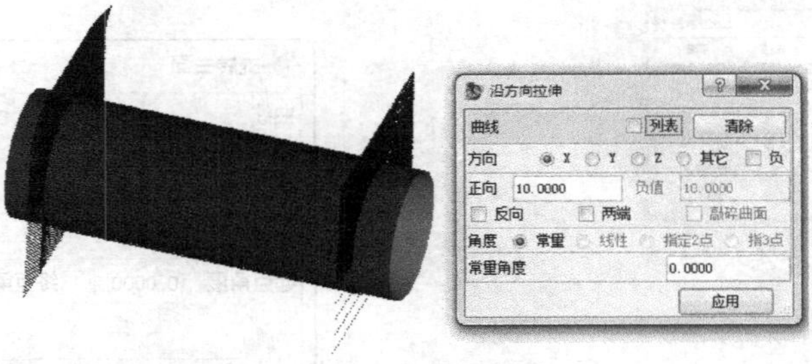

图 7-52 曲线沿 *X* 轴向两侧延伸

（4）利用图层管理器，只显示出直线 Line 和剖断面点云 kong2InteractSectCld，如图 7-53 所示。

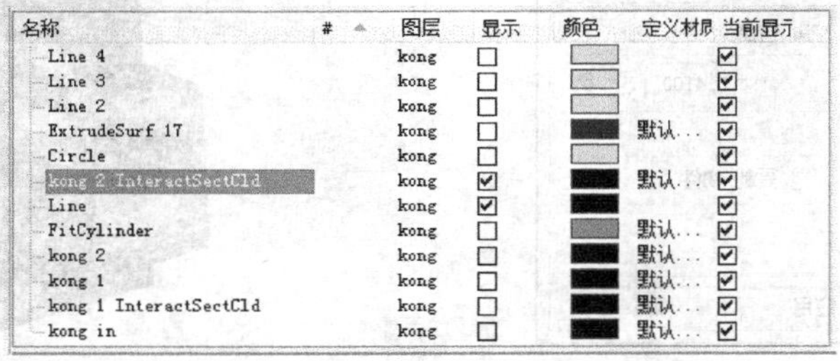

图 7-53　图层管理器

（5）选择【创建】→【简易曲线】→【直线】命令，构建 kong 2 轮廓线，由三段直线组成，如图 7-54 所示。

（6）选择【修改】→【延伸】，使上一步操作中创建的三条轮廓线相交，如图 7-55 所示，单击鼠标中键确认。

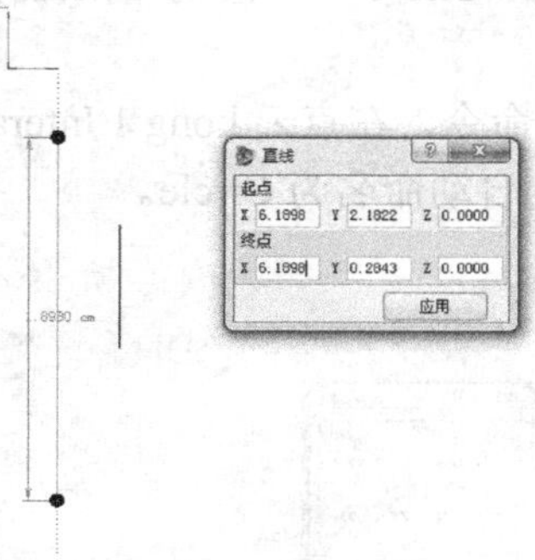

图 7-54　构建轮廓线

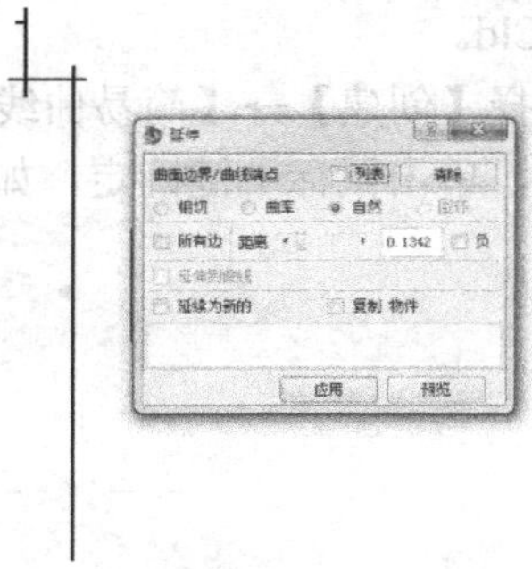
图 7-55　三条轮廓线相交

（7）选择【修改】→【截断】→【截断曲线】，利用彼此相交的直线作为边界曲线裁剪掉部分，操作结果如图 7-56 所示。

（8）选择【构建】→【曲面】→【旋转曲面】命令，其对话框如图 7-57 所示。

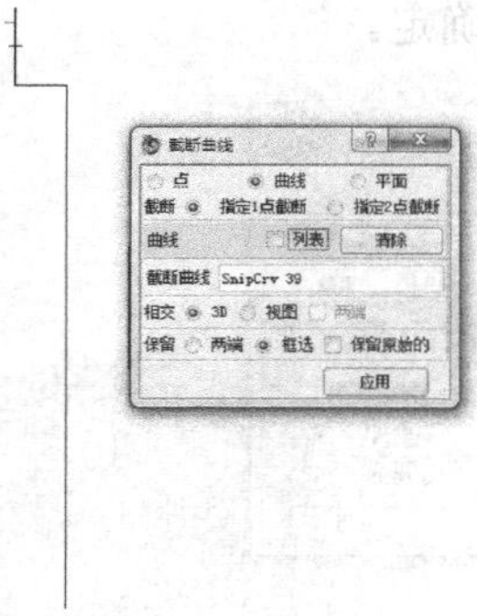

图 7-56　边界曲线裁剪

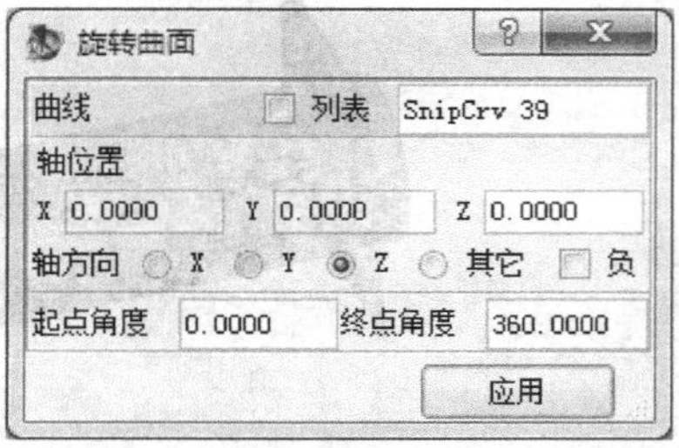

图 7-57　旋转曲面对话框

（9）选择边界的一条曲线，单击“轴位置”选项，然后单击直线 Line。将轴方向设定为 Z 轴。设定起点角度 0°，终点角度 360°。单击鼠标中键确认，如图 7-58 所示。

（10）类似于上一步骤（9）操作，依次选择其他的边界线，单击鼠标中键确定。然后【反转曲面法向】，生成的曲面如图 7-59 所示。

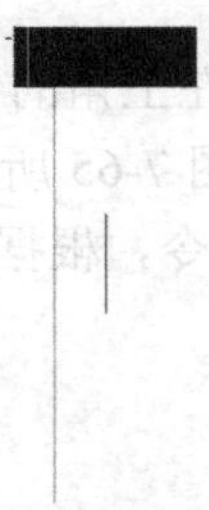

图 7-58　轴参数设定

图 7-59　生成曲面

7.3.4　曲面裁剪

之前所有的曲面在构建时都要求超过点云的范围，以便裁剪，本节将详细介绍曲面的裁剪方式，具体操作如下。

（1）新建层，并缓慢双击两次将其重命名为 Temp，激活该层。选择其他几个层后的显示复选框，如图 7-60 所示，视图中将显示出所有层的实体。

（2）使用快捷键"Ctrl+Shift+H"，隐藏所有的曲线。选择显示原始点云 AddCld。

（3）在视图中仅显示出顶面与顶面的边界曲面，如图 7-61 所示，将其他曲面隐藏起来。

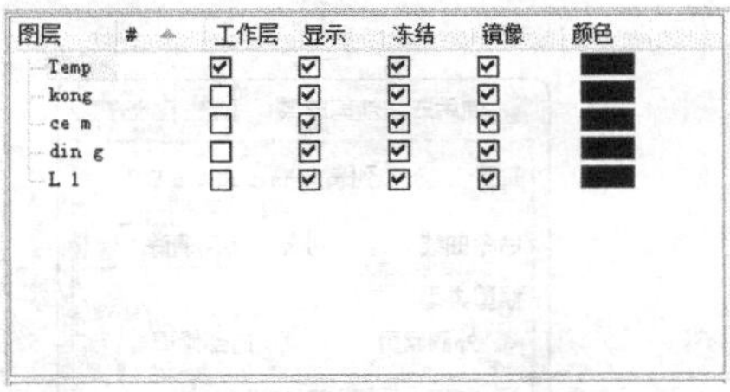

图 7-60　图层管理

图 7-61　顶面与顶面的边界曲面

（4）由图 7-61 可看出，顶面没有覆盖住点云 AddCld，选择【修改】→【延伸】命令，选择延伸顶面的两直线边界，其对话框及操作结果如图 7-62 所示。

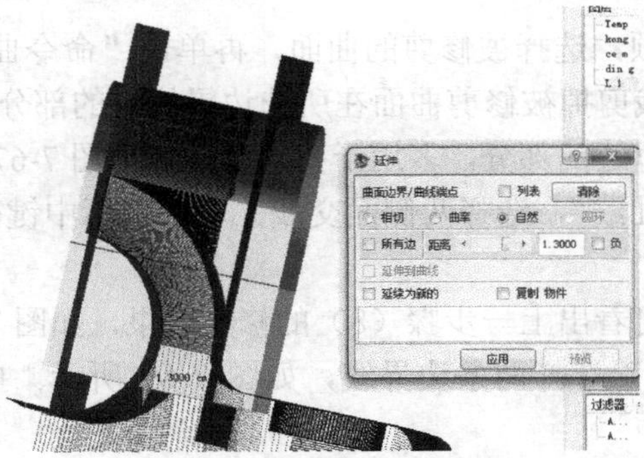

图 7-62　延伸顶面两直线边界

（5）选择【构建】→【相交】→【曲面】命令，对话框如图 7-63 所示。“输出”选项选择 3D 曲线，拟合公差默认为 0.001。单击曲面 1，选择一个曲面，单击曲面 2，选择一个相交曲面，单击中键确定，生成一条相交线。还可以按住 Ctrl 键同时选择多个曲面进行操作，结果栏中会显示生成交线的情况。

（6）单击主工具条中的“基本显示“命令图标，选择左上角的”显示曲面边界“命令图标，如图 7-64 所示。仅显示出曲面的边界线，形成的交线如图 7-65 所示。

（7）选择【修改】→【修剪】→【使用曲线修剪】命令，根据上一步聚（6）生成的交线，修剪曲面，其对话框如图 7-66 所示。

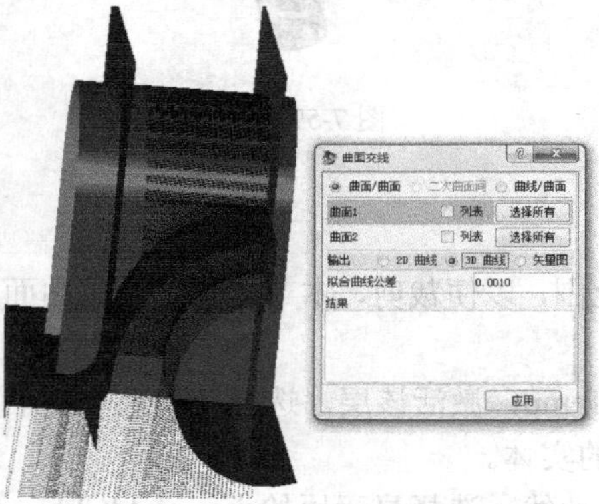

图 7-63　曲面截面

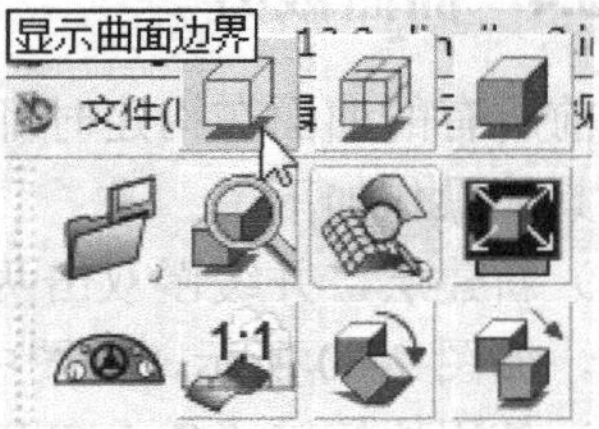

图 7-64　显示曲面边界命令

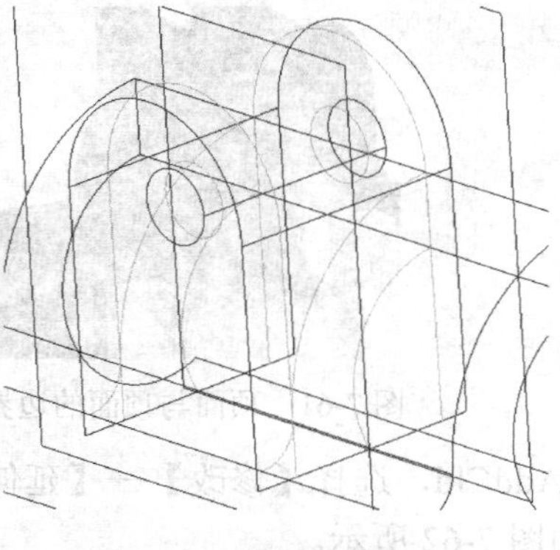

图 7-65　曲面边界线

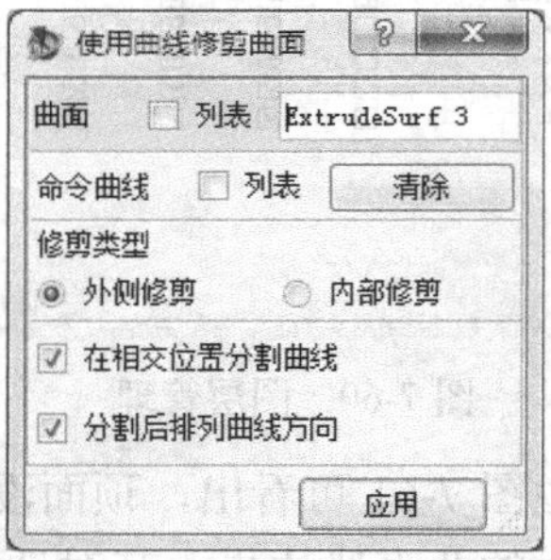

图 7-66　用曲线修剪曲面对话框

（8）单击“曲面”选项，选择被修剪的曲面，再单击“命令曲线”，选择裁剪边界线。裁剪类型中，外侧裁剪表示裁剪掉被修剪曲面在所选边界线外的部分，多用于外边界的裁剪；内部修剪表示裁剪掉边界线里边的部分，多用于孔的制作。如图 7-67 所示，单击“曲面”，选择顶部圆弧面，单击“命令曲线”，选择两侧面交线，单击鼠标中键确认，剪掉顶部圆弧面多余部分。

（9）转至渲染模式，可看出上一步骤（8）的修剪效果，如图 7-68 所示。

（10）单击选择内孔面，选择两条边界线，如图 7-69 所示。单击鼠标中键确认，结果如图 7-70 所示。

图 7-67　裁剪顶部圆弧面多余部分

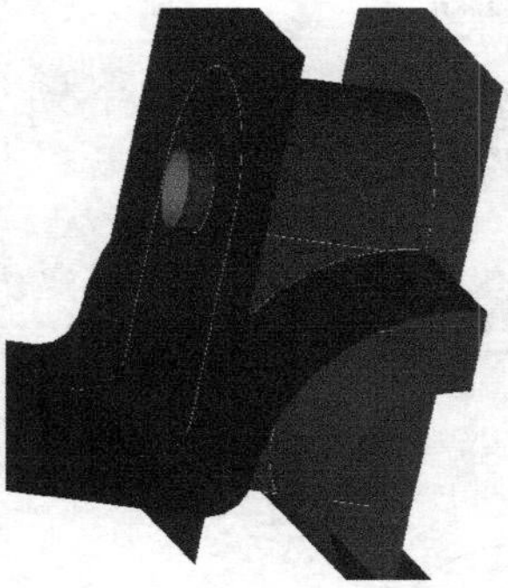

图 7-68　渲染模式下的修剪效果

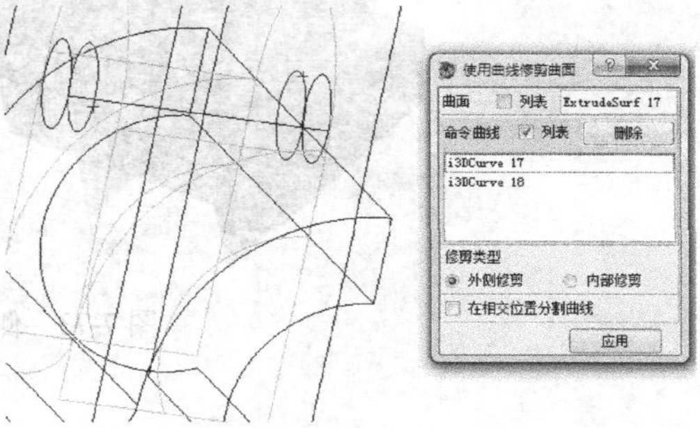

图 7-69　用两条边界线修剪内孔面

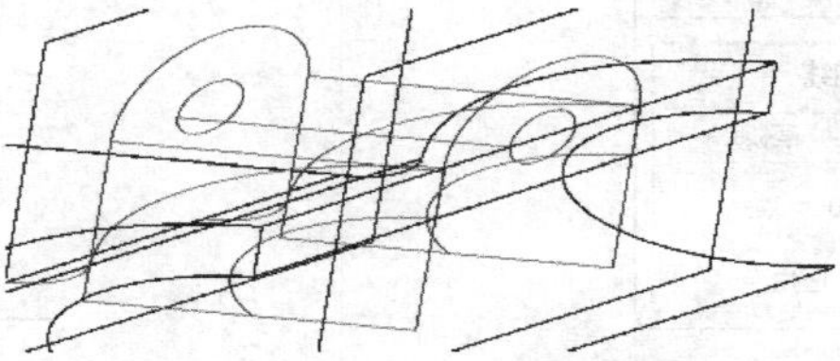

图 7-70　内孔面修剪局部放大

（11）选择内孔圆边界线，选择内部修剪，如图 7-71 所示，单击鼠标中键确定，在侧面上生成孔。

（12）对底面进行延伸操作，使其超过点云底部总长的一半，如图 7-72 所示。

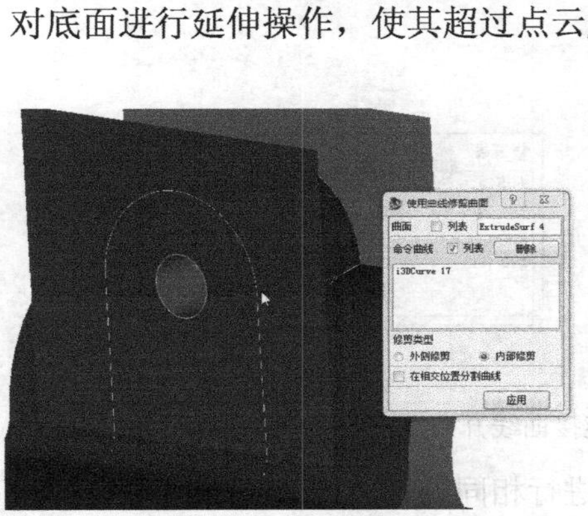

图 7-71　内孔面修剪

图 7-72　延伸底面

（13）侧面的修剪使用【相交】→【曲面】命令，选择侧面为曲面 1，利用 Ctrl 键选择侧面突出的各面为曲面 2，构造相交线，如图 7-73 所示，单击鼠标中键确定，生成 16 条交线。其中，位于侧面上为 8 条，其余 8 条分别位于各突出面内部。

（14）使用【构建】→【提取曲面上的曲线】→【提取 3D 曲线】命令，如图 7-74 所示。选择“曲线”，将上一步骤（3）相交得到的 8 条曲线析出，结果如图 7-75 所示

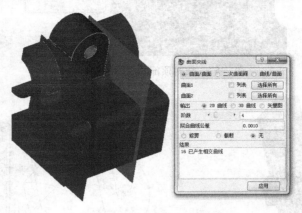

图 7-73　侧面修剪

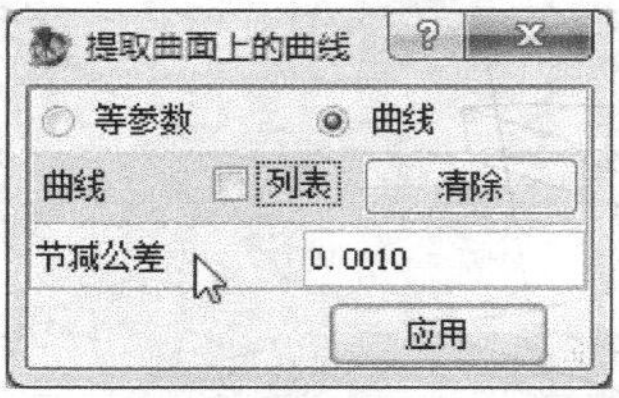

图 7-74　由曲面析出 3D 曲线对话框

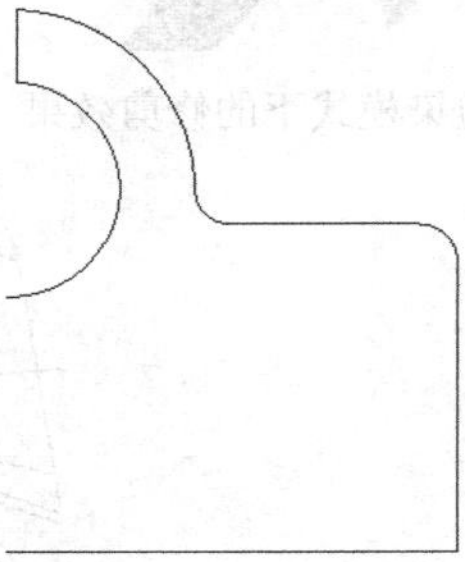

图 7-75　曲线析出

（15）将曲线的两个开口用直线命令连接起来，只有 Y 轴坐标发生改变，其余保持不变，如图 7-76 所示。

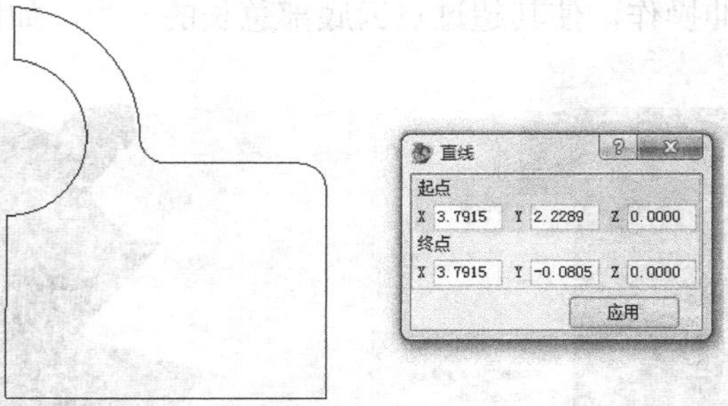

图 7-76　连接曲线开口

（16）同步骤（13）～（15），将另一侧面进行相同处理。

（17）对突出的多余部分进行分割操作。使用【修改】→【截断】→【截断曲面】命令，

选择“平面”选项。将截面位置设在侧面处，曲面选择需要截取的曲面。“保留”选项单击“选择”，即鼠标点选的部分为保留部分，如图 7-77 所示。

（18）用同种方法将所有多余的曲面部分分割，结果如图 7-78 所示。

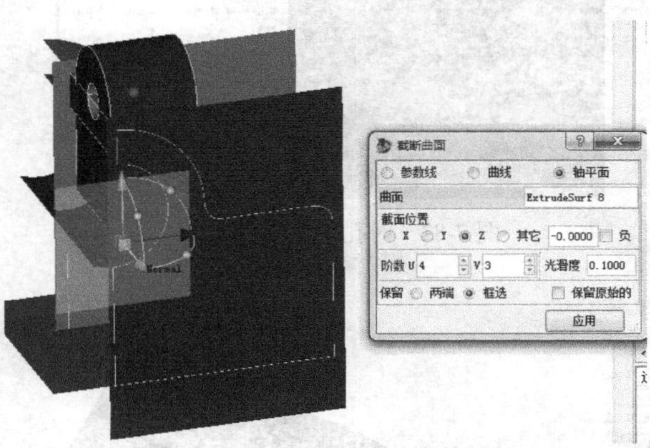

图 7-77　分割曲面参数设置

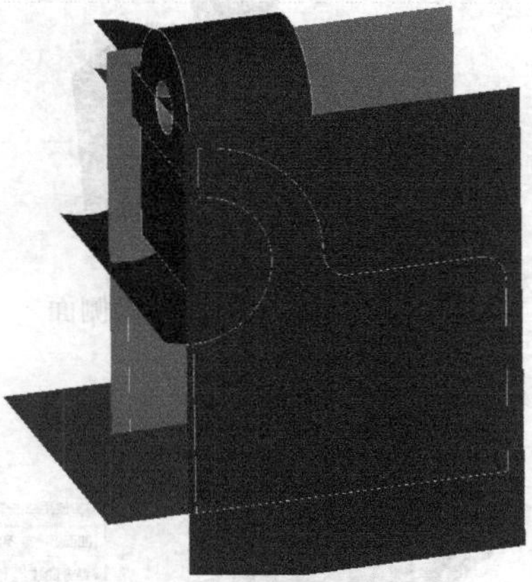

图 7-78　分割所有多余的曲面

（19）对侧面进行修剪。首先将底面多余部分的曲线修剪掉。使用【修改】→【截断】→【截断曲线】命令，选择“曲线”选项，对底边进行修剪，如图 7-79 所示。

（20）使用【修改】→【修剪】→【使用曲线修剪】命令，选择需要修剪的曲面，并选择好边界曲线。这里我们选择外部修剪，结果如图 7-80 所示。

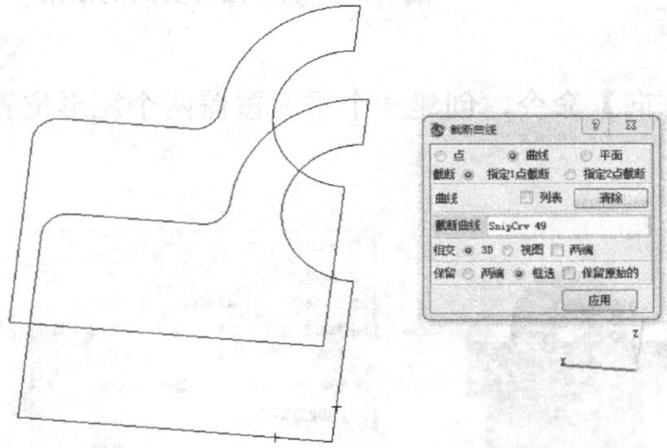

图 7-79　对底边进行修剪

图 7-80　用曲线修剪曲面

（21）同步骤（19）～（20），对另一侧面和内侧面进行修剪，结果如图 7-81 所示。

（22）对孔进行修剪。使用相交命令对孔的两端进行操作，得到孔与平面的两条交线，如图 7-82 所示。

（23）使用【构建】→【提取曲面上的曲线】→【提取 3D 曲线】命令，将这两条曲线从曲面中析出。

（24）使用【修改】→【截断】→【截断曲面】命令，将圆柱多余的部分分割。

（25）使用【修改】→【修剪】→【使用曲线修剪】命令，如图 7-83 所示，在平面上将孔打出。

（26）图柱面修剪后的效果如图 7-84 所示。

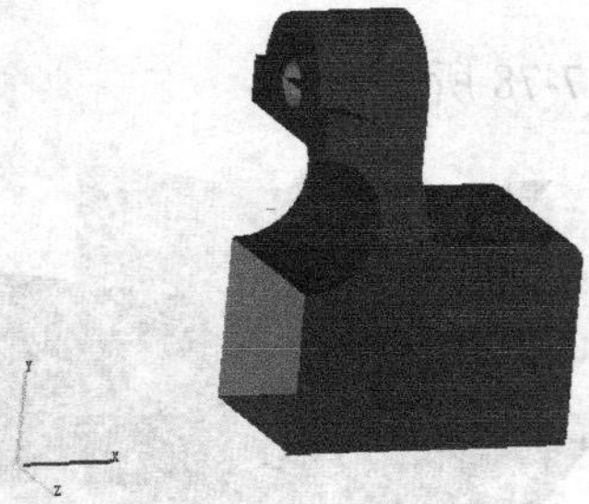

图 7-81　修剪另一侧面和内侧面

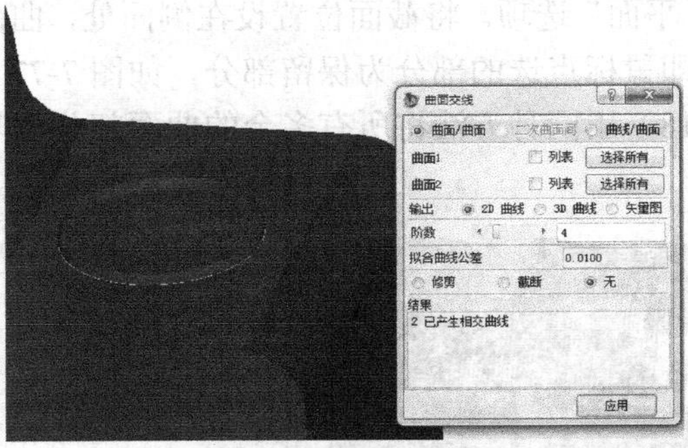

图 7-82　对孔进行修剪

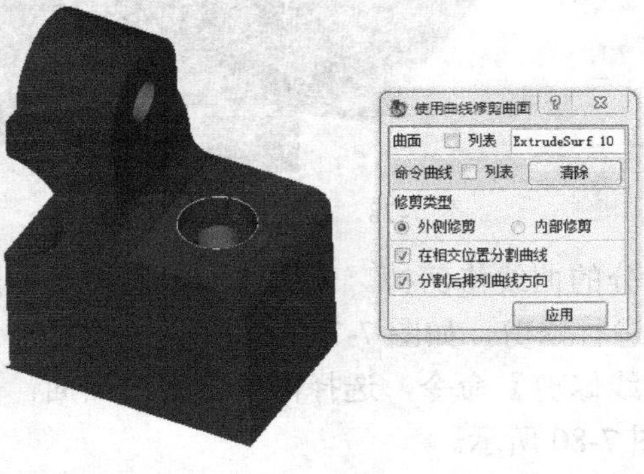

图 7-83　在平面上将孔打出

图 7-84　圆柱面修剪后的效果

（27）将图 7-85 中两个矩形部分做出。

（28）使用【创建】→【平面】→【中心/法向】命令，创建一个平面覆盖两个矩形位置，如图 7-86 所示。

图 7-85　矩形部分造型

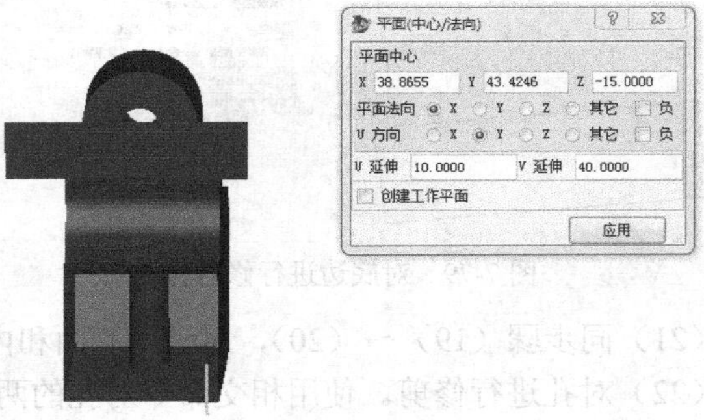

图 7-86　创建矩形位置

（29）使用【截断】命令，将外部多余部分进行分割，分割结果如图 7-87 所示。

（30）继续使用【截断】命令，“保留”选项中选择“两侧”，对一边进行分割；然后在“保留”选项中单击“选择”，对另一侧进行分割，结果如图 7-89 所示。至此，该对称零件的一半逆向造型完成。

图 7-87　分割外部多余部分

图 7-88　零件逆向造型效果（一半）

7.3.5 镜像

通过上面的操作，已经完成了该对称零件的一半，另外一半仅须通过镜像操作即可。

使用【修改】→【位移】→【镜像】命令，得到如图 7-89 所示的对话框。将对称的镜面选择在中圈点云的最低处，选择“拷贝对象”，单击“应用”，结果如图 7-90 所示。至此，零件的逆向制作过程完成。

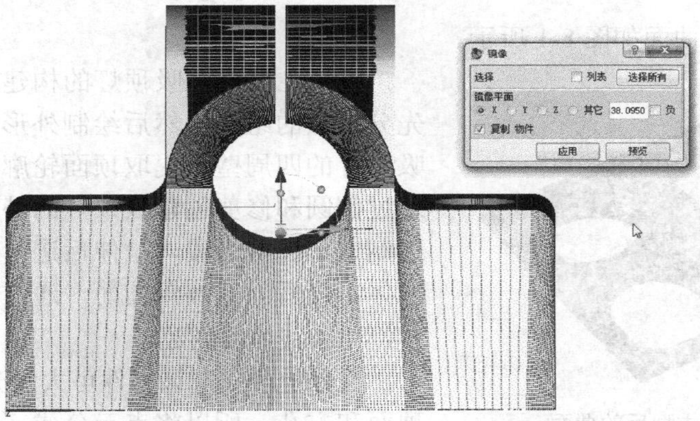

图 7-89　镜像零件

图 7-90　最终成品图

第 8 章

Imageware 逆向造型——简单曲面

本章以吸顶灯、反光镜为例，讲述简单曲面的逆向造型。通过该实例的练习，使读者在熟练掌握逆向造型基本技能的基础上进一步开拓思路，提高片体裁剪和编辑的能力，熟练掌握偏置曲面、拉伸曲面、指纹曲面、曲面倒圆角、剖切曲面等高级技巧。

8.1 吸顶灯逆向造型思路

零件成型后的曲面如图 8-1 所示。

图 8-1　零件成型后的曲面

本章主要讲述吸顶灯的构建。其构建思路为：首先分析点的组成，然后绘制外形轮廓曲线，拉伸生成吸顶灯的四周壁，提取顶面轮廓拉伸吸顶灯的顶面，通过倒圆和修剪创建吸顶灯的外形轮廓曲面；其次，绘制方形孔截面线，拉伸后进行倒圆角，并修剪多余片体。最后创建偏置曲面，通过直纹曲面特征封闭片体，完成实体的创建。

经分析可知，该零件可大致分为两部分，即侧面、顶面和方孔，所以将点云分成三部分来拟合，其具体操作如下。

1. 步骤一：点云的处理

（1）分割点云。根据上述分析，将点云分割为三部分。

（2）点云分层。利用图层管理器将不同部分放置到不同图层中，以方便切换视图，且使操作过程更有条理、不容易出错。

（3）创建剖断面。利用分割得到的点云在不同图层中创建顶面、侧面、内孔的剖断面点云，为后续曲面制作做好准备。

2. 步骤二：曲面的制作

（1）侧面的制作。

（2）顶面的制作。

（3）侧面与顶面的修剪片体。

（4）方孔的制作。

（5）方孔圆角的制作和修剪片体。

8.2 吸顶灯点云处理

8.2.1 分割点云

分割点云是为后续利用点云拟合曲面做准备，就是将点云分块提取出来，再根据其特点，用不同的方法构造曲面，其具体操作如下。

（1）打开文件夹中的文件 xidingdeng.imw，如图 8-2 所示，图层编辑器中 L1 层的点云名称显示为 xidingdeng。

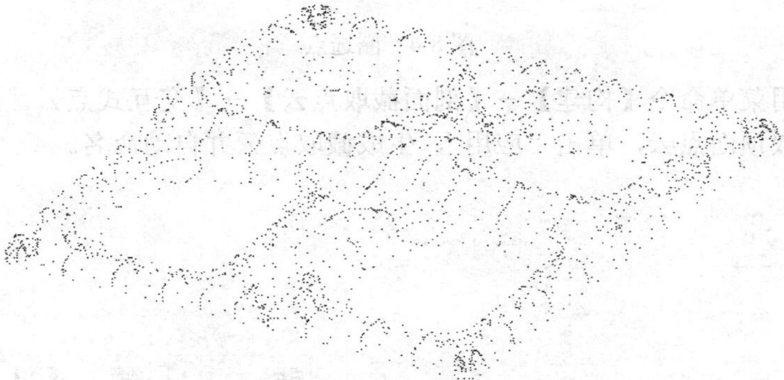

图 8-2　规则零件的点云

（2）单击主工具条上的“视图设置”图标，按住鼠标左键，移动鼠标到正上方“顶面视图”图标上，释放鼠标左键，将系统的视图调整到“顶面视图”的位置。

（3）使用菜单命令【修改】→【抽取】→【圈选点】，得到如图 8-3 所示的对话框。选择保留两端点云，圈选方孔点云，单击“应用”后，生成两部分点云并自动命名。

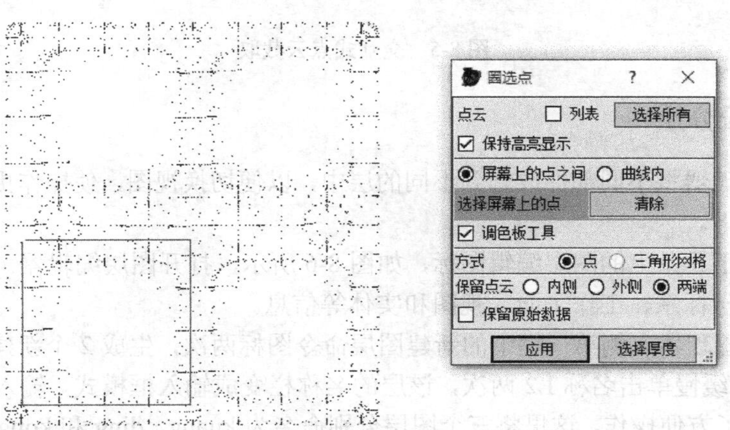

图 8-3　顶面视图

（4）重复（3），提取其余 3 个方孔位置的点云。

（5）使用菜单命令【构建】→【剖面截取点云】→【交互式点云截面】，如图 8-4 所示。绘制直线截取四周侧壁点云，单击“应用”，生成截取点云并自动命名。

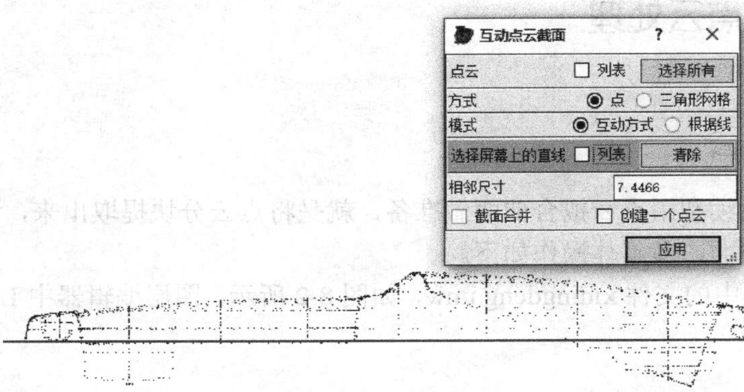

图 8-4　圈选点

（6）重复使用菜单命令【构建】→【剖面截取点云】→【交互式点云截面】，如图 8-5 所示。绘制直线截取顶面点云，单击“应用”，生成截取点云并自动命名。

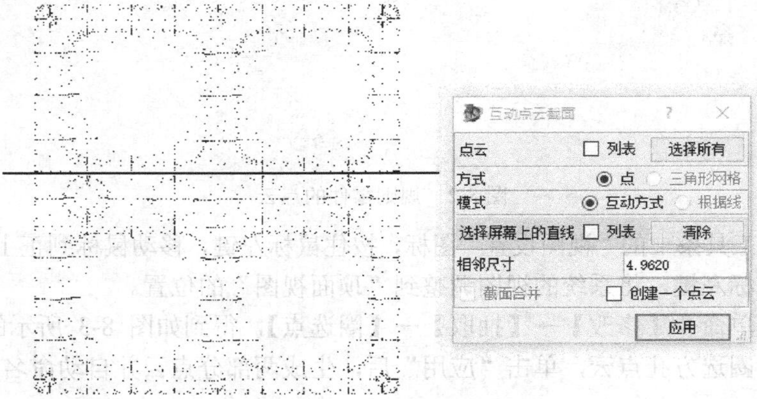

图 8-5　交互式点云截取

8.2.2　点云分层

利用图层管理器将不同部件放置到不同的层中，以便切换视图，使操作更有条理、不易出错，具体操作如下。

（1）单击主工具条上的图层编辑图标，如图 8-6 所示，打开图层编辑器。图层管理器包括图层、过滤器、坐标系、工作平面、视图和实体等信息。

（2）单击层管理器右侧第一栏中的新建图层命令图标两次，生成 2 个新建图层，系统自动命名为 L2、L3，缓慢单击名称 L2 两次，该层的名称栏变成输入框模式，输入新的名称即可改变该层名称。为了方便操作，这里将三个图层分别命名为 kuang、ding 和 kong，如图 8-7 所示。

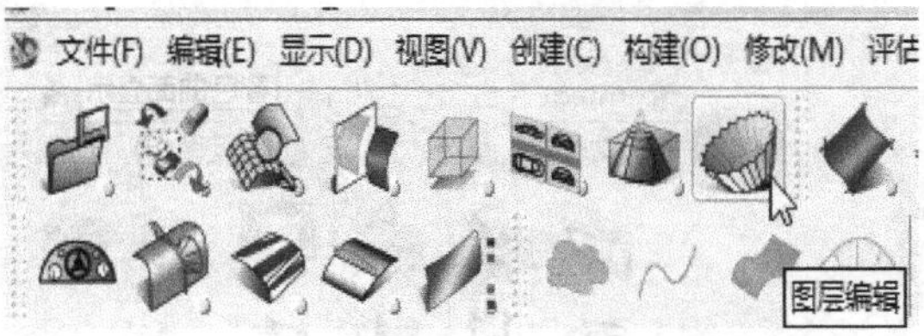

图 8-6　图层管理器图标

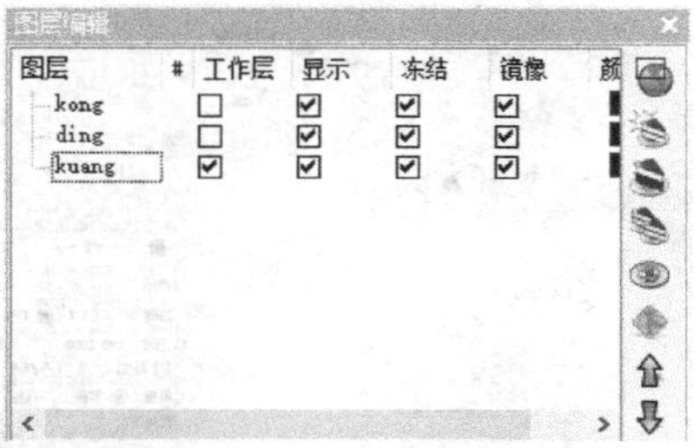

图 8-7　图层新建及命名图

（3）点云分层。将 kuang 中与各图层相关的点云文件，拖动至各图层中。点云分层，便于独立操作，片体处理。

8.3　吸顶灯曲面制作

本节将详细介绍根据剖断面点云创建曲面的操作，包括曲面的拟合、裁剪、圆角操作。

8.3.1　顶面制作

选择 ding 图层，将点云拟合成需要的曲面，顶面由两端圆弧面和一个平面组成，具体操作如下。

（1）工作层激活 ding 图层，隐藏其他图层及实体。使用快捷键“Ctrl+J”，选择仅显示出该点云。利用视图选项将点云置于前视图，利用旋转模式，将紫色滑动条拖动至最左边。

（2）选择【创建】→【简易曲线】→【3 点圆弧】，结果如图 8-8 所示。

（3）选择【创建】→【简易曲线】→【直线】，创建中间段直线。

（4）修剪曲线。【修改】→【截断】→【截断曲线】。结果如图 8-9 所示。

（5）选择【构建】→【扫掠曲面】→【沿方向延伸】指令，利用两条圆弧和直线构造顶面圆弧曲面。如图 8-10 所示，选择 *X* 方向，向两侧延伸，调整延伸距离使拟合圆弧曲面宽度大于两侧面，在后续处理中使用边界条件进行裁剪，单击鼠标中键确认。

（6）单击主工具条上的基本显示图标，按住鼠标左键，移动鼠标到图 8-11 所示的“着色曲面显示”命令图标上，释放鼠标左键，更改曲面的显示模式为渲染模式。

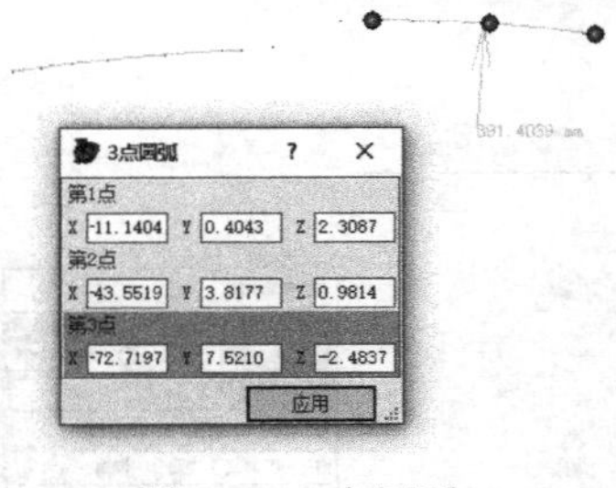

图 8-8　3 点圆弧

图 8-9　截断曲线结果

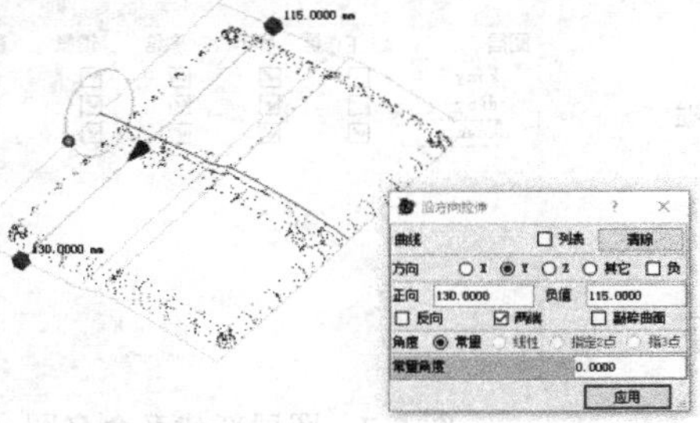

图 8-10　沿方向延伸对话框

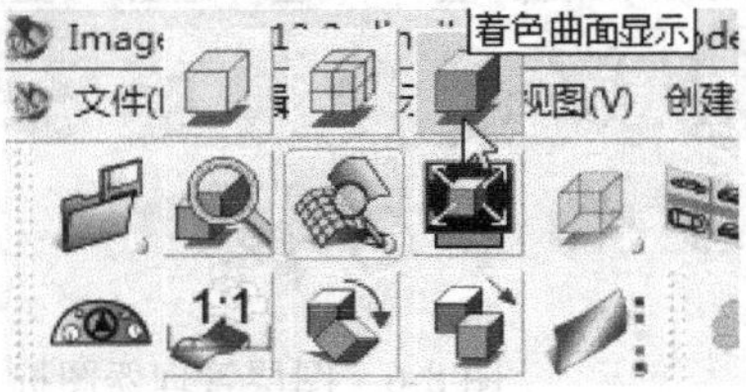

图 8-11　着色曲面显示命令

8.3.2　四周侧面制作

选择 kuang 图层，先利用剖断面点云构建轮廓线，然后利用轮廓线拉伸成曲面。具体操作过程如下。

（1）激活 kuang 图层，隐藏其他图层及实体。使用快捷键“Ctrl+J”，选择仅显示出该点云。利用“视图”选项将点云置于“顶面视图”。

（2）选择【创建】→【简易曲线】→【直线】，分别创建四段直线部分，如图 8-12 所示，单击鼠标中键确认，系统自动命名。

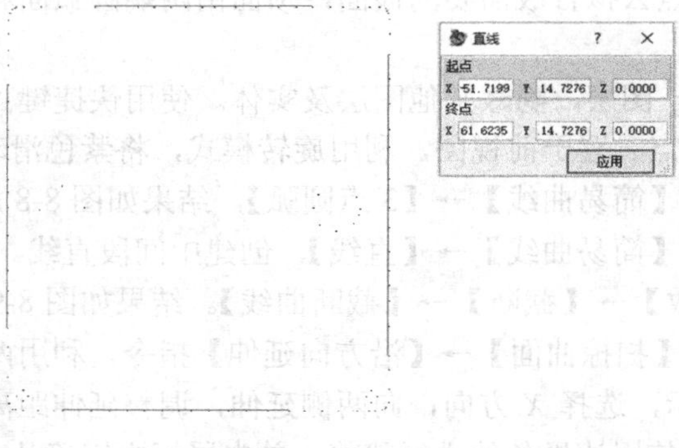

图 8-12　创建圆弧

（3）隐藏点云，只显示生成的轮廓线，选择【修改】→【延伸】，构造完整的侧面轮廓，对话框如图 8-13 所示。选择自然延伸所有边，单击“预览”查看效果，拖动“距离”栏的滑块调整延伸距离，至所有曲线相交，单击鼠标中键确定。

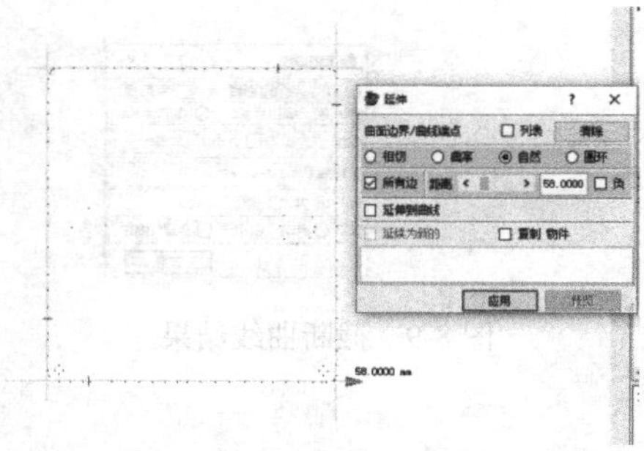

图 8-13　创建直线

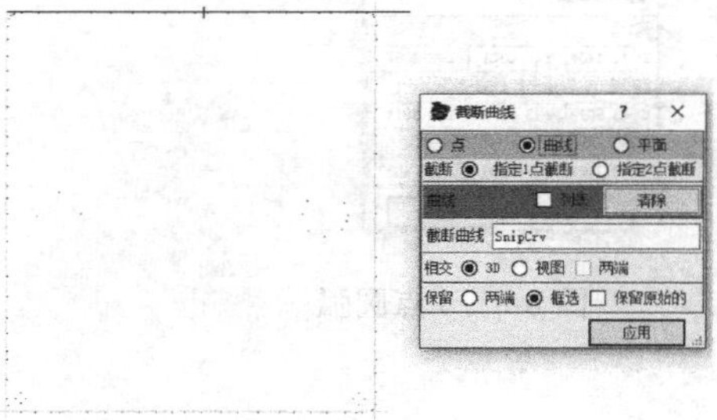

图 8-14　自然延伸所有边

（4）选择【修改】→【截断】→【截断曲线】，选择曲线裁剪方式，修剪轮廓线，其对话框如图 8-14 所示。

（5）选择 1 次分割；单击“曲线”选项，再用鼠标单击被修剪曲线保留的部分；然后单击“分割曲线”，选择边界曲线。在“相交”栏中选择 3D，在“保留”选项中单击“框选”，即仅保留鼠标所选部分曲线。完成后，重复（4）操作，完成 4 段直线的修剪。

（6）选择【构建】→【扫掠曲面】→【沿方向延伸】指令，选择上一步中的轮廓曲线，显示点云作为参照，向 *Z* 轴延伸至覆盖点云对应部分，如图 8-15 所示，单击鼠标中键确定。使用渲染模式显示曲面，如图 8-16 所示。

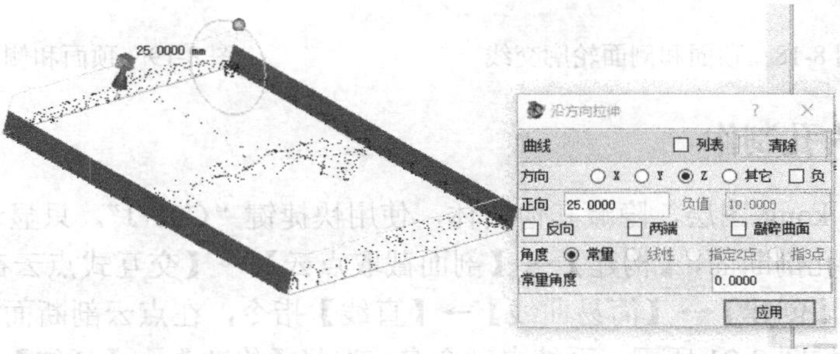

图 8-15　沿方向延伸轮廓曲线

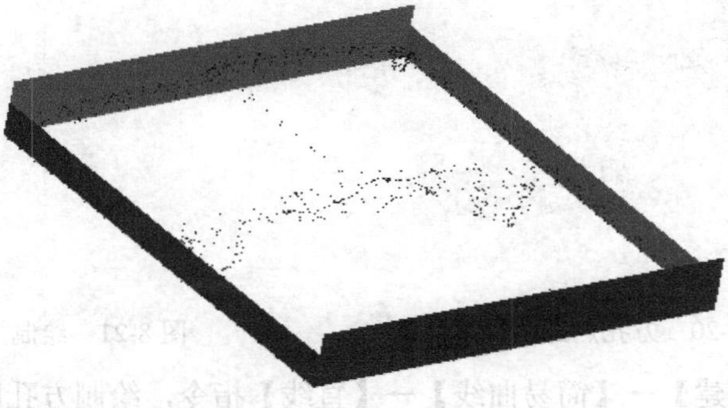

图 8-16　渲染模式显示曲面

顶面和侧面轮廓的两部分构建完毕，如图 8-17 所示，还要进行后续裁剪处理。

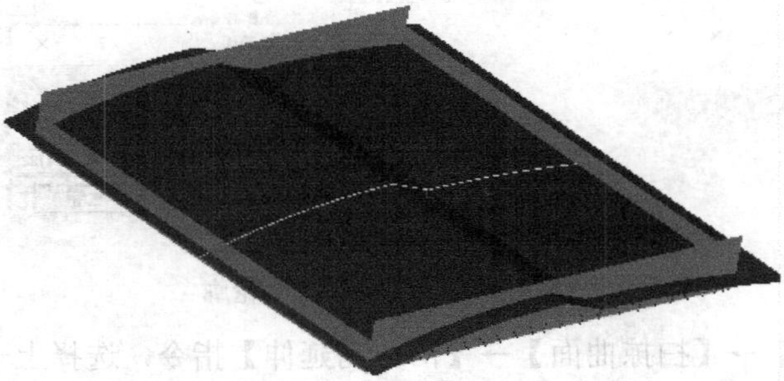

图 8-17　顶面和侧面轮廓

（7）选择【构建】→【相交】→【曲面】，选择曲面相交，曲面 1 选择顶面，曲面 2 选择侧面。修剪选择两端，框选要保留的部分，完成修剪。

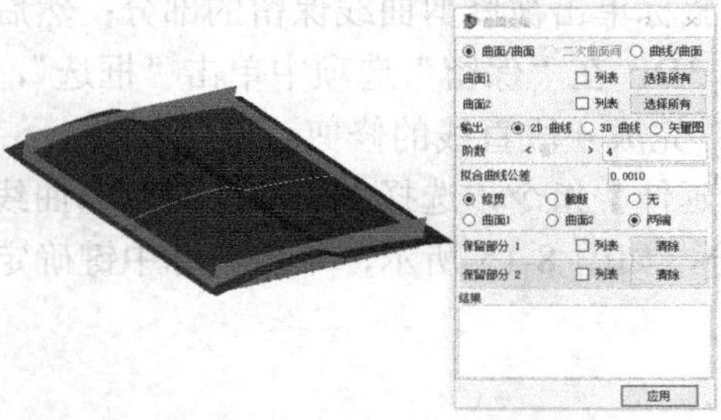

图 8-18　顶面和侧面轮廓交线

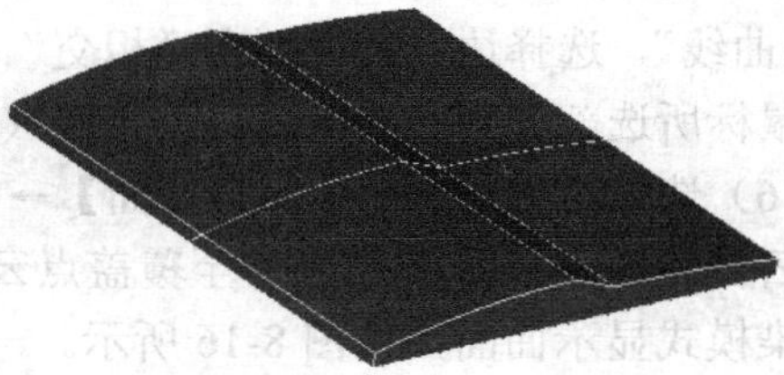

图 8-19　顶面和侧面轮廓完成修剪

8.3.3　内孔制作

（1）激活 kong 图层，隐藏其他实体，使用快捷键“Ctrl+J”，只显示方空点云，如图 8-20 所致。建立方孔剖断面，【构建】→【剖面截取点云】→【交互式点云截面】。

（2）选择【创建】→【简易曲线】→【直线】指令，在点云剖断面基础上创建圆，单击鼠标中键确定，如图 8-21 所示，系统自动命名。选择【修改】→【延伸】，构造完整的方孔轮廓。

图 8-20　方孔点云

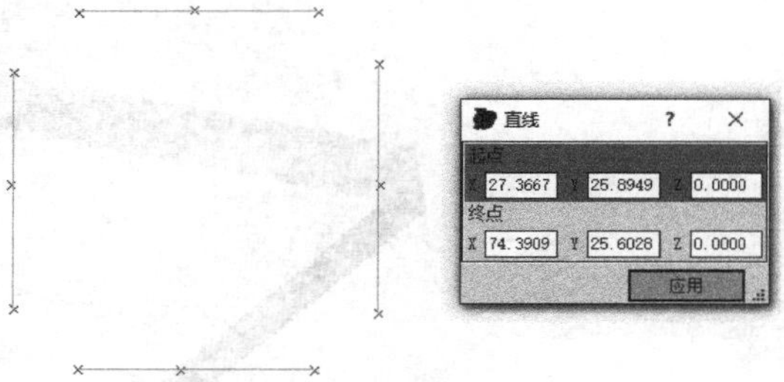

图 8-21　绘制方孔轮廓线

（3）选择【创建】→【简易曲线】→【直线】指令，绘制方孔底面轮廓线，如图 8-22 所示，单击鼠标中键确定，延伸曲线，选择【修改】→【延伸】。

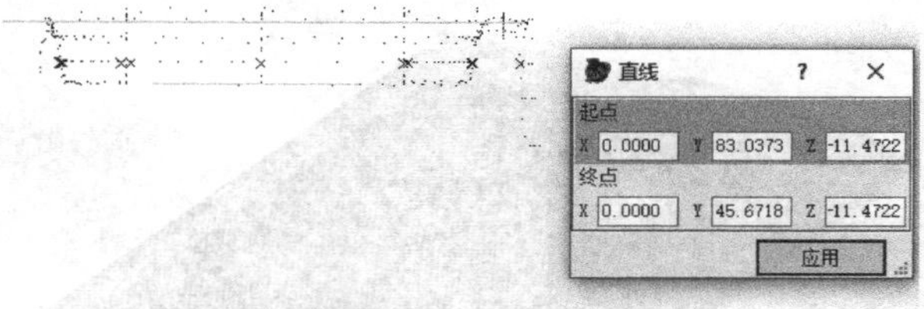

图 8-22　绘制方孔底面轮廓

（4）选择【构建】→【扫掠曲面】→【沿方向延伸】指令，选择上一步中的轮廓曲线，显示点云作为参照，向 Z 轴延伸至覆盖点云对应部分，反转曲面法向，如图 8-23 所示。反转后，方孔如图 8-24 所示。

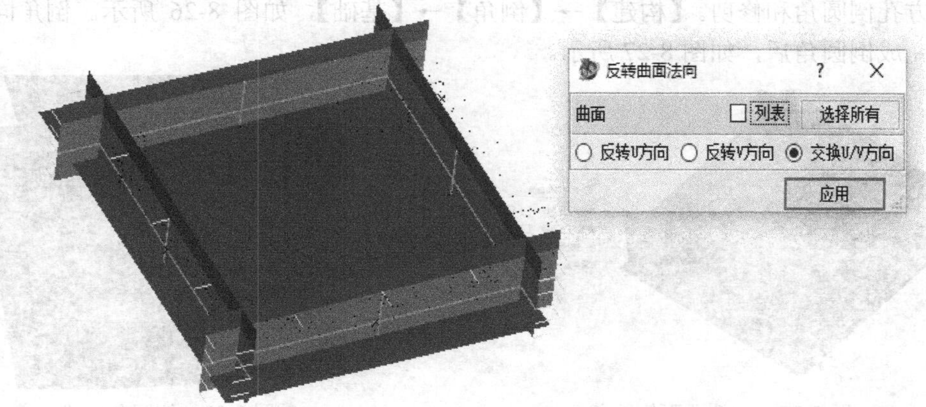

图 8-23 方孔构建图及法向反转

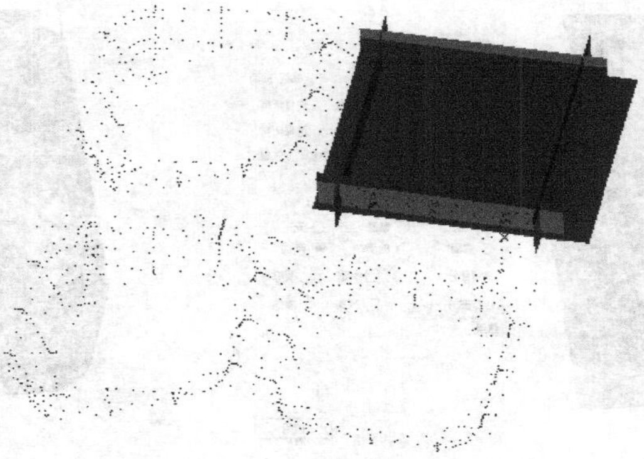

图 8-24 生成方孔曲面

（5）重复步骤（1）~（4），建立其余 3 个方孔曲面，如图 8-25 所示。

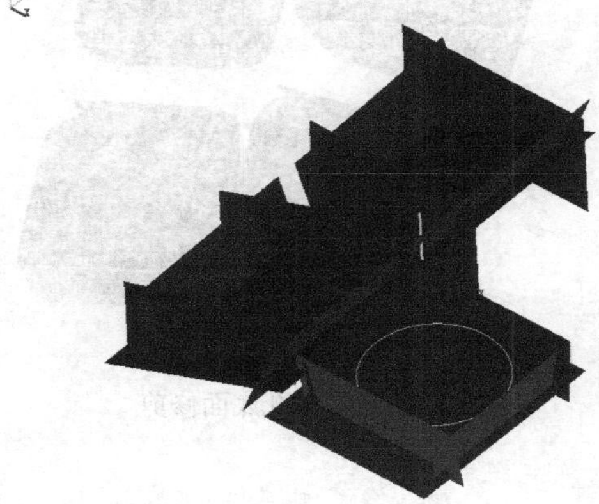

图 8-25 方孔曲面绘制

（6）方孔倒圆角和修剪。【构建】→【倒角】→【基础】，如图 8-26 所示。倒角同时，进行修剪。完成倒圆角后，如图 8-27 所示。

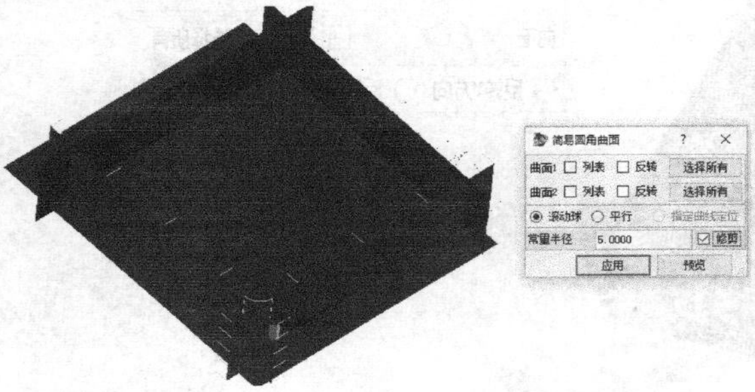

图 8-26　方孔曲面倒圆角

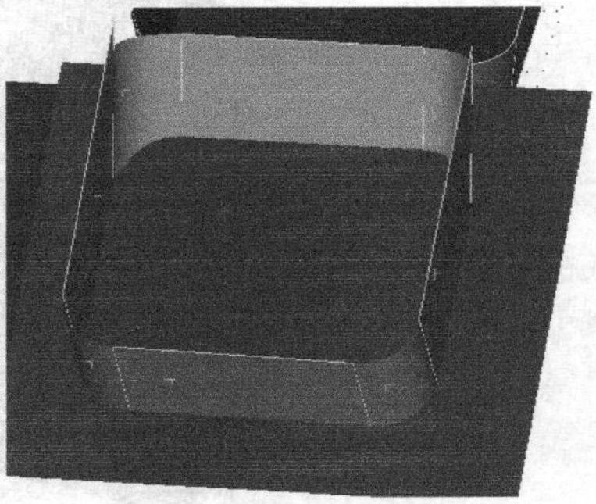

图 8-27　倒圆角完成

（7）方孔侧壁与底面修剪。【构建】→【相交】→【曲面】，如图 8-28 所示。提取交线并进行修剪，点选“修剪”，选择“两端”，框选要保留的部分。如图 8-29 所示。

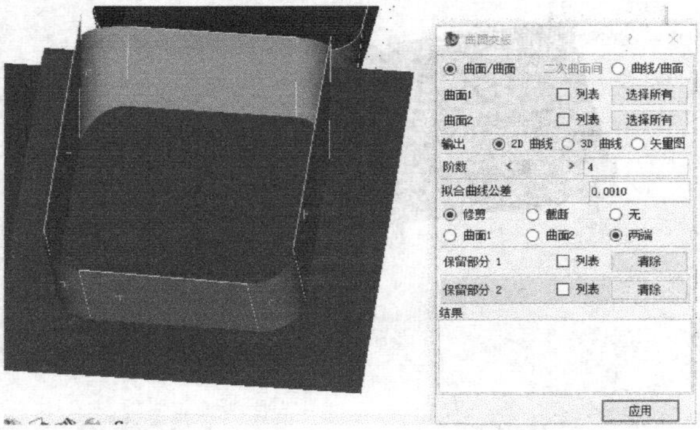

图 8-28　提取曲面交线

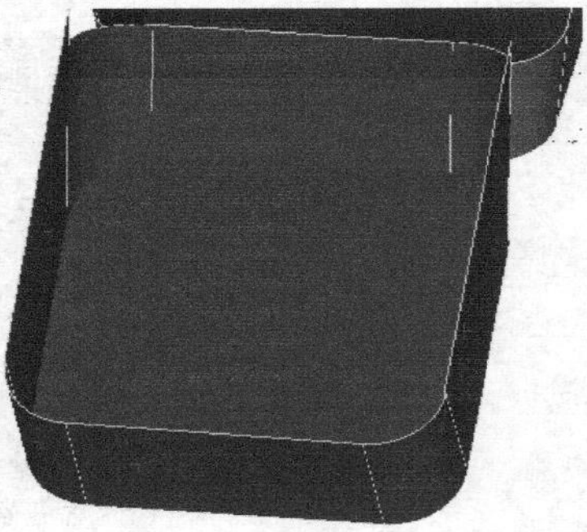

图 8-29　方孔曲面修剪

（8）重复步骤（7），完成其余 3 个方孔的相交，修剪。结果如图 8-30 所示。

图 8-30　方孔底面修剪

8.3.4　顶面修剪

前述部分完成了侧面与顶面修剪，方孔的绘制与修剪。以下主要介绍顶面与方孔间曲面裁剪。

（1）显示顶面与方孔。如图 8-31。使用菜单命令，【构建】→【相交】→【曲面】，提取曲面交线，同时进行修剪，点选“修剪”，选择“两端”，框选需要保留部分，“中键”确认。

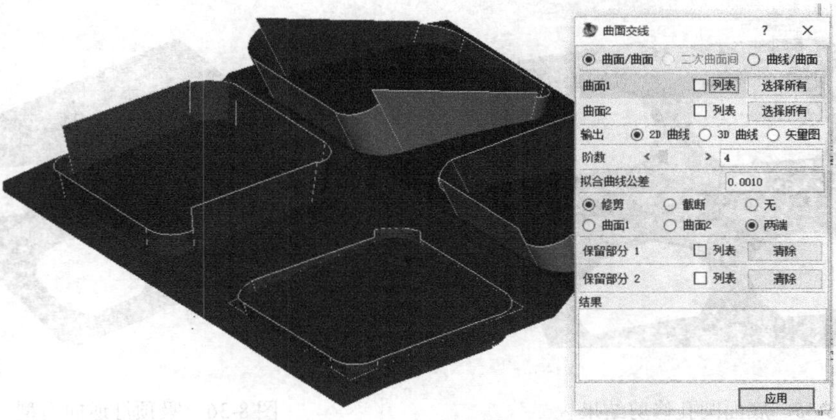

图 8-31　曲面修剪

曲面 1，选择顶面的一个弧面，曲面 2 选择两方孔的侧壁。完成修剪后的曲面如图 8-32 所示。

（2）重复（1）步骤，完成另两孔与顶面的修剪，结果如图 8-33 所示。

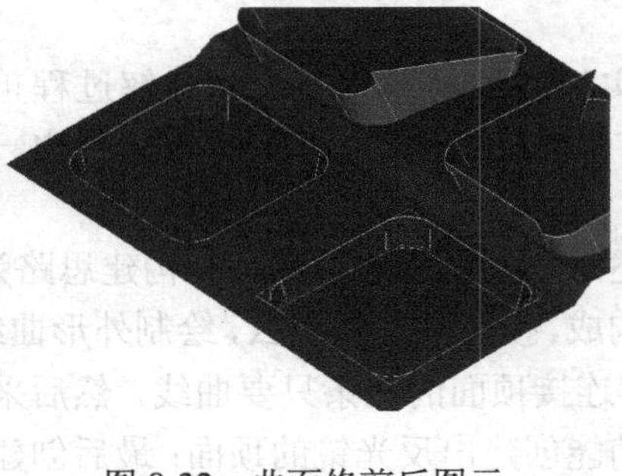

图 8-32　曲面修剪后图示

图 8-33　曲面修剪

（3）方孔底面修剪。【创建】→【简易曲线】→【圆（3 点）】，由点云创建底面修剪曲线。使用菜单命令，【修改】→【修剪】→【使用曲线修剪】，修剪方孔底面。如图 8-34 所示。

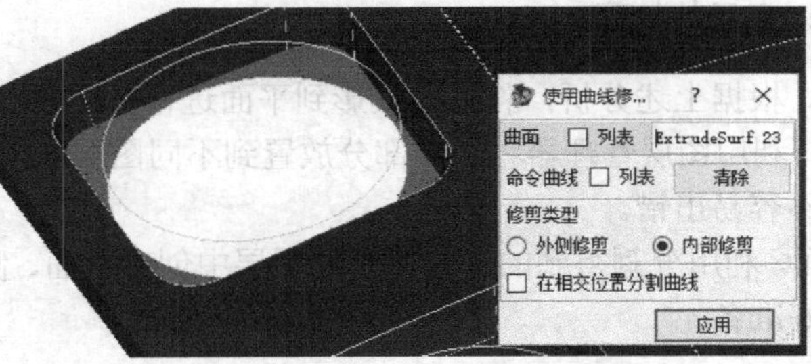

图 8-34　方孔底面修剪

（4）重复步骤（3），完成另 3 个方孔底面圆孔修剪。结果如图 8-35 所示。

至此，吸顶灯的逆向造型基本完成。

整体效果展示，如图 8-36 所示。

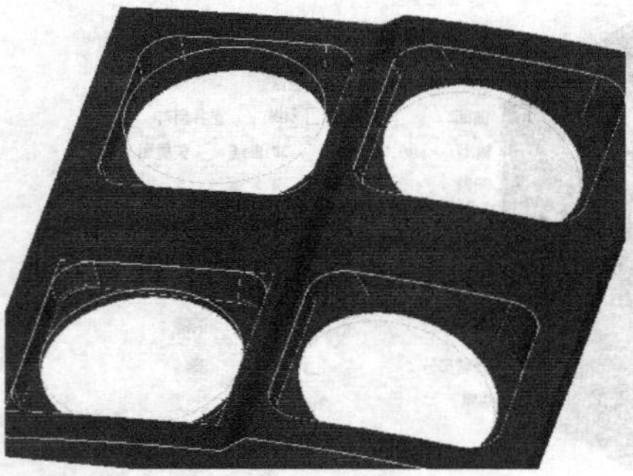

图 8-35　底面圆孔修剪结果

图 8-36　吸顶灯逆向造型

8.4　反光镜逆向造型思路

零件成型后的曲面如图 8-37 所示。

图 8-37　零件成型后的曲面

逆向造型的实施过程与产品分析的分解过程正好相反，所以用户首先应该根据对点云的分析，得出一个反求的大体思路。

本章主要讲述汽车反光镜的构建。其构建思路为：首先分析点云的构成，投影外形的点云，绘制外形曲线，拉伸成面；其次，连接顶面的几条只要曲线，然后采用通过曲线组曲面功能创建出反光镜的顶面；最后创建反光镜的细节部分。

经分析可知，该零件可大致分为三部分：顶面、四周轮廓和孔，其具体操作如下。

1．步骤一：点云的处理

（1）投影点云。根据上述分析，将点云投影到平面进行外形轮廓绘制。

（2）点云分层。利用图层管理器将不同部分放置到不同图层中，以方便切换视图，且使操作过程更有条理、不容易出错。

（3）创建剖断面。利用分割得到的点云在不同图层中创建顶面、侧面、内孔的剖断面点云，为后续曲面制作做好准备。

2．步骤二：曲面的制作

（1）四周轮廓的制作。

（2）顶面的制作。

（3）曲面的裁剪。
（4）圆角的制作。
（5）内孔的制作。

3. 步骤三：误差与光顺性分析

分析曲面与原始点云之间的误差。

8.5 点云处理

8.5.1 反光镜投影点云

投影点云是为后续利用点云拟合曲面做准备，就是将点云向某一平面投影，再根据其特点，用不同的方法构造曲面，其具体操作如下。

（1）打开文件夹中的文件 fanguangjing.imw，如图 8-38 所示，图层编辑器中的点云名称显示为 fanguangjing。

（2）单击主工具条上的“创建投影”图标，按住鼠标左键，移动鼠标到图 8-39 所示的正上方“点云投影到平面”图标上，释放鼠标左键，选择点云进行投影，如图 8-40 所示。将点云向 Z 平面投影，偏移距离不定。

（3）重复步骤（2）继续“创建投影”，如图 8-41 所示。将点云向 Z 平面投影，偏移距离不定。

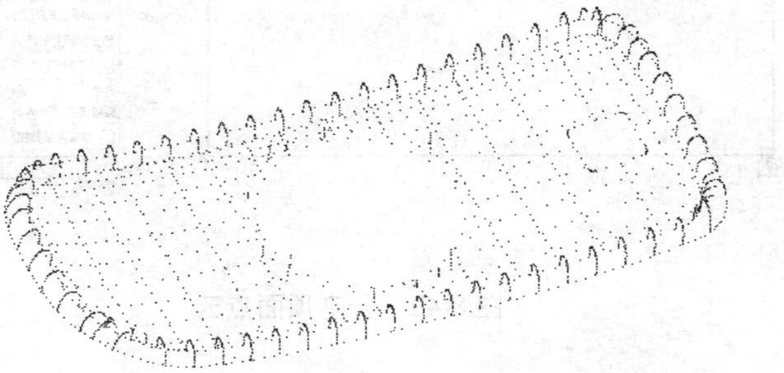

图 8-38 反光镜零件的点云

（4）将原始点云定位到顶面视图。单击主工具条上的“视图设置”图标，按住鼠标左键，移动鼠标到正上方“顶面视图”图标上，释放鼠标左键，定位到顶面视图。

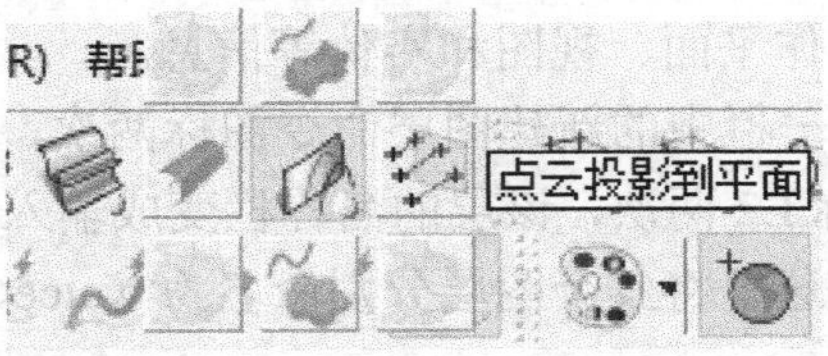

图 8-39 点云投影到截面

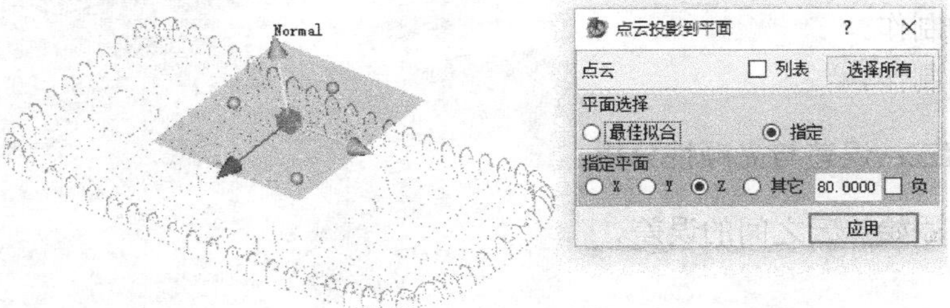

图 8-40　点云投影 Z 面

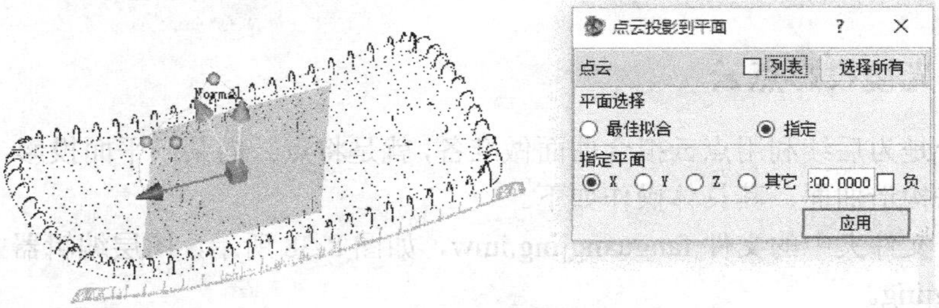

图 8-41　点云投影 X 面

（5）选择【修改】→【抽取】→【圈选点】，如图 8-42 所示，选择保留两端点云，然后选择屏幕上的圈选点顶面部分，单击鼠标中键确定。系统自动将生成的点云命名。

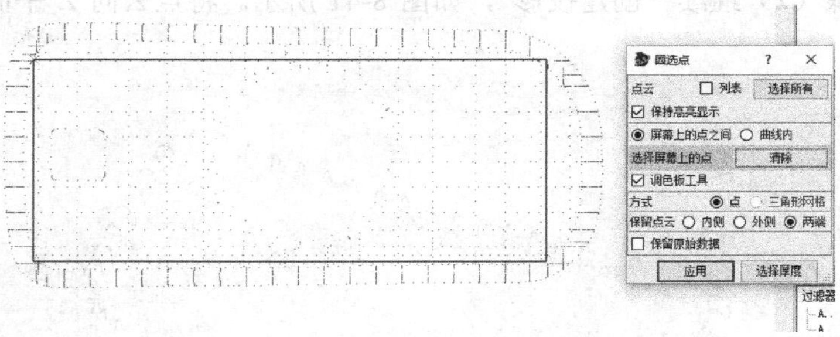

图 8-42　分割顶面点云

8.5.2　点云分层

利用图层管理器将不同部件放置到不同的层中，以便切换视图，使操作更有条理、不易出错，具体操作如下。

（1）单击主工具条上的图层编辑图标，如图 8-43 所示，打开图层编辑器。图层管理器包括图层、过滤器、坐标系、工作平面、视图和实体等信息。

（2）单击层管理器右侧第一栏中的新建图层命令图标两次，生成 2 个新建图层，系统自动命名为 L2、L3，缓慢单击名称 L2 两次，该层的名称栏变成输入框模式，输入新的名称即可改变该层名称。为了方便操作，这里将三个图层分别命名为 waice、gongxing，如图 8-44 所示。

图 8-43 图层管理器图标

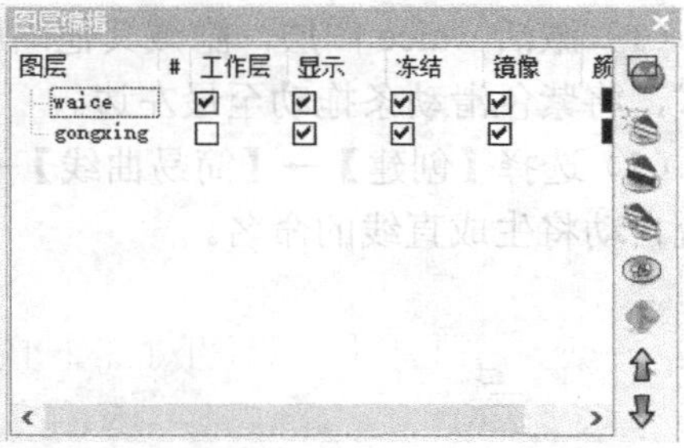

图 8-44 新建图层

（3）单击 L1 层，单击层管理器下半部分的实体，按住鼠标左键，并拖动鼠标到层管理器的上半部分的图层上。将投影 1 拖动至 waice，将投影 2，及点云分割拖动至 gongxing。

8.5.3 创建剖断面

利用前面操作中分割得到的点云创建剖断面，从而构建出拱形的轮廓线，为之后拟合曲面做准备工作。接下来将在不同图层中根据各部分特点创建剖断面，具体操作如下。

（1）首先构建顶面轮廓线。选择激活图层拱形，并隐藏其他图层。使用视图命令将分割点云置于顶面视图。

（2）选择【构建】→【剖面截取点云】→【交互式点云截面】，对话框如图 8-45 所示。在顶面截取点云 4 次。

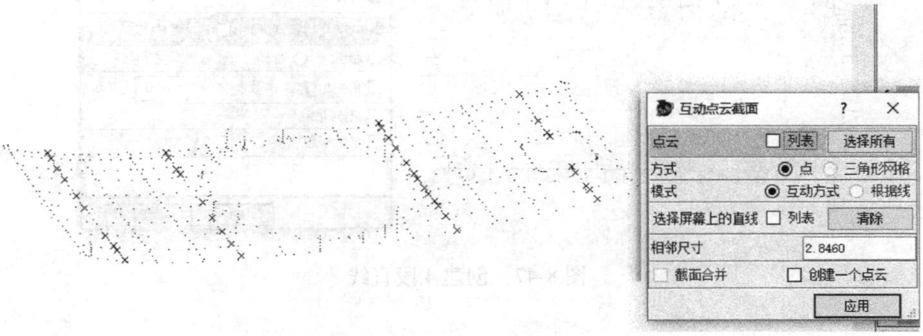

图 8-45 交互模式点云截面对话框

8.6 曲面制作

本节将详细介绍根据剖断面点云，投影点云创建曲面的操作，包括曲面的拟合、裁剪、圆角操作。

8.6.1 外侧面制作

选择 waice 图层，将投影 1 点云拟合成需要的曲面，外侧由两个圆桶面和弧面组成，具体操作如下。

（1）激活 waice 图层，隐藏其他图层及实体。利用视图选项将点云置于前视图，利用旋转模式，将紫色滑动条拖动至最左边。

（2）选择【创建】→【简易曲线】→【直线】，绘制 4 段外轮廓直线，结果如图 8-46 所示，系统自动将生成直线的命名。

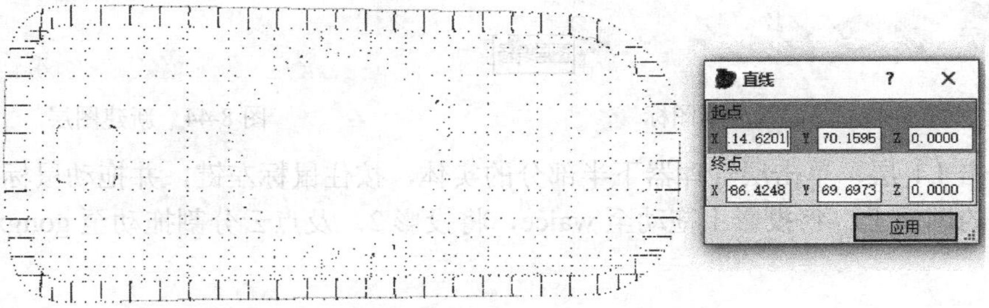

图 8-46　绘制 4 段直线

（3）选择【创建】→【简易曲线】→【直线】指令，创建 4 段内轮廓直线，结果如图 8-47 所示，系统自动将生成直线的命名。

（4）使用菜单命令，选择【修改】→【延伸】指令，如图 8-48 所示。选择自然延伸所有边，单击“预览”查看效果，拖动距离栏的滑块调整延伸距离，直到所有曲线相交，单击鼠标中键确定。完成 8 段直线的延伸。

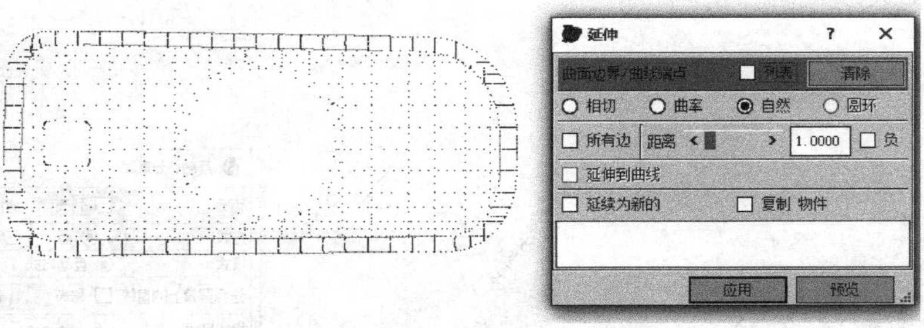

图 8-47　创建 4 段直线

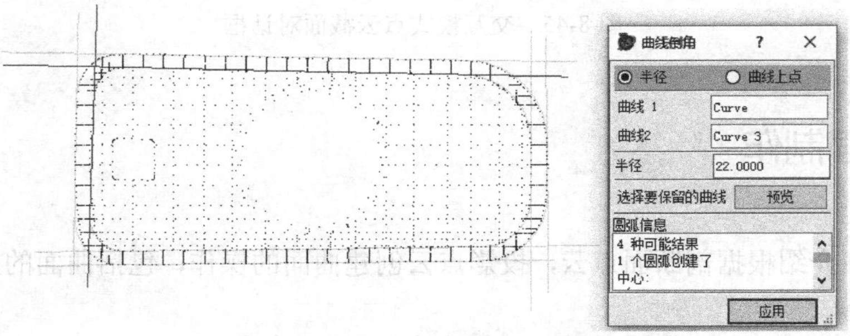

图 8-48　延伸至所有曲线相交

（5）选择【构建】→【倒角】→【曲线】，创建外侧，内侧直线段的曲线倒圆角，调整倒圆半径，使得曲线最佳拟合点云。结果如图 8-49 所示。 共 8 个圆角，外侧 4 个，内侧 4 个。

（6）选择【修改】→【截断】→【截断曲线】，选择曲线裁剪方式，修剪轮廓线，如图 8-50 所示，单击“曲线”，选择两侧直线，单击选择保留直线下侧，单击“分割曲线”，选择圆弧，单击鼠标中键确认。继续完成其余直线修剪。

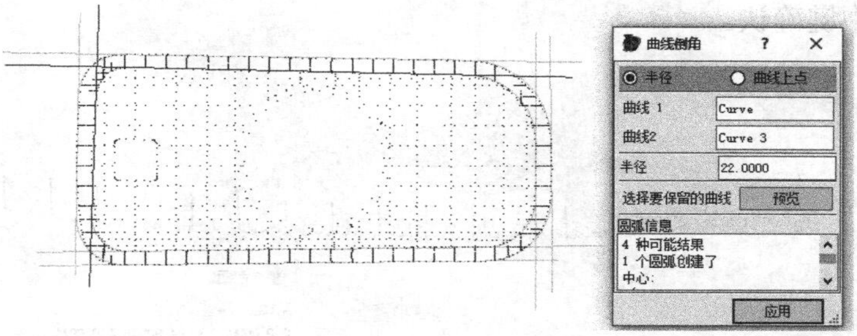

图 8-49　曲线倒圆角

（7）选择【构建】→【扫掠曲面】→【沿方向延伸】指令，利用前述步骤中创建的曲线轮廓，构建曲面。如图 8-51 所示，选择 Z 方向，向一侧延伸，调整延伸距离使拟合曲面长度全部覆盖原始点云，以便在后续处理中使用边界条件进行裁剪，单击鼠标中键确认。

（8）单击主工具条上的基本显示图标，按住鼠标左键，移动鼠标到图 8-52 所示的“着色曲面显示”命令图标上，释放鼠标左键，更改曲面的显示模式为渲染模式。

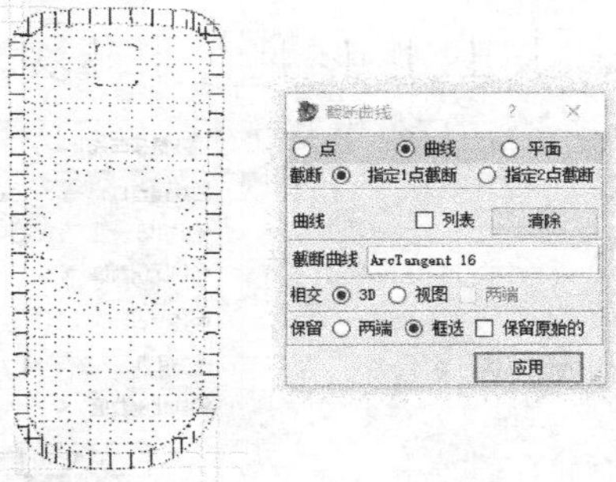

图 8-50　曲线修剪

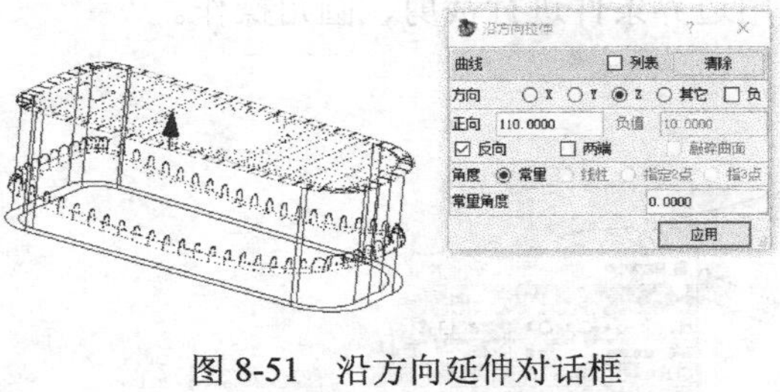

图 8-51　沿方向延伸对话框

图 8-52　着色曲面显示命令

（9）切换工作层为 gongxing 图层，显示投影 2，选择【创建】→【简单曲线】→【3 点圆弧】，单击点云部分 3 个点作为圆弧定位，创建圆弧，单击鼠标中键确认，为了预防误差，选择的点要尽量精确，如图 8-53 所示。绘制 3 段圆弧。

（10）选择【修改】→【延伸】。选择自然延伸，延长所有边，同时延伸曲线的两端。单击“预览”，查看生成效果，拖动距离栏后的滑动条调整数值，需要满足曲线拟合点云边界，单击鼠标中键确认。

（11）选择【构建】→【桥接】→【曲线】指令，桥接三段圆弧，拟合点云边界，如图 8-54 所示，单击鼠标中键确认。

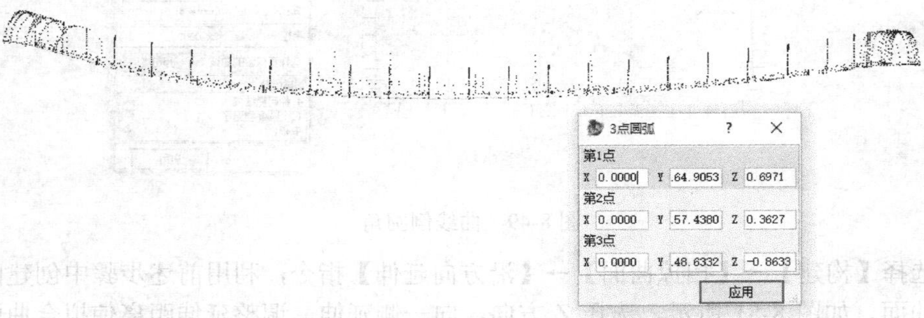

图 8-53　创建 3 段圆弧

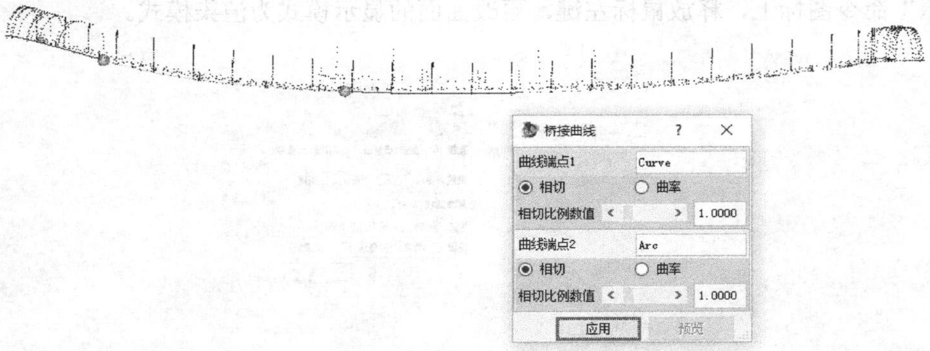

图 8-54　圆弧曲线桥接

（12）使用菜单命令，【构建】→【扫掠曲面】→【沿方向拉伸】，将上述轮廓线拟合成的顶面曲面，如图 8-55 所示，后续操作处理时再用边界条件进行裁剪、圆角操作。

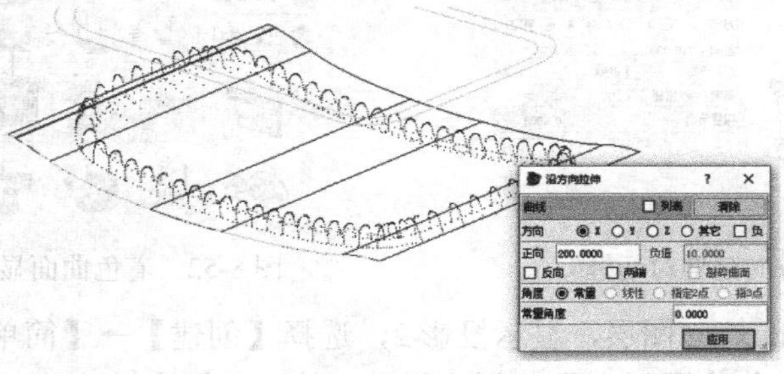

图 8-55　拉伸曲面

8.6.2 拱形弧面制作

选择 gongxing 图层，先利用剖断面点云构建轮廓线，然后利用轮廓线拉伸成曲面，具体操作过程如下。

（1）激活 gongxing 图层，隐藏其他图层及实体。利用“视图”选项将点云置于“顶面视图”，显示前述截取的 4 个剖断面。

（2）选择【创建】→【简易曲线】→【3 点圆弧】，分别选择四个圆弧部分的三个点创建圆弧，如图 8-56 所示，单击鼠标中键确认，系统自动命名为 Arc、Arc 2、Arc 3、Arc 4。

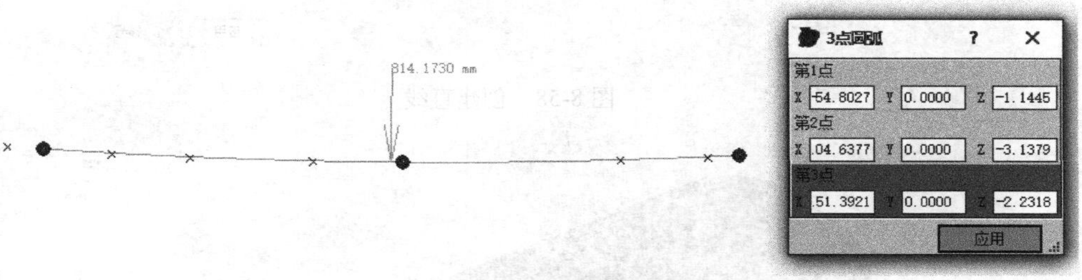

图 8-56　创建圆弧

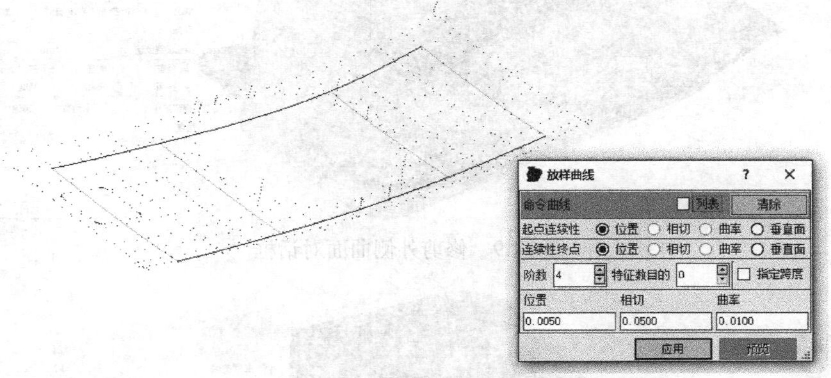

图 8-57　拱形面放样

（3）选择【构建】→【曲面】→【放样】，通过四条直弧线，如图 8-57 所示，拟合拱形顶面，单击鼠标中键确认。

（4）显示点云，选择【修改】→【延伸】，构造完整的顶面曲面，对话框如图 8-58 所示，选择自然延伸所有边，单击“预览”查看效果，拖动“距离”栏的滑块调整延伸距离，至曲面覆盖所有点云，单击鼠标中键确定。

（5）使用菜单命令，选择【构建】→【相交】→【曲面】，曲面 1 选择外侧面，曲面 2 选择投影 2 拉伸曲面；点选“修剪”，对外侧面进行修剪，点选“曲面 1”，框选需要保留的部分，外侧面保留曲面 2 的上部。其对话框如图 8-59 所示。

（6）使用菜单命令，选择【构建】→【相交】→【曲面】，曲面 1 选择内侧面，曲面 2 选择拱形面的拉伸曲面；点选“修剪”，对外侧面进行修剪，点选“曲面 1”，框选需要保留的部分，内侧面保留曲面 2 的上部。其对话框如图 8-60 所示。

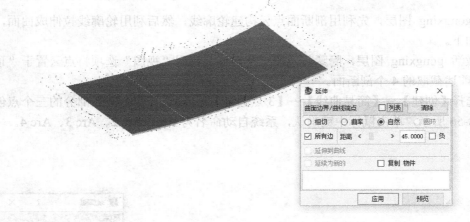

图 8-58　创建直线

图 8-59　修剪外侧曲面对话框

图 8-60　修剪内侧曲面对话框

（7）使用菜单命令，【构建】→【偏移】→【曲面】。偏移投影 2 拉伸曲面，如图 8-61 所示。

（8）使用菜单命令，【构建】→【倒角】→【基础】。曲面 1 选择偏移曲面，曲面 2 选择外侧面，点选“修剪”框，单击“预览”查看，圆角方向和位置，如果圆角位置不对，可单击曲面反转调整，如图 8-62 所示。

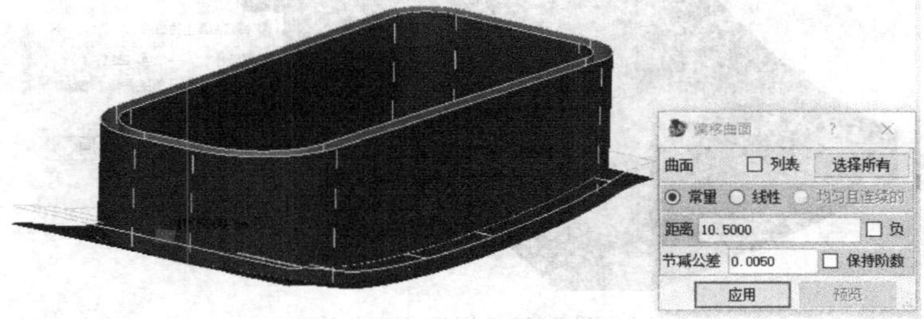

图 8-61　偏移曲面结果

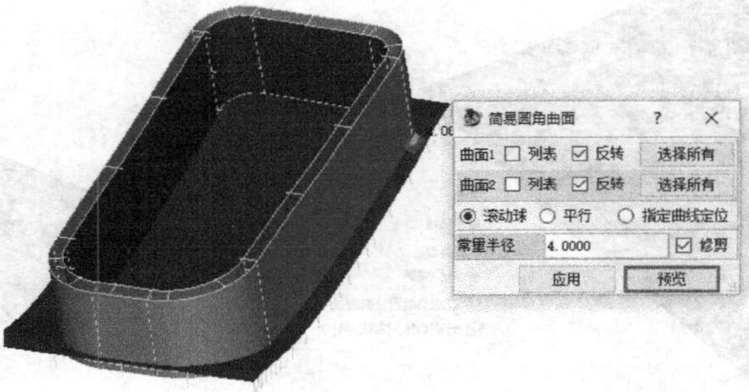

图 8-62　偏移曲面倒圆角

（9）使用菜单命令，【构建】→【倒角】→【基础】。曲面 1 选择偏移曲面，曲面 2 选择内侧面，点选“修剪”框，单击“预览”查看，圆角方向和位置，如果圆角位置不对，可单击曲面反转调整，如图 8-63 所示，结果如图 8-64 所示。

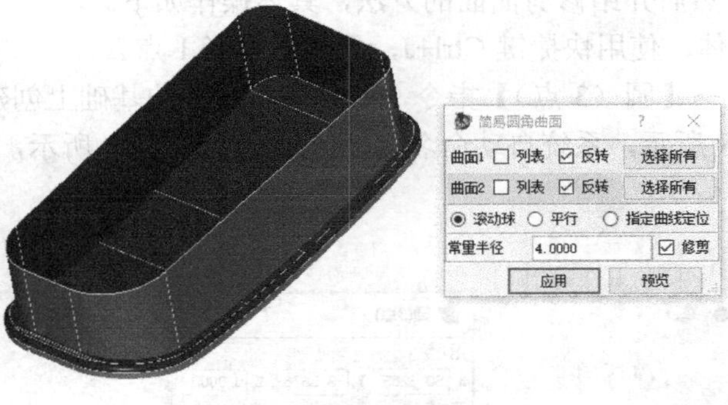

图 8-63　曲面倒圆结果

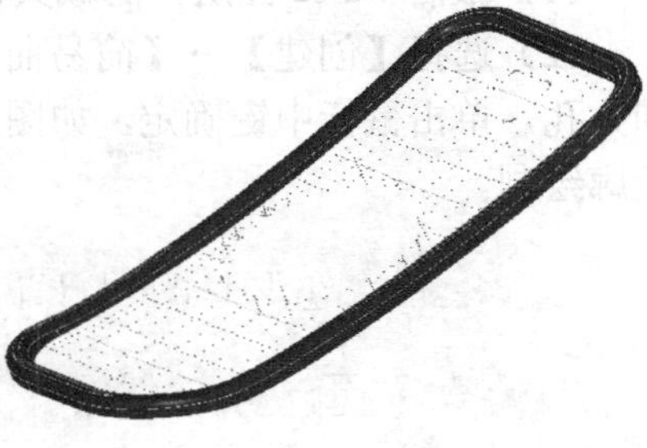

图 8-64　曲面倒圆结果

（10）使用菜单命令，选择【构建】→【提取曲面上的曲线】→【取出 3D 曲线】，提取拱形面与内侧面的交线，其对话框如图 8-65 所示。

（11）使用菜单命令，选择【修改】→【修剪】→【使用曲线修剪】，曲面选择拱形面，命令曲线选择步骤（10）中提取的 3D 曲线，其对话框如图 8-66 所示。点选“外侧修剪”，单击鼠标中键确认，曲面修剪结果如图 8-67 所示。

图 8-65　提取 3D 曲线

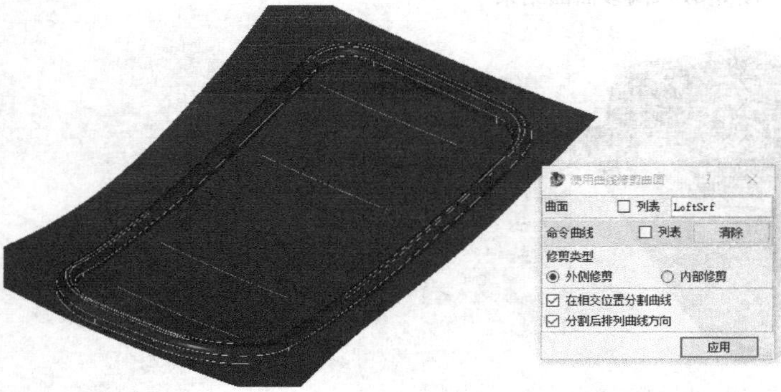

图 8-66　使用曲线修剪曲面

图 8-67　曲面修剪结果

8.6.3　内孔修剪

前面介绍了构建曲面的一般操作：先拟合轮廓线，然后按方向扫掠得到平面或曲面，本节将介绍内孔的制作，先介绍曲面相交，然后介绍修剪曲面的方法，具体操作如下。

（1）激活 waice 图层，隐藏其他实体，使用快捷键 Ctrl+J，只显示投影 1 点云。

（2）选择【创建】→【简易曲线】→【圆（3 点）】指令，在投影 1 点云的基础上创建圆，和方孔，单击鼠标中键确定，如图 8-68 所示，系统自动命名为 Circle。如图 8-69 所示，方孔轮廓绘制。

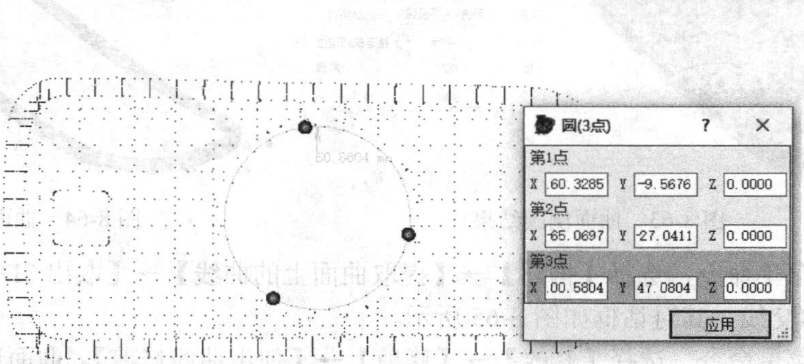

图 8-68　根据三点创建圆

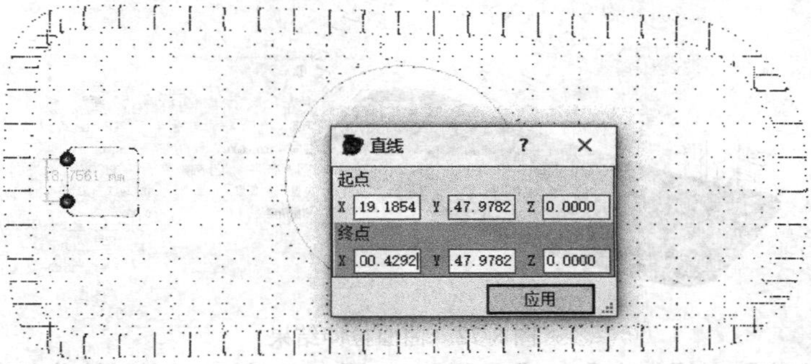

图 8-69 方孔轮廓绘制

（3）选择【修改】→【延伸】指令，将方孔轮廓的 4 段直线延伸相交，如图 8-70 所示，选择所有边，单击预览查看延伸效果，单击鼠标中键确认。

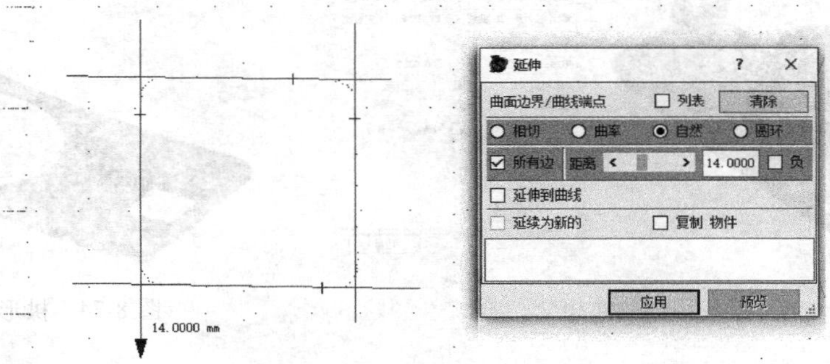

图 8-70 轮廓曲线延伸

（4）使用菜单命令，【构建】→【倒角】→【曲线)】，对方孔轮廓进行倒圆角操作，圆角尽量拟合点云。使用菜单命令，【修改】→【截断】→【截断曲线】，如图 8-71 所示，“曲线”选择两段直线，修剪曲线选择中间圆弧，框选需要保留的部分，单击鼠标中键确认。

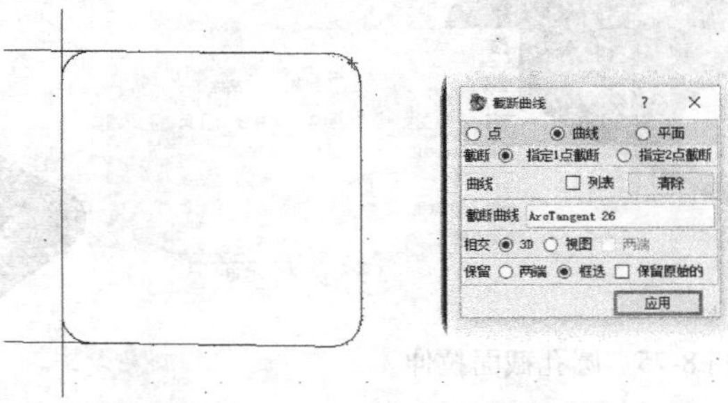

图 8-71 图层管理器

（5）选择【构建】→【扫掠曲面】→【沿方向拉伸】指令，选择（4）中创建的轮廓线，沿 Z 方向拉伸，显示拱形面作为参考，拉伸量超过拱形面，如图 8-72 所示。

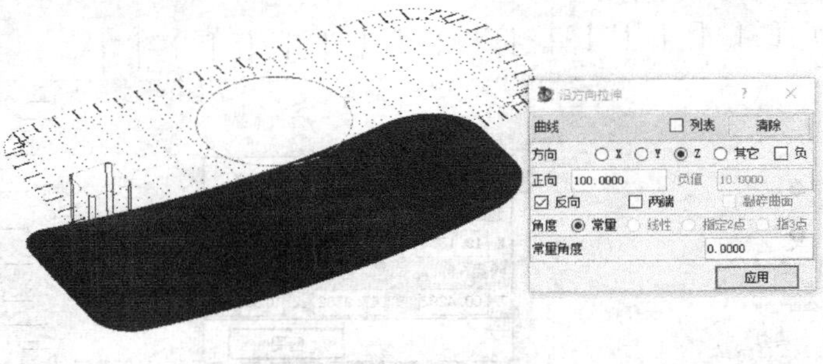

图 8-72　曲面拉伸结果

（6）选择【构建】→【相交】→【曲面】，如图 8-73 所示。利用彼此相交的直线作为边界曲线裁剪掉其余部分。曲面 1 选择拱形面，曲面 2 选择圆孔和方孔侧面，点选“修剪”“曲面 1”，框选保留部分为孔外侧，结果如图 8-74 所示。

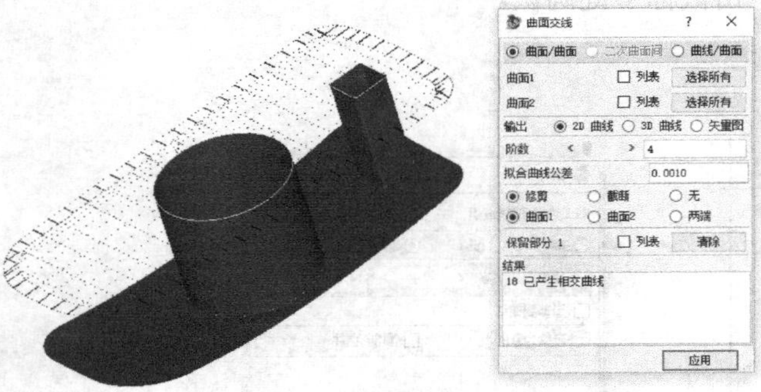

图 8-73　曲面相交

图 8-74　拱形面修剪结果

（7）使用菜单命令，选择【构建】→【扫掠曲面】→【沿方向拉伸】指令，其对话框如图 8-75 所示。轮廓使用（6）中提取的相交曲线，对圆孔进行扫掠拉伸。

（8）汽车反光镜的最终成品图，如图 8-76 所示。至此，逆向造型过程基本完成。

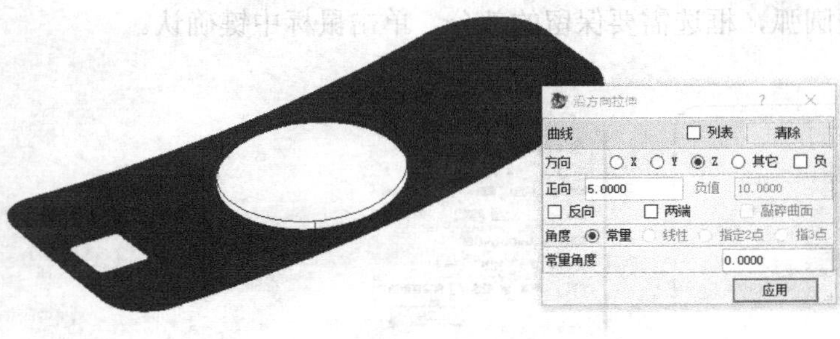

图 8-75　圆孔截面拉伸

图 8-76　最终成品图

第9章

Imageware 逆向造型实例——复杂曲面

本章以汽车曲面、头盔曲面为例，讲述复杂曲面的逆向造型。通过该实例的练习，读者能够对逆向造型融会贯通，熟练掌握从原始点云的分析处理，到曲面特征线的构建，再到各个子曲面的拟合重构和曲面间的裁剪拼接，最后完成对模型整体重构的全部逆向造型环节的各个流程。

9.1 汽车曲面逆向造型思路

汽车模型逆向造型效果如图 9-1 所示。

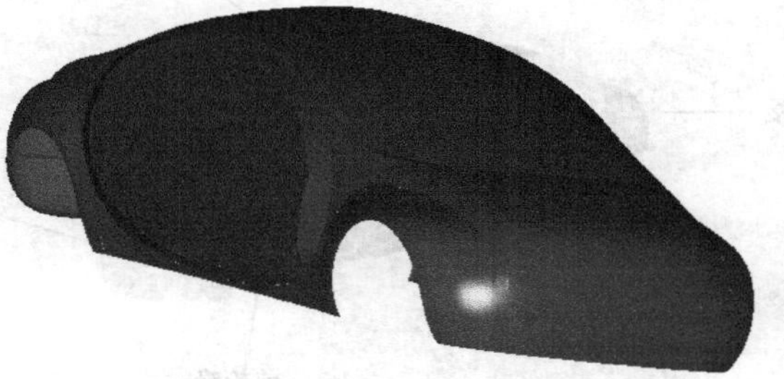

图 9-1 汽车模型逆向造型效果

打开点云文件 car.imw，如图 9-2 所示，只有一半的点云。因为模型是对称的，完成一半点云的逆向重构后，使用镜像并保持曲率连续就能得到整个模型。观察点云，发现排列较为规律，由于模型曲面较多，可以根据曲率分布考虑如何分割点云，并分别进行拟合。

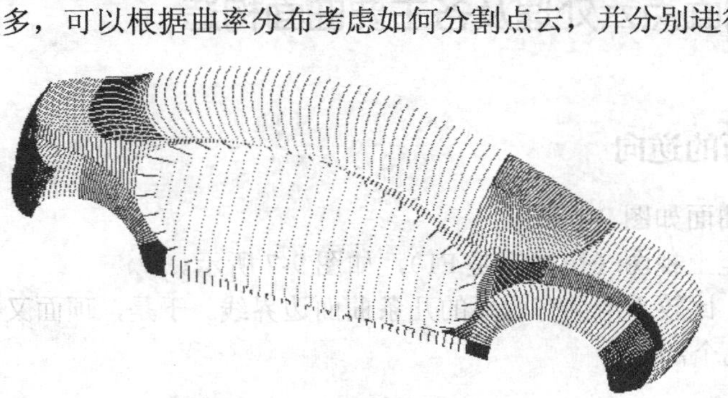

图 9-2 车模原始点云

使用菜单命令【评估】→【曲率(U)】→【点云曲率(L)】，得到如图 9-3 所示的对话框，单击“应用”按钮。

关闭对话框，点云经过曲率运算后，根据点云的曲率而着上了不同的颜色，如图 9-4 所示。

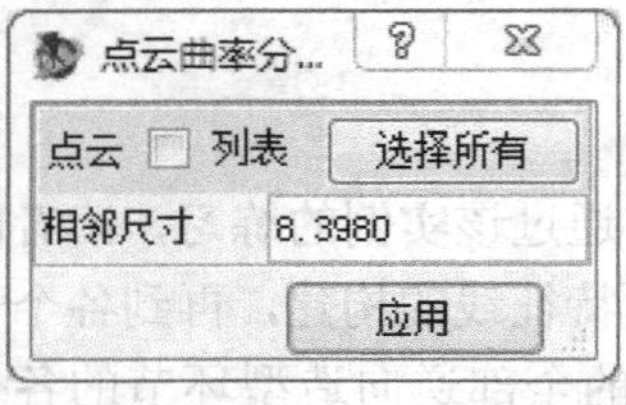

图 9-3 【点云曲率】对话框

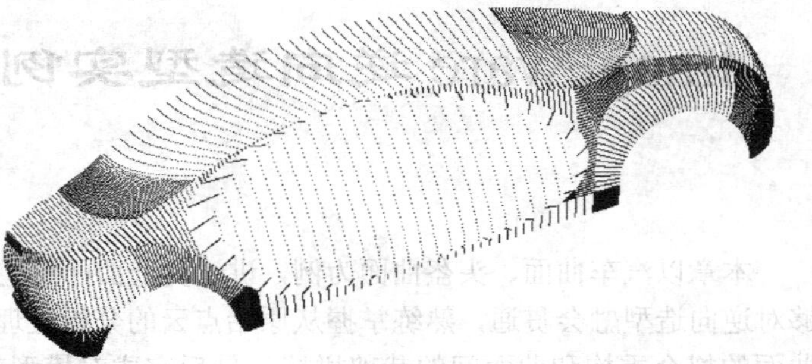

图 9-4 点云曲率显示效果

观察颜色由浅变深的地方就是曲率变化明显的地方，可以考虑在该区域构建特征曲线分割模型。经过分析整个车身，大致可以分成顶面、侧门、前端、后端和两个前后轮缘六个部分，如图 9-5 所示。分别对这几部分进行曲面重构之后，再在它们之间进行拼接缝合就能做出半边车身的逆向，最后选择合适的对称面进行镜像和桥接操作就能得到完整的车身。

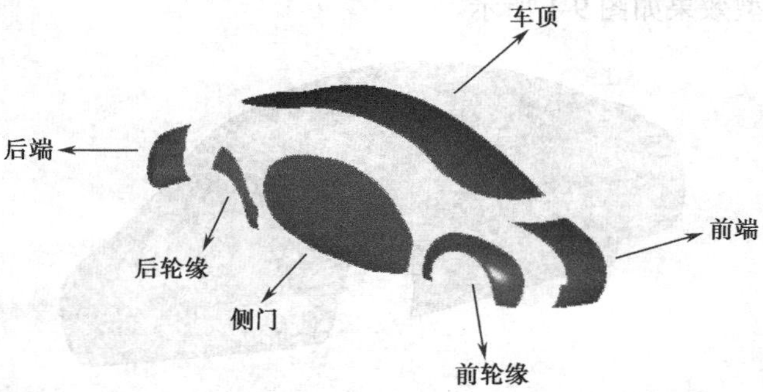

图 9-5 车身拆分示意图

9.2 汽车曲面点云处理及各主要曲面构造

9.2.1 车顶面的逆向

车顶面的逆向曲面如图 9-6 所示。

将视图方向调至上视图（快捷键是 F1），如图 9-7 所示。

观察车顶点云，比较平滑，有明显的几条曲面边界线。于是，顶面又按照这几条边界线分为如图 9-8 所示的几个部分。

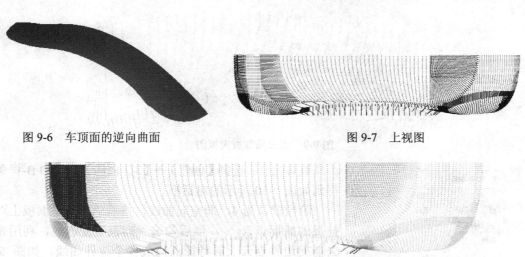

图 9-6 车顶面的逆向曲面

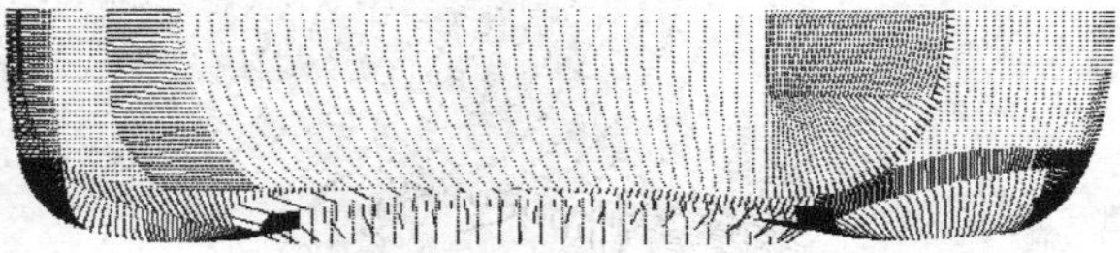

图 9-7 上视图

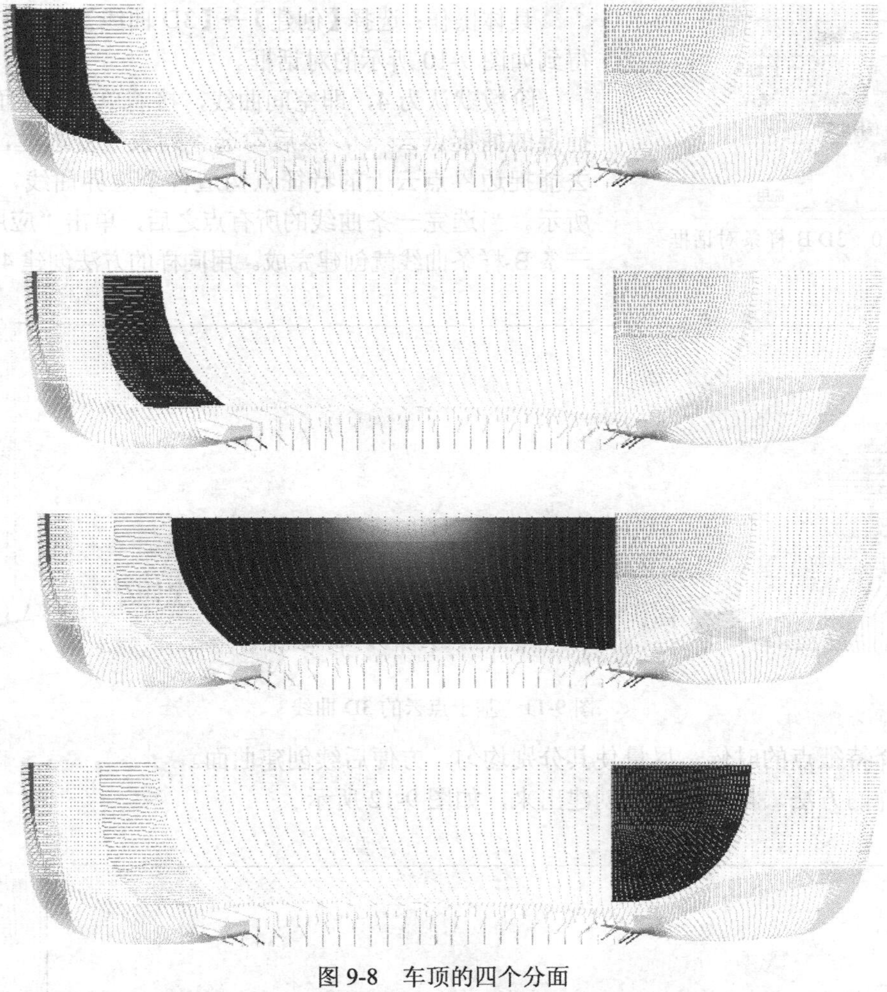

图 9-8 车顶的四个分面

这四部分的曲面均采用边界曲线加点云拟合曲面的方式逆向得到，下面详细介绍一下第三个顶面的拟合过程。

对所要拟合区域局部放大，观察到点云排列较为规律，如图 9-9 所示，采用创建基于点云的 3D 样条曲线作为曲面边界。

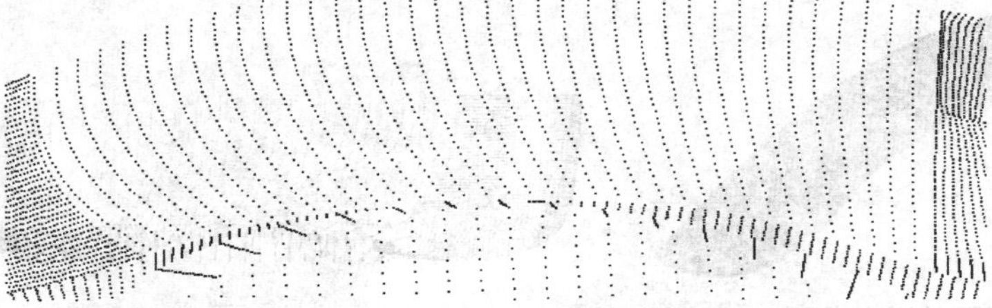

图 9-9　点云局部放大视图

图 9-10　3D B-样条对话框

具体操作：选择【创建】→【3D 曲线】→【3D B-样条】，得到如图 9-10 所示的对话框。

阶数默认为 4，即空间曲线，接着单击功能面板上对象捕捉的捕捉点云，然后勾选“列表”复选框，利用光标去捕捉边界点云上的特征点构造各个边界曲线，如图 9-11 所示。当选完一条曲线的所有点之后，单击“应用”按扭，一条 B-样条曲线就创建完成。用同样的方法创建 4 条曲线。

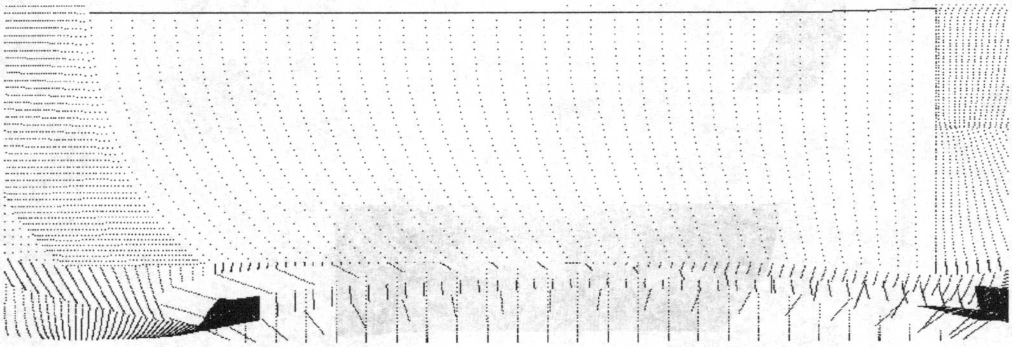

图 9-11　基于点云的 3D 曲线

在选择特征点的时候，尽量使其分别均匀，方便后续创建曲面。

用同样的方法，将边界曲线创建出来，如图 9-12 所示。

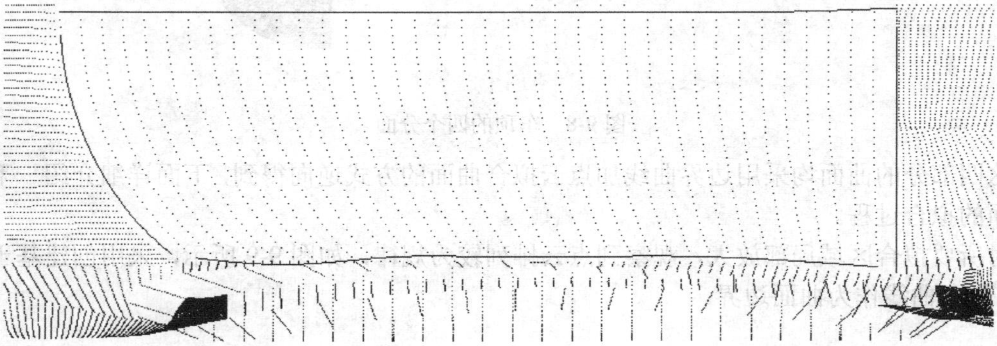

图 9-12　四条边界曲线

边界曲线还需要各个端点相互重合的约束，选择【修改】→【连续性】→【2 曲线缝合（C）】，得到如图 9-13 所示的对话框。

图 9-13 2 曲线缝合对话框

分别点选需要缝合的两条曲线，选择“位置”选项，其余选项默认。选择完之后，可以单击“预览”按钮，观察缝合效果，检查是否满足需要，然后单击“应用”按钮。

用同样的方法，将其余三处边界曲线相交处缝合。

接下来，抽取边界曲线所围部分点云，选择【修改】→【抽取(X)】→【抽取曲线内的点（P）】，得到如图 9-14 所示的对话框。

分别点选被抽取的点云和四条边界曲线后，单击“应用”按钮。如果觉得在周围的点云影响观察，可将原点云隐藏，具体操作快捷键是 Shift+L，如图 9-15 所示。

然后，就可以利用曲线和点云拟合曲面，选择【构建】→【曲面】→【依据点云和曲线拟合(F)】，得到如图 9-16 所示的对话框。

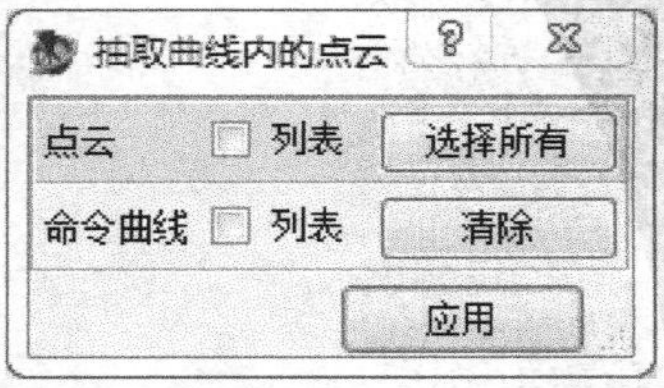

图 9-14 抽取曲线内的点云对话框

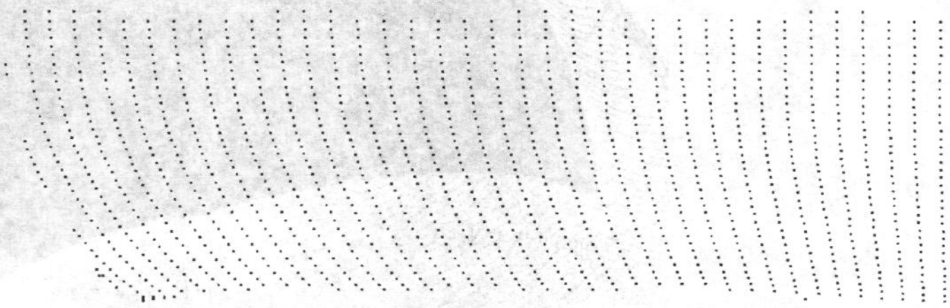
图 9-15 边界曲线和抽取点云

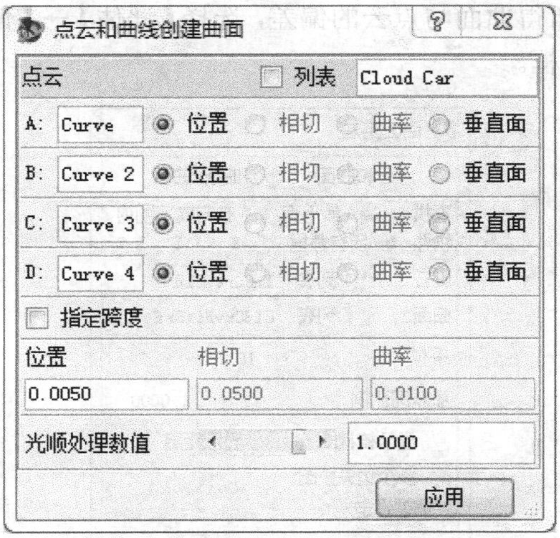

图 9-16 点云和曲线创建曲面对话框

点选上一步所抽取点云，按逆时针方向依次点选四条边界曲线，单击“应用”按钮，拟合曲面如图 9-17 所示。

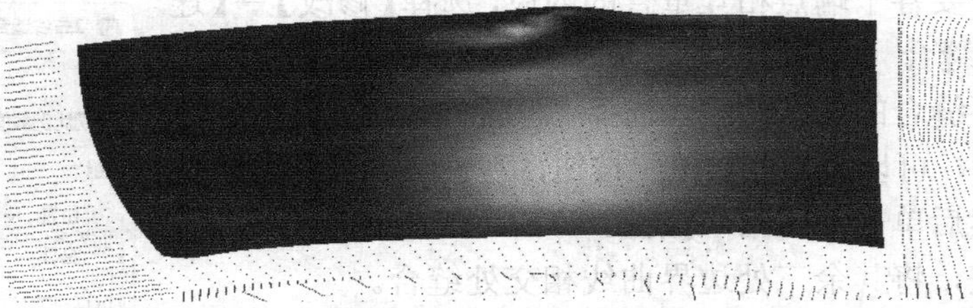

图 9-17　曲线拟合效果

在曲面上单击鼠标右键，切换曲面显示模式为“着色切换”，得到的顶面如图 9-18 所示，转动视图，观察是否得到所需曲面。

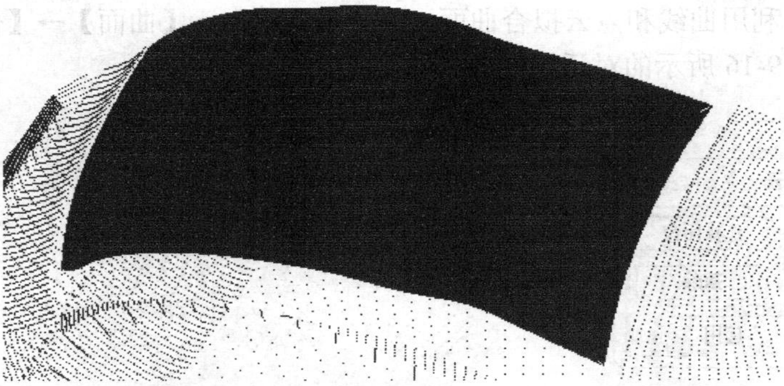

图 9-18　曲面着色显示

最后，还要检查一下所得曲面与点云的偏差，选择【评估】→【偏差（D)】→【到曲面(S)】，得到如图 9-19 所示的对话框。

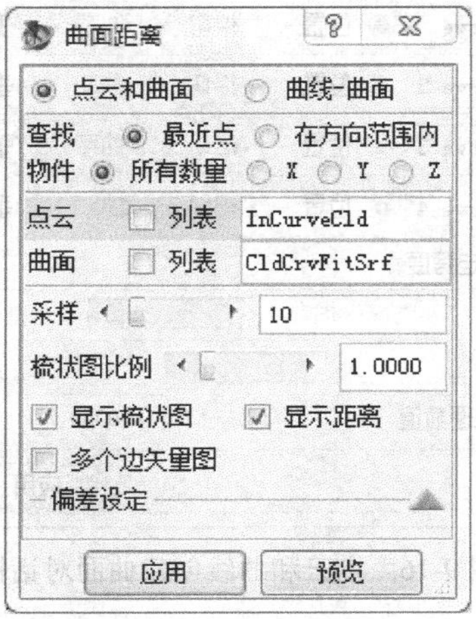

图 9-19　曲面距离对话框

分别点选所检查的点云和曲面后，单击“应用”按钮，结果如图 9-20 所示。

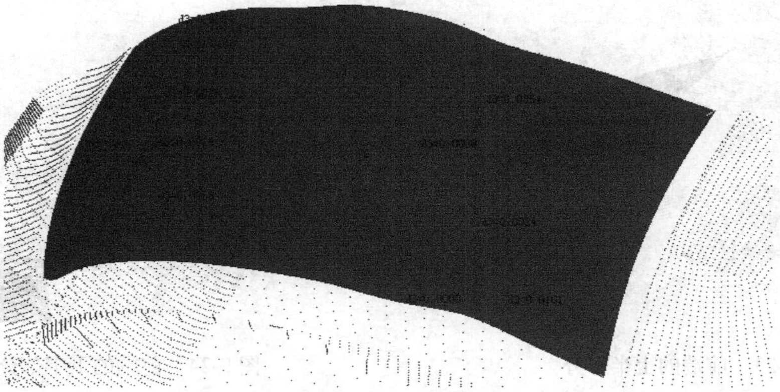

图 9-20 曲面和点云偏差距离图

通过观察偏差信息，发现拟合效果良好，偏差距离均较小。

9.2.2 车前端的逆向

前端部分若直接使用上一节的方法构造，出现的结果如图 9-21 所示。

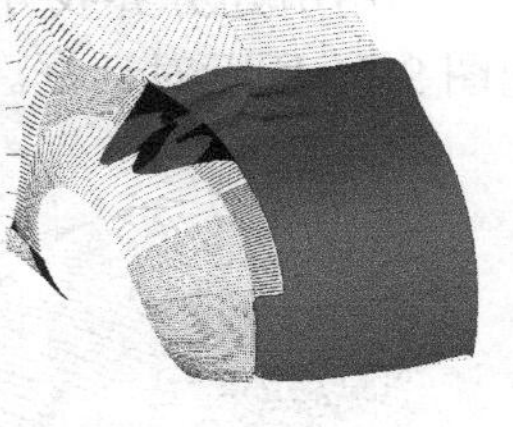

图 9-21 拟合曲面效果图

显然，拟合曲面效果十分不理想。选择【评估】→【曲率（U)】→【曲面的曲率分布图(S)】命令，选择曲面后单击“应用”按钮，得到曲面曲率分布图，如图 9-22 所示。

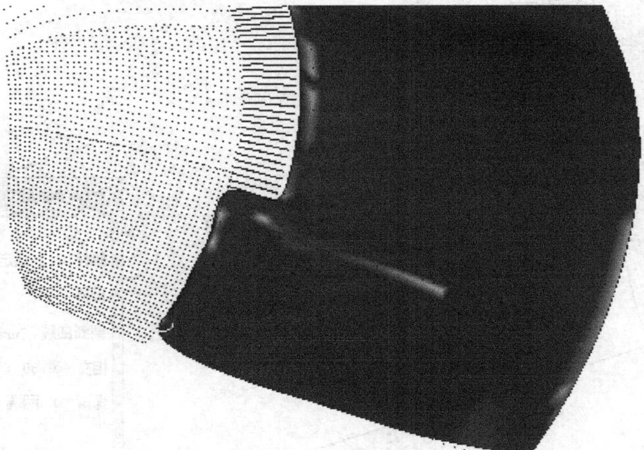

图 9-22 曲面曲率分布图

观察参数线，经分析发现是曲面左侧边界线存在 90° 折线所致。因此，需要在折线处构建一条将曲面一分为二的曲线，即前端分成如图 9-23、图 9-24 所示的两部分。

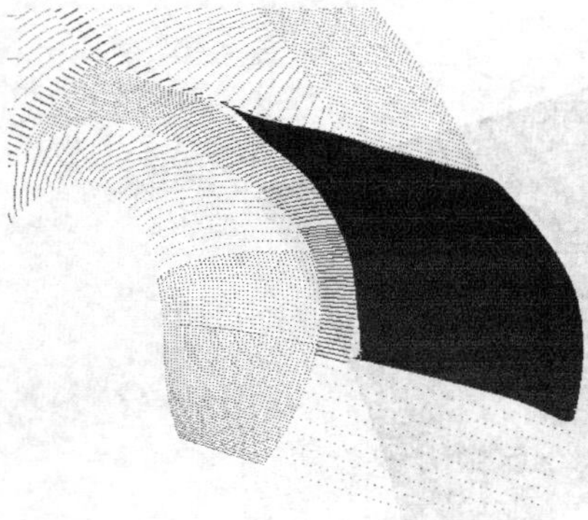

图 9-23　前端的上半部分

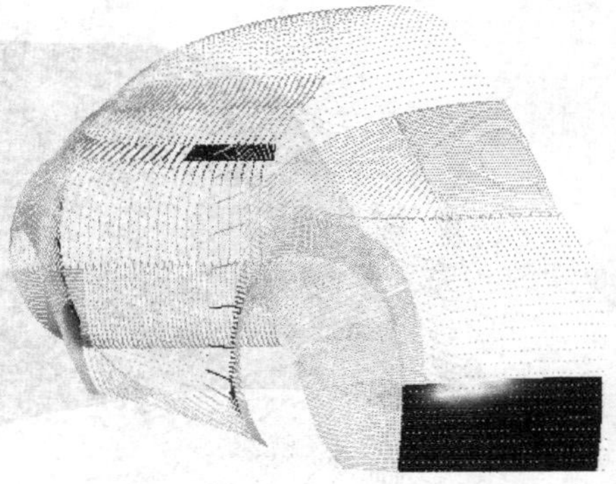

图 9-24　前端的下半部分

具体操作：选择【创建】→【3D 曲线】→【3D B-样条】，单击功能面板上的对象捕捉的点云捕捉和曲线捕捉，沿着左侧边界线的折线处顺着点云的方向构造一条分界线，如图 9-25 所示。

利用所建分界线分割左侧边界线，选择【修改】→【截断（I）】→【截断曲线(S)】，得到如图 9-26 所示对话框。

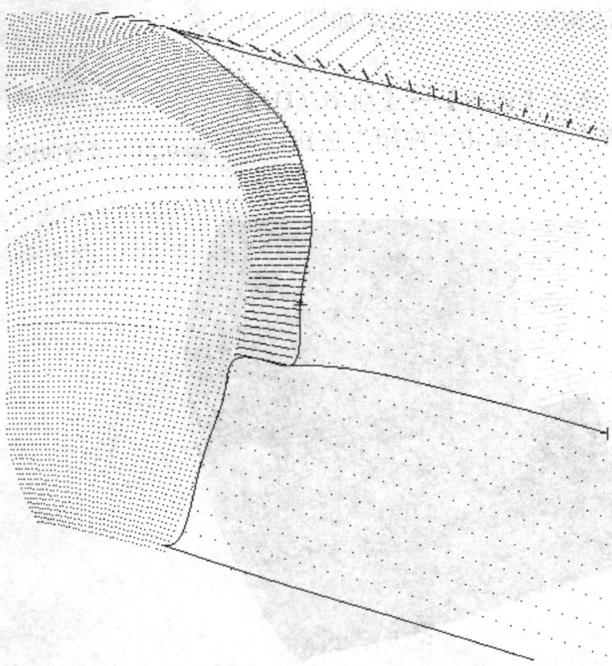

图 9-25　两部分分界线

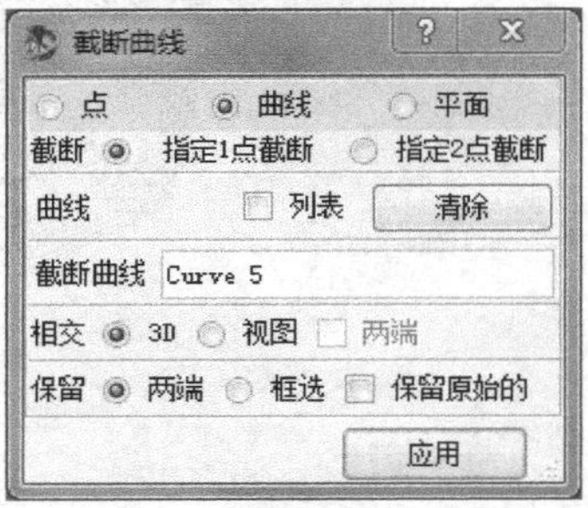

图 9-26　分割曲线对话框

分别点选被分割的曲线和截断曲线，选择“相交”方式为“3D”，“保留”选择“两端”，单击“应用”按钮。

用同样的方法，将右侧边界线沿所创建分界线分割，同样“保留”一样选择“两侧”。由于分界线在前端上下两个曲面拟合时都要使用，所以要将分界线备份。

调整显示选项（快捷键是 Shift+L），将前端上部分的四条边界线显示如图 9-27 所示。

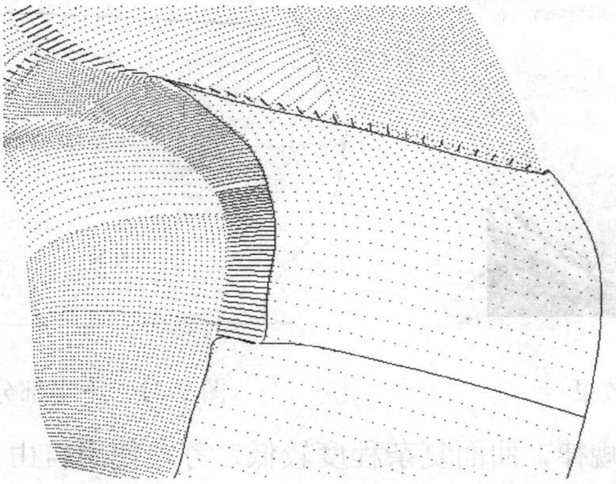

图 9-27　上半部分的四条边界线显示

同样，使用曲线缝合命令，选择【修改】→【连续性】→【2 曲线缝合】，分别将四条边界线相交点缝合。然后使用点云抽取命令，选择【修改】→【抽取】→【抽取曲线内部点】。

注 意

如果此时的视图方向为前视图，须将点云向上或者向下选择一定角度，以免抽取出多余的点云。

再使用点云曲线拟合曲面命令，选择【构造】→【曲面】→【依据点云和曲线拟合】，拟合得到如图 9-28 所示曲面。

进行着色切换显示平面后，使用偏差评估命令，选择【评估】→【偏差】→【到曲面（S）】，选择曲面和点云后确定显示，如图 9-29 所示。

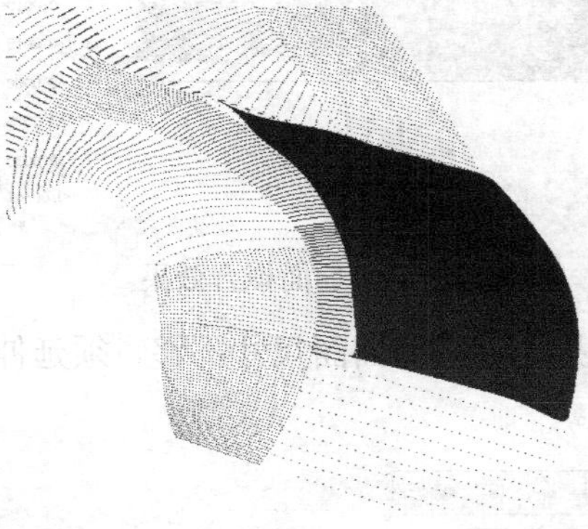

图 9-28　上半部分拟合曲面

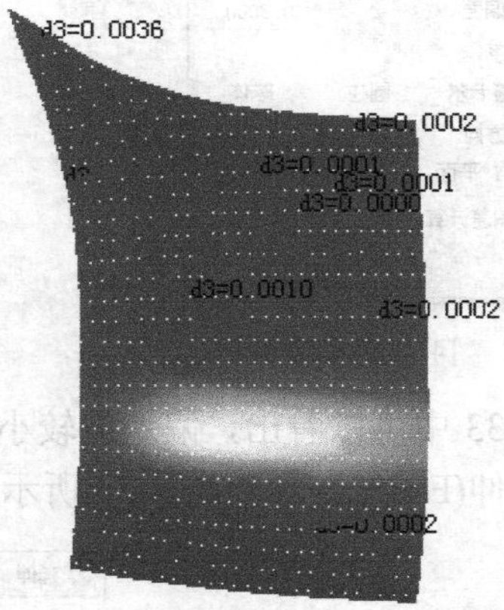

图 9-29　曲面和点云偏差距离图

通过观察偏差信息，发现拟合效果良好，偏差距离均较小。

对于前端下部的构造，由于对应边界线跨度不相等，控制点分布不均匀，若依然使用点云加边界曲线的方式构造曲面，效果会很不理想，如图 9-30 所示。因此，考虑采取其他曲面构建方式。

首先，利用边界曲面抽取相应部分点云，选择【修改】→【抽取（X）】→【圈选点(C)】，得到如图 9-31 所示的点云。

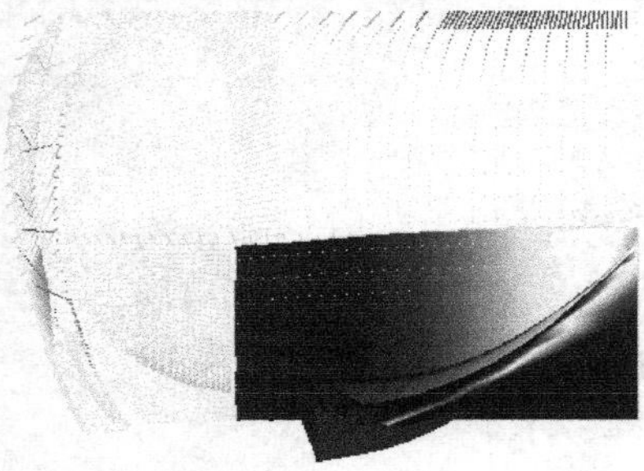

图 9-30 曲面拟合效果

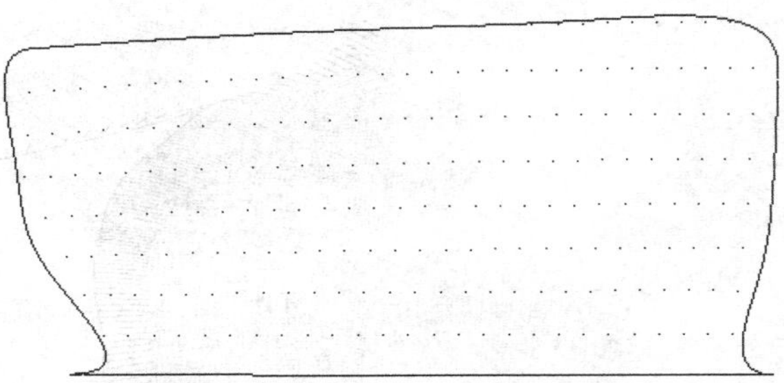

图 9-31 下半部分边界线及其内部点云

观察到点云排列较为规律，曲面复杂程度较低，考虑使用自由曲面和边界线剪裁曲面的命令构造所需曲面。

操作方法：选择【构造】→【由点云构建曲面（C）】→【自由曲面（S）】，得到如图 9-32 所示的对话框。

点选所抽取的点云，阶数默认，根据边界线的长度，U、V 方向的跨度各设为 8 和 4，“拟合平面”选择“最佳拟合”，选择“偏差计算”复选框，单击“应用”按钮，效果如图 9-33 所示。

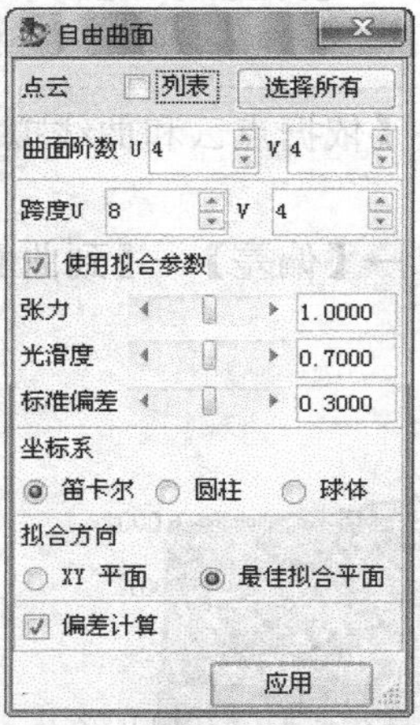

图 9-32 自由曲面对话框

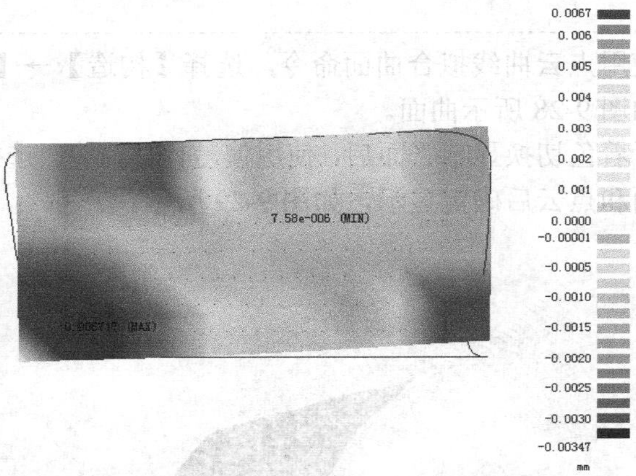

图 9-33 自由曲面拟合效果

从图 9-33 中可以看出，偏差值较小，拟合效果很好，但曲面尺寸不够，须延伸，选择【修改】→【延伸(E)】，得到如图 9-34 所示的对话框。

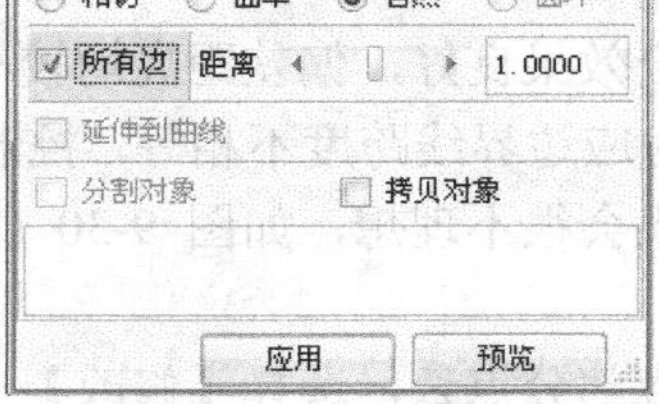

图 9-34 延伸对话框

逐步点选上一步所创建的自由曲面的四条边界，选择“所有边”复选框，单击“预览”，调整延伸“距离”，使曲面覆盖四条边界曲线，单击“应用”按钮，如图 9-35 所示。

然后利用边界线对自由曲面进行修剪，选择【修改】→【修剪（T）】→【使用曲线修剪（C）】，得到如图 9-36 所示的对话框。

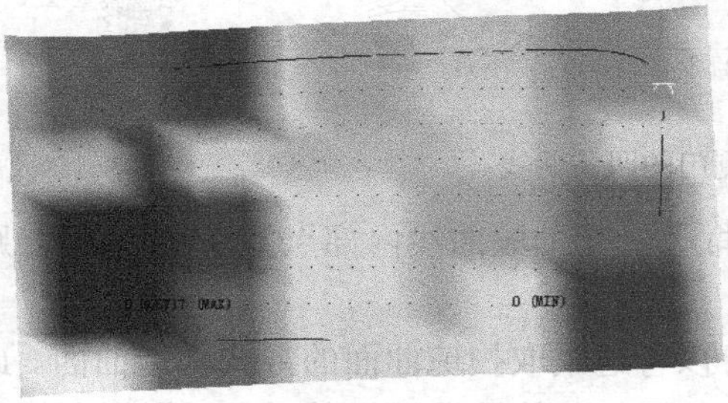

图 9-35　曲面延伸效果

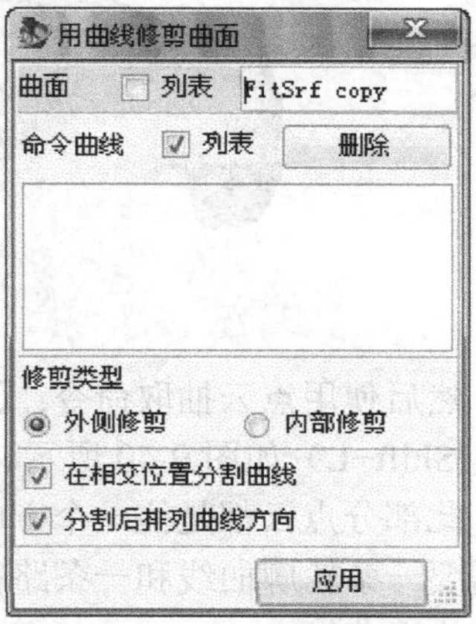

图 9-36　用曲线修剪曲面对话框

分别点选自由曲面和命令曲线，保留一栏选择“外侧修剪”，单击“应用”按钮。最终得到前端下部曲面，如图 9-37 所示。

图 9-37　曲面修剪效果

9.2.3　车侧门的逆向

车侧门的逆向曲面如图 9-38 所示。

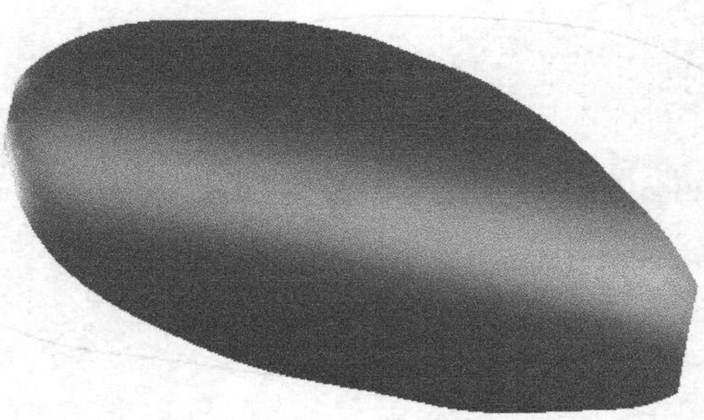

图 9-38　车侧门的逆向曲面

将视图方向调至左视图（快捷键是 F3）。使用 3D 曲线命令并打开点云捕捉，【创建】→【3D 曲线】→【3D B-样条】，将车门四条边界线绘制成如图 9-39 所示。

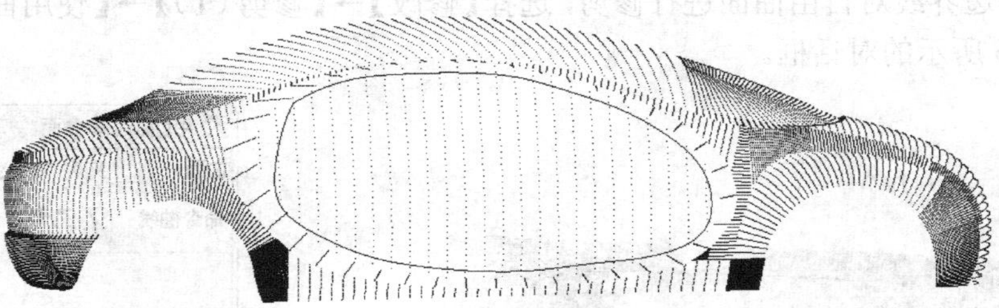

图 9-39　侧门的四条曲线

然后使用点云抽取命令：【修改】→【抽取】→【抽取曲线内部点】。将原点云隐藏（快捷键是 Shift+L）如图 9-40 所示。

此部分点云都是往一个方向排列，由此可以考虑采取扫琼曲面的方式构造曲面。此命令至少需要一条轮廓曲线和一条路径曲线，所以在使用扫琼构造曲面之前，先要根据所抽取部分的点云构造曲线。

创建路径曲线，【构建】→【剖面截取点云（R）】→【平行点云截面(P)】，得到如图 9-41 所示的对话框。

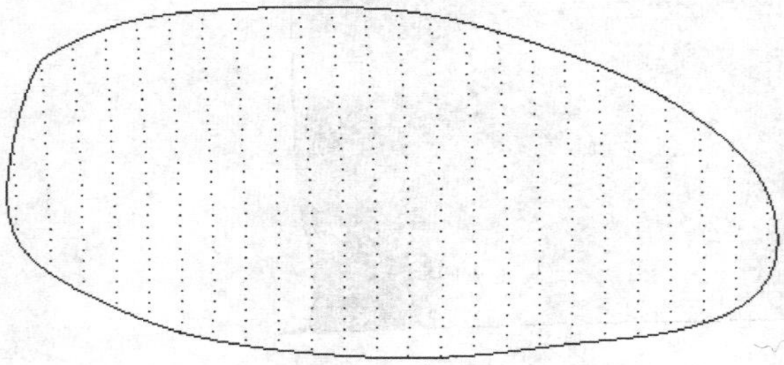

图 9-40　抽取的侧门点云

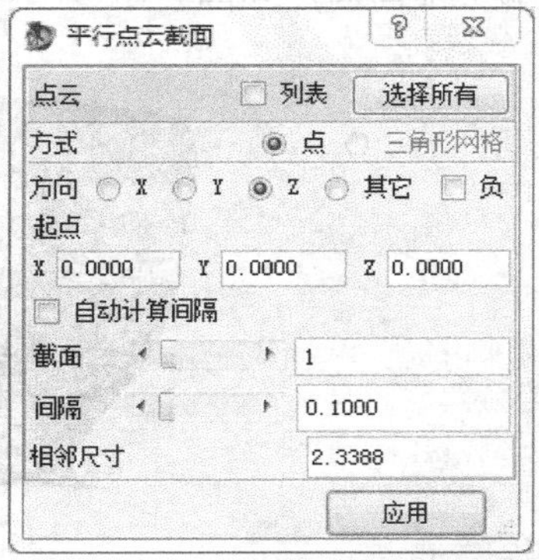

图 9-41　平行点云截面对话框

点选所抽取车门点云，选择平行面法向方向为 *Z*，起点捕捉到点云水平方向上能获得较多点的位置，如图 9-42 所示。

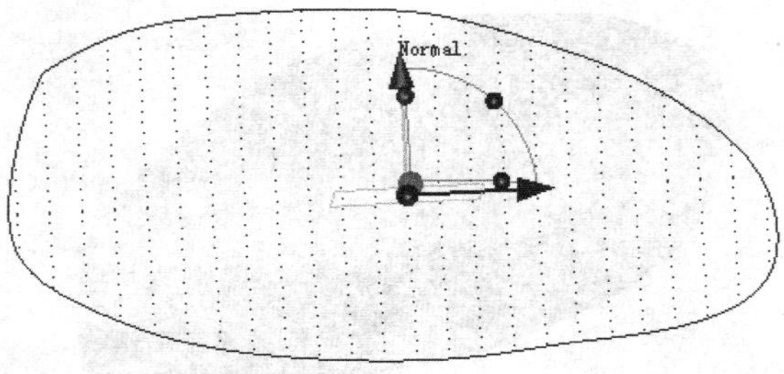

图 9-42　平行点云截面起点选择示意

截面数为 1，距离默认，单击“应用”按钮，得到如图 9-43 所示的截面点云。

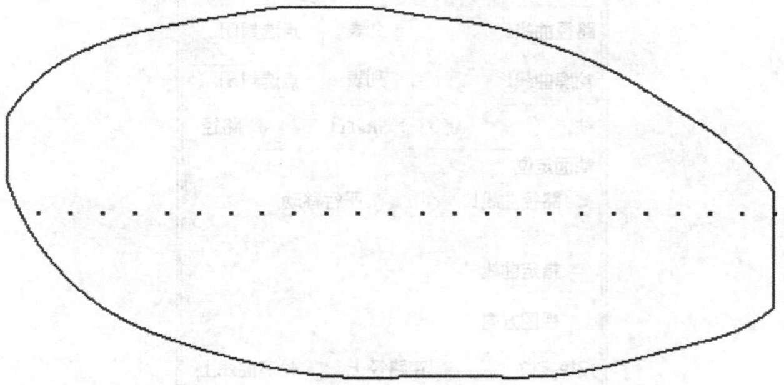

图 9-43　点云截面

将所截点云拟合为曲线，【构建】→【由点云构建曲线（L)】→【均匀曲线（U)】，得到如图 9-44 所示的对话框。

根据点云数量和截取方向边界线长度，将跨度设为 10，单击“应用”按钮，生成相应曲线，如图 9-45 所示，作为扫琼的路径曲线。

图 9-44　均匀曲线对话框

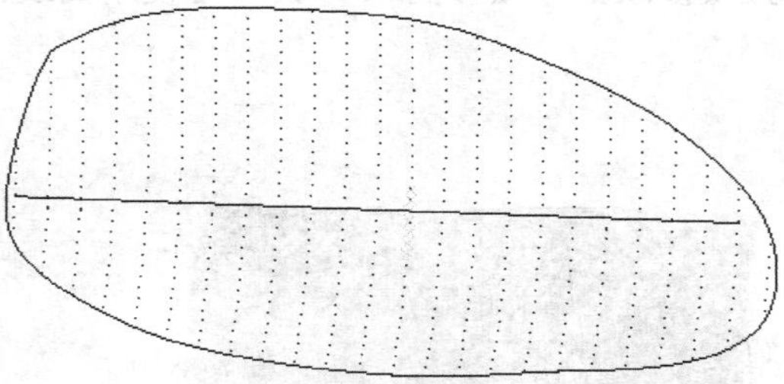

图 9-45　路径曲线

构造轮廓曲线，【创建】→【3D 曲线】→【3D B-样条】，开启点云捕捉，点选轮廓线关键点得到轮廓曲线，如图 9-46 所示。

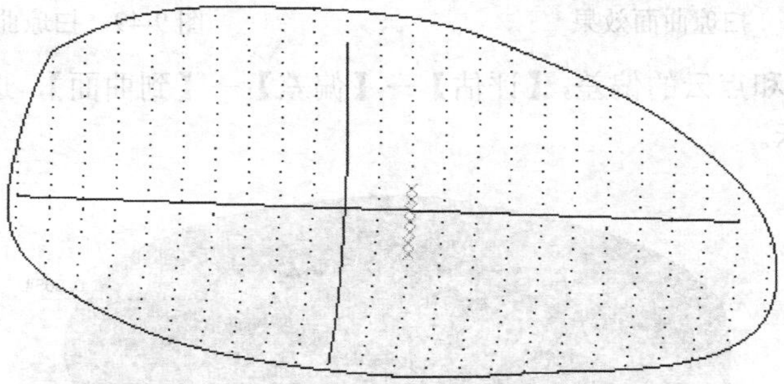

图 9-46　构造轮廓曲线

使用扫琼曲面命令构建曲面，【构建】→【扫琼曲面（W)】→【扫琼（S)】，得到如图 9-47 所示的对话框。

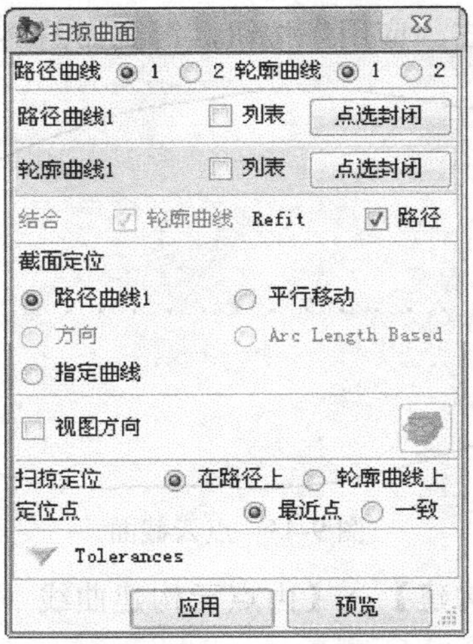

图 9-47　扫掠曲面对话框

点选相应的路径曲线和轮廓曲线，单击“应用”按钮，得到如图 9-48 所示曲面。

同样，将生成的曲面适量延伸以覆盖边界曲线，【修改】→【延伸】。再利用边界曲线对曲面进行修剪，【修改】→【修剪（T）】→【使用曲线修剪（C）】。最终得到如图 9-49 所示的侧门曲面。

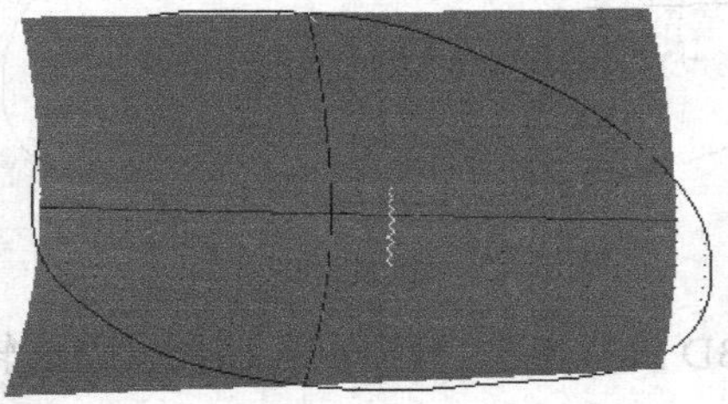

图 9-48　扫掠曲面效果

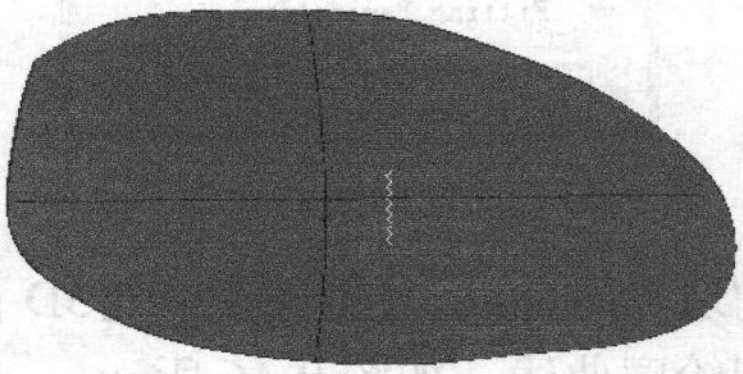

图 9-49　扫掠曲面修剪后的效果

最后，检查曲面和点云的偏差，【评估】→【偏差】→【到曲面】，选择曲面和点云后确定显示，如图 9-50 所示。

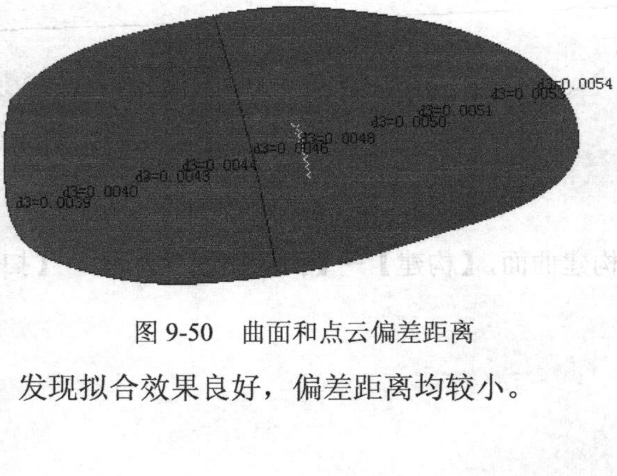

图 9-50　曲面和点云偏差距离

通过观察偏差信息，发现拟合效果良好，偏差距离均较小。

9.2.4 车后端及轮缘的逆向

车后端及轮缘的逆向曲面如图 9-51 所示。

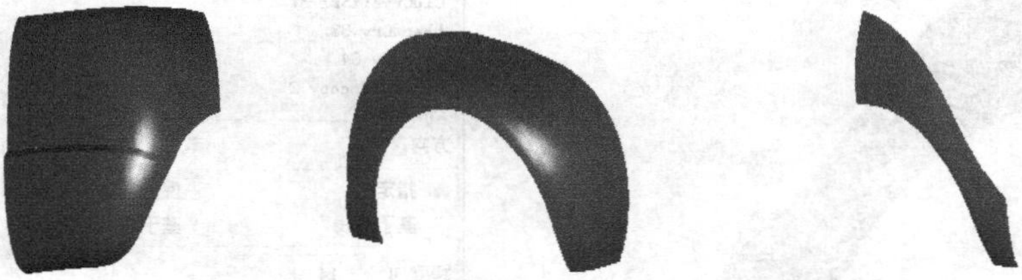

图 9-51 车后端及轮缘的逆向曲面

由于后端及前后轮缘边界特征非常明显，均采用构建特征边界线加点云拟合曲面的方式，这种拟合曲面的方式能最大可能减小曲面与点云之间的偏差。操作步骤与顶面和前端逆向过程十分相似，在这里就不做过多赘述，由于这三部分边界曲线与顶面和前端不同，在使用边界线加点云拟合的过程中应该注意以下方面。

以后轮缘为例，如图 9-52 所示。

从图 9-52 中，可以看出，这部分的边界线往往不在同一个视图平面下，容易造成构建基于点云的边界曲线时曲线的节点数目和跨度各不相同。选中各边界曲线单击鼠标右键 ，可显示曲线节点，如图 9-53 所示。

图 9-52 后轮缘

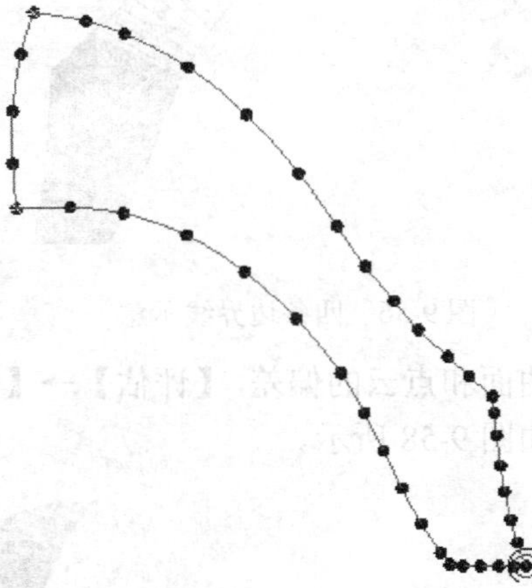

图 9-53 曲线的节点显示

如果不对曲线加以处理，直接拟合曲面，容易造成曲面扭曲不平顺等现象，如图 9-54 所示，曲面出现明显裂痕。

此时，如果再重新构建边界曲线，就会觉得重复操作，显得很麻烦。而重新建参数化的命令就可以很好解决这个问题，【修改】→【参数控制(Z)】→【重新建参数化(R)】，得到如图 9-55 所示的对话框。

如图 9-56 所示，分别选择四条边界曲线，手动修改跨度，使对边曲线（即图 9-56 中的 *A* 曲线与 *C* 曲线），*B* 曲线和 *D* 曲线的跨度大致相同，结合边界线长度，将 *A*、*B*、*C*、*D* 四条曲线跨度数分别修改为 6、14、8、12。

边界曲线重新建参数化后，使用曲线加点云的方式拟合曲面，结果如图 9-57 所示。

图 9-54　拟合曲面效果

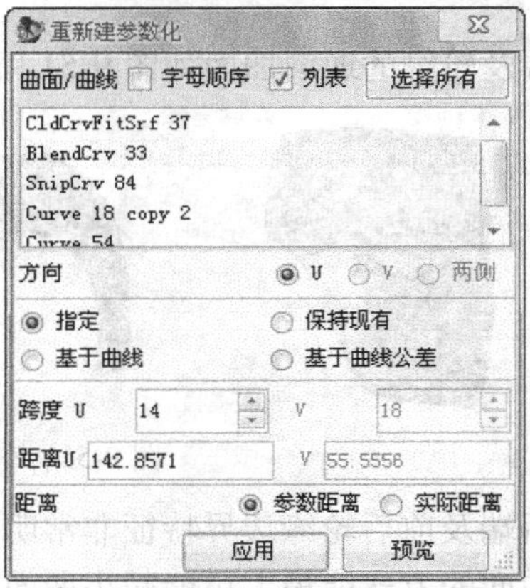

图 9-55　重新建参数化对话框

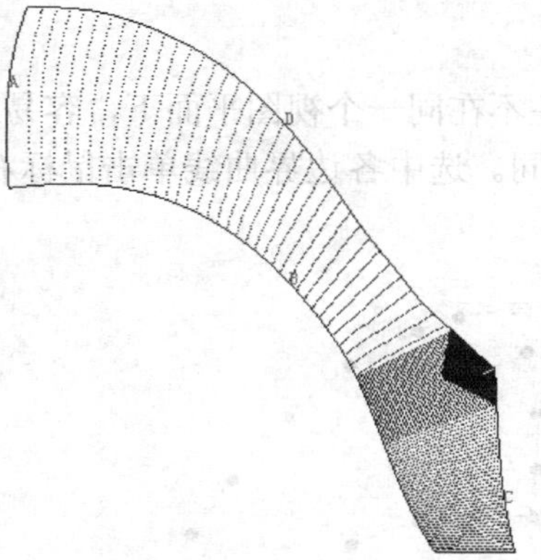

图 9-56　四条边界线示意

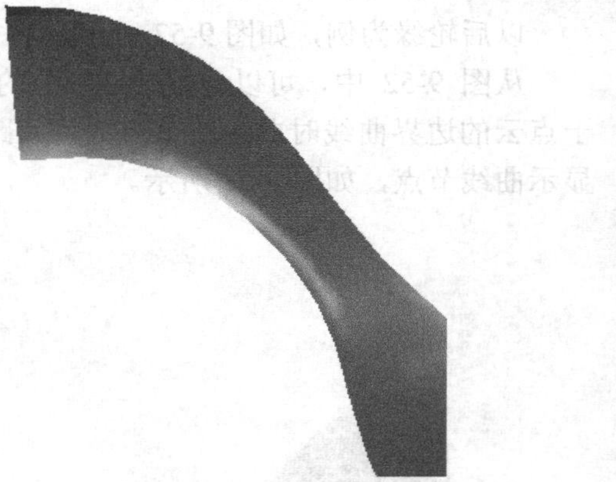

图 9-57　曲线重新建参数化后拟合曲面效果

检查曲面和点云的偏差，【评估】→【偏差(D)】→【到曲面(S)】，选择曲面和点云后，确定显示，如图 9-58 所示。

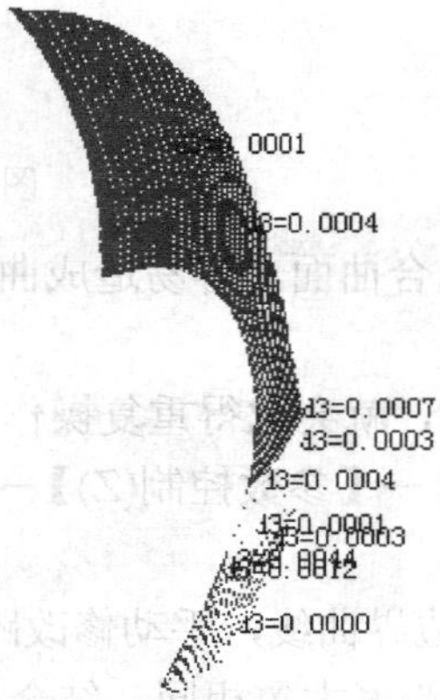

图 9-58　曲面和点云的偏差距离

通过观察偏差信息，发现拟合效果良好，偏差距离均较小。

9.3 汽车曲面拼接及镜像处理

各主要曲面拟合完成后如图 9-59 所示，模型一侧的基本框架已经形成。接下来就是利用各个边的边界线构建其间的拼接曲面和模型的镜像，复制以完成整个车身模型的逆向。

9.3.1 曲面拼接

为了保证拟合曲面与点云之间的偏差，曲线加点云的拟合方式仍然是此时的首选，这种方法前面几节已多次使用，在构建拼接曲面时，注意合理的分割合并边界曲线就行，这里不一一介绍。显然，这种从曲线加点云的模式会带来不少的工作量，但在某些特殊情况下，一些简单有效的曲面构建方法同样能得到满足要求的曲面，如图 9-59 所示。

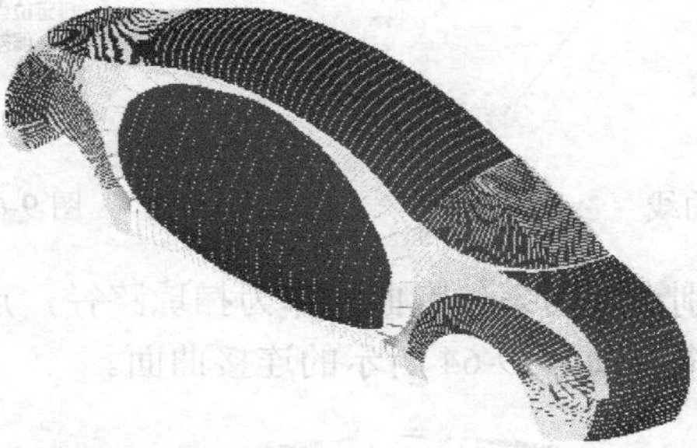

图 9-59　各主要曲面拟合后的效果

如图 9-60 所示，在考虑重构侧车门和车身之间的连接曲面时，观察其连接部分点云比较稀少，没有必要使用曲线加点云的拟合方式。经过边界曲线的分割与合并，此部分曲面由两条环形曲线包围而成，如图 9-61 所示。考虑使用双轮廓线扫琼曲面的方法构建曲面。

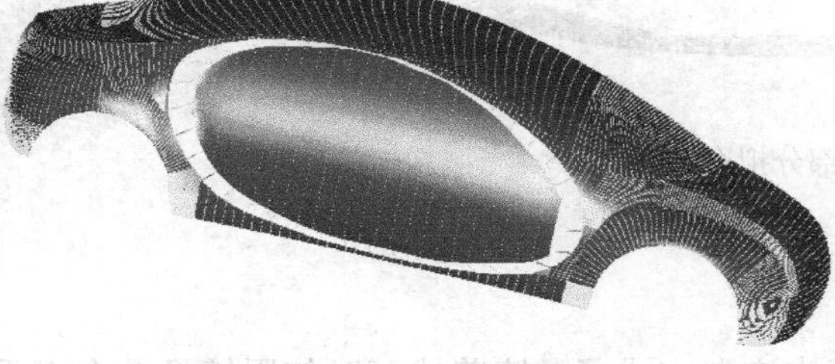

图 9-60　曲面点云示意

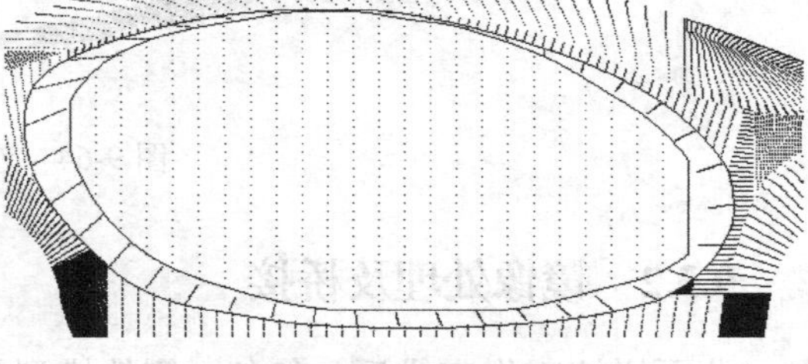

图 9-61　连接部分的边界曲线

选择【创建】→【3D 曲线】→【3D B-样条】，并打开功能面板上的点云捕捉和曲线捕捉，沿着两条包围曲线的起点和点云方向，创建扫琼轮廓曲线如图 9-62 所示。

创建扫琼曲面，【构建】→【扫琼曲面（W）】→【扫琼（S）】，得到如图 9-63 所示的对话框。

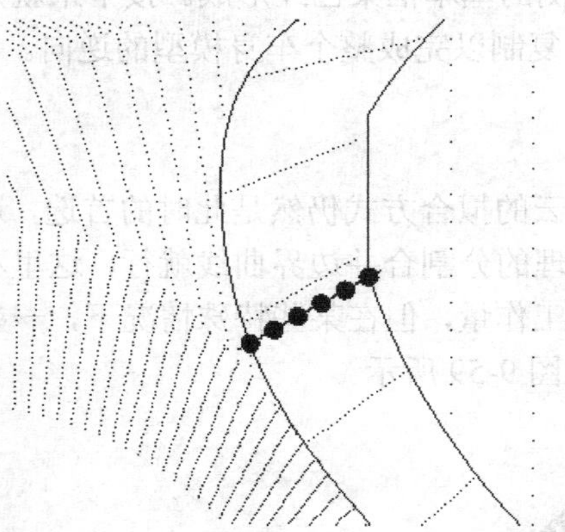

图 9-62　轮廓曲线

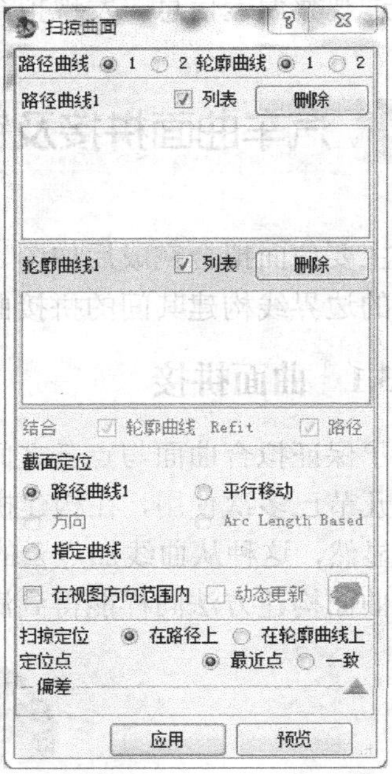

图 9-63　扫掠曲面对话框

选择路径曲线为 2，分别点选两条包围曲线作为扫掠路径，点选所创建轮廓曲线作为扫掠轮廓，单击“应用”按钮，得到如图 9-64 所示的连接曲面。

图 9-64　连接部分拟合效果

9.3.2　镜像处理及桥接

曲面拼接工作完成后，车身一侧的模型就基本逆向完成了，接着就可以使用镜像命令查看模型拟合情况如图 9-65 所示。

执行【修改】→【位移（O）】→【镜像（M）】，得到如图 9-66 所示的对话框。

点选“列表”复选框，选择所有显示曲面和点云，点选镜像平面为 *Y*，打开功能面板上的点云捕捉，点选“拷贝对象”复选框，单击“应用”按钮，如图 9-67 所示。

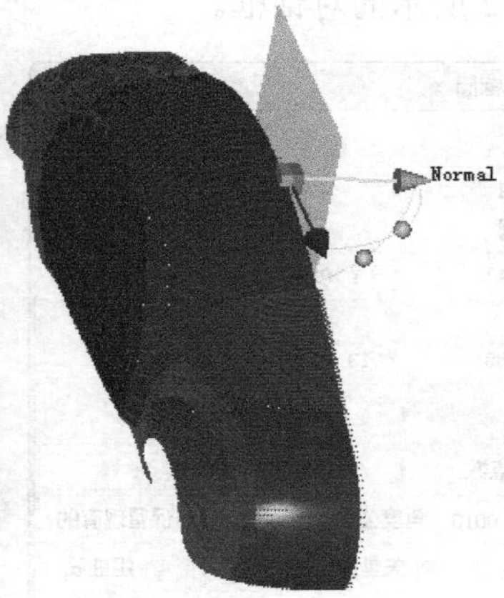

图 9-65 镜像操作

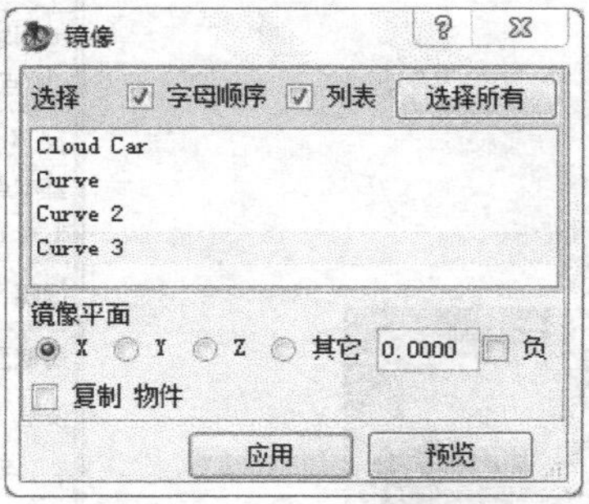

图 9-66 镜像对话框

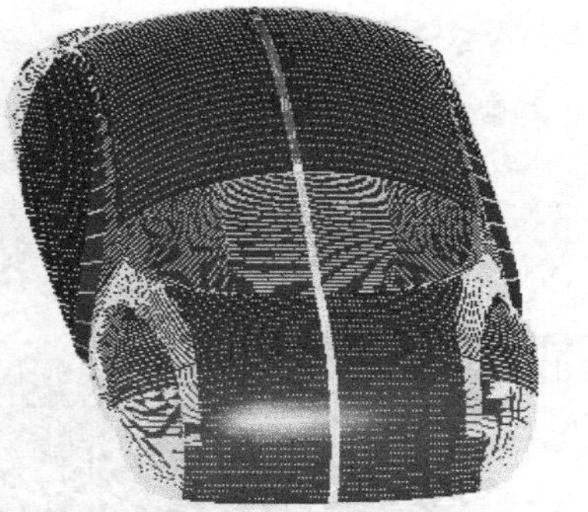

图 9-67 镜像后的效果

注意到图 9-63 的中心部分没有连接上，这是因为一侧的边界在单独制作的时候，没有使用最外侧的点云，并且留有一定距离。这样做的目的是镜像完成后，再使用相切桥接曲面，就能达到镜像平面处的光滑连接。

桥接命令对各个对称曲面进行光顺连接，【构建】→【桥接（B）】→【曲面（S）】，得到如图 9-68 所示的对话框。

分别点选需要桥接的对称平面，点选桥接模式为曲率，单击“应用”按钮，如图 9-69 所示。

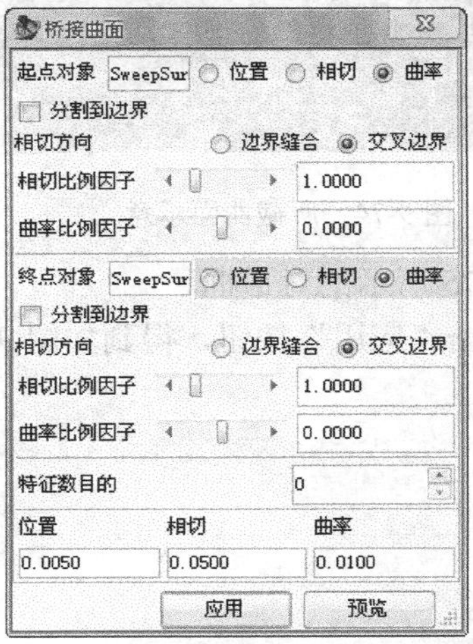

图 9-68 桥接曲面对话框

图 9-69 曲面桥接效果

很明显，顶面部分桥接曲面效果不理想，经分析是因为其曲率较大，桥接曲面太窄，在对称中心处易形成“隆起”。因此，考虑将顶面往远离对称中心方向裁剪后，再进行镜像桥接等操作。

具体操作是【显示】→【只显示选择】(快捷键是 Shift+L)，得到如图 9-70 所示的对话框。

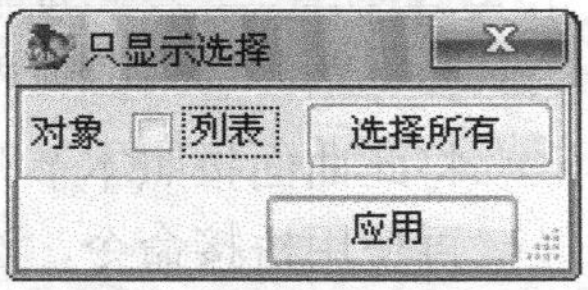

图 9-70 只显示选择对话框

点选顶面，单击“应用”按钮，将视图方向调为上视图（快捷键是 F1)，顶面显示如图 9-71 所示。

选择【构造】→【剖面截取点云】→【曲面】，得到如图 9-72 所示的对话框。

图 9-71　顶面的上视图

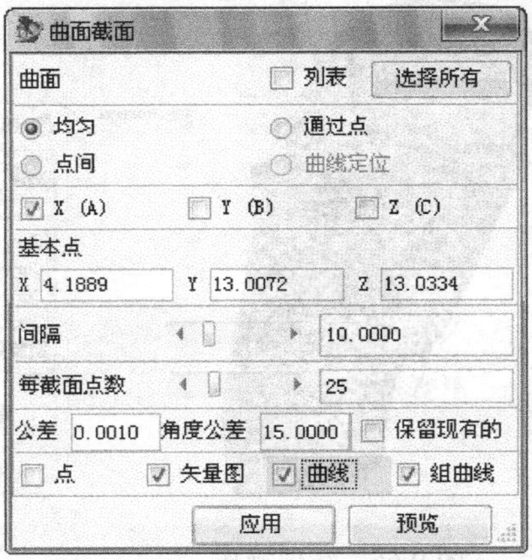

图 9-72　曲面截面对话框

点选顶面，选择法向为 *X* 方向，点选截取平面位置如图 9-73 所示。选择“曲线”复选框，单击“应用”按钮，得到如图 9-74 所示的截面曲线。

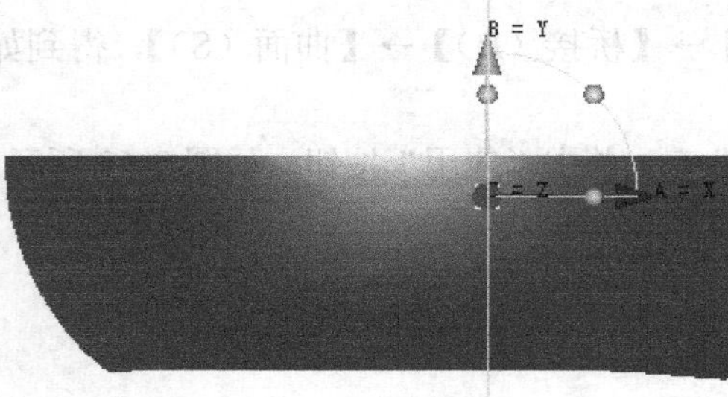

图 9-73　曲线起点选择示意

图 9-74　所截曲面示意

选择【修改】→【分割】→【分割曲面】，得到如图 9-75 所示的对话框。

分别点选顶面和截面曲线，保留一栏选择“两侧”，单击“应用”按钮，得到如图 9-76 所示的修剪曲面。

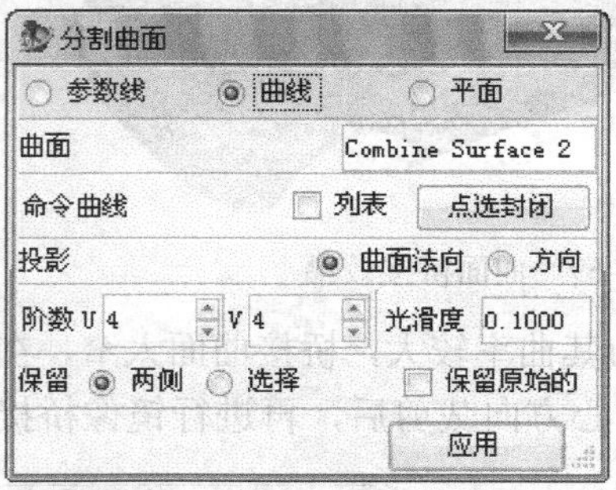

图 9-75　分割曲面对话框

图 9-76　分割曲面效果

将此曲面按照本节开始模型的镜像操作，镜像得到另一侧的顶面，如图 9-77 所示。

再使用桥接命令，选择曲率桥接方式桥接两曲面，显示效果如图 9-78 所示。

图 9-77　分割后的曲面再次进行镜像

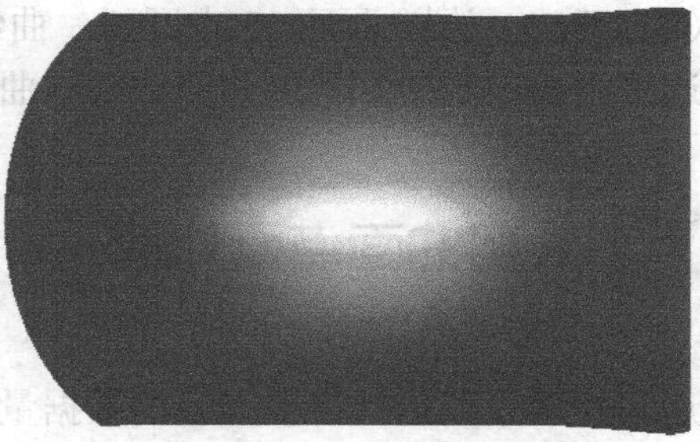

图 9-78　曲面桥接效果

显示其他曲面就得到了模型的最终逆向效果和原始点云，如图 9-79 所示。

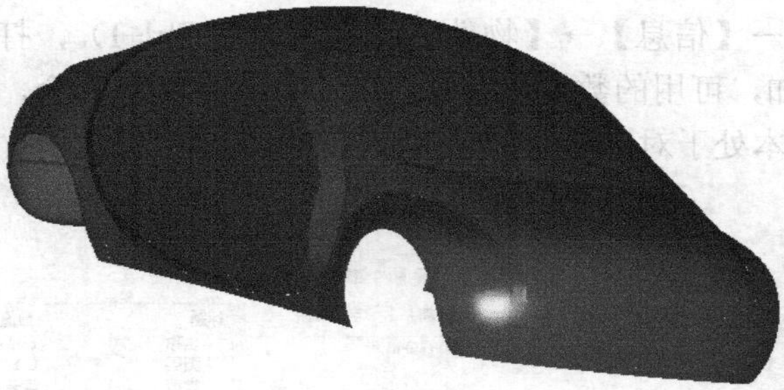

图 9-79　车身逆向的最终效果

9.4 头盔曲面逆向造型思路

点云成型后的曲面如图 9-80 所示。

观察图 9-80 所示产品的外形特征，将其曲面分成五个部分制作，如图 9-81 所示。从操作技巧上来说，可分为以下三类。

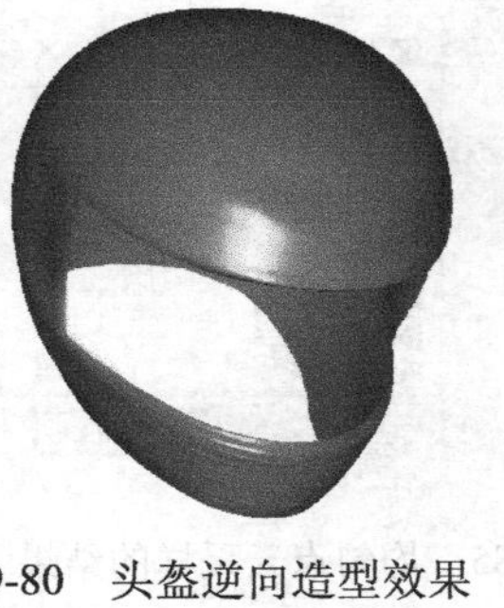

图 9-80　头盔逆向造型效果

图 9-81　头盔曲面构成拆解

（1）顶盖：放样曲面、自由曲面。

（2）中部：放样曲面、平面修剪。

（3）下部：放样曲面、3 点圆弧、曲线桥接、曲线修剪。

这里主要用到的是自由曲面和放样曲面功能，以及平面修剪与曲线修剪功能。

9.5 头盔曲面点云处理

点云的预处理包括修改点云的数据量、显示模式、点云可视化和去除噪点等步骤。

9.5.1 信息查询与数据量修改

（1）打开文件夹中的 toukui.imw，如图 9-82 所示。

（2）选择【评估】→【信息】→【物件】（快捷键是 Ctrl+I），打开点云信息对话框，如图 9-83 所示。从图可知，可用的数据点有 49754 个，不算太过冗余，但也要进一步做降低处理，点云在 *Y* 方向上基本处于对称位置，但 *X* 方向上并没有完全对齐，不会对工程造成多余影响，所以无须对齐。

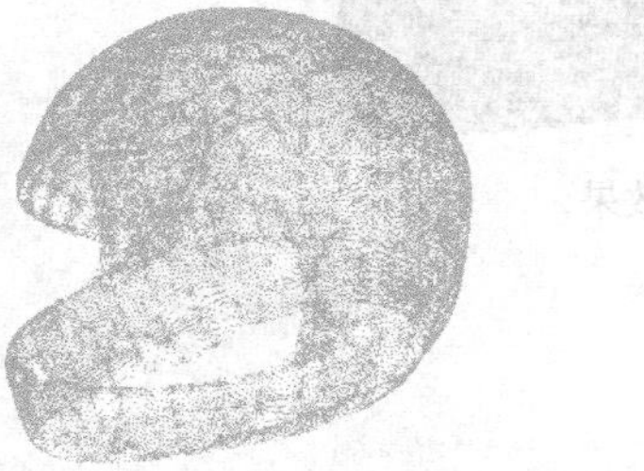

图 9-82　头盔原始点云

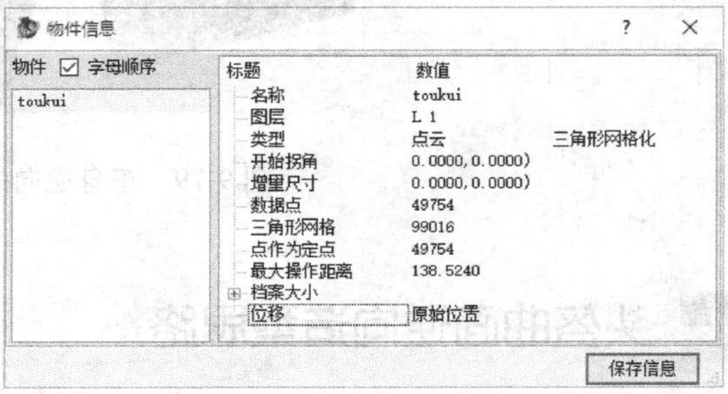

图 9-83　点云信息对话框

（3）关闭点云信息，选择【修改】→【数据简化】→【均匀采样】，得到如图 9-84 所示的对话框。

（4）设置间隔为 2，即每两个点中拾取一个点，单击“应用”按钮，结果如图 9-85 所示，可以看到点数减少了 50%。对于这样尺寸的一个工程，两万多个点有些少，而且我们的主要目的是为了去除误差范围以内的点，所以这里使用距离采样。

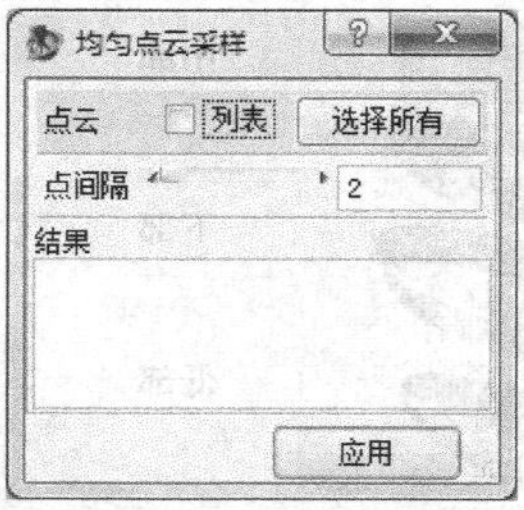

图 9-84　均匀点云采样对话框

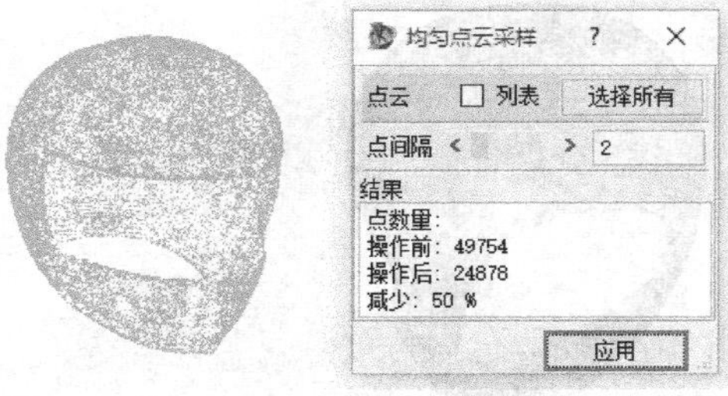

图 9-85　均匀点云采样的结果

（5）按 Ctrl+Z 组合键，撤销上一步操作，选择【修改】→【数据简化】→【距离采样】，得到如图 9-86 所示的对话框。

（6）选中“点云”，可以选择是直接设定距离公差，还是设定数据点总数来进行简化，这里目标是将距离在误差范围（0.5）以内的点去掉，输入距离公差 0.5，单击“应用”按钮，结果如图 9-87 所示。可以看到点云数没有变化，说明所有点的距离公差都在误差范围之外，可以不做处理。

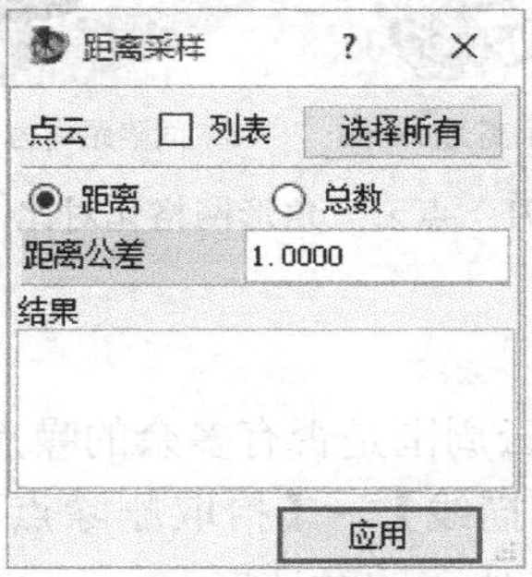

图 9-86　距离采样对话框

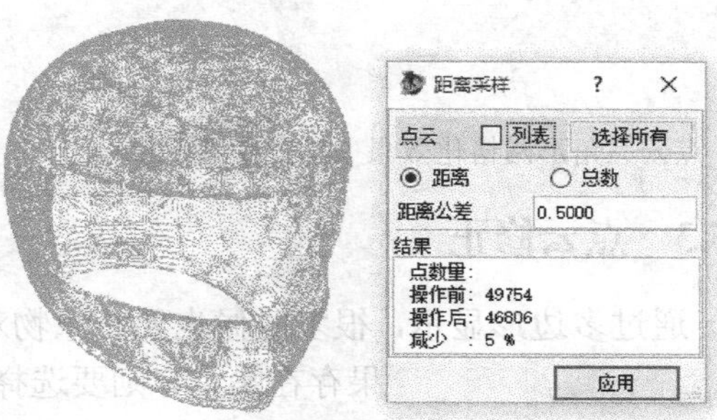

图 9-87　距离采样的结果

9.5.2　显示模式修改

（1）一般情况下，还需要改变点云的显示模式。选择【显示】→【点】→【显示】（快捷键是 Ctrl+D），得到如图 9-88 的对话框。

（2）这里要调整的是颜色和采样点间隔，但本例中可以不用修改采样点间隔，设置“颜色”，单击“应用”按钮。

（3）对点云进行可视化处理，即将其多边形显示，以便查看点云成型后的效果。选择【构建】→【三角形网格化】→【点云三角形网格化】，得到如图 9-89 所示的对话框。

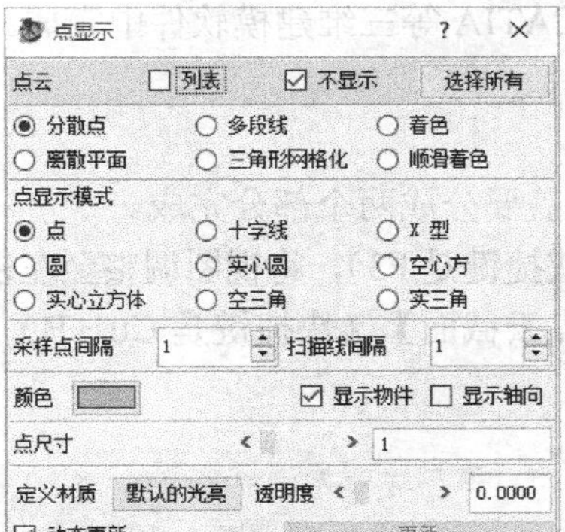

图 9-88　点显示对话框

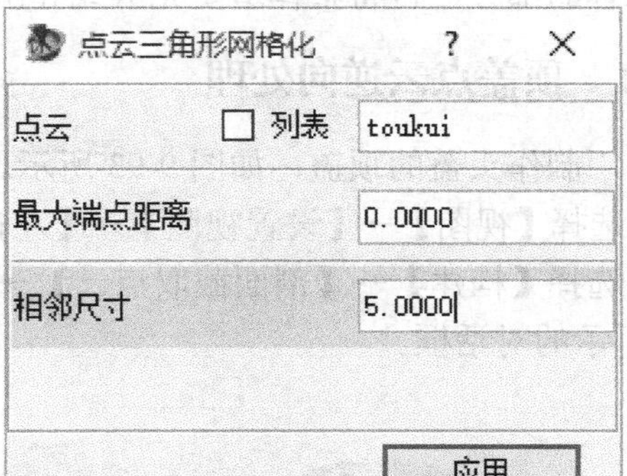

图 9-89　点云三角形网格化对话框

（4）选择“点云”，在“相邻尺寸”一栏中输入 5（多边形的间隔距离，代表 5mm），单击“应用”按钮，结果如图 9-90 所示。

（5）由于相邻尺寸选择的过小（由于点云不够密集造成的），多边形显示的效果并不好，于是将尺寸放大到 18，单击“应用”按钮，结果如图 9-91 所示，与原点云对比。

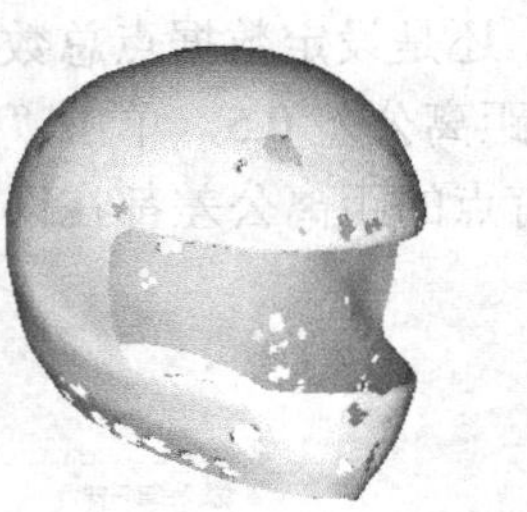

图 9-90　点云三角形网格化效果（间隔距离 5mm）

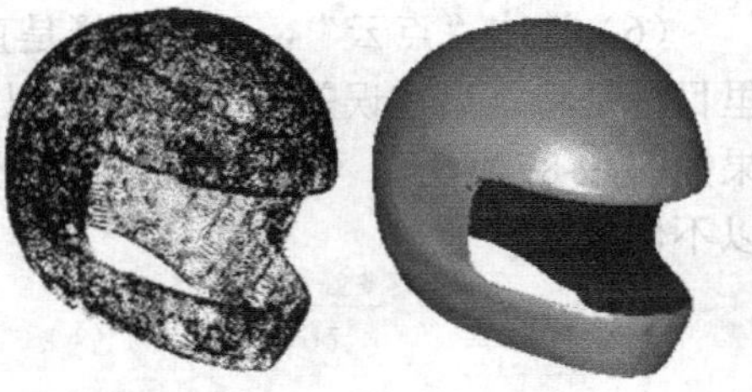

（a）间隔距离为 18mm　（b）间隔距离为 5mm

图 9-91　点云三角形网格化对比

9.5.3　点云修正

（1）通过多边形显示，很多时候也要有原物对比，来观察点云周围是否有多余的噪点，如果存在噪点，则要选择【修改】→【扫描线】→【拾取删除点】（快捷键是 Ctrl+Shift+P），得到如图 9-92 所示的对话框。

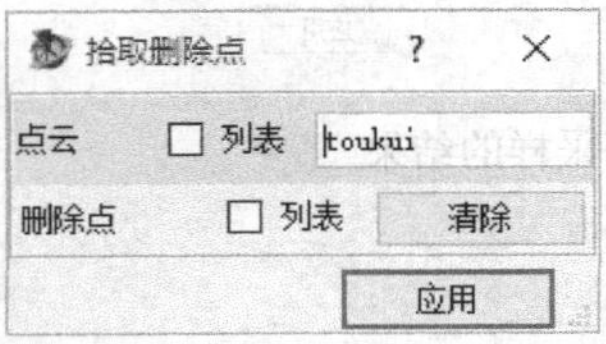

图 9-92　拾取删除点对话框

（2）逐个点选需要删除的点，将其消除。若点太多且分布集中，也可以选择【修改】→【抽取】→【圈选点】，先将一部分整体删除掉。本例中的数据基本不存在噪点，所以此步骤不用做示范。

（3）选择【文件】→【保存】，将文件保存为 toukui2.imw。

9.6　头盔曲面拟合

头盔是个复杂曲面的工程，这里主要讲解的是如何将整体的造型做出来，倒角、桥接等无须点云拟合的部分，再将整体造型完成或导出到 UG/CATIA 等三维建模软件中完成。

9.6.1　顶盖点云逆向处理

首先，制作头盔的顶盖，如图 9-93 所示。这个顶盖要分成两个部分完成。

（1）选择【视图】→【设置视图】→【左视图】（快捷键是 F3），将视图调整至左视图位置。

（2）选择【构建】→【剖面截取点云】→【平行点云截面】（快捷键是 Ctrl+B），得到如图 9-94 所示的对话框。

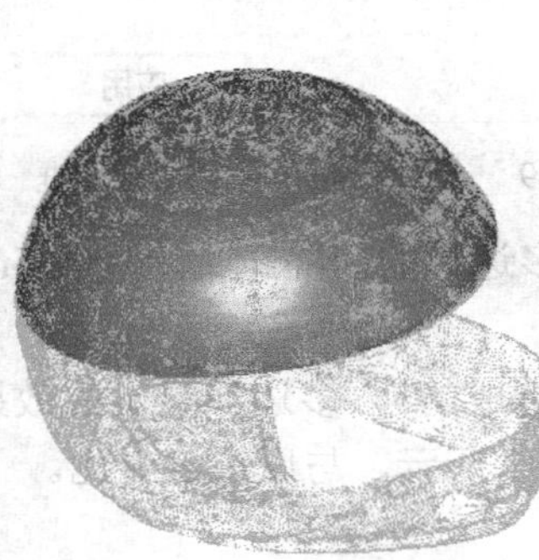

图 9-93　头盔顶盖

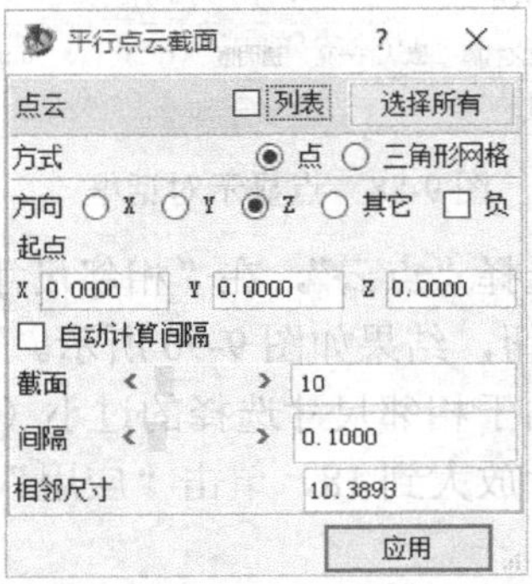

图 9-94　平行点云截面对话框

（3）点选“点云“，方向选择 Z 向，点选起点（由于软件有一定的自动拾取功能，可将起点设为帽檐上最靠下的一点），设定截面数量和间隔。理论上截面数量越多，则点云与生成放样曲面的拟合性越好，但是光顺性就越差。这里将拟合性优先示范，截面选择 20，间隔选择 3.5，如图 9-95 所示。

（4）单击“应用”按钮，生成点云截面，取消点云可视，结果如图 9-96 所示。

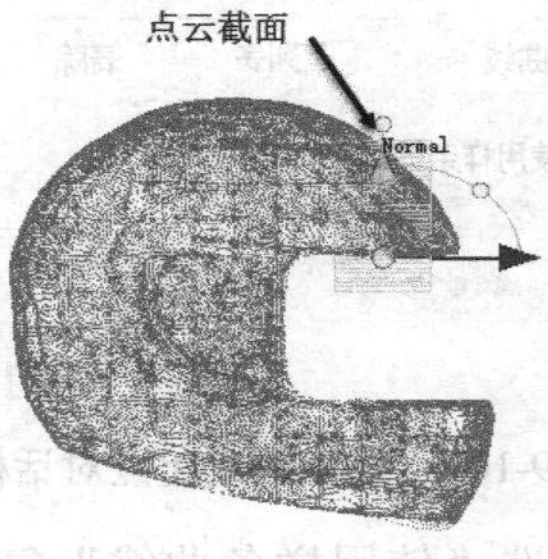

图 9-95　设定截面数量和间隔

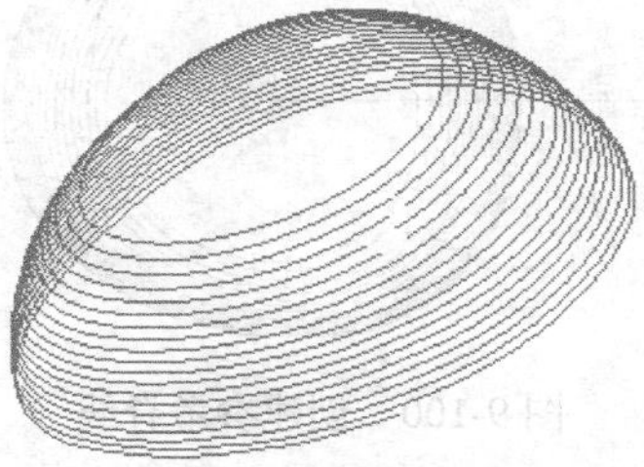

图 9-96　点云截面

（5）选择【修改】→【光顺处理】→【点云光顺】，在“类型”一栏中选择“平均”，设定尺寸为 3，单击“应用”按钮确认。

（6）选择【构建】→【由点云构建曲线】→【公差曲线】，得到如图 9-97 所示的对话框。

（7）选择之前生成的平行截面点云，点选“封闭曲线”复选框，将“偏差模式”设定为“最大误差”，单击“应用”按钮，结果如图 9-98 所示，是 20 条封闭的曲线。

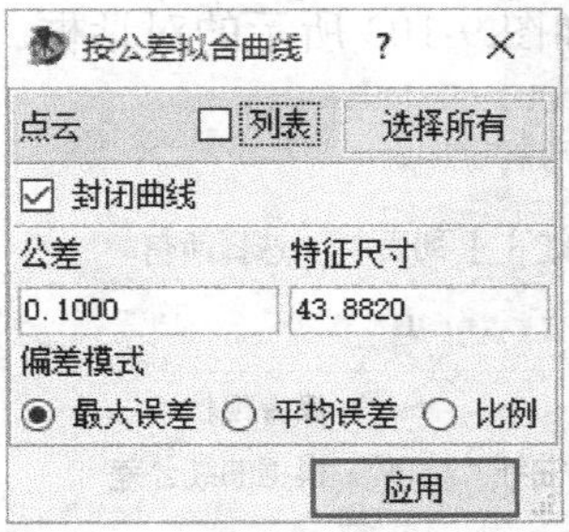

图 9-97　按公差拟合曲线对话框

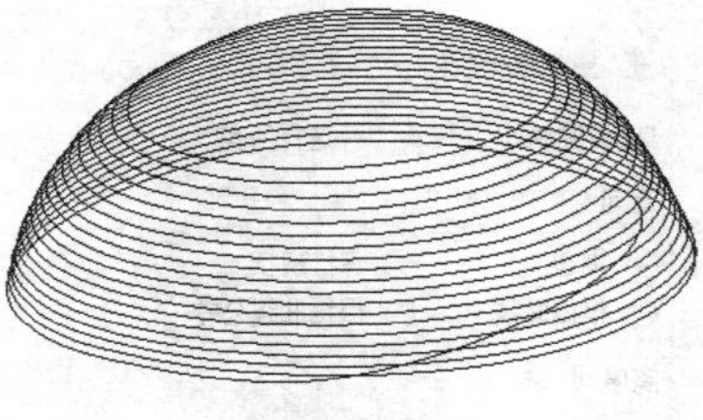

图 9-98　头盔顶面封闭曲线

（8）选择【显示】→【曲线】→【显示所有节点】，显示出曲线的控制点，如图 9-99 所示，观察这些封闭曲线的控制点特征。

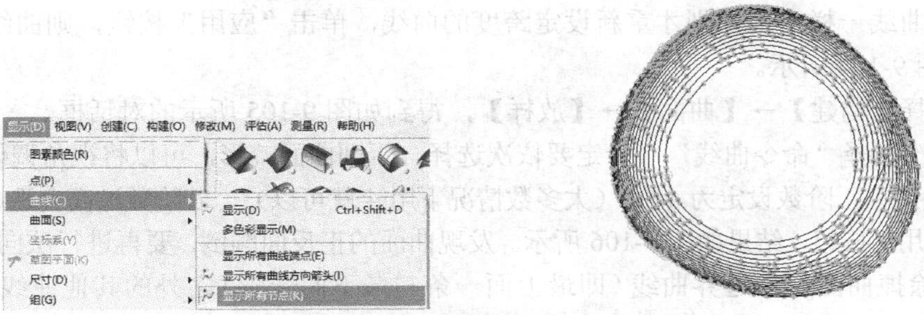

图 9-99　封闭曲线控制点

（9）可以看到控制点非常散乱而且冗余，这样将来构建出的放样曲面会很畸形，所以要将曲线的节点调整一致，以达到光顺的效果。选择【创建】→【简单曲线】→【直线】，按 F1 将视角调为俯视，从曲线中心画一条直线到曲线外，作为参考脊线，如图 9-100 所示。

（10）选择【修改】→【方向】→【改变曲线起始点】，得到如图 9-101 所示的对话框。

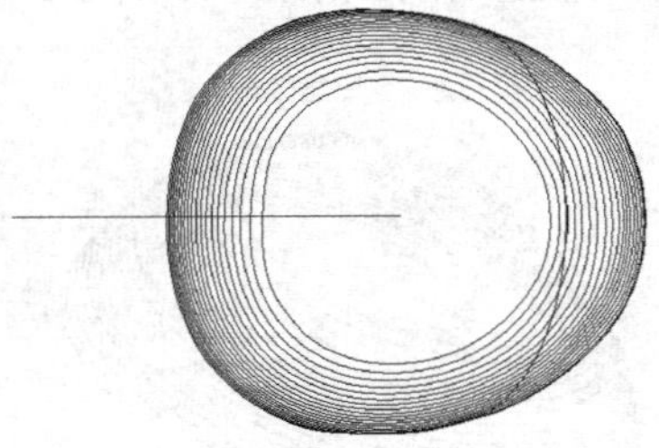

图 9-100　创建参考脊线

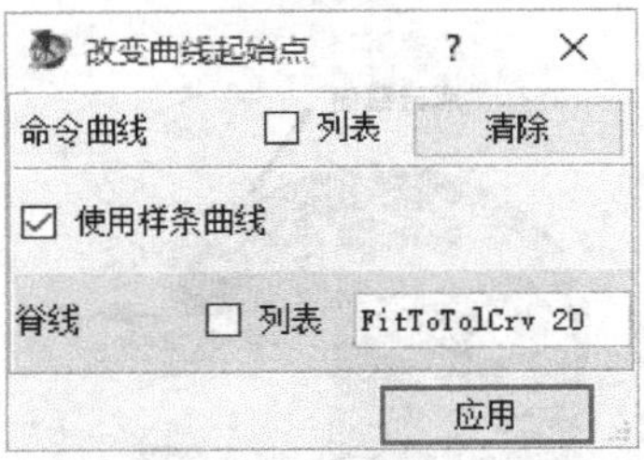

图 9-101　改变曲线起点对话框

（11）在“命令曲线”一栏，圈选这 20 条封闭曲线，点选“使用样条曲线”复选框，“脊线”一栏选择刚刚创建的直线，单击“应用”按钮，则这 20 条曲线的起点都设为这条脊线投影在曲线上的点。

（12）删除作为参考脊线的直线，选择【修改】→【参数控制】→【重新建参数化】，得到如图 9-102 所示的对话框。

（13）选择最里面的一条封闭曲线，点选“指定”，将跨度数量设置为 16，单击“应用”按钮。

（14）再圈选其余封闭曲线，点选“根据曲线”，得到如图 9-103 所示的对话框。

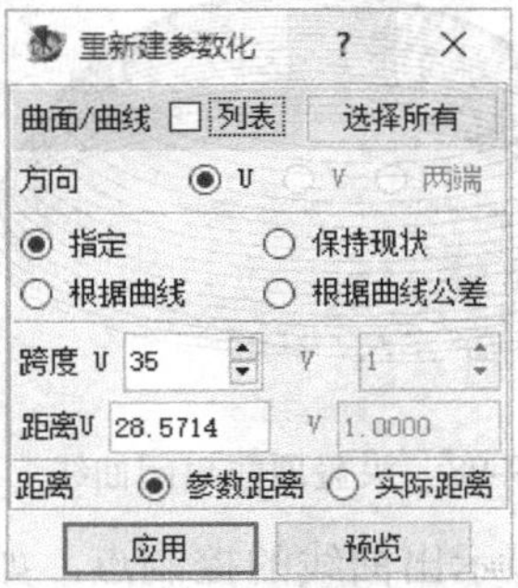

图 9-102　重新建参数化对话框（指定曲线）

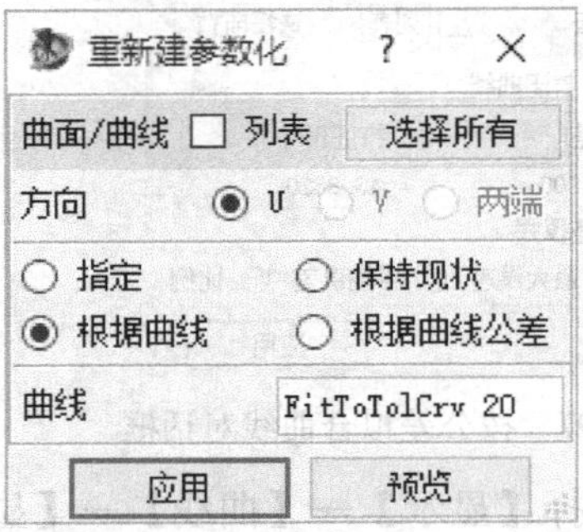

图 9-103　重新建参数化对话框（基于曲线）

（15）在曲线一栏中选择刚才重新设定跨度的曲线，单击“应用”按钮，则曲线节点调整为平整，如图 9-104 所示。

（16）选择【构建】→【曲面】→【放样】，得到如图 9-105 所示的对话框。

（17）依次选择“命令曲线”（一定要依次选择，否则曲面畸形，可以将视角调整至有序排列的情况下圈选），阶数设定为 4～8（大多数情况下用 4 就可以），若阶数过高会造成曲面不光顺，单击“应用”按钮，结果如图 9-106 所示。发现曲面的正反面颠倒，要再进行法向反转操作。

（18）删除掉曲面上下边界曲线（即最上面一条与最下面一条）之外的其他曲线，选择【修改】→【方向】→【反转曲面法向】，将曲面翻面。至此顶盖的下半部分完成，如图 9-107 所示。

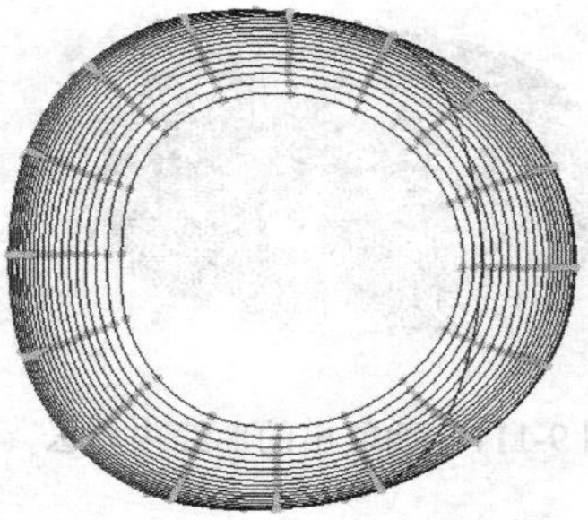

图 9-104　调节平整后的曲线节点

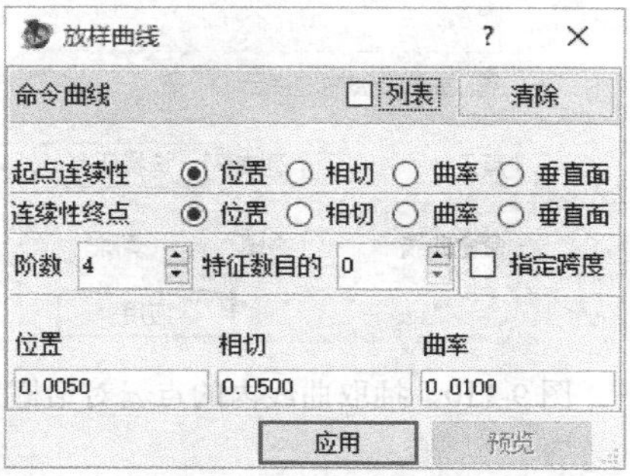

图 9-105　放样曲线对话框

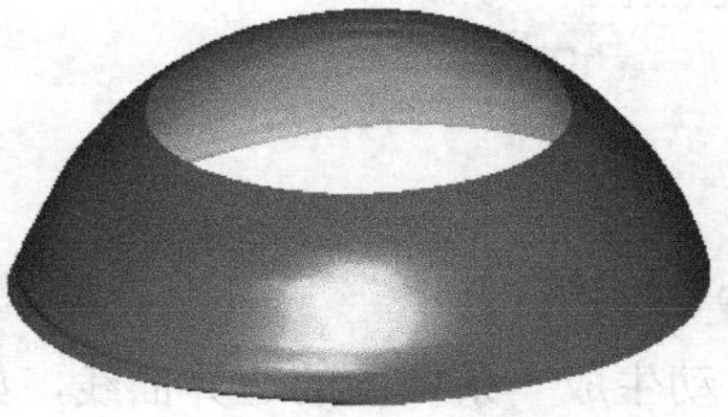

图 9-106　曲面的正反面颠倒

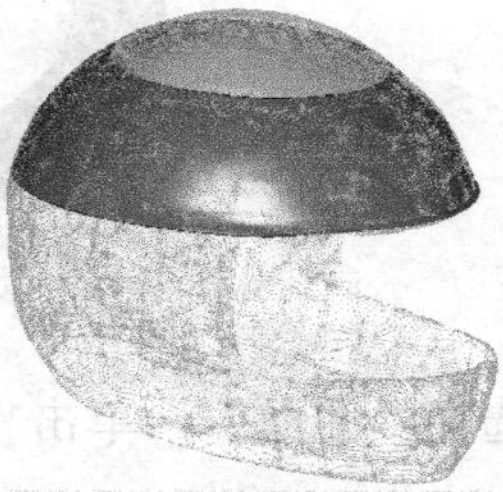

图 9-107　头盔顶盖的下半部分逆向造型效果

（19）接下来制作顶盖的上半部分，按 F3 键将视图调整至左视角。

（20）选择【创建】→【简单曲线】→【直线】命令，设定起点在之前构建的曲面上沿（或上沿往下一点），画一条水平的直线，如图 9-108 所示。

（21）用同样的方法，再画两三条直线，使得顶盖的点云上半部分在左视图中被一个封闭图形包围住，如图 9-109 所示。

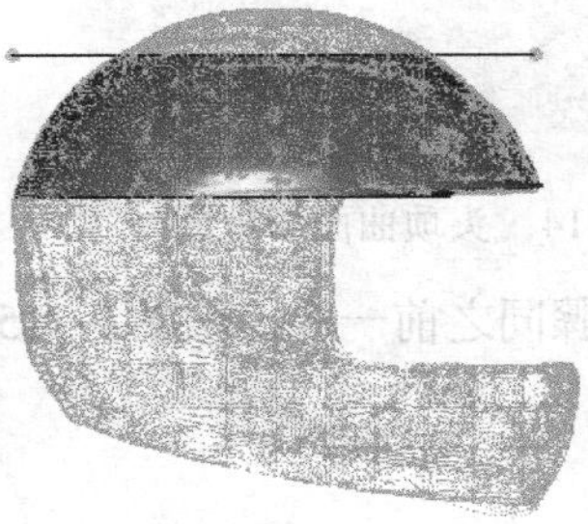

图 9-108　绘制水平直线

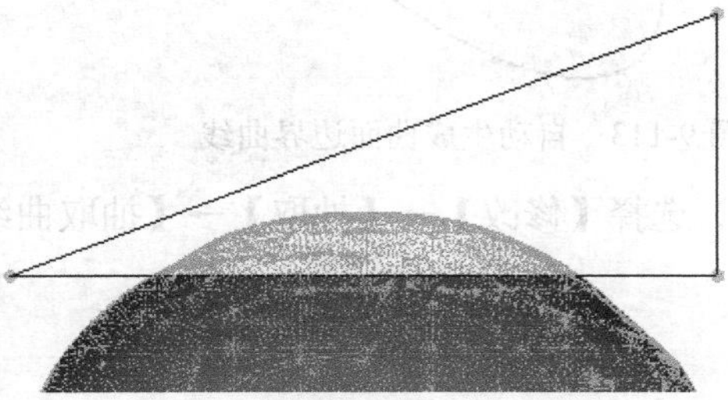

图 9-109　绘制封闭图形

（22）选择【修改】→【抽取】→【抽取曲线内部点】，得到如图 9-110 所示的对话框，选取“点云”，依次选择三条直线，单击“应用”按钮。系统会自动将该视角下被封闭曲线包围的点云提取出来，作为一个独立的点云出现，而原点云不变，如图 9-111 所示。

（23）另外一种方法，选择【显示】→【只显示选择】（快捷键是 Shift+L），只显示之前拟合出的曲面。选择【构建】→【提取曲面上的曲线】→【取出 3D 曲线】，得如图 9-112 的对话框。

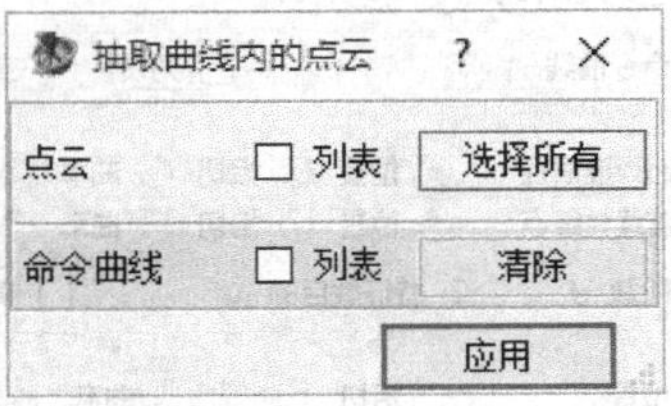

图 9-110　抽取曲线内的点云对话框

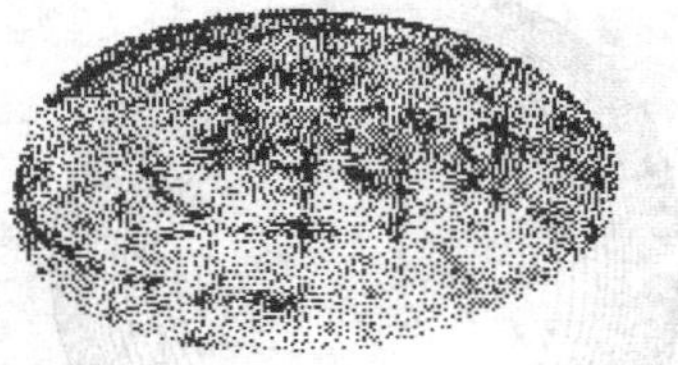

图 9-111　抽取出的曲线内点云

图 9-112　由曲面析出 3D 曲线

（24）选择“曲面”，单击“应用”按钮，则自动生成一条曲面的边界曲线，如图 9-113 所示。

（25）隐藏曲面，显示出完整点云。

（26）将视角调整至俯视（快捷键是 F1），如图 9-114 所示。

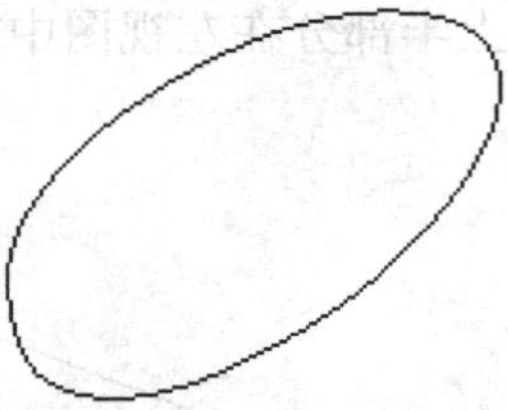

图 9-113　自动生成曲面边界曲线

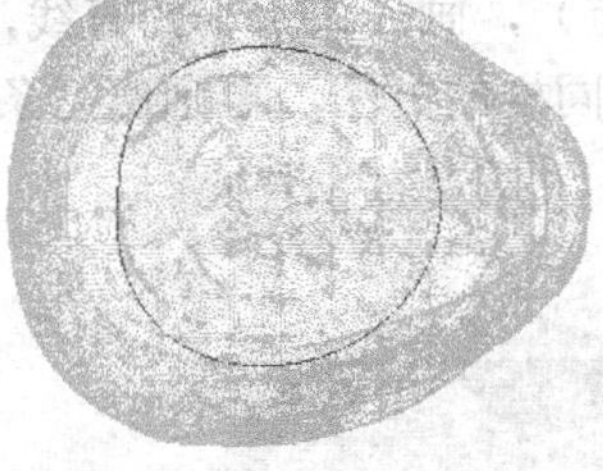

图 9-114　头顶曲面俯视图

（27）选择【修改】→【抽取】→【抽取曲线内部点】，步骤同之前一样，如图 9-115 所示。

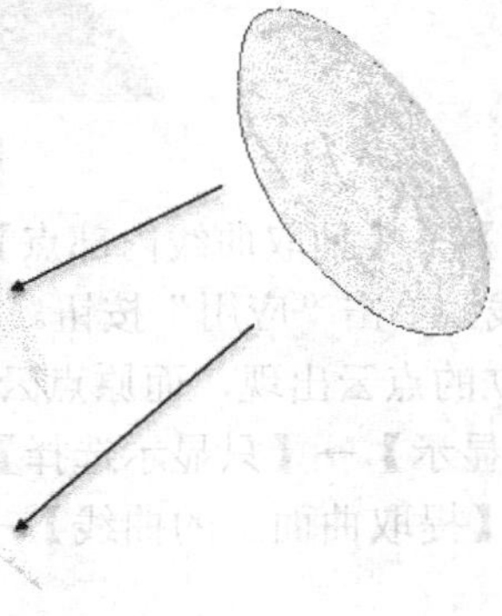

图 9-115　圈选曲线内部点

（28）由于将其他部分的点云也圈选了进来，所以要将其删除，选择【修改】→【抽取】→【圈选点】即可，在此不再赘述。以上两种方法均可用于制作端盖的点云提取，但第二种方法对后续工作更方便。

（29）选择【构建】→【利用点云构建曲面】→【自由曲面】，得到如图 9-116 所示的对话框，在“点云”栏中指定点云。在“曲面阶数”栏中设定阶数（这里设定为 6），在“跨度”栏中设定跨度为 1，使用笛卡尔坐标系，选择“偏差计算”复选框，单击“应用”按钮，结果如图 9-116 所示。

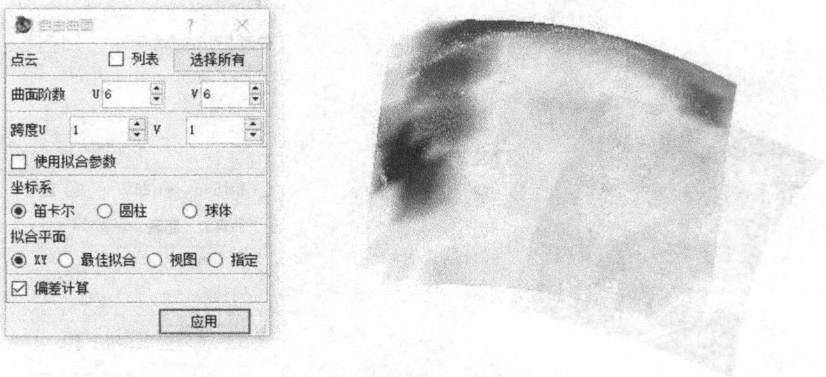

图 9-116 自由曲面参数设置

（30）同时，系统自动弹出误差报告，如图 9-117 所示。显示系统的最大误差是 0.4741mm，符合精度要求。

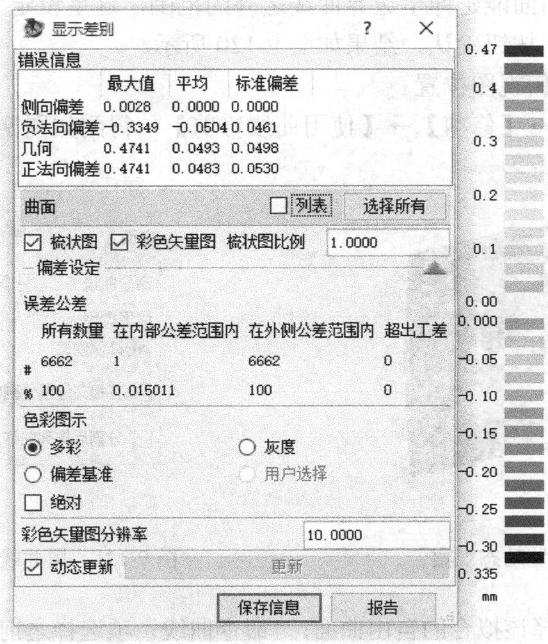

图 9-117 误差报告

注 意

若自由曲面拟合后的偏差超过 0.5mm 的精度要求，在偏差不超过太多的情况下，可以提高拟合的阶数，而若超过较多，则应把自由拟合的范围缩小，更多部分使用放样曲面，用户可自行调整。方法和之前给出的相同。

（31）由图 9-118 可以看到，拟合出的曲面没有完全在曲线圈住的范围内，所以要再进一步处理，选择【修改】→【延伸】，得到如图 9-119 所示的对话框。

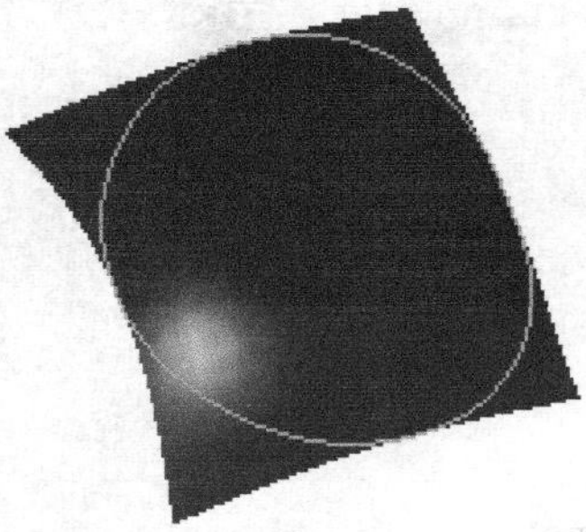

图 9-118　拟合出的曲面超出曲线范围

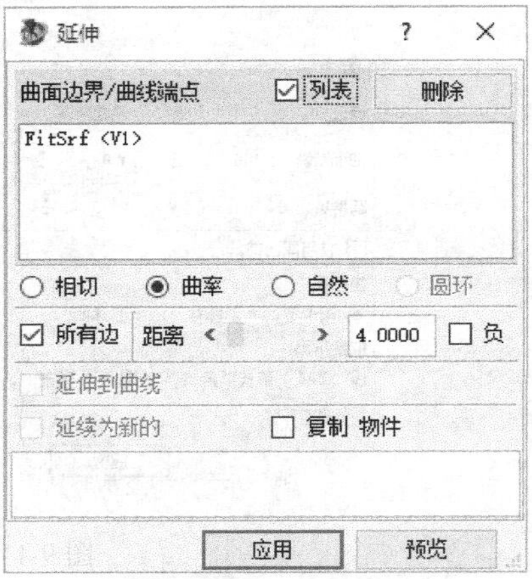

图 9-119　延伸曲面边界

（32）选择拟合的自由曲面。在延伸方式中选择曲率延伸，点选“所有边”，“距离”一栏中设定的数值应保证曲面能延伸至边界曲线之外的范围，这里设定为 4，单击“预览”动态观察，然后单击“应用”按钮确认，结果如图 9-120 所示。

（33）将视图调整至俯视图位置。

（34）选择【修改】→【修剪】→【使用曲线修剪】，得到如图 9-121 所示的对话框。

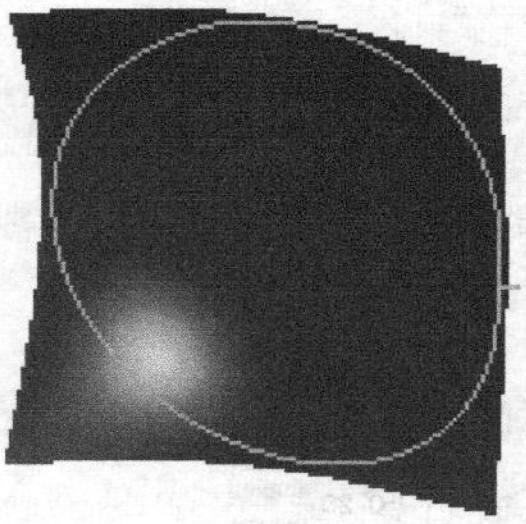

图 9-120　预览动态观察

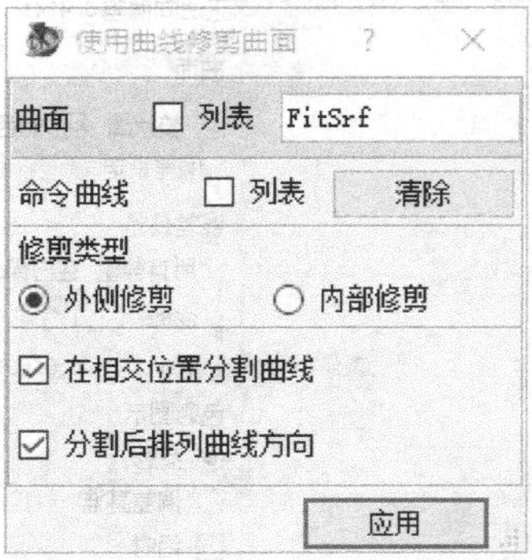

图 9-121　用曲线修剪曲面对话框

（35）“曲面”项选择该拟合的自由曲面，“命令曲线”项选择之前生成的边界曲线，“修剪类型”选择“外侧修剪”（即去掉曲线以外的内容），单击“应用”按钮，结果如图 9-122 所示。

（36）至此，顶盖的制作已经大致完成，最终效果如图 9-123 所示。

图 9-122 外侧修剪后盔顶曲面

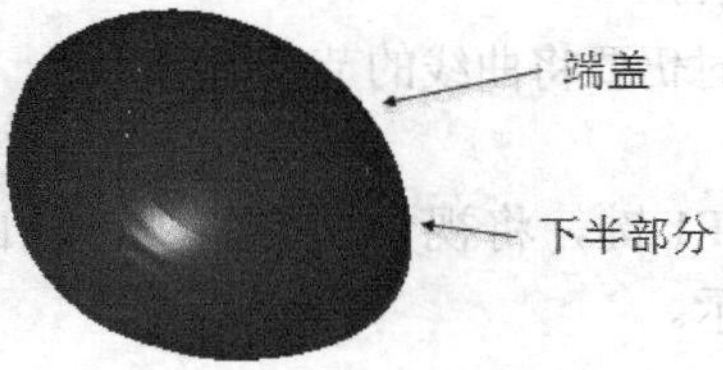

图 9-123 盔顶曲面逆向造型效果

注 意

如果端盖和下半部分不能完整贴合，通常是点云拟合出的曲线的问题，可以按照步骤（20）-（22）的方法截取一个稍微大一点的点云，再按照步骤（23）-（24）制作出稍大一圈的边界曲线，即可解决。

9.6.2 中部点云逆向处理

制作头盔的中部，如图 9-124 所示，方法和顶部类似，采用构建放样曲面的方式，将最后的倒角等工序放到常规三维建模软件中完成。

图 9-124 头盔中部造型效果

（1）选择【构建】→【剖面截取点云】→【平行点云截面】（快捷键是 Ctrl+B），点选点云，方向选择 Z 向，这里需要仔细调节起点、间隔和截面数量。使得截取的平行点云截面不会到达或超过顶盖和底部，如图 9-125 所示。

（2）单击“应用”按钮，生成点云截面，取消点云可视。

（3）选择【修改】→【光顺处理】→【点云光顺】，在“类型”一栏中选择“平均”，设定尺寸为 3，单击“应用”按钮确认。

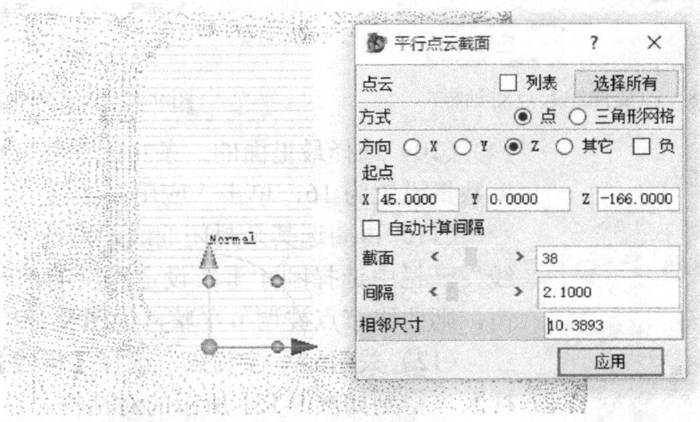

图 9-125 创建平行点云截面

（4）选择【构建】→【由点云构建曲线】→【公差曲线】，选择之前生成的平行截面点云，点选“封闭曲线”复选框，将“偏差模式”设定为“最大误差”，单击“应用”按钮，结果如图 9-126 所示。

（5）这时仍要将曲线的节点调节一致，以达到光顺的效果，选择【创建】→【简单曲线】→【直线】。

（6）按 F1 键，将视角调为俯视，从曲线中心画一条直线到曲线外，作为参考脊线，如图 9-127 所示。

图 9-126　平行截面

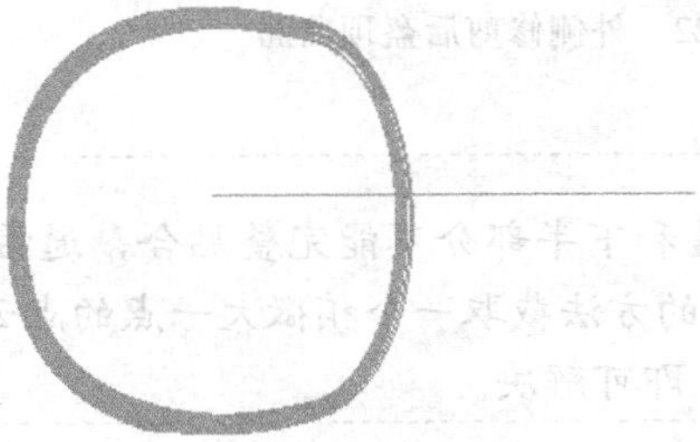
图 9-127　创建参考脊线

（7）选择【修改】→【方向】→【改变曲线起始点】，得到如图 9-128 所示的对话框。

（8）“命令曲线”一栏，圈选这些封闭曲线，点选“使用样条曲线”复选框，“脊线”一栏选择刚刚创建的直线，单击“应用”按钮。

（9）删除作为参考脊线的直线，选择【修改】→【参数控制】→【重新建参数化】，得到如图 9-129 所示的对话框。

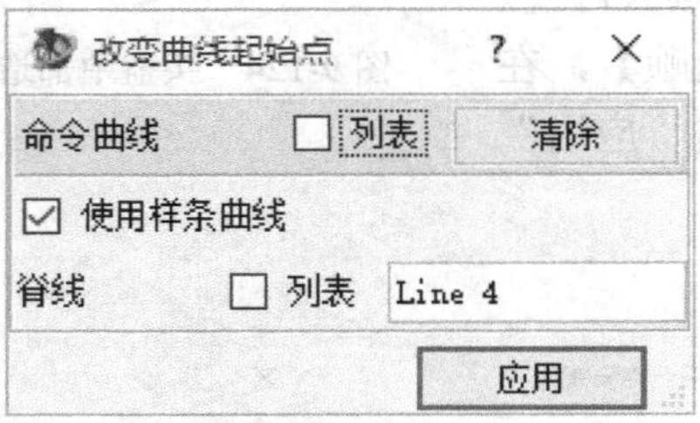

图 9-128　改变曲线起点对话框

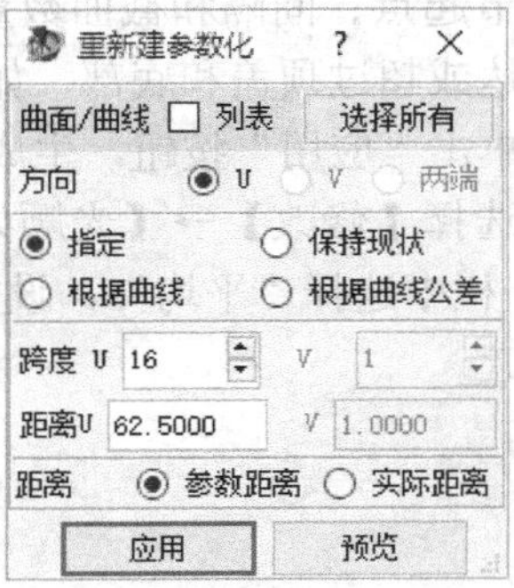

图 9-129　重新建参数化对话框

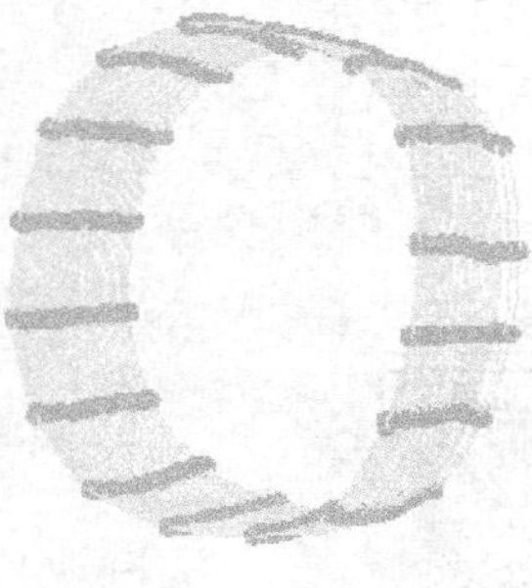
图 9-130　调节平整后的曲线节点

（10）选择最里面的一条封闭曲线，点选“指定”，将跨度数量设置为 16，单击“应用”按钮。

（11）再圈选其余封闭曲线，点选“基于曲线”，在“曲线”一栏中选择刚才重新设定跨度的曲线，单击“应用”按钮，则曲线节点被调节平整，如图 9-130 所示。

（12）关闭显示控制点，选择【构建】→【曲面】→【放样】，得到如图 9-131 所示的对话框。

（13）依次选择“命令曲线”（一定要依次选择，否则曲面畸形，可以将视角调整至有序排列的情况下圈选），阶数设定为 8，若阶数过高会造成曲面不光顺，单击“应用”按钮，结果如图 9-132 所示。

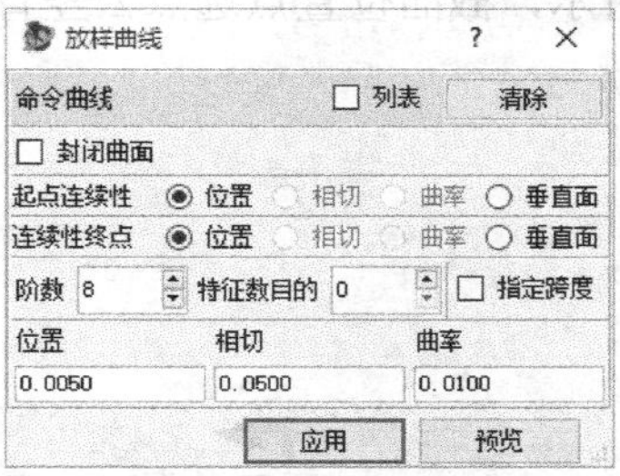

图 9-131　通过放样曲面对话框

图 9-132　放样效果

注 意

选择曲线的顺序决定了曲面的法线方向，所以依次选择非常重要，否则曲面的正反面混乱造成畸形。

（14）按 F4 键，将视图视角调整至右视角，如图 9-133 所示，为了和其他曲面相交，要把拟合的曲面上下边延伸一些，以便于在其他软件环境中进行剪切修改。选择【修改】→【延伸】，得到如图 9-134 所示的对话框。

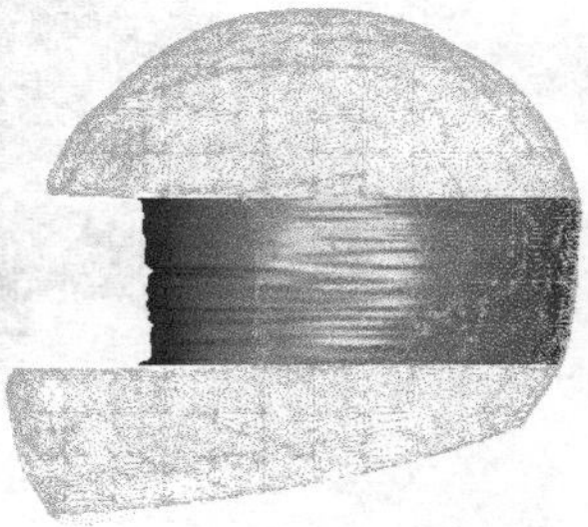
图 9-133　右视角

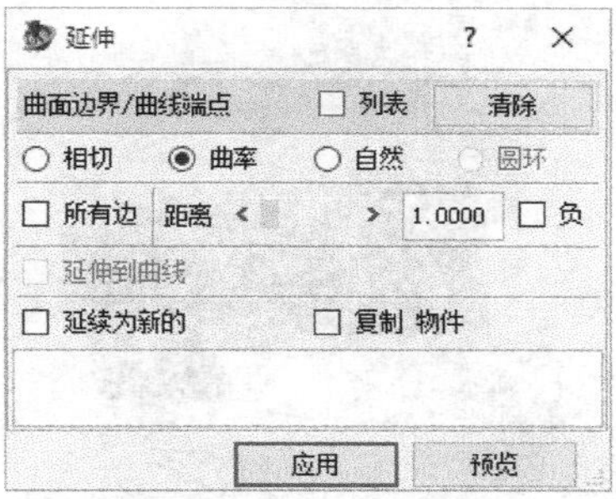

图 9-134　延伸对话框

（15）选择曲面的上下边界线作为延伸边，延伸方式选择“曲率”，输入距离（这里可以先单击“预览”按钮，然后动态的观察延伸效果，修改距离再决定），然后单击“应用”按钮，结果如图 9-135 所示。

（16）由图 9-136 可以看出，曲面超出了点云的范围，所以要进行修剪，这里选择用平面修剪。

图 9-135　延伸曲面上下边界线

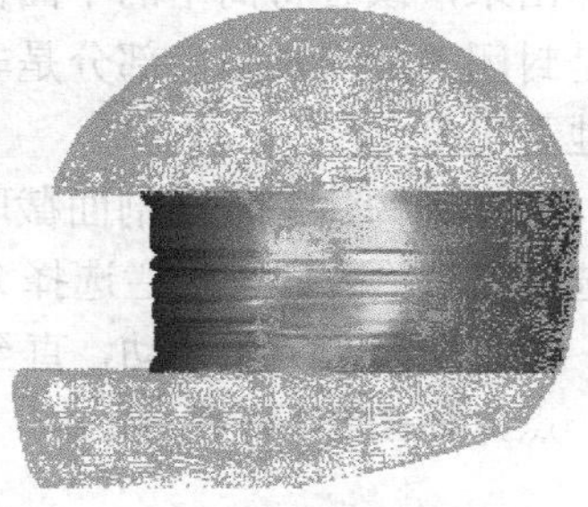
图 9-136　曲面超出点云范围

（17）选择【修改】→【修剪】→【修剪曲面区域】，得到如图 9-137 所示的对话框。

（18）“修剪”方式选择“轴平面”，“曲面”一栏点选拟合曲面，“平面法向”选择 *X*，点选“负向”复选框，左上角的坐标箭头如图 9-138 所示，截面位置点选点云竖直边界处。

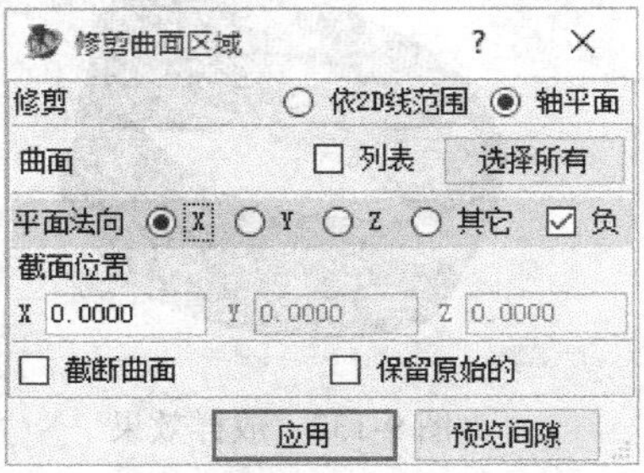

图 9-137　修剪曲面区域对话框

图 9-138　坐标箭头

（19）箭头所指的方向就是保留的方向，单击“应用”按钮，修剪后的曲面如图 9-139 所示。

> **注 意**
>
> 不能够先修剪再延伸，否则会造成不能延伸的现象。

至此，头盔中部也已完成，如图 9-140 所示。

图 9-139　修剪后曲面

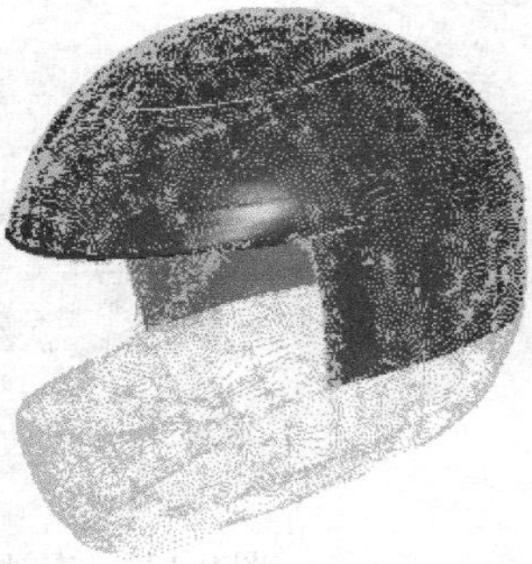

图 9-140　头盔中部逆向造型效果

9.6.3　下部点云逆向处理

制作头盔的下部分时，首先要观察，然后会发现头盔的底面是水平的，调节适合的话可以直接放样出来，或者将简单的平面修剪掉。整个下部分将分成两个面制作，如图 9-141 所示，一部分是封闭的曲面，另一部分是非封闭的曲面，点云的分界线已经画出，在图 9-142 中可以更直观地看出来。

（1）选择【构建】→【剖面截取点云】→【平行点云截面】（快捷键是 Ctrl+B），“方式”一栏点选“点”，“方向”一栏选择 *Z* 向，这里要仔细调节起点，先将鼠标移至点云上，按住左键不放，将光标向左下角移动，直至起点坐标不在变化为止，此时起点就是点云在封闭区域最边界的一点，如图 9-143 所示。

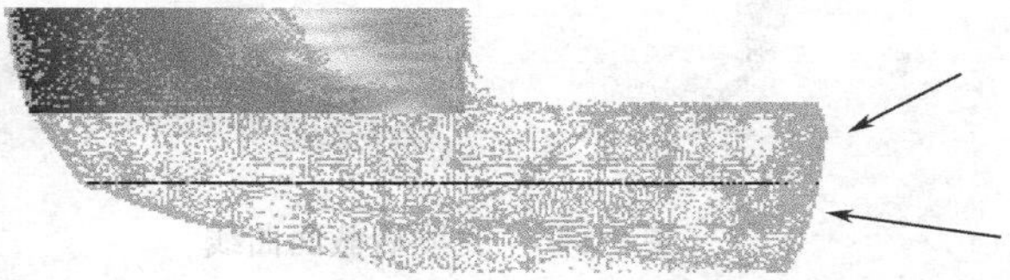

图 9-141　头盔下部分点云（侧视图）

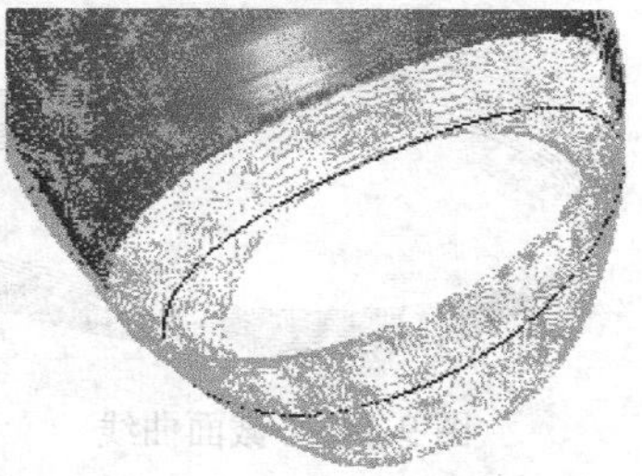

图 9-142　头盔下部分点云（斜视图）

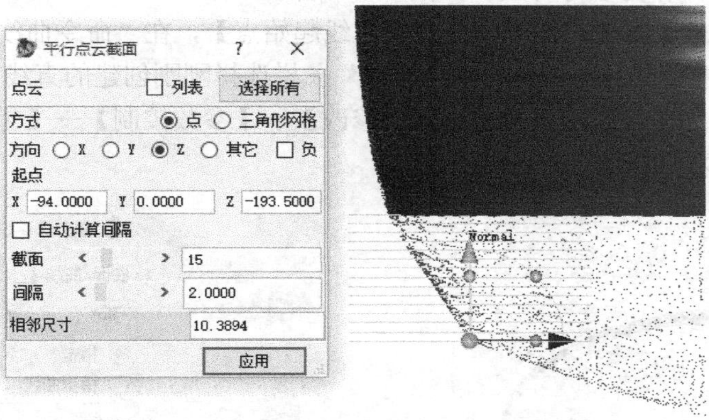

图 9-143　平行点云截面

（2）将起点的 Z 方向坐标复制下来，然后把起点右移，但 Z 方向坐标不变（即起点的高度不变），用以观察截面是否完全贴合点云，并不断修改截面数量以及间距，使最上一个截面能够和点云边界尽可能的贴合，如图 9-144 所示。

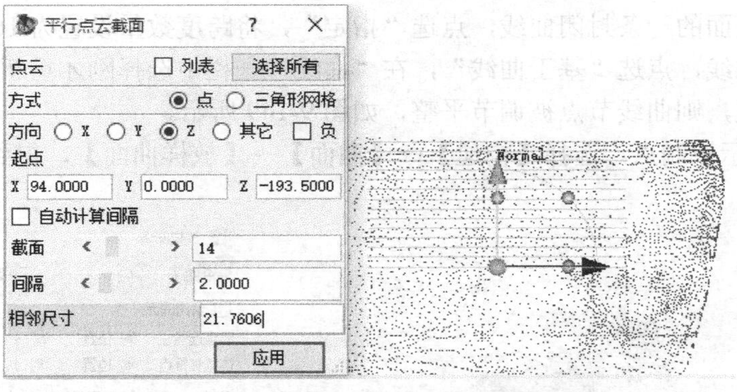

图 9-144　观察截面是否完全贴合点云

（3）单击“应用”按钮，取消显示点云，结果如图 9-145 所示。

（4）选择【修改】→【光顺处理】→【点云光顺】，在“类型”一栏中选择“平均”，设定尺寸为 3，单击“应用”按钮确认。

（5）选择【构建】→【由点云构建曲线】→【公差曲线】，选择之前生成的平行截面点云，点选“封闭曲线”复选框，将“偏差”模式设定为“最大误差”，单击“应用”按钮，结果如图 9-146 所示。

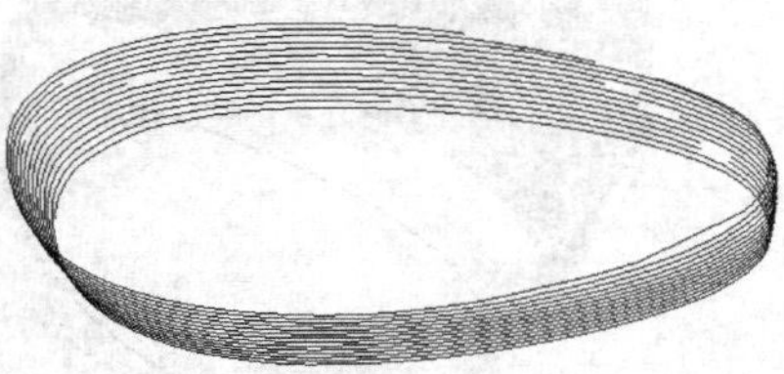

图 9-145　截面曲线

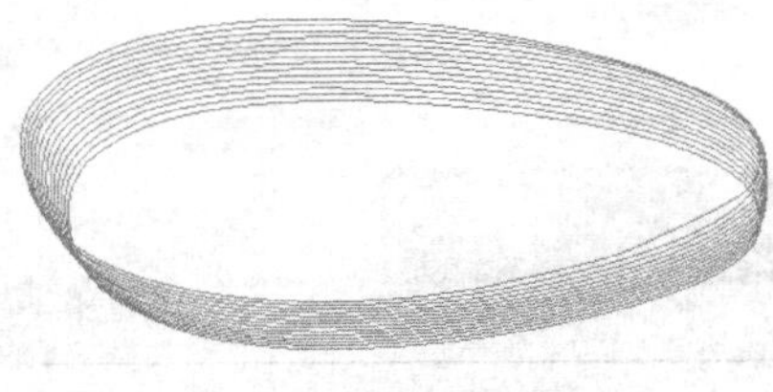

图 9-146　光顺后截面曲线

（6）按 F1 键，将视角调为俯视，选择【创建】→【简单曲线】→【直线】。从曲线中心画一条直线到曲线外，作为参考脊线，如图 9-147 所示。

（7）选择【修改】→【方向】→【改变曲线起始点】，在“命令曲线”一栏圈选这些封闭曲线，点选“使用样条曲线”复选框，“脊线”一栏选择刚刚创建的直线，单击“应用”按钮。

（8）删除作为参考脊线的直线，选择【修改】→【参数控制】→【重新建参数化】，得到如图 9-148 所示的对话框。

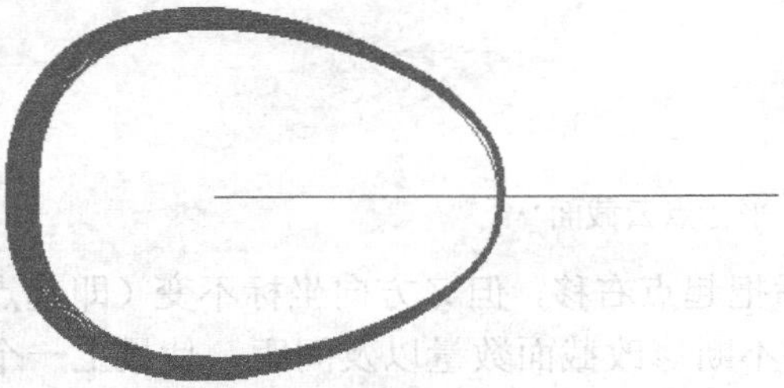

图 9-147　创建参考脊线

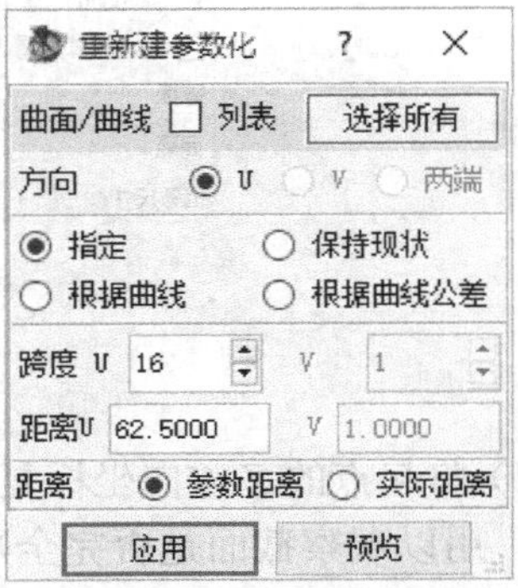

图 9-148　重新建参数化对话框

（9）选择最里面的一条封闭曲线，点选“指定”，将跨度数量设置为 16，单击“应用”。再圈选其余封闭曲线，点选“基于曲线”，在“曲线”一栏中选择刚才重新设定跨度的曲线，单击“应用”按钮，则曲线节点被调节平整，如图 9-149 所示。

（10）关闭显示控制点，选择【构建】→【曲面】→【放样曲面】，得到如图 9-150 所示的对话框。

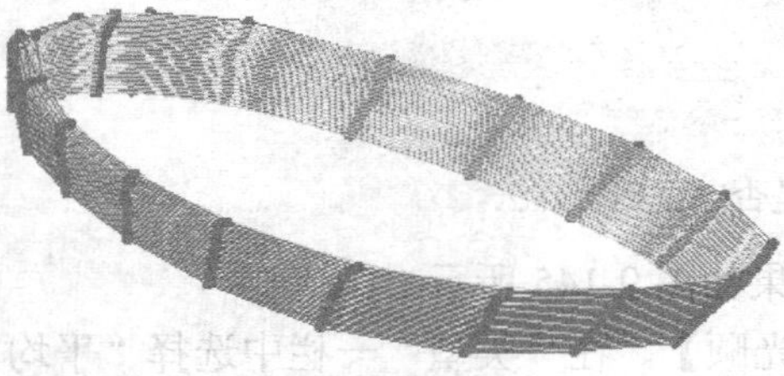

图 9-149　调节平整后的曲线节点

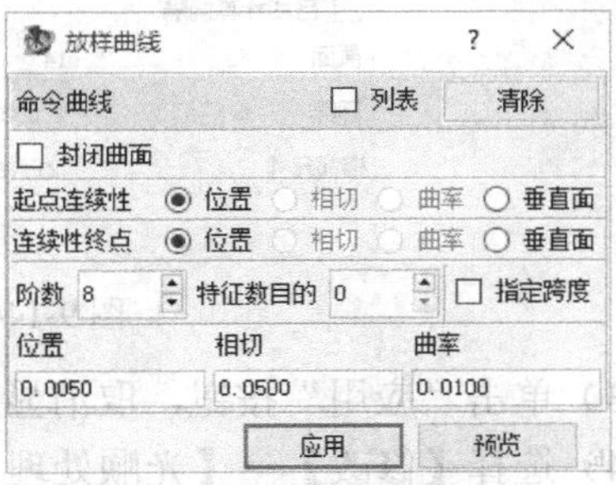

图 9-150　通过放样曲面对话框

（11）依次选择“命令曲线”，阶数设定为 8，单击“应用”按钮，结果如图 9-151 所示。

（12）选择【构建】→【剖面截取点云】→【平行点云截面】（快捷键是 Ctrl+B），点选

“点”，“方向”一栏选择 Z 向，将起点坐标设置到最下方，调整截面数量和间距，让最上的平行点云截面稍稍超过一点非封闭区域，如图 9-152 所示。

图 9-151　曲线放样效果

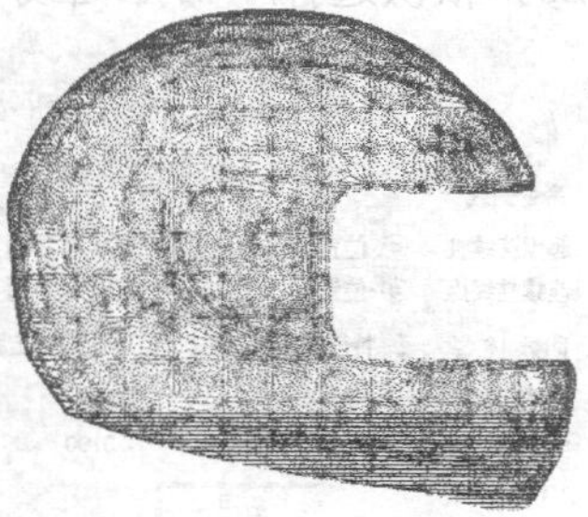

图 9-152　平行点云截面

（13）选择【修改】→【光顺处理】→【点云光顺】，在“类型”一栏中选择“均匀”，设定尺寸为 3，单击“应用”按钮确认。

（14）选择【构建】→【由点云构建曲线】→【公差曲线】，选择之前生成的平行截面点云，点选“封闭曲线”复选框，将“偏差”模式设定为“最大误差”，单击“应用”按钮，结果如图 9-153 所示。

（15）按 F1 键将视角调为俯视，选择【创建】→【简单曲线】→【直线】。从曲线中心画一条直线到曲线外，作为参考脊线。

（16）选择【修改】→【方向】→【改变曲线起点】，在“命令曲线”一栏圈选这些封闭曲线，点选“使用样条曲线”复选框，“脊线”一栏选择刚刚创建的直线，单击“应用”按钮。

（17）删除作为参考脊线的直线，选择【修改】→【参数控制】→【重新建参数化】，得到如图 9-154 所示的对话框。

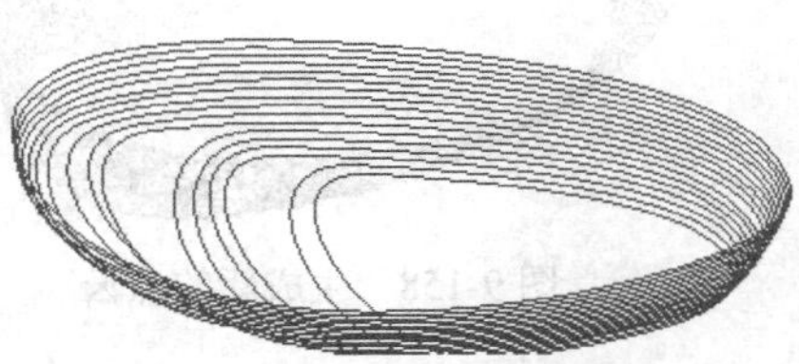

图 9-153　光顺后平行截面曲线

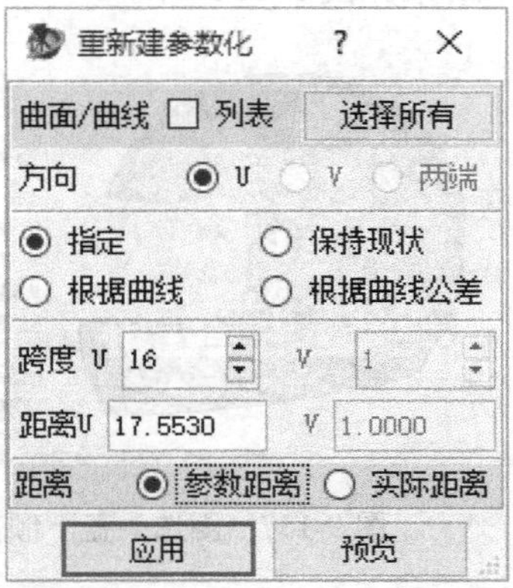

图 9-154　重新建参数化对话框

（18）选择最内侧的一条封闭曲线，点选“指定”，将跨度数量设置为 16，单击“应用”按钮。再圈选其余封闭曲线，点选“基于曲线”，在“曲线”一栏中选择刚才重新设定跨度的曲线，单击“应用”按钮，则曲线节点被调节平整。

（19）关闭显示控制点，选择【构建】→【曲面】→【放样曲面】，得到如图 9-155 所示的对话框。

（20）依次选择“命令曲线”，阶数设定为 8，单击“应用”按钮，结果如图 9-156 所示。

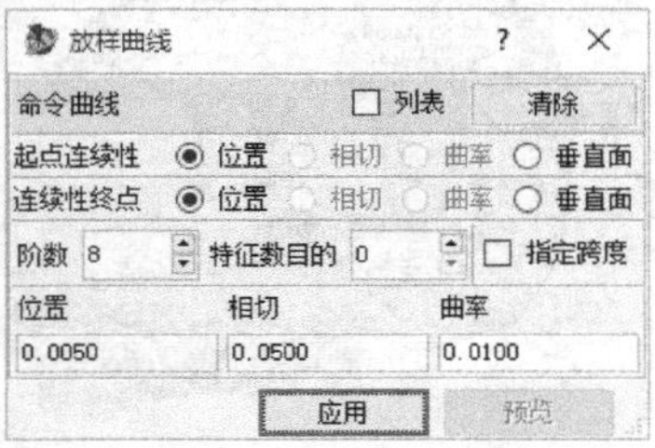

图 9-155 通过放样曲面对话框

图 9-156 头盔下颌部分逆向造型效果

注 意

依次选择“命令曲线”时，要注意调节视角，因为该封闭曲线组的图形比较散乱，圈选有时候会将顺序选乱，造成曲面畸形。

（21）可以看到曲面上有一部分是封闭曲面，这是因为当时生成的放样用曲线就是封闭的，接下来要把它修剪掉。

（22）首先修整点云，按 F3 键，将视角调整为左视角。

（23）选择【修改】→【抽取】→【圈选点】，选择用“屏幕上的点之间”方式圈选。选择“点”时，将上端点选在曲面之上、断面之下，下半部分要超出点云底端。“保留点云”栏选择“内侧”，点选“保留原始数据”复选框，如图 9-157 所示。

（24）单击“应用”按钮，系统自动生成新的点云，同时原点云不变，取消显示完整点云和曲面，结果如图 9-158 所示。

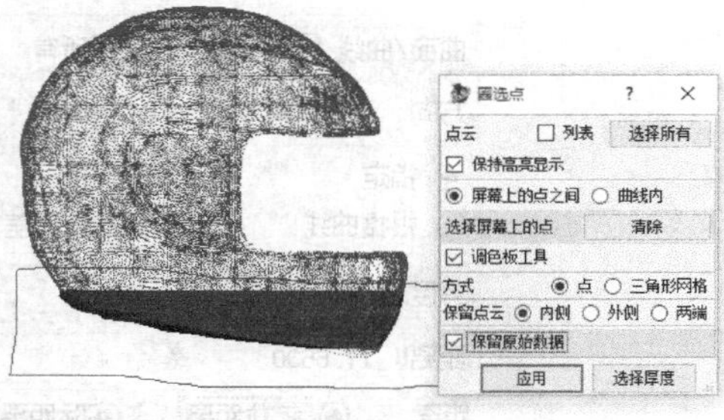

图 9-157 圈选头盔下颌部分点云

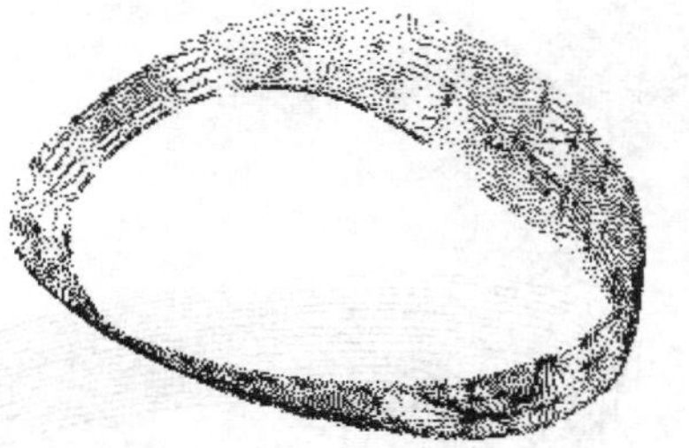

图 9-158 生成新的点云

（25）按 F5 键，将视角调整至后视角，选择【创建】→【简单曲线】→【3 点圆弧】，将三点都设置在点云边界上，动态调整以达到尽可能吻合，如图 9-159 所示，单击“应用”按钮，生成圆弧曲线。

（26）继续创建 3 点圆弧曲线，不必首尾相连，优先保证和点云吻合，大致的结果如图 9-160 所示，然后以同样的方式连接出后半段。

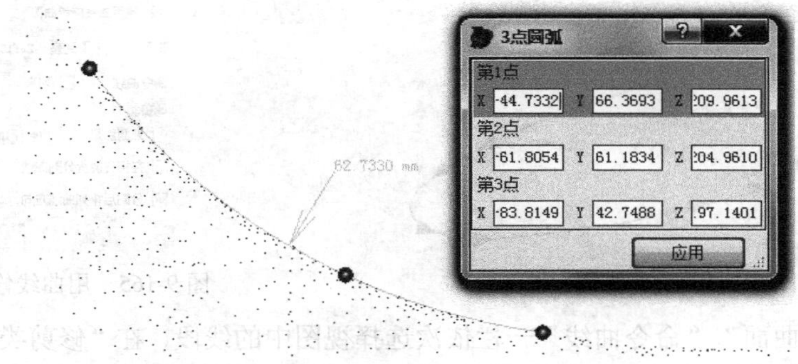

图 9-159　生成圆弧曲线

（27）选择【构建】→【桥接】→【曲线】，得到如图 9-161 所示的对话框。

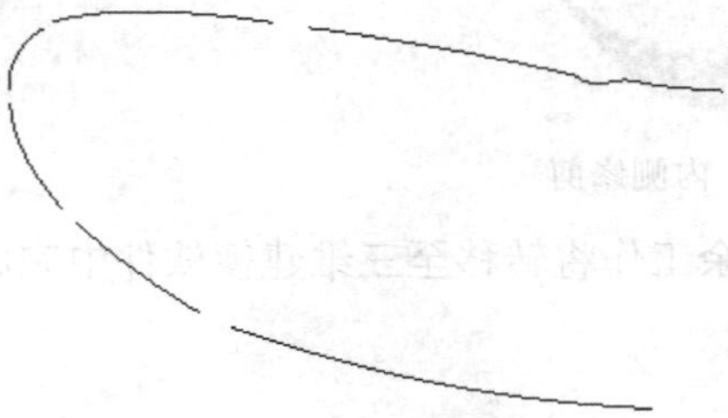

图 9-160　分段圆弧曲线

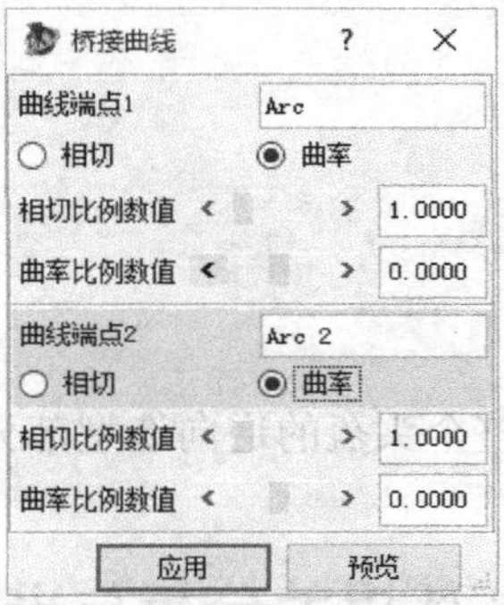

图 9-161　桥接曲线对话框

（28）选择相邻两条圆弧段上的相邻端点，如图 9-162 所示，在对话框的连续方式中选择“曲率”，以曲率连续的方式连接两段圆弧，单击“预览”按钮，动态观察生成结果，单击“应用”按钮确认。

（29）用同样的方法选择相邻的两个端点，以曲率连续的方式连接两段相邻的圆弧，最终形成曲线。

（30）选择【显示】→【曲线】→【显示所有曲线方向箭头】，如图 9-163 所示。可以看到曲线的方向并不一致，有逆时针方向也有顺时针方向，逆时针方向居多。当曲线方向不一致时，即使是封闭曲线也不能用来修剪曲面。

图 9-162　桥接两段曲线

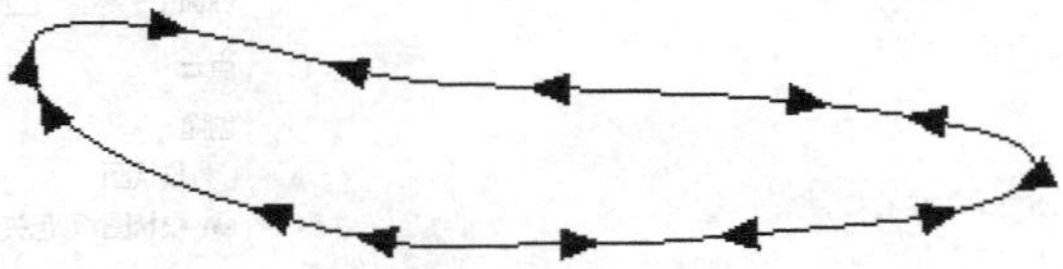

图 9-163　显示所有曲线方向箭头

（31）选择【显示】→【方向】→【反转曲线方向】（快捷键是 Ctrl+Shift+R），该命令可以将曲线的方向理顺。按住 Ctrl 键，逐个点选需要反转方向的线段，单击“应用”按钮，结果如图 9-164 所示，现在所有的曲线都在同一方向上了。

（32）选择【修改】→【修剪】→【用曲线修剪】，如图 9-165 所示的对话框。

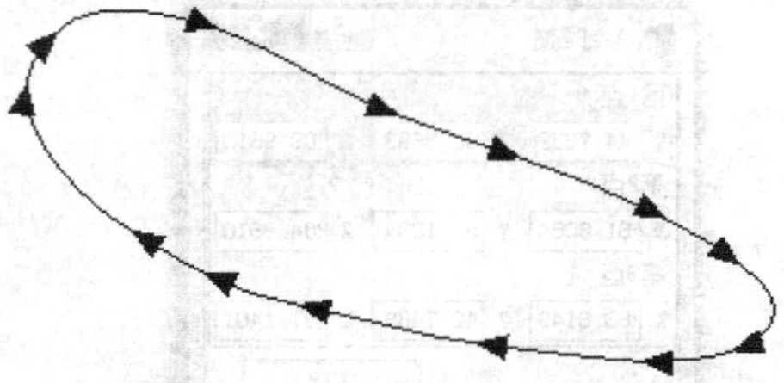

图 9-164　反转曲线方向

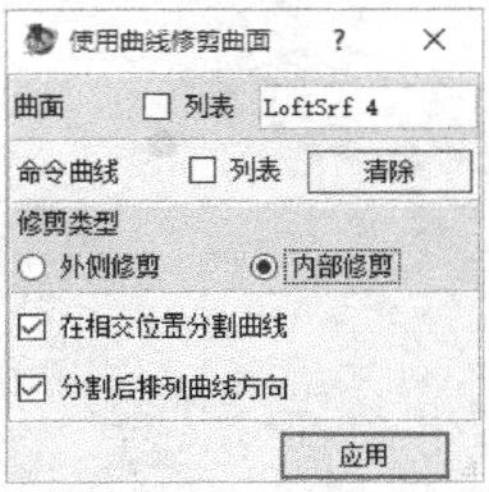

图 9-165　用曲线修剪对话框

（33）选择“曲面”,“命令曲线”一栏依次选择视图中的线段，在“修剪类型”中选择“内部修剪”，单击“应用”按钮，结果如图 9-166 所示。

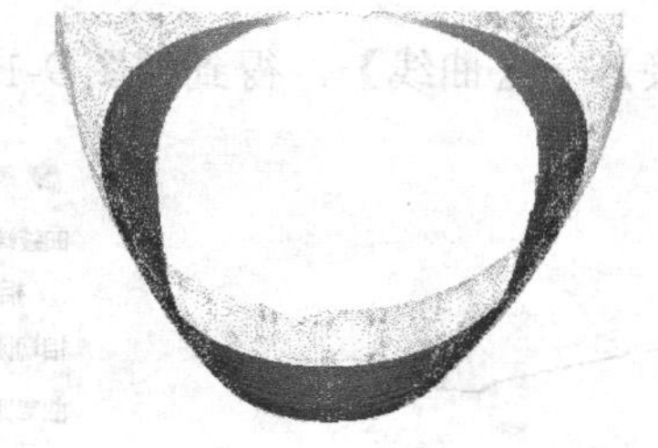

图 9-166　内侧修剪

至此，整个头盔的逆向造型部分结束，剩余工作将转移至三维建模软件中完成。

9.7　头盔误差分析与光顺性检查

光顺性和误差分析是逆向工程中至关重要的一步，可以说逆向工程最终效果就取决于它的光顺性和误差分析结果。本节以本章实例演示如何进行光顺性和误差分析。

9.7.1　误差分析

（1）选择【测量】→【曲面偏差】→【点云偏差】（快捷键是 Shift+Q），得到如图 9-167 所示的对话框。

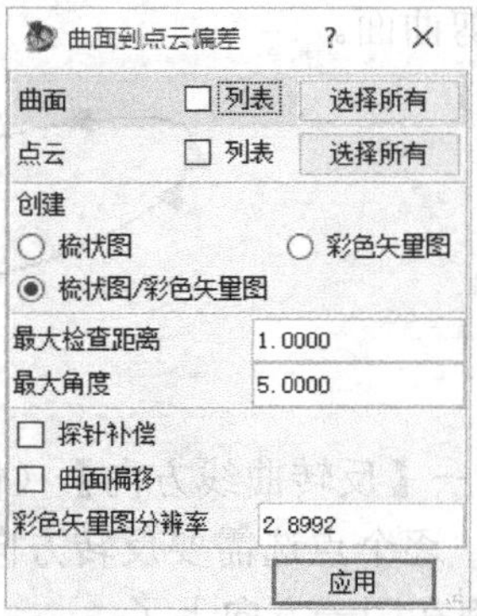

图 9-167　曲面到点云偏差对话框

（2）“曲面”一栏单击“选择所有”，点选“点云”，选择“梳状图”和“彩色矢量图”，选择应用，结果如图 9-168 所示。

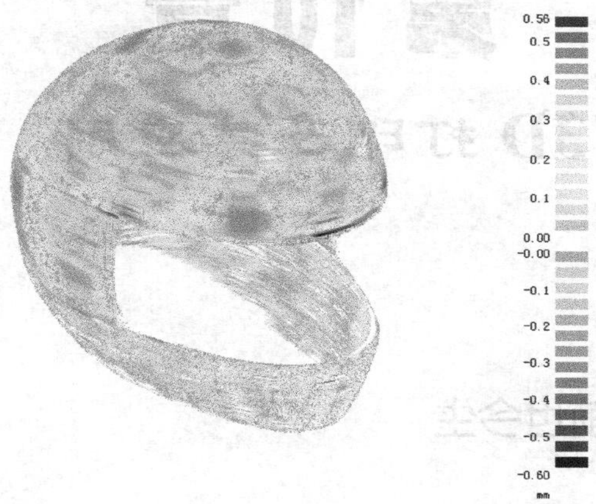

图 9-168　头盔逆向造型的梳状图和彩色矢量图

> **注　意**
>
> 可以看到，曲面与点云的误差在大部分头盔区域都较小。该逆向造型效果是否符合预期，取决于使用者具体的造型目的。

9.7.2　光顺性检查

（1）选择【评估】→【曲面流线分析】→【反射线】（快捷键是 Ctrl+E），得到如图 9-169 所示的对话框。

（2）“曲面”一栏单击“选择所有”，选择“色彩图示”和“分布图”，选择“预览”，动态结果如图 9-170 所示。

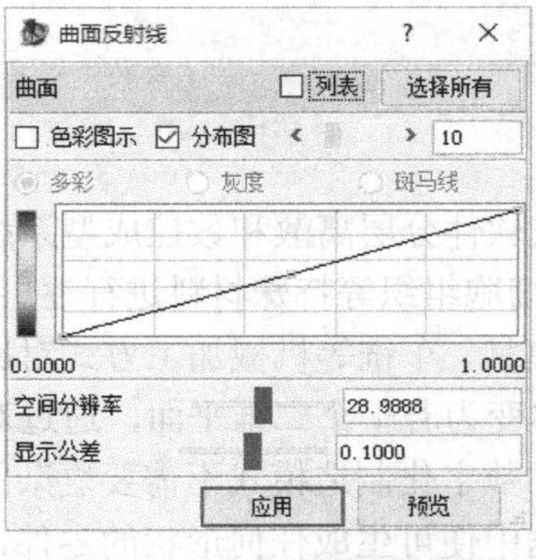

图 9-169　曲面反射线对话框

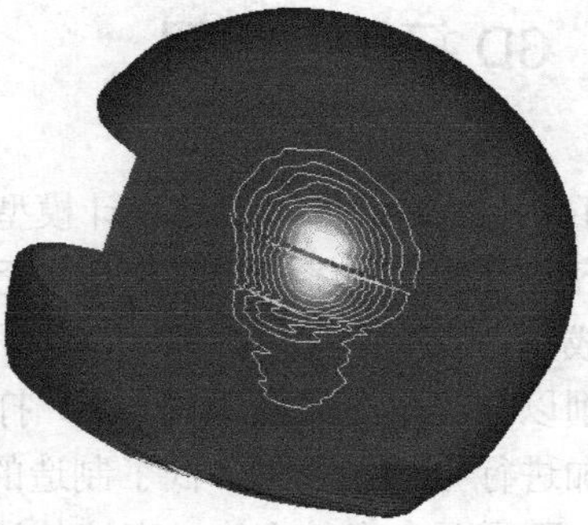

图 9-170　头盔逆向造型效果的色彩图示和分布图

（3）单击“应用”按钮，则可以直接观察曲面的光顺情况。

> **注　意**
>
> 曲面中部和下部的光顺性较差，这是因为构建时选择的截面较多，而且点云相对稀疏，对有的地方的光顺性有不利影响。

第 10 章
3D 打印及其应用

10.1 3D 打印的前世今生

逆向造型作为产品 3D 效果展示的技术保障，在国内外逐步获得广泛应用。以我国东南沿海制鞋、服装、玩具等许多传统制造业行业为例，许多企业纷纷采用逆向造型技术，加速产品研发进程，抢占市场先机。然而，逆向造型只是产品呈现展示的基本步骤，无论逆向出来的产品有多么精妙，都只是停留在计算机程序里面；因此，迅捷可靠地把逆向造型出来的 3D 模型加工成型，成为厂商抢夺商机的另一个制高点。

3D 打印是制造业领域正在迅速发展的一项技术，称为“具有工业革命意义的制造技术”。它以数字模型文件为基础，运用粉末状金属或塑料等可粘合材料，通过逐层打印的方式来构造物体。3D 打印通常是通过数字技术材料打印机来实现。过去，3D 打印常在模具制造、工业设计等领域被用于制造模型，现正逐渐用于一些产品的直接制造，已经有使用这种技术打印而成的零部件。3D 打印在珠宝、鞋类、工业设计、建筑、工程施工、汽车，航空航天、牙科和医疗产业、教育、地理信息系统、土木工程、枪支以及其他领域都有所应用。

10.2 3D 打印的原理

3D 打印，是以计算机三维设计模型为蓝本，通过软件分层离散和数控成型系统，利用激光束、热熔喷嘴等方式将金属粉末、陶瓷粉末、塑料、细胞组织等特殊材料进行逐层堆积黏结，最终叠加成型，制造出实体产品。与传统制造业通过模具、车铣等机械加工方式对原材料进行定型、切削以最终生产成品不同，3D 打印将三维实体变为若干个二维平面，通过对材料处理并逐层叠加进行生产，大大降低了制造的复杂度。这种数字化制造模式不需要复杂的工艺、庞大的机床、不需要众多的人力，直接从计算机图形数据中便可生成任何形状的零件，使生产制造得以向更广的生产人群范围延伸。

日常生活中使用的普通打印机可以打印计算机设计的平面物品，而所谓的 3D 打印机与普通打印机工作原理基本相同，只是打印材料有些不同，普通打印机的打印材料是墨水和纸张，而 3D 打印机内装有金属、陶瓷、塑料、砂等不同的打印材料，是实实在在的原材料，打印机与计算机连接后，通过计算机控制可以把打印材料一层层叠加起来，最终把计算机上的蓝图变成实物。通俗地说，3D 打印机是可以“打印”出真实 3D 物体的一种设备，如打印一个机器人、玩具车、各种模型、甚至是食物等。之所以通俗地称其为打印机，是参照了普通打印机的技术原理，因为分层加工的过程与喷墨打印过程十分相似。这项打印技术称为 3D 立体打印技术。

实际上，这项技术并非是最近才发明的新技术，最早出现在 20 世纪 80 年代诞生的快速成型（Rapid Prototyping）技术的一种成型方式。它是一种数字模型文件为基础，运用粉末状金属或塑料等可粘合材料，通过逐层堆叠累积的方式来构造物体的技术（即积层造形法）。特别是在一些高价值应用（如髋关节或牙齿，或一些飞机零部件）已经有使用这种技术打印而成的零部件，这意味着 3D 打印技术已经普及。

10.3 3D 打印的主流技术

3D 打印是“增材制造”（Additive Manufacturing）的主要实现形式。“增材制造”的理念区别于传统的“去除型”制造。传统数控制造一般是在原材料基础上，使用切割、磨削、腐蚀、熔融等办法，去除多余部分，得到零部件，再以拼装、焊接等方法组合成最终产品。而“增材制造”与之截然不同，无须原胚和模具，就能直接根据计算机图形数据，通过增加材料的方法生成任何形状的物体，简化产品的制造程序，缩短产品的研制周期，提高效率并降低成本。

几种常见的快速成型技术还包括光固化快速成型（SLA）、叠层实体制造工艺（LOM）、选择性激光烧结成型（SLS）、熔融沉积制造（FDM）、三维印刷工艺和 PolyJet 聚合物喷射技术这几种技术。

10.3.1 光固化快速成型（SLA）

SLA（Stereo lithography Appearance），即立体光固化成型法，其工艺过程原理如图 10-1 所示。用特定波长与强度的激光聚焦到光固化材料表面，使之由点到线，由线到面顺序凝固，完成一个层面的绘图作业，然后升降台在垂直方向移动一个层片的高度，再固化另一个层面，这样层层叠加构成一个三维实体。

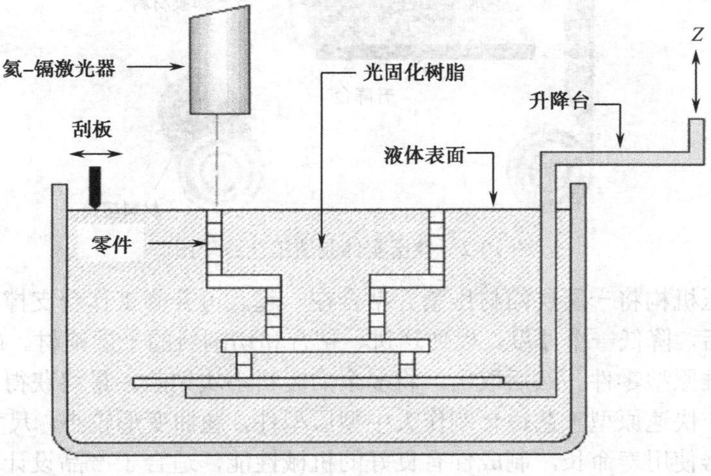

图 10-1 光固化成型工艺过程原理

SLA是最早实用化的快速成形技术，采用液态光敏树脂原料。其工艺过程：首先通过CAD设计出三维实体模型，利用离散程序将模型进行切片处理，设计扫描路径，产生的数据将精确控制激光扫描器和升降台的运动；激光光束通过数控装置控制的扫描器，按设计的扫描路径照射到液态光敏树脂表面，使表面特定区域内的一层树脂固化，当一层加工完毕后，就生成零件的一个截面；然后，升降台下降一定距离，固化层上覆盖另一层液态树脂，再进行第二层扫描，第二固化层牢固地粘结在前一固化层上，这样一层层叠加就形成三维工件原型。将原型从树脂中取出后，进行最终固化，再经打光、电镀、喷漆或着色处理即得到要求的产品。

SLA主要用于制造多种模具、模型等，还可以在原料中通过加入其他成分，用SLA原型模代替熔模精密铸造中的蜡模。SLA成形速度较快，精度较高，但由于树脂固化过程中产生收缩，不可避免地会产生应力或引起形变。因此，开发收缩小、固化快、强度高的光敏材料是其发展趋势。

10.3.2 叠层实体制造工艺（LOM）

叠层实体制作快速原型技术是一种薄片材料叠加工艺，简称LOM（Laminated Object Manufacturing）。如图10-2所示，叠层实体制作是根据三维CAD模型每个截面的轮廓线，在计算机控制下，发出控制激光切割系统的命令，使切割头作*X*和*Y*方向的移动。供料机构将地面涂有热溶胶的箔材（如涂覆纸、涂覆陶瓷箔、金属箔、塑料箔材）一段段的送至工作台的上方。激光切割系统按照计算机提取的横截面轮廓，用二氧化碳激光束将工作台上的箔材割出轮廓线，并将箔材的无轮廓区切割成小碎片。

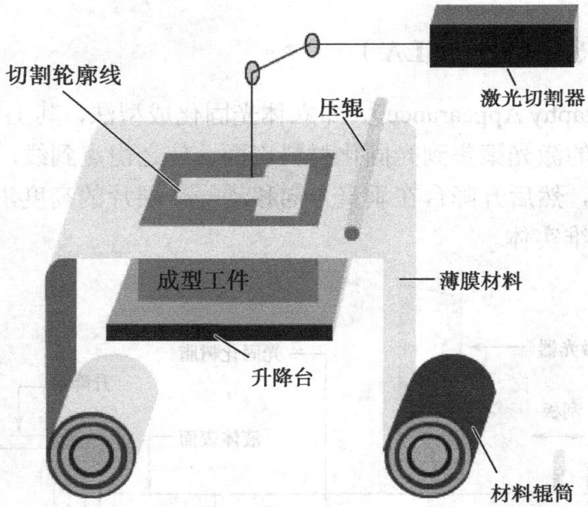

图10-2 叠层实体制造工艺原理图

然后，由热压机构将一层层箔材压紧并粘合在一起。可升降工作台支撑正在成型的工件，并在每层成型之后，降低一个厚度，以便送进、粘合和切割新的一层箔材。最后形成由许多小废料块包围的三维原型零件。然后取出，将多余的废料小块剔除，最终获得三维产品。

叠层实体制作快速原型工艺适合制作大中型原型件，翘曲变形较小，尺寸精度较高，成型时间较短，激光器使用寿命长，制成件有良好的机械性能，适合于产品设计的概念建模和

功能性测试零件。由于制成的零件具有木质属性，特别适合于直接制作砂型铸造模。

10.3.3 选择性激光烧结成型（SLS）

选择性烧结成型工艺，简称 SLS（Selected Laser Sintering）。如图 10-3 所示，选择性烧结采用二氧化碳激光器对粉末材料（塑料粉、陶瓷与粘结剂的混合粉、金属与粘结剂的混合粉等）进行选择性烧结，是一种由离散点一层层堆积成三维实体的工艺方法。

在开始加工之前，先将充有氮气的工作室升温，并保持在粉末的熔点以下。成型时，送料筒上升，铺粉滚筒移动，先在工作平台上铺一层粉末材料，然后激光束在计算机控制下按照截面轮廓对实心部分所在的粉末进行烧结，使粉末溶化继而形成一层固体轮廓。第一层烧结完成后，工作台下降一截面层的高度，在铺上一层粉末，进行下一层烧结，如此循环，形成三维的原型零件。最后经过 5～10h 冷却，即可从粉末缸中取出零件。未经烧结的粉末能承托正在烧结的工件，当烧结工序完成后，取出零件，未经烧结的粉末基本可在自回收系统进行回收。

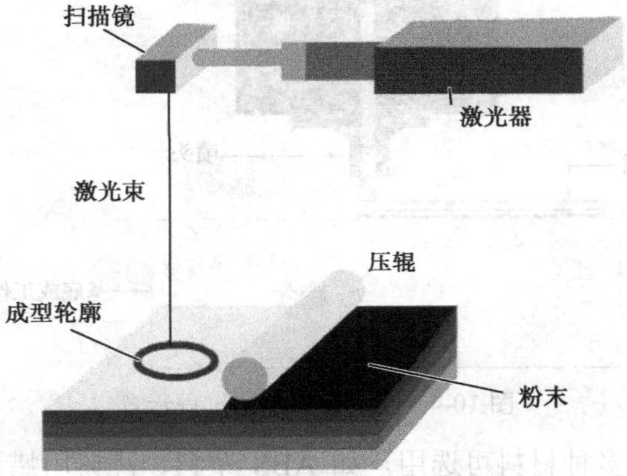

图 10-3 选择性激光烧结成型示意

选择性烧结工艺适合成型中小件，能直接成型塑料、陶瓷或金属零件，零件的翘曲变形比液态光敏树脂选择性固化工艺要小。但这种工艺仍要对整个截面进行扫描和烧结，加上工作室需要升温和冷却，成型时间较长。此外，由于受到粉末颗粒大小及激光点的限制，零件的表面一般呈多孔性。在烧结陶瓷、金属与黏结剂的混合粉并得到原型零件后，须将它置于加热炉中，烧掉其中的黏结剂，并在孔隙中渗入填充物。

选择性烧结快速原型工艺能够实现产品设计的可视化，并能制作功能测试零件。由于它可采用各种不同成分的金属粉末进行烧结、渗铜等后处理，因而其制成的产品可具有与金属零件相近的机械性能，故可用于制作 EDM 电极、直接制造金属模以及进行小批量零件生产。

10.3.4 熔融沉积制造（FDM）

熔融沉积制造是一种不依靠激光作为成型能源，而将各种丝材加热溶化的成型方法，简称 FDM（Fused Deposition Modeling）。

如图 10-4 所示，这种成型方法的过程：加热喷头在计算机的控制下，根据产品零件的截面轮廓信息，作 *X-Y* 平面运动。热塑性丝状材料（如直径为 1.78mm 的塑料丝）由供丝机构送至喷头，并在喷头中加热和溶化成半液态，然后被挤压出来，有选择性地涂覆在工作台上，快速冷却后形成一层大约 0.127mm 厚的薄片轮廓。一层截面成型完成后，工作台下降一定高度，再进行下一层的熔覆，好像一层层画出的截面轮廓，如此循环，最终形成三维产品零件。

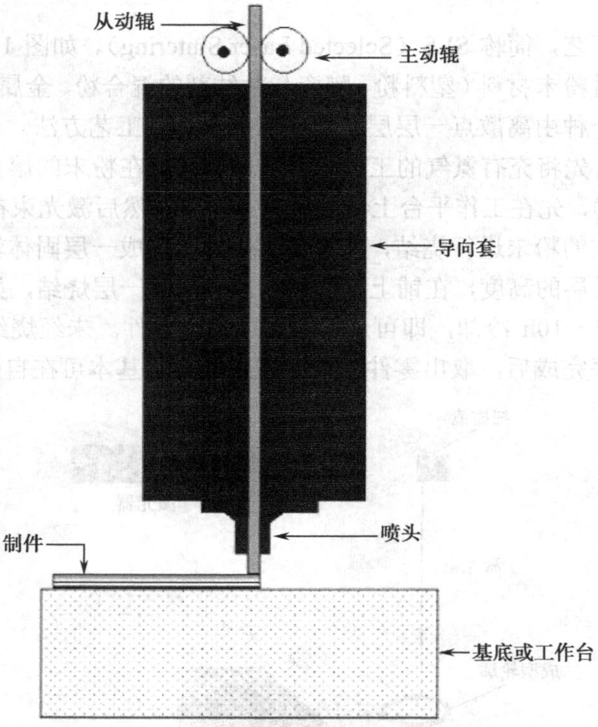

图 10-4　熔融沉积制造过程示意

这种工艺方法同样有多种材料可选用，如 ABS 塑料、浇铸用蜡、人造橡胶等。该工艺干净，易于操作，不产生垃圾，小型系统可用于办公环境，没有产生毒气和化学污染的危险。但仍要对整个截面进行扫描涂覆，成型时间长。适合于产品设计的概念建模以及产品的形状及功能测试。由于甲基丙烯酸 ABS（MABS）材料具有较好的化学稳定性，可采用 γ 射线消毒，特别适用于医用。但成型精度相对较低，不适合于制作结构过分复杂的零件。

10.3.5　三维印刷工艺

三维印刷工艺示意如图 10-5 所示，在每一层粘结完毕后，成型缸下降一个距离（等于层厚），供粉缸上升一段高度来推出多余粉末，粉末被铺粉辊推到成型缸铺平并被压实。喷头在计算机控制下，按照下一个截面的二维几何信息进行运动，有选择地喷射黏结剂，最终构成层面，原理和打印机非常相似，“三维打印”由此而得名。铺粉辊铺粉时，多余的粉末被粉末收集装置收集。如此周而复始地送粉、铺粉和喷射粘结剂，最终完成一个三维粉体的粘结，从而生产制品。三维印刷工艺与 SLS 工艺都是将粉末材料选择性地粘结成为一个整体。其最大的不同之处在于三维印刷工艺不用将粉末材料熔融，而是通过喷嘴本身喷出黏合剂，将这些材料粘合在一起。

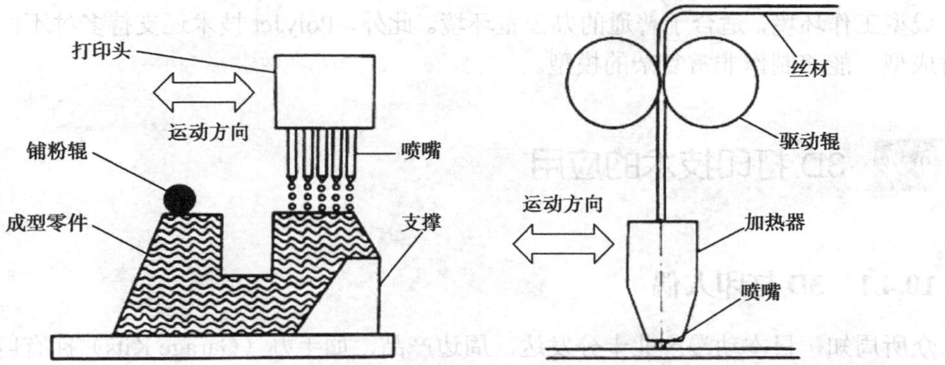

图 10-5　三维印刷工艺示意

10.3.6　聚合物喷射技术（PolyJet）

聚合物喷射技术（PolyJet）是以色列 Objet 公司于 2000 年初推出的专利技术，PolyJet 技术也是当前最为先进的 3D 打印技术之一，它的成型原理与 3DP 有点类似，不过喷射的不是黏合剂而是聚合成型材料，PolyJet 聚合物喷射系统如图 10-6 所示的结构。

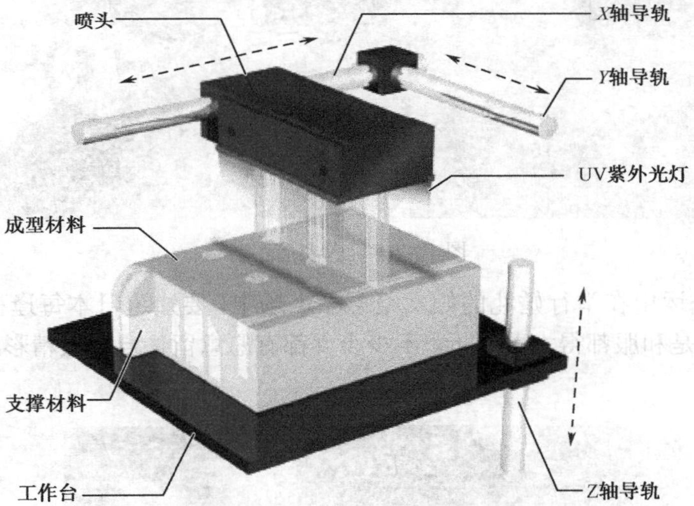

图 10-6　PolyJet 聚合物喷射系统的结构

PolyJet 的喷射打印头沿 *X* 轴方向来回运动，工作原理与喷墨打印机十分类似，不同的是喷头喷射的不是墨水而是光敏聚合物。当光敏聚合材料被喷射到工作台上后，UV 紫外光灯将沿着喷头工作的方向发射出 UV 紫外光对光敏聚合材料进行固化。完成一层的喷射打印和固化后，设备内置的工作台会极其精准地下降一个成型层厚，喷头继续喷射光敏聚合材料进行下一层的打印和固化。就这样一层接一层，直到整个工件打印制作完成。工件成型的过程中将使用两种不同类型的光敏树脂材料，一种是用来生成实际的模型材料，另一种是类似胶状的用来作为支撑的树脂材料。这种支撑材料由过程控制被精确地添加到复杂成型结构模型所需的位置，如一些悬空、凹槽、复杂细节和薄壁等结构。当完成整个打印成型过程后，只要使用 Water Jet 水枪就可以很容易把这些支撑材料去除，而最后留下的是拥有整洁光滑表面的成型工件。

使用 PolyJet 聚合物喷射技术成型的工件精度非常高，最薄层厚能达到 16μm。设备提供封闭的成型工作环境，适合于普通的办公室环境。此外，PolyJet 技术还支持多种不同性质材料的同时成型，能够制作非常复杂的模型。

10.4 3D 打印技术的应用

10.4.1 3D 打印人偶

众所周知，日本动漫产业十分发达，周边产品，如手办（Garage Kits）拥有巨大的市场，过往高仿真的人偶都需要人手加工，耗费大量工时，这使得产品的价格居高不下。

最近迅速发展的 3D 打印技术正好能够满足日本国内的庞大人偶需求，现在这项技术的实际应用要比其他国家大得多。这些采用多重扫描技术精心制作的人偶，无论从相貌和体形甚至神态都几乎与真人无异，栩栩如生，如图 10-7 所示。

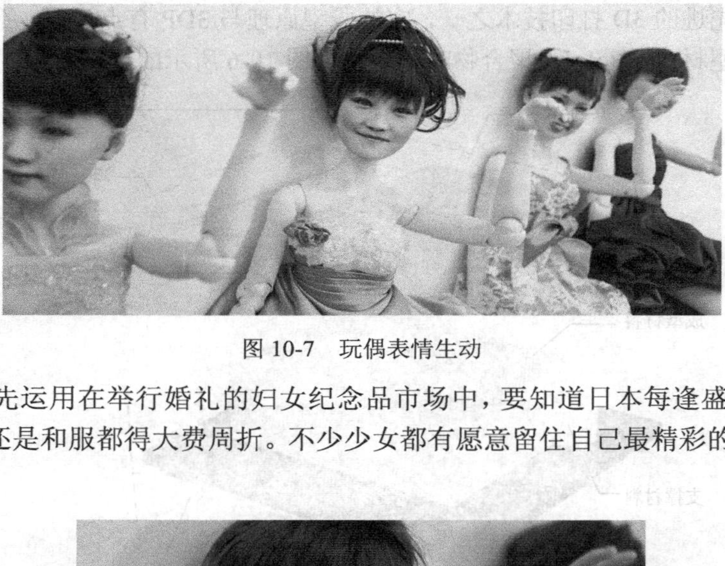

图 10-7 玩偶表情生动

这项技术最先运用在举行婚礼的妇女纪念品市场中，要知道日本每逢盛典的着装隆重异常，无论是婚纱还是和服都得大费周折。不少少女都有愿意留住自己最精彩的一刻，如图 10-8 所示。

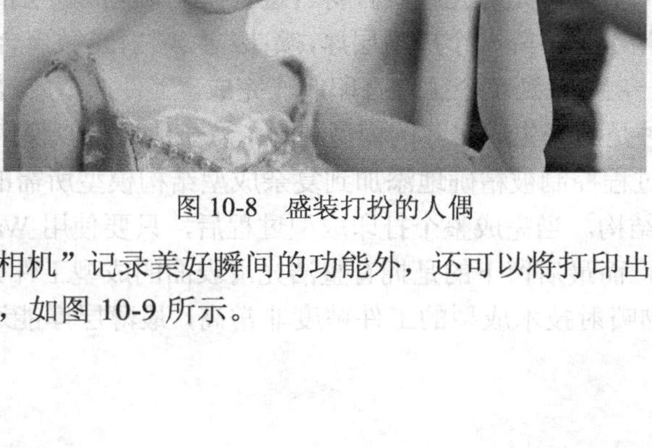

图 10-8 盛装打扮的人偶

而除了作为“立体相机”记录美好瞬间的功能外，还可以将打印出来的人像用在动漫玩具和装饰品等多种产品上，如图 10-9 所示。

图 10-9 人像盒盖和人脸玩具

10.4.2 3D 打印无人机

法国远程控制系统制造商使用 Stratasys 公司的 3D 打印机制造小型无人飞行器（UAV）系统，也就是无人机，如图 10-10 所示。

图 10-10 3D 打印无人机

无人机的制造利用了 3D 打印机，能够利用不同的材料，根据特定的应用需求提供生产耐用的 3D 打印部分的关键优势，使用高性能 FDM 热塑性材料符合航空航天的要求。比起传统的生产制造流程，大大缩短了设计和制造周期，节约资金，提高效率。3D 打印机能提供多种打印材料，使得无人机从飞行器的外形及各部分组件都能用合适的材料进行打印成型。

在法国人取得显著进展的同时，在 2012 年，美国弗吉尼亚大学工程系的研究人员同样采用 3D 打印技术制造了一架无人飞机，如图 10-11 所示，机翼宽 6.5ft（约 1.9m），巡航时速达到 45mile/h（约 72km）。2012 年 8 月和 9 月初，美国弗吉尼亚大学工程系的研究小组在弗吉尼亚州米尔顿机场附近进行了 4 次飞行测试，这是第三架用于建造飞行的 3D 打印飞机，巡航速度可达到 45mile/h。美国弗吉尼亚大学工程师大卫·舍弗尔称，2007 年为了设计建造一个塑料涡轮风扇发动机需要两年时间，成本大约 25 万美元。但是使用 3D 技术，他们设计和建造这架 3D 飞机仅用 4 个月时间，成本大约 2000 美元。

图 10-11　美国弗吉尼亚大学 3D 打印的无人机

10.4.3　3D 打印火箭核心部件

美国国家航空航天局 NASA 在设计新一代大型运载火箭猎户座重型火箭的核心部件时，为避免过多支出，干脆买下了 Makerbot 的一台大型 3D 打印机，如图 10-12 所示，并采用新技术——选择性激光熔炼（SLS），用激光将金属粉末加热而让模具成型，制造出的部件不但用时少精度高，而且节约了成本，也提高了安全性，可谓一举多得。

图 10-12　Makerbot 公司的 3D 打印机

采用 3D 打印技术制造核心部件，首先使用相关软件完成部件的三维设计，如图 10-13 所示，并转化为 3D 打印机通用的 STL 文件格式。

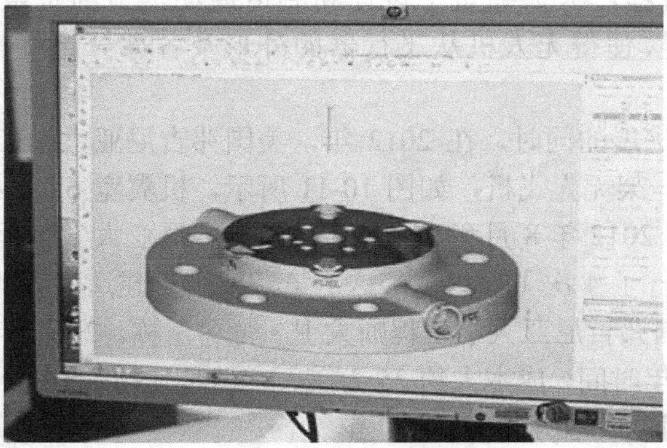

图 10-13　部件的三维设计

将三维模型导入 3D 打印机后，采用选择性激光熔炼成型技术和满足性能要求的打印材料，就能完成部件的成型制造，如图 10-14、图 10-15 所示。

图 10-14 部件的成型过程

图 10-15 部件的初步打印效果

10.4.4 3D 打印文物

博物馆里常常会用很多复杂的替代品来保护原始作品不受环境或意外事件的伤害，同时复制品也能将艺术或文物的影响传播给更多的人。通过 3D 打印技术完成对珍贵文物的复制，复制品替代真品进行展出，可以给予珍贵文物很好的保存。

夏代镶嵌绿松石兽面铜牌饰如图 10-16 所示，它具有极高的收藏和考古价值。现在传统的复制方法要用到胶和墨，对文物本身有腐蚀侵害，故需要三维扫描后做出复制品，从而把真品妥善保存，如图 10-17、图 10-18 所示。

图 10-16 夏代镶嵌绿松石兽面铜牌饰

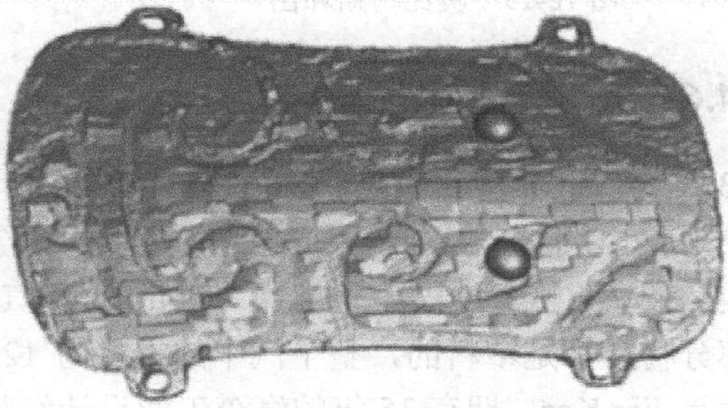

图 10-17 文物的扫描的三维数据

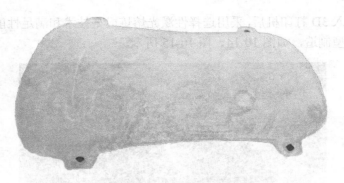

图 10-18　3D 打印的文物

10.4.5　3D 打印建筑

荷兰阿姆斯特丹建筑大学的建筑设计师 Janjaap Ruijssenaars 最近设计了全球第一座 3D 打印建筑物 Landscape House，而且特别模拟了奇特的莫比乌斯环。莫比乌斯环(Mbius strip/Mbius band)是一种拓扑学结构，只有一个面（表面）和一个边界，由德国数学家、天文学家莫比乌斯和约翰·李斯丁于 1858 年独立发现。它可以用一个纸带旋转半圈再把两端粘上之后，轻而易举地被制作出来，本身具有很多奇妙的性质，如图 10-19 所示。Ruijssenaars 和数学家、艺术家 Rinus Roelofs 共同设计了这个项目，利用 3D 打印机逐块打印出来，每一块的尺寸都达到了 6m×9m，然后拼接成一个整体建筑。与打印一般小东西不同，这次要用到的 3D 打印机也十分庞大，是由意大利发明家 Enrico Dini 设计出来的 D-Shape，可以使用砂砾层、无机黏结剂打印出一幢两层小楼，如图 10-20 所示。尽管如此强大，让它打印一座庞大的建筑也太难了，因此 Dini 建议只用它打印整体结构，外部则使用钢纤维混凝土来填充。

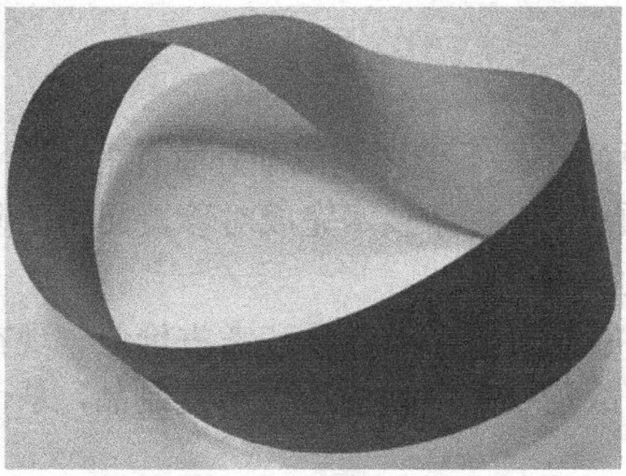

图 10-19　莫比乌斯环图

图 10-20　3D 打印的建筑物

10.4.6　3D 打印汽车

2013 年初，世界首款 3D 打印汽车 Urbee 2 面世，它是一款三轮的混合动力汽车，绝大多数零部件来自 3D 打印。Urbee2 依靠 3D 打印技术打印出外壳和零部件，研究人员的主要工作包括组装和调试，整个过程大概花了 2500h。这辆汽车有 3 个轮子，除发动机和底盘是金属的，其余大部分材料都是塑料的，整个汽车的重量为 1200lb（约 544kg）。Urbee2 项目负责人和高级设计师是 Jim Kor，拥有 35 年的汽车工业设计经验。传统汽车制造是先生产出各部分，然后再组装到一起，3D 打印机能打印出单个的、一体式的汽车车身，再将其他部件填充进去，如

图 10-21 所示。据称，新版本 3D 汽车需要 50 个零部件左右，而一辆标准设计的汽车需要成百上千的零部件。在实验室，工作人员首先把实体的机构件(如车门内饰板)，放到蓝光区域内，旋转不同的角度，就可以在计算机上快速生成三维图。据技术人员介绍，生成模型的精度可达 0.01mm。对相关数据调整后，另一台类似于打印机的设备在原料上利用新数据制作新内饰门板，它在木料上按照已有数据进行切割、打磨，一两个小时后，新门板完成。

图 10-21　3D 打印的汽车

制作零部件用几个小时，制造一辆概念车也只需要一两天。通用汽车前瞻技术科研中心每年要制作大量概念车，概念车也是利用 3D 技术打造。在研发中心的铣削室，研发人员正在利用 3D 技术制作 EN－V 电动联网概念车，过去制作一台概念车，需要几个人，花几个月完成，现在只要一两天就可以看到非常精确的实体。

10.5 3D 打印的未来

3D 打印并非是新鲜的技术，这个思想起源于 19 世纪末的美国，并在 20 世纪 80 年代得以发展和推广。中国物联网校企联盟把它称作“上上个世纪的思想，上个世纪的技术，这个世纪的市场”。3D 打印通常是采用数字技术材料打印机来实现。这种打印机的产量以及销量从 21 世纪以来就已经得到了极大的增长，其价格也正逐年下降。

美国和欧洲在 3D 打印技术的研发及推广应用方面处于领先地位。美国是全球 3D 打印技术和应用的领导者，欧洲十分重视对 3D 打印技术的研发应用。除欧美外，其他国家也在不断加强 3D 打印技术的研发及应用。澳大利亚在 2013 年制定了金属 3D 打印技术路线；南非正在扶持基于激光的大型 3D 打印机器的开发；日本着力推动 3D 打印技术的推广应用；中国 3D 打印设计服务市场快速增长，已有几家企业利用 3D 打印制造技术生产设备并提供服务。据美国消费者电子协会最新发布的年度报告显示，随着汽车、航空航天、工业和医疗保健等领域市场需求的增加，3D 打印服务的社会需求量将逐年增长。3D 打印技术在国内掀起了一股技术创新热，全球制造业格局已经开始出现革新的趋势。3D 技术在工业制造、医疗领域、文化创意和教育等领域有着广泛的应用，其技术优势在于让企业新产品开发周期大大缩短，从而节约开发成本，提高企业市场竞争力。科学家正在利用 3D 打印机制造诸如皮肤、肌肉和血管片段等简单的活体组织，很有可能将有一天我们能够制造出像肾脏、肝脏甚至心脏这样的大型人体器官。如果生物打印机能够使用病人自身的干细胞，那么器官移植后的排异反应将会减少。人们也可以打印食品，如康奈尔大学的科学家已经成功打印出了杯形蛋糕。

“3D 打印——按需定制、廉价成本制造”一度被认为是科幻想象，而至今已经变成现实。3D 打印原先只能用于制造产品原型以及玩具，而在未来，它将成为工业化的重要力量。

参 考 文 献

[1] 曹军．Imageware 在逆向工程中的应用[J]．工具技术，2010，10:83-84.
[2] 常继华．逆向工程在汽车轮毂曲面重构中的应用研究[D]．河南理工大学，2011.
[3] 车磊，吴金强，晁永生．逆向工程技术应用研究[J]．机械制造与自动化，2008，03:34-36.
[4] 陈恭锦，习俊通．Imageware 在摩托车覆盖件反求工程中的应用[J]．机械，2005，04:38-40.
[5] 陈玉文，刘燕．以 Imageware 和 UG 为基础的汽车塑件逆向设计[J]．现代制造工程，2010，07:78-80.
[6] 陈玉文，叶国英．以 Imageware 为基础的汽车零件逆向设计[J]．制造业自动化，2011，12:101-102.
[7] 陈玉文．基于 Imageware 汽车零件的逆向设计[J]．现代制造技术与装备，2009，06:10-11.
[8] 成思源．逆向工程技术综合实践[M]．北京：电子工业出版社，2010.
[9] 代菊英，涂群章，赵建勋．基于 Geomagic、Imageware 和 Pro/E 的机械零件逆向建模方法[J]．工具技术，2012，05:55-58.
[10] 单岩，谢斌飞．Imageware 逆向造型技术基础[M]．北京：清华大学出版社，2006.
[11] 单岩，谢斌飞．Imageware 逆向造型应用实例[M]．北京：清华大学出版社，2007.
[12] 宫春梅．基于逆向工程的汽车冷却风扇叶片的研究与改型设计[D]．燕山大学，2012.
[13] 韩霞．基于 Imageware、Geomagic Studio 的产品逆向设计[J]．北京服装学院学报（自然科学版），2010，03:31-35.
[14] 胡爱田，缪丹云，朱双明．基于 Imageware 和 Pro/E 的反求工程应用[J]．机电工程技术，2006，12:27-28.
[15] 胡小强，王枫红，王永根，等．基于 Imageware 和 UG 的儿童汽车安全座椅的逆向模型重建[J]．现代制造工程，2011，04:120-123.
[16] 胡义刚，沈永刚，张磊．基于 Imageware 的鼠标复杂曲面反求设计[J]．上海工程技术大学学报，2007，03:202-207.
[17] 黄海龙，褚忠，狄金叶．基于 Imageware 和 Moldflow 的后视镜逆向设计与注塑成型模拟分析[J]．塑料，2010，06:14-16.
[18] 金茜．基于 Imageware 的逆向工程曲面重构技术[J]．机电工程技术，2009，11:27-29.
[19] 金鑫，何雪明，杨磊，等．基于 Imageware 和 UG 的汽车内饰件的逆向设计[J]．机械设计与制造，2009，06:40-42.
[20] 李春玲，路长厚．应用 Imageware 软件进行逆向工程时几个问题处理[J]．制造技术与机床，2005，02:82-84.
[21] 李刚．基于 Imageware 的非矩形区域曲面重构技术探讨[J]．机械工程与自动化，2010，06:192-193.
[22] 李晓丽，孙小刚，谢彬彬，等．Imageware 中光滑拼接曲面的方法[J]．中国制造业信息化，2008，05:43-47.

[23] 李勇，吴金强，谢元媛．基于 Imageware 的逆向工程技术[J]．机械工程与自动化，2008，02:78-80．
[24] 李振，聂文忠，韩雪松，等．Imageware 逆向工程软件在固定桥建模中的应用[J]．同济大学学报（医学版），2010，02:47-50．
[25] 凌超编．UG NX6.0 逆向设计典型案例详解[M]．北京：机械工业出版社，2009．
[26] 刘博，刘悦，王倩．基于 UG/Imageware 的汽车反光镜的逆向设计[J]．机械研究与应用，2012，05:86-88．
[27] 刘乐，胡志勇，刘永生．基于 Imageware 的卡扣模型曲面重构技术[J]．机械制造与自动化，2010，05:117-119．
[28] 牟小云，郑建明．基于 Imageware 和 Pro/E 的自行车座模具设计与加工仿真[J]．铸造技术，2010，05:674-678．
[29] 彭燕军，王霜，彭小欧．UG、Imageware 在逆向工程三维模型重构中的应用研究[J]．机械设计与制造，2011，05:85-87．
[30] 任正义，刘静娜．基于 Imageware 的多视点云拼合技术研究和应用[J]．机电产品开发与创新，2010，01:86-87．
[31] 孙文学，邝芸．Imageware 在逆向工程设计中的应用[J]．现代制造工程，2005，08:56-57．
[32] 唐士娟．Imageware 在逆向工程中的应用[J]．工业设计，2011，07:143-144．
[33] 王国庆，陈靖芯．基于 Imageware 的汽车覆盖件逆向设计[J]．机械工程与自动化，2010，06:62-63．
[34] 王华侨，李玉丰，盛学斌．基于 UG NX/Imageware 产品逆向工程技术及其应用研究[J]．CAD/CAM 与制造业信息化，2007，05:110-114．
[35] 王强，成虹，王静．基于 Imageware 的汽车后大梁反求设计[J]．模具工业，2012，08:8-11．
[36] 王小军．基于 IMAGEWARE 风扇叶反求与快速原型制作[J]．机械设计与制造，2010，08:126-127．
[37] 王征，钟绍华．用 Imageware 进行车身 A 级曲面设计[J]．CAD/CAM 与制造业信息化，2006，05:58-59．
[38] 文怀兴，魏乾新．基于 Imageware 和 Pro/E 的弧面凸轮逆向设计及 NC 仿真加工[J]．机械传动，2012，11:113-115．
[39] 吴永强．精通 UG NX 5+Imageware 逆向工程设计[M]．北京：电子工业出版社，2008．
[40] 武文超，吕彦明．Imageware 在汽艇发动机部件反求中的应用[J]．机械工程师，2008，02:54-55．
[41] 徐建华，李蓓智，张家梁，等．基于 Imageware 和 UG 的汽车阀体的反求设计[J]．机械设计与制造，2007，11:63-65．
[42]徐琳．基于 Imageware 喷头逆向建模与流场模拟试验研究[D]．西北农林科技大学，2011．
[43] 于景华，胡志勇，侯国华，等．基于 Imageware 的点云分割[J]．机械制造与自动化，2009，01:113-115．
[44] 余国鑫，成思源，张湘伟，等．Imageware 逆向建模中特征边界线的构建方法[J]．机床与液压，2007，09:24-27．
[45] 袁锋．UG 逆向工程范例教程[M]．北京：机械工业出版社，2007．